U0605764

高职高专电子信息类系列教材

高频电子技术

（第三版）

徐正惠　主编

周文俊　刘希真
万　琰　余剑敏　副主编

王成安　主审

科学出版社

北　京

内 容 简 介

本书共分 8 章：前 4 章重点介绍高频电子技术的研究对象及高频电子技术应用系统的基本组成；第 5～7 章分别介绍高频电子技术在无线遥控、无线数据传输、无线声音信号传输等三大方面的应用，将重点放在相关的无线集成电路的应用；第 8 章介绍锁相环路的组成、工作原理及典型应用。本书以应用为导向，大幅度地增加了高频电子技术应用的内容。在分析单元电路时，将"结构、原理、特性和应用"作为教学重点，删减了理论分析的过程，降低了教学的难度。还安排了"阅读材料"，以二维码的形式链接在书中，供学生课外阅读，其内容以介绍高频电子技术在各个领域的应用为主，通过阅读，可以提高学生学习高频电子技术知识的兴趣。

本书共安排 9 个实训项目，内容以无线收发模块（可直接从电子市场购买）的应用为主，实训项目实用性强，安装调试难度较低。

本书可以作为高职高专院校电子信息工程技术、应用电子技术、通信技术、无线电技术等专业"高频电子技术（线路）"课程的教材，也可以供相关专业工程技术人员参考使用。

图书在版编目(CIP)数据

高频电子技术 / 徐正惠主编．—3 版．—北京：科学出版社，2019.11（2024.8重印）
（高职高专电子信息类系列教材）
ISBN 978-7-03-063381-1

Ⅰ.①高…　Ⅱ.①徐…　Ⅲ.①高频-电子电路-教材　Ⅳ.①TN710.2

中国版本图书馆 CIP 数据核字（2019）第 254698 号

责任编辑：孙露露/责任校对：陶丽荣
责任印制：吕春珉/封面设计：东方人华平面设计部

科学出版社出版
北京东黄城根北街 16 号
邮政编码：100717
http://www.sciencep.com

三河市骏杰印刷有限公司印刷
科学出版社发行　各地新华书店经销
*
2008 年 12 月第一版　2024年8月第十六次印刷
2014 年 2 月修订版　开本：787×1092　1/16
2016 年 6 月第二版　印张：19
2019 年 11 月第三版　字数：458 000

定价：56.00 元

（如有印装质量问题，我社负责调换）
销售部电话 010-62136230　编辑部电话 010-62135763-2010

版权所有，侵权必究

前　言

本书根据高职高专培养目标的要求，结合高频电子技术的最新发展编写而成，适合电子信息工程技术、应用电子技术、通信技术、无线电技术及计算机类各相关专业使用，也可供从事高频电子产品开发、生产和管理的工程技术人员参考。本书具有以下特点。

1. 以应用为导向对课程的性质做出准确定位

高频电子技术在工程上有着十分广泛的直接应用，例如，各种遥控玩具、遥控汽车门锁、遥控门铃、遥控飞机等无线遥控技术；无线抄表、射频卡技术，安保系统、网络工程、气象、环保工程中大量使用的无线数据传输技术；广播、电视、无线通信等声音和图像无线传输技术等。因此，“高频电子技术（线路）”不仅是一门相关专业的专业基础课程，同时又是一门有着直接应用的独立技术课程。根据这个思路，本书突出了技术应用的特点，在组织相关内容时既注意对高频电子基本理论和常用单元电路的介绍和分析，为通信原理等后续课程做理论准备，又注意传授高频电子技术在无线遥控、无线数据传输、无线声音信号传输等方面的应用，努力培养学生高频电子技术的应用能力。

2. 重点讲授各单元电路的“结构、原理、特性和应用”，精简理论推导

高频电子线路的分析涉及较多的数学推导，多年的教学实践表明，课程结束之后，许多学生并不能掌握这些分析和推导的方法，也正是这个原因，使“高频电子技术（线路）”课程成为高职高专院校电子信息工程等专业的“难点课程”。从后续课程和高频电子技术实际应用的要求来看，需要掌握的是理论分析的结论，而不是理论分析的方法。特别是各种与高频电子技术相关的集成电路广泛应用以后，技术应用人员需要掌握的是这些集成电路的特性和应用，而不是内部电路的分析方法。因此，本书在讲授各个典型的单元电路时略去了详细的数学推导，而将重点放在电路的“结构、原理、特性和应用”的介绍上，这样做，既符合高职高专学生的实际，也能满足工程技术教育的需要。

3. 较大幅度地增加了集成收发电路芯片和模块的内容

在工程上，各种无线接收和发射集成电路芯片、调制解调器集成电路、编码和解码集成电路、无线接收和发射电路模块等已被广泛使用，由于其价格低廉，性能优良，已逐渐取代分立元器件组成无线接收、发射装置。但现有“高频电子技术（线路）”课程教材几乎都不涉及上述集成电路的结构、特性和应用，这将影响学生高频电子技术实际应用能力的提高。因此，本书增加了较多的无线集成电路和模块的内容，在讲授高频电子技术的应用时，也将重点放在各种无线集成电路和模块的应用上。

4. 将无线收发集成电路的应用作为实训课程的重点

高职高专院校“高频电子技术（线路）”课程的总学时一般安排在80学时左右，其中

实训课程 16 学时左右，因此实验实训教学一般并不独立设课。为此，本书将理论和实训教材一并编入。

以往的高频电路实验实训大多用实验箱来完成，实训的内容则以验证为主。由于高频电路对于元器件布局及安装工艺的要求较高，一些实用的电路很难通过实验箱来实现，实训课程的教学效果很不理想。针对这一情况，本书将实训的内容转向无线集成电路的应用，尽量使用从电子市场上购买的无线模块作为实训器材。这样做，既降低了实训的难度，又更接近高频电子技术的实际应用。

5. 增加了“阅读材料”

除了“学习要求”和“思考与练习”以外，本书还增加了“阅读材料”供学生课外阅读，学生可扫描书中二维码进行观看。这些材料都是高频电子技术在各个领域的应用，对这些材料的阅读，可以扩大学生的知识面，培养学生学习高频电子技术的兴趣。

全书共分 8 章。第 1 章介绍高频电子技术的研究对象、无线电波传播特性和频段划分，引入无线收发系统的概念；第 2 章介绍无线信号发射电路的组成，正弦振荡电路、高频功率放大电路、天线等单元电路的组成、工作原理和特性，简单介绍集成无线发射电路；第 3 章介绍各种调制和解调的原理，常用调制解调电路的组成和特性，典型调制解调电路的识读；第 4 章介绍再生式和超外差式接收电路的组成和工作原理，常用变频电路、小信号谐振放大电路、集中选频放大电路等常用单元电路的组成和工作原理，简单介绍常用无线收发集成电路；第 5～7 章分别介绍高频电子技术在无线遥控、无线数据传输和声音信号传输中的应用；第 8 章介绍锁相环电路的组成、工作原理和典型应用。

本书由徐正惠任主编，由周文俊、刘希真、万琰、余剑敏任副主编，由王成安任主审。周文俊编写第 1 章；刘希真编写第 2 章；徐正惠编写第 3 章，并负责全书统稿和定稿；万琰编写第 4 章；崔新跃编写第 5 章；郑利君编写第 6 章；徐运武编写第 7 章；余剑敏编写第 8 章。

本书编写过程中得到温州大学城市学院电子计算机分院领导和老师的大力支持，在此一并致谢。

由于编者水平有限，书中必然会有缺点和错误，诚恳希望广大读者批评指正。

目　录

第 1 章

绪　论

学习要求

掌握无线通信和无线收发系统的组成和基本功能；掌握无线电波传播的五种模式和波（频）段的划分；掌握高频电子技术的研究对象，了解我国广播、电视、卫星电视和移动通信的无线电频率分配；了解我国无线电管理的主要内容；了解无线收发模块 F04E、J04P 的主要特性，学会用它们组成无线收发系统实现脉冲信号的无线传输。

1.1　无线遥控门铃电路剖析

1.1.1　遥控门铃的组成和功能

图 1.1 所示的是一种常用的无线遥控门铃的外形图，其中图 1.1（a）是安装在室外的部分，我们称其为室外机；图 1.1（b）是安装于室内的部分，称其为室内机。图 1.2 是遥控门铃印制电路板，图 1.2（a）是室外机的印制板电路，图 1.2（b）是室内机的印制板电路。

如图 1.3 所示，室外机由按钮 K_1 和无线发射电路组成，室内机由无线接收电路和发声电路组成。在室外按一下按钮 K_1，这一指令通过无线发射电路以无线电波的形式向外发射，室内的无线接收电路接收到这一无线信号后，对检测到的信号进行放大，并从中检出按钮发出的指令，用该指令驱动门铃发声电路，门铃即发出“叮咚”声，这就是遥控门铃的基本功能。下面分析遥控门铃的这一功能是如何实现的。

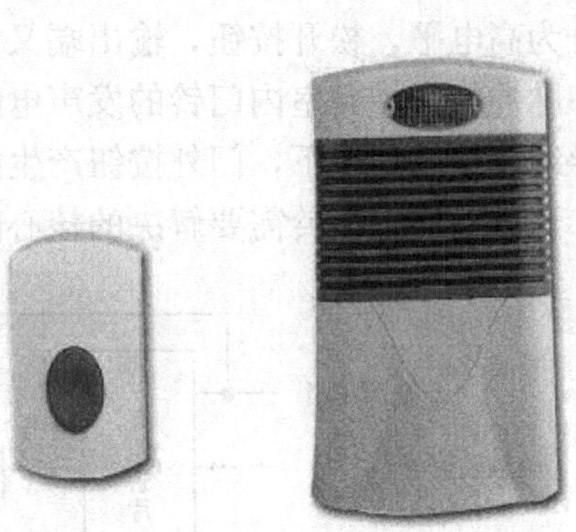

图 1.1　无线遥控门铃外形

首先讨论发声电路，图 1.2（b）中标有符号“A”的是室内门铃的发声电路。这部分电路由音乐芯片和扬声器组成，如图 1.4 所示。音乐芯片品种很多，一般都有 4 根对外的引脚：正电源脚、接地脚（即电源负极）、触发信号输入脚和输出脚。音乐芯片的功能是，只要在触发信号端输入一正脉冲触发信号，芯片输出端就自动输出事先录制在芯片内的乐曲信号。将这一乐曲信号加到发声元件扬声器上，即可发出优美的音乐声。不同的音乐芯片，其内部录制各不相同的乐曲信号，因此可以发出各种不同的乐曲信号。上述门铃使用的是“叮咚”音乐芯片，在触发信号端加入触发脉冲后便会发出“叮咚”声。

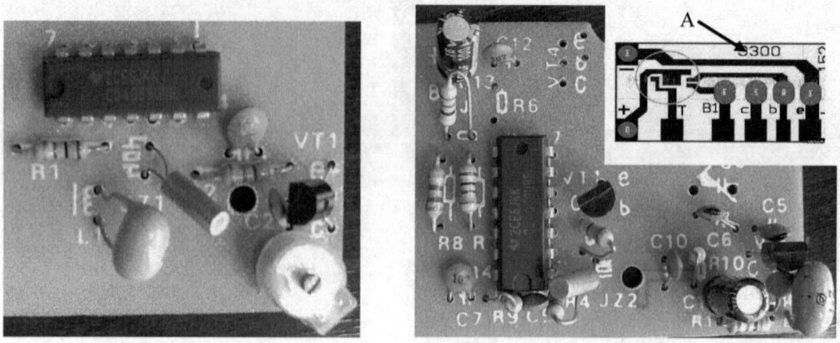

(a) (b)

图 1.2 遥控门铃印制电路板

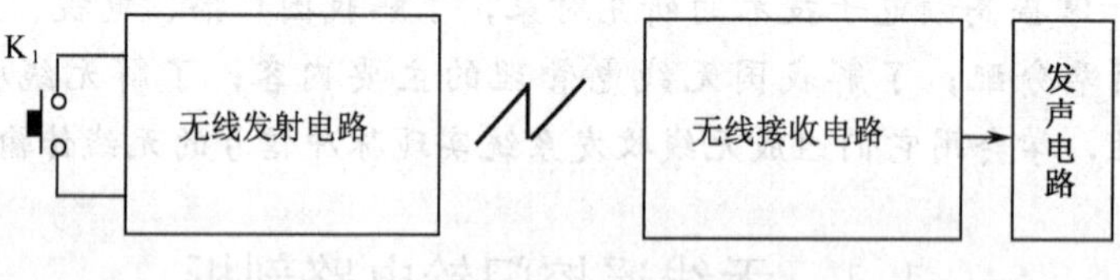

图 1.3 遥控门铃电路组成

音乐芯片输出信号的功率较小，因此，常常需要通过放大电路进行功率放大。图 1.4 中晶体管 VT_1 被接成共集电极放大电路，起的就是这种功率放大作用，信号从基极输入，负载扬声器接在发射极。

遥控门铃的触发信号来自门外的按钮。用按钮产生正脉冲的原理很简单，图 1.5 所示就是一种产生脉冲信号的例子。按钮按下以前，电路输出端是低电平，按下按钮，输出端上升为高电平，松开按钮，输出端又恢复低电平，一按一放，输出端就输出一正脉冲。将这一脉冲信号加到室内门铃的发声电路输入端，发声电路就能发出“叮咚”声。问题是在无导线连接的情况下，门外按钮产生的正脉冲如何穿墙而过传输到门内驱动发声电路发声呢？这就是遥控门铃需要解决的核心问题。

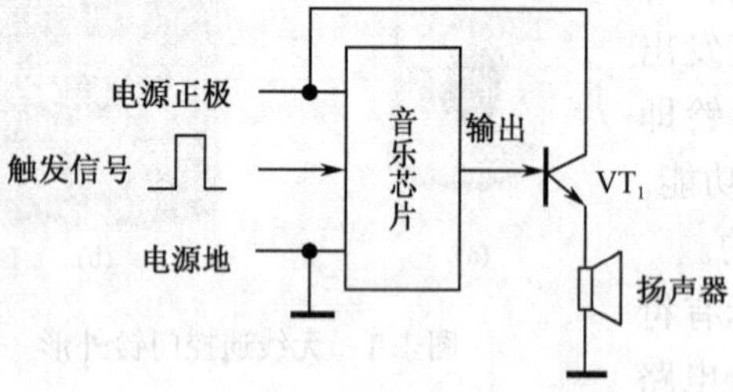

图 1.4 遥控门铃发声电路

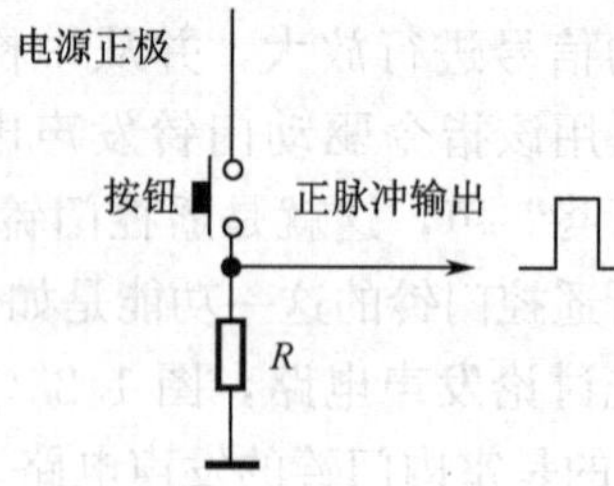

图 1.5 按钮产生正脉冲

1.1.2 遥控门铃无线发射电路

能穿墙而过，从门外传入门内，最理想的便是无线电波，遥控门铃电路也正是利用无线电波这一性质来实现遥控指令的无线传输。为了说明按钮所发出的指令如何通过无线电波实现无线传输，需要详细讨论发射和接收电路的组成和功能。我们首先讨论无线发射电路。无线发射电路由正弦波振荡电路、调制电路和发射天线组成，如图 1.6 所示，下面分别讨论各部分电路的作用。

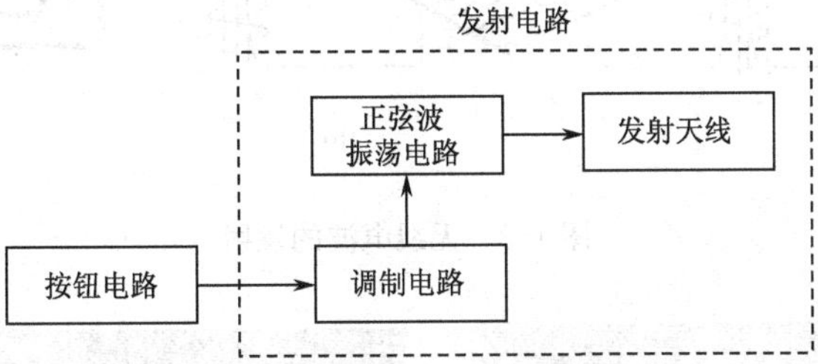

图 1.6 无线发射电路组成

1. 振荡电路和天线

为了向外发射无线电波，首先需要有一个振荡电路来产生正弦振荡，图 1.6 中的正弦波振荡电路即起这种作用。与模拟电子技术中所讨论的振荡电路相比较，这里所涉及的正弦波振荡电路有以下两个特点。

(1) 振荡频率比较高

高频电子技术中，为了提高向外发射无线电波的效率，电路的振荡频率都选得比较高，一般为几百千赫兹至几百兆赫兹。常用的振荡电路有 RC 振荡电路、LC 振荡电路和晶体振荡电路等。RC 振荡电路所产生的振荡频率较低，因此，高频电子技术中一般都选用 LC 振荡电路或晶体振荡电路。上述门铃电路所使用的振荡电路如图 1.7 所示，即为 LC 振荡电路，振荡的频率决定于由电感 L_1 和电容 C_1 组成的谐振电路的谐振频率，约 250MHz。

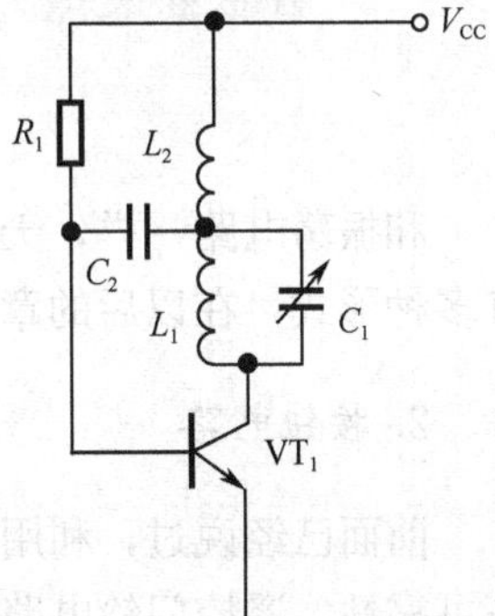

图 1.7 LC 正弦波振荡电路

(2) 振荡形成的电磁波需要向外发射

低频电路中，振荡电路产生的正弦波信号通过电感或阻容耦合传输到负载上去，不希望电磁振荡的能量向外辐射，因此所使用的电容器被制成密闭型的，两极板之间的距离比极板的尺寸（即极板的长宽）要小得多，以便振荡电场形成的能量集中于极板之间；电感被绕制成螺线管状，以便电磁能量集中于螺线管内，如图 1.8 (a) 所示。发射电路中的情况正好相反，我们希望正弦振荡形成的电磁能量尽可能多地向外传播，传播得越远越好，以便实现信号的无线传输。为此，可以采取多种办法，例如可以将电容器两极板之间的距离拉大，如图 1.8 (b) 所示，电磁波就容易发射出去；也可以将电感制成图 1.8 (c) 所示的形状，电磁波也容易发射出去。遥控门铃印制电路板如图 1.9 所示，振荡电路中的电感 L_1 即被印制成图 1.8 (c) 所示的形状，和电容 C_1 组成 LC 谐振电路，既起着选频的作用，同时又起着向外发射无线信号的作用，这样的部件一般称为“天线”。电路中的电容 C_1 是可变电容，调节其电容量，可对所发射的无线电波的频率进行微调。

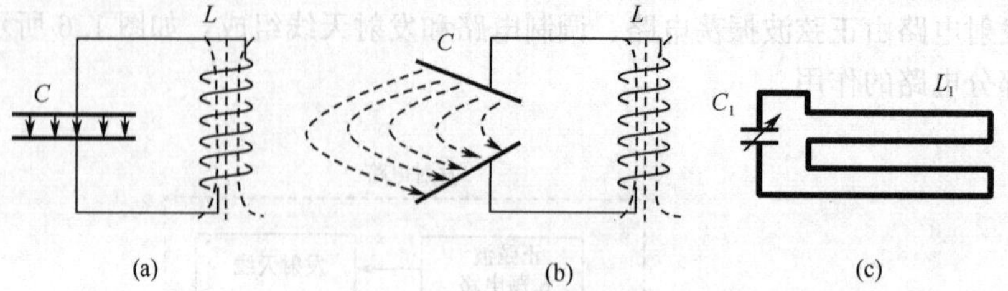

图 1.8　无线电波的发射

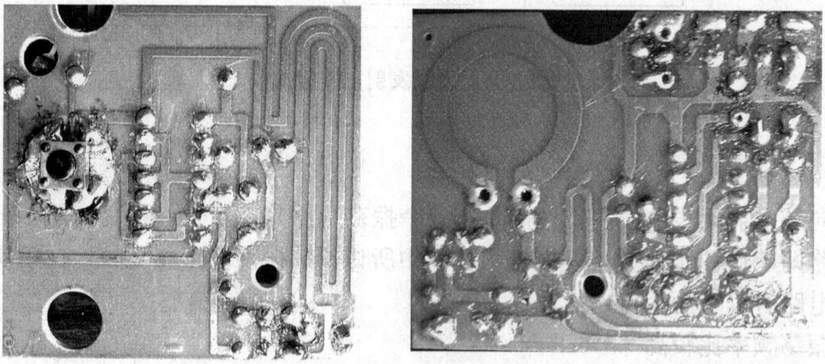

图 1.9　遥控门铃印制电路板背面

和振荡电路一样，天线也是无线发射电路必备的组成部分。在高频电子技术中，天线有多种形式，在以后的章节中，我们将专门讨论天线的各种结构和特性。

2. 按钮电路

前面已经说过，利用图 1.5 所示的简单电路就可以形成控制门铃发声的指令。为了提高可靠性，遥控门铃电路实际采用的是下面的方案。

用如图 1.10 所示的脉冲信号发生电路取代如图 1.5 所示的正脉冲发生电路，图中 CD4069 为 6 反相器电路，其中 2 个与电阻 R_1、晶体 JZ_1 组成方波发生器电路，另外 4 个相互并联组成反相器电路（图中只画出 2 个），JZ_1 选用电子表用晶体，频率为 32.768kHz。按下按钮 K_1，接通 CD4069 的电源，A_1 端即输出一系列方波信号，按住按钮不放，A_1 端即连续输出方波，一按一放，A_1 输出一串方波，该方波经 4 个反相器电路，输出端得到的 U_o 仍为一串方波，只不过功率被放大了（4 个反相器并联的目的就是为了放大功率）。

用一串方波取代一个方波显然能提高门铃操作的可靠性。

3. 调制电路

现在的问题是如何将这一串脉冲发射出去。直接将频率为 32.768kHz 的脉冲信号以无线电波的形式进行发送是行不通的，原因是 32.768kHz 的频率太低。尽管从理论上说，

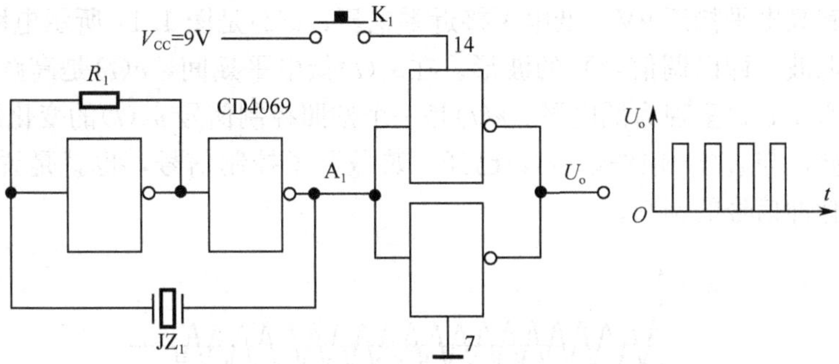

图 1.10 控制脉冲发生电路

低频的电磁波也能向外传播，但传播的距离实在太短，根本做不到“越墙而过”。为此，采用“加载”的方法，即将这一低频的控制信号装载到高频的无线电波上（例如本节介绍的 250MHz）再发射出去，室内的门铃电路接收这一载有低频脉冲信号的高频信号后，从中检出所装载的脉冲信号，这样，就能有效地实现控制信号的无线传输。

高频电子技术中，待加载的控制信号称为调制信号（也称基带信号），用来装载控制信号的高频信号称为载波信号，将调制信号“加载”到载波信号上去的过程称为调制。将基带信号调制到载波上去的方法很多，遥控门铃电路调制的办法如下。

前面已经说过，图 1.7 所示的振荡电路能发射 250MHz 的正弦无线电波，现在将振荡电路晶体管 VT_1 的发射极改接到控制脉冲发生电路的输出端，如图 1.11 所示，我们考查振荡电路的工作状况发生怎么样的变化。

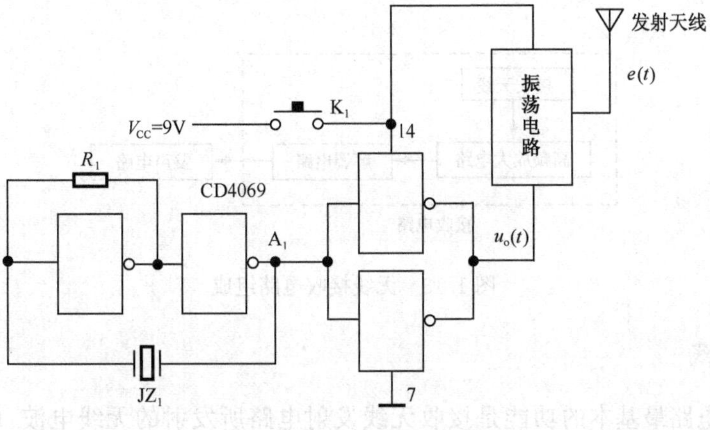

图 1.11 控制脉冲信号调制电路

按下按钮 K_1，电源接通，控制脉冲发生电路即输出方波，其高电平接近电源电压，低电平接近于零，因此输出电压 $u_o(t)$（见图 1.11）不断在电源电压和零之间变化。当该电压为零时，加在振荡电路两端的电压为电源电压，振荡电路发射高频无线电波；当该电压为电源电压时，振荡电路两端电压为零，不向外发射无线电波，于是就得到如图 1.12 所示的结果。图 1.12 中 $e_o(t)$为图 1.7 所示电路在施加恒定的 9V 电压情况下所发射的 250MHz 无线电波（即载波信号）的波形图；$u_o(t)$是控制脉冲电路的输出（即调制信号）波形，其高电平接近 9V，低电平接近零电压；$e(t)$是图 1.11 所示电路中振荡电路所发射的无线电波（即已调信号）的波形。在$u_o(t)$低电平期间，$e(t)$是高频的无线电波；$u_o(t)$高电平期间，$e(t)$呈现为低电平。$e(t)$是一个按照控制信号 $u_o(t)$的变化规律间歇发射的高频无线电波，与 $e_o(t)$相比较，$e(t)$已经“装载”了控制信号，也就是说图 1.11 的电路实现了控制脉冲信号的调制。

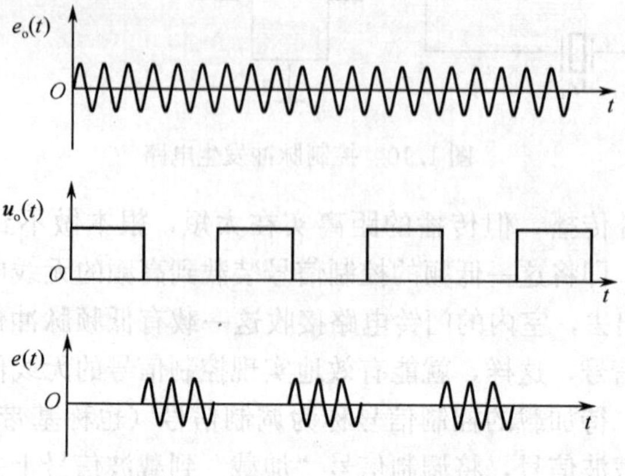

图 1.12　控制信号调制示意图

1.1.3　遥控门铃无线接收电路

无线接收电路由接收天线、高频放大电路和解调电路组成，解调输出的信号用来控制遥控门铃发声电路发声，如图 1.13 所示。

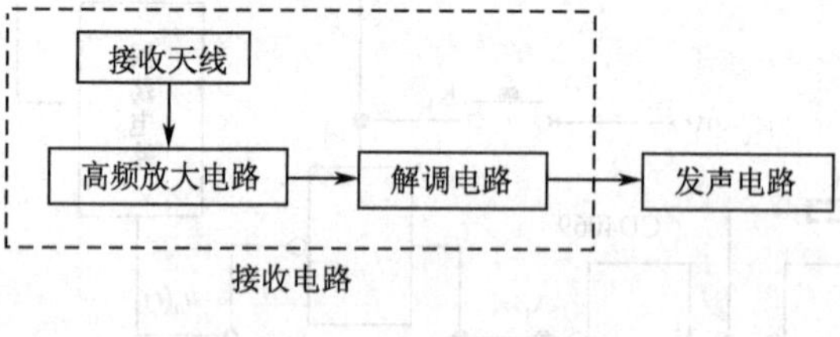

图 1.13　无线接收电路组成

1. 接收天线

无线接收电路最基本的功能是接收无线发射电路所发射的无线电波（如前述的已调波），对其进行放大，并从中检出调制信号。问题是遥控门铃接收电路板周围除了来自遥控门铃无线发射电路的有用信号以外，还存在大量无关的电波，例如广播电台的电波、电视信号电波、移动通信电波、周围电器工作时难免发出的电磁波等。各种干扰无线电波和有用信号混杂在一起，为了有效地放大有用信号，首先需要从混杂的信号中取出有用的无线信号，接收天线就是起这种作用的重要部件。

遥控门铃电路的接收天线被印制在电路板上，如图 1.9 所示接收板的左上角部分，是一个直径 2cm 的开口圆环，圆环开口部分并联电容 C_2，如图 1.14 所示。

由图 1.9 可知，接收天线也是一个 LC 谐振电路，因此就具有选频的特性。将它放到存在各种无线电波的环境中时，只有频率与LC电路谐振频率相同（相近）的无线电波才能在电路中建立起较大的电压。如果调节图1.8（c）中发射天线中的可调电容C_1，使发射无线电波的频率和接收天线的谐振频率相等，则只有遥控门铃发射电路所发射的无线电波才能在天线电路中形成较大的电压，于是就完成了选频的任务。

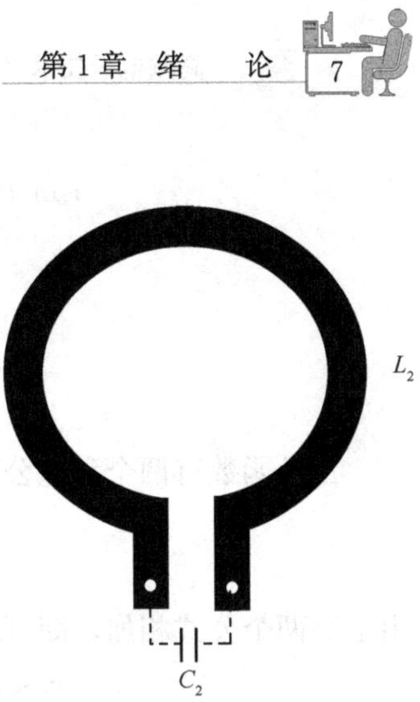

图1.14 接收天线结构

2. 高频放大电路

接收天线中所形成的无线信号是很微弱的，因此需要进行放大。常用高频信号放大的方案和电路很多，我们将在以后的章节中仔细讨论。

3. 解调电路

解调电路的作用是从接收到的无线信号中检出控制信号（即调制信号或基带信号）。和高频放大电路类似，根据调制方式的不同，解调电路也有许多种形式，各种解调电路的结构、原理和特性也将在以后的章节中讨论。

通过遥控门铃电路的剖析，可以看出实现门铃的遥控，核心是如何实现控制信号的无线传输，即通过什么途径、以什么为载体将门铃按钮的信号从一个地方（门外）以无线的方式传输到另一个地方（门内），从而触发门铃发声电路发声。遥控门铃控制信号的传输是依靠无线电波的传播来实现的，因此需要研究无线电波的传播特性。

1.1.4 正弦波信号的调制和解调

在1.1.2节中讨论了门铃控制脉冲信号的调制和解调。实际上，大量基带信号属音频或视频信号，这些信号如何调制与解调呢？这涉及三角函数的一个基本公式和乘法运算。为方便后续课程的理解和学习，下面将介绍如何利用三角函数公式和乘法运算来实现基带信号的调制和解调。

任何音频（语言、音乐等）和视频等信号都可以通过傅里叶级数展开为一系列余弦（或正弦）信号的叠加，即

$$u_\Omega(t) = U_{\Omega 0} + U_{\Omega 1}\cos\Omega t + U_{\Omega 2}\cos 2\Omega t + \cdots + U_{\Omega n}\cos n\Omega t \tag{1.1}$$

因此，只要分析如何将其中的一项余弦波信号通过调制和解调实现远距离无线传输即可，即设定基带信号是

$$u_\Omega(t) = U_{\Omega\text{m}}\cos\Omega_\text{m} t \tag{1.2}$$

这个基带信号的频率在6MHz以下，因此直接将其转化为同频率的电磁波作远距离传输是不可行的。为了实现这一信号的远距离无线传输，需要将其调制到某个高频信号上去，这个高频的余弦波信号即为前面所说的载波信号，用$u_c(t)$表示，即

$$u_c(t) = U_{c\text{m}}\cos\omega_c t \tag{1.3}$$

为了将基带信号调制到载波信号上去，将上述两个信号输入一乘法器电路做乘法运算，如图1.15所示，乘法器的输出信号为

$$u_{\text{AM}}(t) = U_{c\text{m}}U_{\Omega\text{m}}\cos\omega_c t\cos\Omega_\text{m} t \tag{1.4}$$

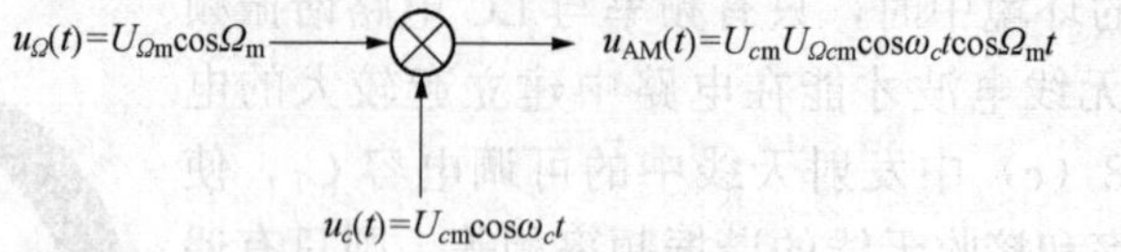

图 1.15　乘法器调制电路

三角函数有两个和差公式，即

$$\cos(\alpha+\beta)=\cos\alpha\cos\beta-\sin\alpha\sin\beta$$

$$\cos(\alpha-\beta)=\cos\alpha\cos\beta+\sin\alpha\sin\beta$$

由上面两个公式相加，即可求得

$$\cos\alpha\cos\beta=(1/2)[\cos(\alpha+\beta)+\cos(\alpha-\beta)] \tag{1.5}$$

根据这一公式，可将基带信号 $u_\Omega(t)$ 和载波信号 $u_c(t)$ 相乘的结果 $u_{\mathrm{AM}}(t)$ 表示为

$$u_{\mathrm{AM}}(t)=(1/2)U_{\mathrm{cm}}U_{\Omega\mathrm{m}}[\cos(\omega_c-\Omega_{\mathrm{m}})t+\cos(\omega_c+\Omega_{\mathrm{m}})t] \tag{1.6}$$

上式表明，基带信号和载波信号相乘所得的信号 $u_{\mathrm{AM}}(t)$ 由两部分组成，一个是频率为 $\omega_c-\Omega_{\mathrm{m}}$ 的余弦波信号；另一个是频率为 $\omega_c+\Omega_{\mathrm{m}}$ 的余弦波信号。由于载波信号频率很高，一般有几百兆至几千兆赫兹的数量级，$\omega_c\gg\Omega_{\mathrm{m}}$，因此无论 $\omega_c+\Omega_{\mathrm{m}}$ 还是 $\omega_c-\Omega_{\mathrm{m}}$ 都属高频信号，即 $u_{\mathrm{AM}}(t)$ 是两个高频信号之和，因此它能以电磁波的形式作远距离传输。同时，这两个信号又都包含基带信号成分，即基带频率 Ω 和幅度 $U_{\Omega\mathrm{m}}$。因此，只要将式（1.6）所含的两个成分中的一个以无线电波的方式远距离传输，即可实现基带信号 $u_\Omega(t)$ 的远距离无线传输。这样，调制的任务即告完成。至于如何从信号 $u_{\mathrm{AM}}(t)$ 中分离出两个成分中的一个，将在第 3 章详细讨论。

接收方收到已调信号［$(1/2)U_{\mathrm{cm}}U_{\Omega\mathrm{m}}\cos(\omega_c-\Omega_{\mathrm{m}})t$ 或 $(1/2)U_{\mathrm{cm}}U_{\Omega\mathrm{m}}\cos(\omega_c+\Omega_{\mathrm{m}})t$］后，如何从中提取出基带信号 $u_\Omega(t)=U_{\Omega\mathrm{m}}\cos\Omega_{\mathrm{m}}t$ 呢？

为此，还要用到乘法运算，即将接收到的已调信号 $(1/2)U_{\mathrm{cm}}U_{\Omega\mathrm{m}}\cos(\omega_c+\Omega_{\mathrm{m}})t$［或 $(1/2)U_{\mathrm{cm}}U_{\Omega\mathrm{m}}\cos(\omega_c-\Omega_{\mathrm{m}})t$］和接收方生成的与发送方相同的高频调制信号 $u_c(t)=U_{\mathrm{cm}}\cos\omega_c t$ 输入一乘法器作乘法运算，如图 1.16 所示，在输出端的输出信号

$$u_0(t)=(1/2)AU_{\mathrm{cm}}U_{\Omega\mathrm{m}}\cos(\omega_c+\Omega_{\mathrm{m}})t\cdot\cos\omega_c t$$

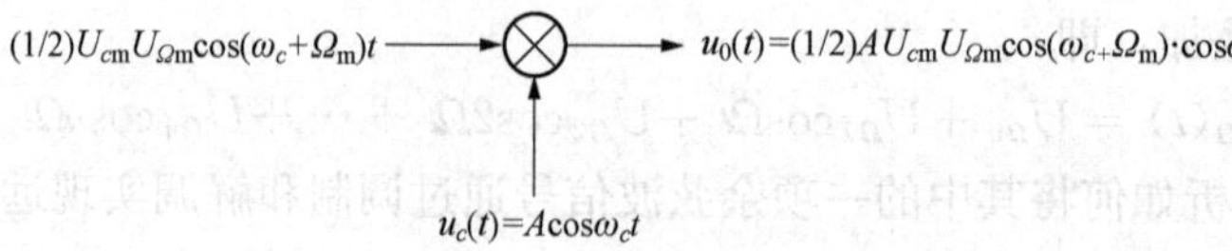

图 1.16　乘法器解调电路

利用式（1.5），乘法器输出信号也可以分解为两项，即

$$u_0(t)=(1/4)AU_{\mathrm{cm}}U_{\Omega\mathrm{m}}\cos\Omega_{\mathrm{m}}t+(1/4)AU_{\mathrm{cm}}U_{\Omega\mathrm{m}}\cos(2\omega_c+\Omega_{\mathrm{m}})t \tag{1.7}$$

容易看出，式中第一项即为基带信号，与式（1.2）相比只是多了系数 $AU_{\mathrm{cm}}/4$（这是不随时间变化的常数，无关紧要）；第二项是原频率为 $2\omega_c+\Omega_{\mathrm{m}}$ 的高频项。为了从式（1.7）所示的结果中取出基带信号，简单的办法是在输出端加一个低通滤波器即可。在图 1.16 的输出端接入一低通滤波器，它不允许高频信号通过，因此式（1.7）第二项的高频信号即被滤除，则最后输出的即为基带信号 $(1/4)AU_{\mathrm{cm}}U_{\Omega\mathrm{m}}\cos\Omega_{\mathrm{m}}t$，如图 1.17 所示。

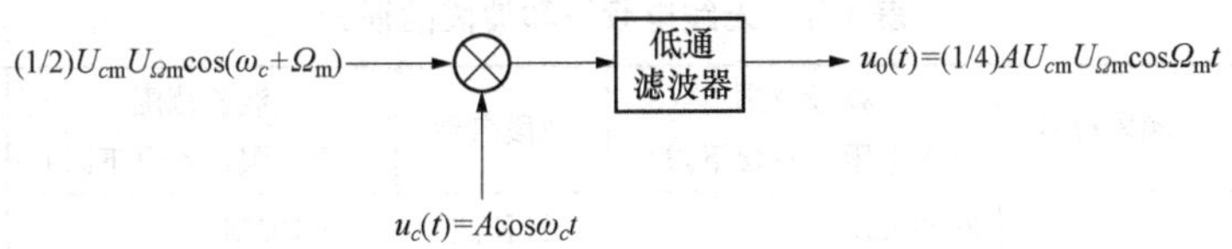

图 1.17 利用低通滤波器提取基带信号

这样，已调信号 $(1/2)AU_{cm}U_{\Omega m}\cos(\omega_c+\Omega_m)t\cdot\cos\omega_c t$ 解调的任务就完成了。通过调制和解调，完美地实现了低频率的基带信号的远距离无线传输。

由整个基带信号的调制和解调过程可以看出，完成调制任务的关键，一是乘法器，二是三角函数的性质［见式（1.6）］，前者是一种技术，后者可以理解为余弦函数本身的内在特性。

前面讨论的是单一余弦波基带信号 $U_{\Omega m}\cos\Omega_m t$［见式（1.2）］的调制和解调。由一系列余弦信号复合而成的一般音频和视频信号［见式（1.1）］该如何调制和解调呢？我们将在第 3 章仔细讨论这一问题。调制和解调理论是高频电子技术课程学习的重点和难点之一，本节关于余弦波调制解调的理论分析将有助于这一重点和难点的学习，因为一系列余弦信号复合而成的一般音频和视频信号的调制和解调所依据的仍然是乘法运算和三角函数的性质［见式（1.6）］。

1.2 无线电波传播特性与频段的划分

1.2.1 无线电频段和波段的划分

所谓无线电波，是指频率范围为几个赫兹至 3000 吉赫兹的电磁波，也称赫兹波。无线电波能在空间传播，利用这一特性，可以实现各种信息的远距离无线传输。前面所讨论的遥控门铃就是利用无线电波的这一特性来实现控制信号的无线传输。不同波长的无线电波，其传播特性有很大的差别，因此，为了全面了解无线电波在信息无线传输中的广泛应用，首先需要了解无线电频段和波段的划分。

无线电波既可以按频率的高低来划分，也可以按波长的长短来划分，按频率高低划分的称为频段，按波长划分的称为波段。按频率划分，无线电波分为极低频、超低频、特低频、甚低频、低频、中频、高频、甚高频、特高频、超高频、极高频和至高频等 12 个频段；按波长划分，分为极长波、超长波、特长波、甚长波、长波、中波、短波、超短波、分米波、厘米波、毫米波和丝米波等 12 个波段，分米、厘米、毫米和丝米波合称微波。频段和波段有一一对应关系，有时候使用“频段”，有时候使用“波段”，因此需要了解彼此之间的转换关系。表 1.1 给出了各个频段和波段所对应的频率和波长。波长 λ 和频率 f 之间的关系满足以下公式：

$$f=c/\lambda$$

式中，c 是光速，约等于 3×10^8m/s。有时候使用频段的简写符号，为此，表 1.1 还给出了常用的一些频段符号。

表 1.1 无线电频谱和波段的划分

<table>
<tr><th>段号</th><th>频段名称</th><th>频段符号</th><th>频段范围
（含上限，不含下限）</th><th colspan="2">波段名称</th><th>波长范围
（含上限，不含下限）</th><th>传播模式</th></tr>
<tr><td>1</td><td>极低频</td><td></td><td>3～30Hz</td><td colspan="2">极长波</td><td>10～100Mm</td><td>空间波为主</td></tr>
<tr><td>2</td><td>超低频</td><td></td><td>30～300Hz</td><td colspan="2">超长波</td><td>1～10Mm</td><td>空间波</td></tr>
<tr><td>3</td><td>特低频</td><td></td><td>300～3000Hz</td><td colspan="2">特长波</td><td>100～1000km</td><td>空间波为主</td></tr>
<tr><td>4</td><td>甚低频</td><td>VLF</td><td>3～30kHz</td><td colspan="2">甚长波</td><td>10～100km</td><td>空间波为主</td></tr>
<tr><td>5</td><td>低频</td><td>LF</td><td>30～300kHz</td><td colspan="2">长波</td><td>1～10km</td><td>地波为主</td></tr>
<tr><td>6</td><td>中频</td><td>MF</td><td>300～3000kHz</td><td colspan="2">中波</td><td>100～1000m</td><td>地波与天波</td></tr>
<tr><td>7</td><td>高频</td><td>HF</td><td>3～30MHz</td><td colspan="2">短波</td><td>10～100m</td><td>天波与地波</td></tr>
<tr><td>8</td><td>甚高频</td><td>VHF</td><td>30～300MHz</td><td colspan="2">超短波</td><td>1～10m</td><td>空间波</td></tr>
<tr><td>9</td><td>特高频</td><td>UHF</td><td>300～3000MHz</td><td rowspan="4">微波</td><td>分米波</td><td>1～10dm</td><td>空间波</td></tr>
<tr><td>10</td><td>超高频</td><td>SHF</td><td>3～30GHz</td><td>厘米波</td><td>1～10cm</td><td>空间波</td></tr>
<tr><td>11</td><td>极高频</td><td>EHF</td><td>30～300GHz</td><td>毫米波</td><td>1～10mm</td><td>空间波</td></tr>
<tr><td>12</td><td>至高频</td><td></td><td>300～3000GHz</td><td>丝米波</td><td>1～10dmm</td><td>空间波</td></tr>
</table>

注：表中仅列出主要传播模式，例如甚高频波，除了空间波模式以外，还以散射波模式、地空传播模式传播。

由于传播特性的不同，各个频段无线电波的应用范围也有所不同，表 1.2 给出了不同频段无线电波的主要应用。

表 1.2 各频段无线电波的主要应用

段号	频段名称	频段符号	主要用途
4	甚低频	VLF	海岸与潜艇间通信；海上导航
5	低频	LF	大气层内中等距离通信；地下岩层通信；海上导航
6	中频	MF	广播；海上导航
7	高频	HF	远距离短波通信；广播
8	甚高频	VHF	散射通信；流星余迹通信；空间飞行器通信；电视；雷达；导航；移动通信
9	特高频	UHF	散射通信；小容量（8～12 路）微波接力通信；中等容量（120 路）微波接力通信；移动通信
10	超高频	SHF	大容量（可达 6000 路以上）微波接力通信；数字通信；卫星通信；波导通信

1.2.2 无线电波的传播特性

1. 无线电波的传播模式

无线电波可按多种模式传播，适用于通信的传播模式有以下五种（见图 1.18）。

(1) 地表波传播

无线电波沿着地球表面传播，称为地表波传播，也称地波传播。低频、中频和高频段的无线电波可以通过地波的方式传播。

地波传播过程中遇到山脉、地面建筑物等障碍物时将被反射，如果出现这种情况，利

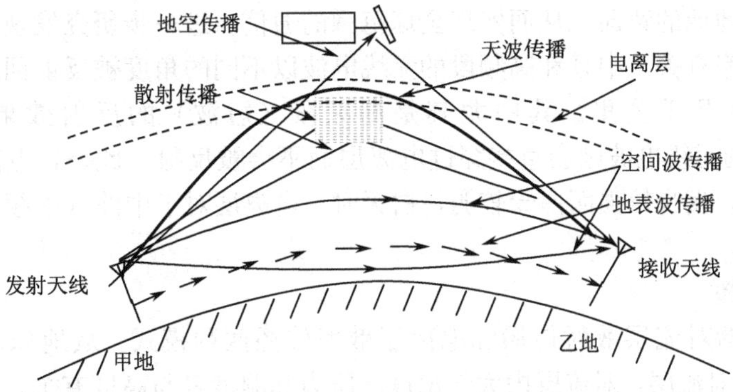

图 1.18 无线电波的传播

用地波进行的通信（或信息传输）将受到限制。例如，使用对讲机进行通信，如果收、发双方隔了一座大楼，大楼将发射方所发射的无线电波全部反射回去，则接收方无法接收发射方所发出的无线电波，通信就无法正常进行。什么情况下双方的通信才不会受大楼的影响呢？无线电波属电磁波家族，当然也具备波动的各种性质。根据波动理论，行进中的波动遇到障碍物时，如果障碍物的尺寸比波长大得多，该波将被反射；反之，如果波长比障碍物的尺寸大得多，波动就会绕过障碍物继续前进。由表 1.1 可知，低频、中频和高频段的无线电波，其波长为 10m～10km，如果障碍物尺寸为几十米至几千米时，这些频段的无线电波能绕过障碍物继续传播。地面建筑物的尺寸一般都在这个范围内，因此上述三个频段的无线电波适合于通过地波传播方式进行通信。中波广播所使用的频率属于中频段，其无线信号就是通过地波方式进行传播的。利用绕射的传播模式，地表波可以传播到视线范围以外。地表波的吸收衰减随频率的增加而增加，因此高频段地波传播的距离一般只有几十公里。

（2）空间波传播

发射天线与接收天线在视距范围内时，无线电波一部分直接由发射天线传向接收天线，另一部分经地面反射后传向接收天线，这两部分电波合称空间波，空间波传播模式也称视距传播模式。这种低层大气中的空间波传播模式是超短波和微波的主要传播模式，分广播通信和点对点通信两类。调频广播和电视信号的传播属前一类，微波通信则属后一类。视距传播的距离一般不大，用于调频广播、电视和移动通信的传播距离一般可达 60km，用于微波接力通信的传播距离一般在 50km 左右。为了扩大视距范围（也就扩大了接收范围），调频广播和无线电视的天线就要装得高，因此各大城市的电视信号发射塔常常安装到该城市的最高建筑物的顶部。例如，上海的电视塔即安装在“东方明珠”的顶部，高度达 468m。

（3）天波传播

天波也称电离层波。自发射天线发出的无线电波在高空经电离层反射到达接收天线的传播方式，称为天波传播。

太阳光和各种宇宙辐射使空气分子电离为正负离子，在高空 60～900km 范围内形成电离层，电离层对无线电波起反射作用。来自发射天线的无线电波经电离层反射后返回地面，就被传播到更远的地方。而且，被电离层反射回来的无线电波可能再次进入电离层，形成电离层的第二次反射，类似地还可能有第三、第四次反射，因此无线电波就有可能从地球的正面传到地球的背面，从而实现全球范围的通信。进一步研究发现，这种反射作用与无线电波的频率有关，中频和高频段的无线电波以不同的角度被反射回地面，经多次反射传播距离可达几千公里，其中尤其是高频段（短波）的反射效果最好。甚高频（30MHz）以上的无线电波则会直接穿过电离层而不会被反射。此外，电离层的反射作用白天和夜晚不同，夜晚较强而白天较弱，白天时，电离层对于中波（中频）无线电波几乎没有反射作用。

（4）散射传播

散射传播包括对流层散射传播和电离层散射传播两种模式。从地球表面开始至高度10km的范围称为对流层，对流层内大气温度、压力和湿度等与高度有关，从而造成介电系数的不均匀性。电波通过这些不均匀的介质时，就会发生反射、折射和散射，由此引起的无线电波传播称为对流层散射传播。甚高频波段（超短波频段）无线电波依靠这种传播模式，通信距离可达数百公里。高度85km处的电离层的不均匀性也会产生无线电波的散射，称为电离层散射传播，依靠这种模式，30～60MHz甚高频波通信的距离为800～2000km。

（5）地空传播

无线电波频率高于几十兆赫兹时，能穿透电离层传播，这种穿透电离层的直射传播模式称为地空传播模式。利用地空传播模式可以实现地面与卫星及卫星与卫星之间的通信，用于空间飞行器的搜索、定位、跟踪等。

2. 介质对无线电波传播的影响

（1）金属对于无线电波的屏蔽作用

无线电波在空气中传播时，其衰减较慢，因此可以传播很远的距离。无线电波也能穿透水泥、砖木等建筑材料，从大楼外面渗入大楼的各个角落。因此，我们在大楼里面可以正常地利用手机与外界通信，家庭无绳电话的使用也丝毫不受房间隔墙的影响。

但是，无线电波不能在金属等良导体中传播，与水泥、砖木等几乎不能导电的材料不同，金属是良导体，电磁波在金属中传播时会感应出传导电流，这一电流在金属中流动时发热，电磁波能量转化为热能，无线电波很快衰减。根据这个道理，用金属板围成一个密闭的房间，外面的无线信号就无法进入这个房间，这表明金属对于无线电波有屏蔽作用。金属屏蔽无线电波而影响通信的例子很多，例如在电梯内使用手机，就会感到信号很差甚至无法通话。为了方便正常的无线通信，我们希望无线电波无处不在。反过来，在进行一些科学实验（例如人体电生理实验）时需要消除周围电磁波的影响，这时，无所不在的无线电波就变得碍事。这种情况下，可以用金属板或金属丝网围成一个屏蔽室，由于屏蔽室金属板（网）的屏蔽作用，屏蔽室内几乎没有无线电波，所进行的实验就可以免除电磁波的影响。

（2）海水中无线电波的传播

如果无线电波能像在空气中一样在海水中传播，我们就可以利用无线电实现水下通信，这对于水下勘探、救援以及潜水艇与陆地的通信具有重要的意义。可惜，海水也是良导体，无线电波在海水中会急剧地衰减。根据理论计算，1MHz的无线电波，在海水中只能传播25cm，用这种频率的无线电波进行水下通信显然是行不通的。

好在海水对于无线电波的衰减作用与波长有关，波长在10km以上的无线电波（甚长波）能在海水中传播较远的距离。尽管如此，甚长波在海水中也只能传播几十米的距离。不过，有了几十米的传播距离，就可以与几百公里（甚至几千公里）以外的水下潜艇进行无线电通信，方法如图 1.19 所示。陆地电台通过超高频无线电波（微波）与卫星建立通信，卫星利用甚长波与水下的潜艇建立通信，由卫星发出的甚长波在大气中传播时，衰减很少，然后垂直进入水中，只要功率足够大，甚长波能在水中传播几十米，如果潜艇潜入水下的深度是 30m，潜艇就能接收到陆地电台发来的信号。由潜艇发给陆地电台的信号，则首先发给卫星，然后由卫星转发给陆地电台，潜艇与卫星之间通信使用甚长波，卫星与陆地电台之间使用微波，于是就实现了陆地与几百甚至几千公里以外潜艇间的通信。加大甚长波的功率，加长潜艇的接收天线，甚至可以实现与 100 多米深度处的潜艇的无线通信。表 1.2 列出了这种通信所使用的频段。

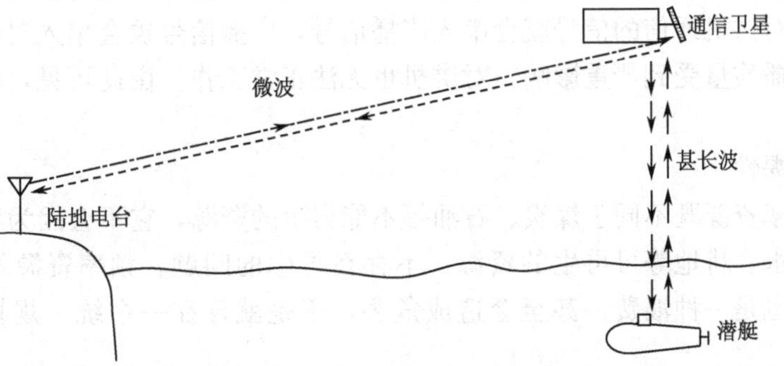

图 1.19 陆地与潜艇通信示意图

(3) 地下无线电波传播

地球 70～80km 厚的表层称为地壳，所谓地下无线电波传播，是指无线电波在地壳内的传播。实现地下无线电通信也是十分有意义的，因为人类矿产的开采都在地壳的表层进行，地下无线通信的实现对于地下探矿、矿业生产和矿下救助将起重要的作用。

地壳可大致分为三层：地面以下 3～7km 和海底 1～2km 为一层，由沉积岩组成，这一层的电导率是海水的几十分之一至几万分之一；距离地面 40km 以上的区域，温度急剧升高，游离电荷增多，导电率随深度的增加而迅速增加，与高空中的电离层类似，称为“热电离层”，这一层显然无法传播无线电波；上述两层之间的中间层，由花岗岩和玄武岩组成，电导率是海水的几百万分之一至几十亿分之一。花岗岩和玄武岩组成的中间层，因其电导率低而可以传播超长波或波长更长的极长波，但由于深入地下数公里的天线难以建造，现在还不能实际应用于通信。

目前研究较多并已经开始实用的是浅表沉积岩层的无线电通信，由于波长较长的无线电波能传播较远的距离，沉积岩层无线电通信使用的也是超长波。

1.2.3 无线电管理

1. 无线电频率资源的特性

无线电频率资源具有以下四个特性，由此决定需要对其进行严格的管理。

（1）有限性

无线电频率资源的有限性有两方面的含义。其一，尽管资源的总量很大，但毕竟是有限的，随着国民经济的迅速发展，各部门对于通信的要求越来越迫切，特别是一些经济发达地区和大城市的无线电台（站）数量猛增，对频率的需求量迅速增加，无线电频谱资源越来越难于满足不断增加的需求。无线电台（站）数量的迅速增加，有限的频率资源日益拥挤，电磁环境污染日趋严重，无线电台（站）之间互相干扰逐渐增多，使频谱的合理且最佳分配及使用成为一个亟待解决的问题。其二，无线电频率资源虽然可以反复使用，但对于某一频段和频率，在一定的时间、一定的区域，它的使用又是有限的。一个电台使用了某一个频率，同一区域内其他电台就不能同时使用这个频率。例如，将民用无线电设备的频率放到飞机导航的频率上，很可能引发重大事故。又如，560kHz 是某个城市广播电台中波广播所使用的频率，这个城市（包括附近的城市）的无线电对讲机就不能使用这个频率；否则，对讲机通信的信号就会串入广播信号，广播信号也会串入对讲机，造成严重的干扰以致广播质量受到严重影响，对讲机也无法正常工作。由此可见，频率的使用需要严格管理。

（2）非耗竭性

无线电频率资源既不同于煤炭、石油等不能再生的资源，它不会因为频繁使用而被消耗，也不同于水、耕地等可再生的资源，不存在再生的问题。频率资源不利用是一种浪费，使用不当也是一种浪费，甚至会造成危害，于是就存在一个统一规划、合理开发的问题。

（3）排他性

无线电频率资源是全人类共享的自然资源，无线电波的传播不受省界国界的限制，从技术的角度来看谁都可以使用某个频段来发送和接收无线信号。但当某个频段被人占用以后，同一时间、同一区域的其他人就不能再使用这个频段，两个通信系统同时使用相同的频段将造成严重的干扰。因此，从管理的角度来看，频率资源的使用具有排他性，即一个部门（个人）使用以后，另一个部门（个人）就不能同时使用这一资源。这种矛盾也必须通过管理来解决。

（4）易受污染性

无线电波传播时容易受到各种自然和人为因素的干扰。例如，太阳黑子活动对短波通信的影响就是一种自然干扰。太阳黑子活动加强时，电离层密度增大，短波的低频段就要差一些，太阳黑子突然爆发时，引起电离层的骚动，可使短波通信中断。电机等电子、电器设备运行时会向外发射无线电波，从而影响通信，这种干扰就属于人为干扰。从管理的角度看，频率资源的管理还必须涉及除通信系统以外的电子及电器设备管理，要对这些设备运行时所发出的无线电辐射做出明确的限制性规定。

2. 无线电管理的内容

由于无线电频率资源的上述特性，国际社会和任何国家都必须对它进行科学的规划、严格的管理。我国现代意义上的无线电管理是改革开放以后才发展起来的，在此之前，无线电由军队独家管理。1986 年，中共中央、国务院决定将无线电管理由军队转到地方，成立了国家无线电管理委员会，各省市也都建立了相应的无线电管理机构，1993 年颁布了我国第一部无线电管理法规——《中华人民共和国无线电管理条例》，从此，无线电管理走上了健康发展的道路。2007年第十届全国人民代表大会第五次会议通过的《物权法》还进一步明确规定无线电频率资源属于国家所有。

按照现有的法规，无线电管理的内容主要包括以下几个方面。

（1）无线电台设置和使用管理

设置、使用无线电台（站）的单位或个人，必须提出书面申请，办理设台审批手续，领取电台执照。

（2）频率管理

国家无线电管理机构对无线电频率实行统一划分和分配。频率使用期满，需要继续使用，必须办理续用手续。国家关于广播、无线电视、卫星电视和移动通信所使用频率的划分如表1.3～表1.6所示。1989年，国家无线电委员会、物价局、财政部联合颁布了《无线电管理收费暂行规定》；1998年颁布《无线电管理收费规定》，开始收取频率占用费。目前，频率占用费收入主要来源是公众通信网络。

（3）无线电设备的研制、生产、销售和进口管理

研制无线电发射设备所需要的工作频率和频段应当符合国家有关无线电管理的规定，并报国家无线电管理机构核准；生产的无线电发射设备，其工作频率、频段和有关技术指标应当符合国家有关无线电管理机构的规定，并报国家无线电管理机构或者地方无线电管理机构备案。

企业生产、销售的无线电发射设备，必须符合国家技术标准和有关产品质量管理的法律、法规的规定。进口的无线电发射设备，其工作频率、频段和有关技术指标应当符合国家有关无线电管理的规定，并报国家无线电管理机构或者省、自治区、直辖市无线电管理机构核准。

（4）非无线电设备的无线电辐射管理

工业、科学、医疗设备、电气化运输系统、高压电力线及其他电器装置产生的无线电波辐射，必须符合国家规定，不得对无线电业务产生有害干扰。

非无线电设备对无线电台（站）产生有害干扰时，设备所有者或者使用者必须采取措施予以消除；对航空器、船舶的安全运行造成危害时，必须停止使用。

表1.3 无线电广播及电视频率分配表

频段（波段）名称	频段符号	频率	电台间隔	用途
低频（长波）	LF	120～300kHz		长波调幅广播
中频（中波）	MF	525～1605kHz	9kHz	中波调幅广播
高频（短波）	HF	3.5～29.7MHz	9kHz	短波调幅广播
甚高频（超短波）	VHF	88～108MHz	150kHz	调频广播及数据广播
甚高频（超短波）	VHF	48.5～92MHz	8MHz	电视及数据广播
甚高频（超短波）	VHF	167～223MHz	8MHz	电视及数据广播
特高频（微波）	UHF	223～443MHz	8MHz	电视及数据广播
特高频（微波）	UHF	443～870MHz	8MHz	电视及数据广播

表 1.4　无线电视各频道频率分配表

电视频道	频率/MHz	电视频道	频率/MHz	电视频道	频率/MHz	电视频道	频率/MHz
1	49.75	18	511.25	35	687.25	52	823.25
2	57.75	19	519.25	36	695.25	53	831.25
3	65.75	20	527.25	37	703.25	54	839.25
4	77.25	21	535.25	38	711.25	55	847.25
5	85.25	22	543.25	39	719.25	56	855.25
6	168.25	23	551.25	40	727.25	57	863.25
7	176.25	24	559.25	41	735.25	58	871.25
8	184.25	25	607.25	42	743.25	59	879.25
9	192.25	26	615.25	43	751.25	60	887.25
10	200.25	27	623.25	44	759.25	61	895.25
11	208.25	28	631.25	45	767.25	62	903.25
12	216.25	29	639.25	46	775.25	63	911.25
13	471.25	30	647.25	47	783.25	64	919.25
14	479.25	31	655.25	48	791.25	65	927.25
15	487.25	32	663.25	49	799.25	66	935.25
16	495.25	33	671.25	50	807.25	67	943.25
17	503.25	34	679.25	51	815.25	68	951.25

表 1.5　卫星电视频率分配表

卫星电视频段	频率/GHz	卫星电视频段	频率/GHz
C 频段	3.4～4.2	K_u-3	11.45～11.7
K_u-1	10.95～11.2	K_u-4	11.7～12.2
K_u-2	11.2～11.45	K_u-5	12.25～12.75

注：目前我国广播电视节目共使用了 11 颗通信卫星的 27 个转发器，其中 K_u 频段 11 个，C 频段 16 个。

表 1.6　我国移动通信频率分配表

频段	频段
29.7～48.5MHz	335.4～399.9MHz
64.5～72.5MHz（广播为主，与广播业务共用）	406.1～420MHz
72.5～74.6MHz	450.5～453.5MHz
75.4～76MHz	460.5～463.5MHz
137～144MHz	566～606MHz
146～149.9MHz	798～960MHz（与广播共用）
150.05～156.762 5MHz	1427～1535MHz
156.835 7～167MHz	1668.4～2690MHz
167～223MHz（以广播为主，与广播业务共用）	4400～5000MHz
223～235MHz	

3. 微功率（短距离）无线电设备管理

1998年，原信息产业部（现改为“工业和信息化部”）颁布了《微功率（短距离）无线电设备管理暂行规定》以下简称《暂行规定》，对功率无线电设备的研制、生产、销售、进口和使用做出了规定，防止微功率无线电设备对广播电视、导航、移动通信及射电天文等无线电业务产生干扰。

所谓微功率无线电设备，包括地下管线探测设备、通用微功率无线电发射设备、通用无线遥控设备（门、窗遥控设备及各种遥控开关）、无线传声器、生物医学遥测设备、无绳电话机、起重机或传送机械专用遥控设备、电子吊秤无线传输专用设备、工业用无线遥控设备、无线数据传送设备、防盗报警无线控制设备和模型玩具无线电遥控设备等12类。凡技术指标（主要是频率、发射功率、占用带宽、调制方式等）符合《暂行规定》附件所列要求的无线电设备，都属于微功率无线电设备。作为例子，表1.7给出了12类设备之一的模型玩具无线电遥控设备所使用的频率和需要达到的主要技术指标。

表1.7 模型玩具无线电遥控设备主要技术指标

通信设备	占用带宽/kHz	发射功率/mW	频率/MHz	遥控设备	带宽/kHz	发射功率/W	频率/MHz
1	<12	⩽100	26.965	1	<8	⩽1	26.975
2	<12	⩽100	26.985	2	<8	⩽1	26.995
3	<12	⩽100	27.005	3	<8	⩽1	27.015
4	<12	⩽100	27.025	4	<8	⩽1	27.045
5	<12	⩽100	27.055	5	<8	⩽1	27.065
6	<12	⩽100	27.075	6	<8	⩽1	27.095
7	<12	⩽100	27.105	7	<8	⩽1	27.115
8	<12	⩽100	27.125	8	<8	⩽1	27.145
9	<12	⩽100	27.165	9	<8	⩽1	27.195
10	<12	⩽100	27.185	10	<8	⩽1	27.225

《暂行规定》对微功率无线电设备的研制、生产、销售、进口和使用所做的主要规定如下。

(1) 微功率无线电设备使用

微功率无线电设备的使用不得对其他合法的各种无线电台站产生有害干扰，但必须避让或忍受其他合法的无线电台站的干扰或工业、科学及医疗应用设备的辐射干扰，遇有干扰时不受法律上的保护，但可向当地无线电管理机构报告。使用微功率无线电设备不需办理无线电电台执照手续，但必须接受无线电管理办事机构对其产品性能指标进行必要的检查或测试。

(2) 微功率无线电设备研制

研制微功率无线电设备须按国家无线电管理机构发布的《研制无线电发射设备的管理规定》办理有关手续。

(3) 微功率无线电设备的生产和进口

生产、进口微功率无线电设备须按国家无线电管理机构发布的《进口无线电发射设备的管理规定》《生产无线电发射设备的管理规定》办理有关手续。

生产厂商应接受国家或所在省（自治区、直辖市）无线电管理机构对其产品性能指标的检查和测试。所生产产品的性能指标须符合《暂行规定》的要求，不符合要求的产品不得出厂。

1.3 高频电子技术研究对象和方法

1.3.1 无线通信与通信系统的组成

将经过处理的信息从一个地方传递到另一个地方，称为通信。通信可以采用有线的方式，也可以通过无线的方式来实现。借助于无线电波实现通信的，称为无线通信。用于实现无线通信的装置，称为无线通信系统，前面解剖分析的遥控门铃，即属于无线通信系统。

无线门铃可以用图 1.20 所示框图来表示，可以看出它由三大部分组成。一是按钮电路，用来产生使门铃发声的控制信号。这里的门铃控制信号是我们希望通过无线传输的方式发送出去的信号，即基带信号，这部分电路即称为基带信号发生电路；二是无线电波发射和接收电路，其功能是由发射电路产生高频振荡，用基带信号（门铃控制信号）对它进行调制，并以无线电波的方式发射出去，这一调制后的高频信号称为已调信号，然后由接收电路从远处接收已调信号，再从中解调出基带信号（门铃控制信号）；三是门铃发声电路，经无线传输而来的基带信号触发发声电路，发出“叮咚”门铃声，最终实现门铃的无线遥控，我们将这部分电路称为基带信号应用电路。

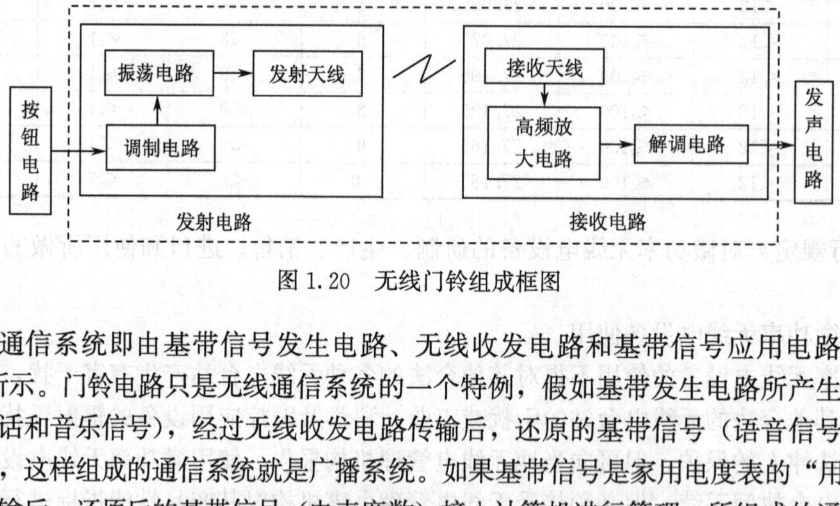

图 1.20　无线门铃组成框图

无线通信系统即由基带信号发生电路、无线收发电路和基带信号应用电路组成，如图 1.21 所示。门铃电路只是无线通信系统的一个特例，假如基带发生电路所产生的是语音信号（讲话和音乐信号），经过无线收发电路传输后，还原的基带信号（语音信号）用来驱动扬声器，这样组成的通信系统就是广播系统。如果基带信号是家用电度表的“用电度数”，经无线传输后，还原后的基带信号（电表度数）接入计算机进行管理，所组成的通信系统就是一个无线抄表系统，这一系统能使电业管理部门实现客户用电量的科学管理等。

图 1.21　通信系统组成框图

在通信系统中，无线收发电路是其核心部分，它由无线发射和接收电路两部分组成，如图 1.17 所示，其中用虚线框标出来的部分即为无线接收和发射电路，我们将其统称为无线电波接收发送系统，或无线收发系统。无线收发系统有一个输入端和一个输出端，基带信号是无线收发系统的输入信号，无线收发系统的输出信号是还原后的基带信号。收发系统两部分电路之间没有导线连接，而且被放置在彼此相分离的两个地方，但又通过无线电波而密切关联：发射电路产生并向外发射无线电波，并用输入信号（基带信号）对所发射的无线电波进行调制，接收电路接收这一调制后的无线电波，对其进行放大，并从中解调出基带信号输出。无线收发系统的基本功能是通过无线传输的方式将输入端输入的信号传输到远离发射电路的接收电路处，即通过无线传输的方式实现信号从一个地方到另一个地方的传输。

1.3.2 高频电子技术的研究对象和方法

不同的基带信号，将形成不同的通信系统，但是基带信号不同时，作为无线通信系统核心的无线收发电路的结构却大同小异。因此，深入研究无线收发系统对于实用通信系统的开发、应用就显得十分重要。高频电子技术就是这样一门以无线收发系统为研究对象的课程。

高频电子技术所研究的主要内容是无线收发系统的组成、电路结构、工作原理、主要特性和应用。无线收发系统由无线发射电路和接收电路组成。发射电路又包括振荡电路、调制电路和天线等，为了提高无线发射功率，有时还需要增加高频功率放大电路；接收电路包括无线信号接收天线、高频信号放大电路、解调电路等。所有这些电路所完成的功能都离不开高频信号的产生、发射、接收和处理，因此，也可以认为高频电子技术是研究高频信号产生、发射、接收和处理的学科。

高频电子技术与通信技术相比较，两者都将信息的无线传输作为研究的对象，而且密切相关，无线通信以高频电子技术为基础，高频电子技术以无线通信的实现为目标。另一方面，两者又有明显的差异，无线通信的研究对象包括基带信号发生、转换（调制）、无线传输、接收及基带信号应用电路等，而高频电子技术着重研究无线信号的发射和接收，即包括基带信号的调制以及无线信号发射、接收和解调等，虽然高频电子技术在讨论无线信号收发时也自然地涉及基带信号发生和应用电路的一些基本知识，但这不是重点。

高频电子技术是模拟电子技术向高频段延伸的结果，因此“高频电子技术（线路）”是“模拟电子技术”的后续课程，其所使用的微变等效电路等研究方法也与模拟电子技术有共同之处。但是，由于高频电子技术所涉及的频率很高，达到几百兆赫兹直至几千兆赫兹，因此，与模拟电子技术相比较，又有许多新的特征。例如，模拟电子技术较多地涉及二极管等半导体器件的非线性特性；由于频率很高，高频电路中导线的电容、电感特性不能忽略，因此就不能简单地看作是一个纯电阻。为此，进行高频电路分析时，我们将引入一些新的概念和方法。

1.3.3 高频电子技术的发展

高频电子技术主要应用于通信，因此这种技术的发展与无线通信技术密不可分，无线通信技术的发展历史也就是高频电子技术的发展史。

发明无线电通信并使其应用于实际的是意大利人马可尼。1894 年，他在自己家里通过无线电波打响了 10m 以外的电铃，这是人类历史上第一次实现了短距离的无线信号传送。1912 年进一步实现了跨大西洋的无线电通信。从首次实现跨洋无线通信开始至今，无线通信迅速发展，相继发展了短波通信、微波通信、卫星通信、移动通信等通信方式。

19 世纪 20 年代开始，短波通信获得了蓬勃的发展。由于短波具有较强的电离层反射能力，适用于环球通信，因而广泛地应用于电报、电话、低速传真通信和广播。直至 20 世纪 60 年代卫星通信兴起以前，短波通信一直是洲际通信中的重要手段。

20 世纪 50 年代，发展了微波接力通信。微波依靠空间波的方式传播，绕射能力差，需要采取接力通信的方式才能实现远距离通信，即每隔几十公里设置中继站，接收前方站的信息，放大后再传输给后方中继站。由于微波通信投资省，容量大，是一种重要的通信手段。至今，许多国家微波中继通信在长途通信网中所占的比例仍高达 50%以上。我国自 1956 年开始建立微波通信网，在 1976 年的唐山大地震中，在京津之间的同轴电缆全部断裂的情况下，6 个微波通道全部安然无恙。在当今世界的通信革命中，微波通信仍是最有发展前景的通信手段之一。

所谓卫星通信，是指地面两点之间以卫星为中继站的通信。1965 年，“晨鸟”（Early Bird）号静止通信卫星的发射，标志着卫星通信真正进入了实际商用阶段。

移动通信方面，它的发展至今大约经历了五个阶段：第一阶段为 20 世纪 20 年代初到 50 年代末，主要用于船舰及军用，采用短波频段及电子管技术，至该阶段末期才出现 150MHz 的单工汽车公用移动电话系统；第二阶段为 50 年代末到 60 年代末，此时频段扩展到 450MHz，器件技术已经向半导体过渡，大多为移动环境中的专用系统，并解决了移动电话与公用电话的接续问题；第三阶段为 70 年代初到 80 年代，此时频段已经扩展到 800MHz；第四阶段为 80 年代到 90 年代中，第二代数字移动通信兴起并且大规模的发展，并逐步向个人通信发展，频段扩至 900～1800MHz，而且除了公众移动电话系统以外，无线寻呼系统、无绳电话系统、集群系统等各类移动通信手段适应用户与市场需求同时兴起；90 年代中期至今则属第五阶段。

无线通信发展的同时，作为其基础的高频电子技术也获得相应的发展，用于高频电路的半导体新器件不断出现，用于组成无线收发电路的振荡电路、谐振功率放大电路、调制解调电路、调谐放大电路不断改进和创新。“高频电子技术”课程不仅是通信专业，同时也是其他电子信息类专业的一门重要专业基础课。

1.3.4 高频电路的集成化和模块化

1. 无线收/发芯片

随着集成电路技术的进步，和低频范围的模拟电路一样，高频电路也被集成化，已大批生产多种单片集成发射电路、集成接收电路或集成收发电路芯片。与低频模拟电路相比较，高频电路的集成化具有特别重要的意义。分立元件组成的高频电路的设计一向是十分困难的，主要原因是缺乏恰当的检测仪器和方法对电路中各关键点的电流电压进行测量，从而影响了高频电路工作状态的分析。

低频时，我们可以用示波器随意测量电路中某只晶体管集电极和基极的电压波形，从而确定该晶体管工作是否正常，静态工作点设置是否合理等。在高频电路中就很难做到这一点，例如信号频率达到几百兆赫兹或更高时，将普通示波器接入时，被测电路和示波器之间的连接线会对高频电路造成影响。如果被测量的是一个振荡电路，由于连接线的接入，该电路的振荡频率会发生变化，严重的可能使振荡电路停振，无论是停振或使振荡频率发生变化，示波器测量到的已经不是电路的真实状况。因此，我们不能使用低频情况下常用的办法对高频电路进行调试，电路设计出来以后，很难通过常规的测试对原设计进行修正和补充，这就显著地加大了高频电路设计、制作的难度。

应用集成电路技术，将高频电路的电阻、电感、电容和晶体管集成在一块芯片内，省略了复杂的电路调试过程，从而使原本很复杂的高频电路的应用变得很简单。不过，和模拟集成电路一样，高频电路中较大容量的电容、电感、天线和一些特殊器件还不能集成在芯片内，为此，和模拟集成电路的做法一样，高频集成电路也保留了不少引脚，用来将外接的电容、电感、天线及其他必须外接的元器件接入电路。

和模拟集成电路一样，除了免去复杂的调试以外，高频电路集成化还具有缩小体积、降低成本、降低功耗和提高可靠性等优点，特别适用于便携式通信设备。

高频电路集成化后所形成的集成电路常称为无线收/发电路芯片或射频电路芯片。常用的射频芯片有以下几类。

(1) 无线发射芯片

这类芯片都有一个或几个输入端，用来输入基带信号，都有外接天线引脚，用来外接天线，芯片的功能是向外发射经过基带信号调制的射频信号（无线电波），芯片的其他引脚则用来连接外接元器件，如图 1.22 所示（图中未画出外接元器件引脚）。常用的型号有 nRF902、RF02、TX6000 等。

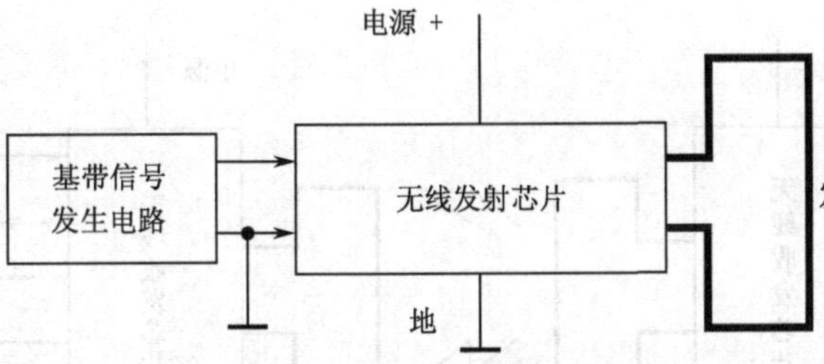

图 1.22 无线发射芯片框图

(2) 无线接收芯片

这类芯片通过外接天线接收无线电波，对其进行放大、解调，还原出基带信号输出，其主要引脚功能如图 1.23 所示，常用的型号有 RX3310A、RX3400、RX3930、RX6000 等。无线发射芯片（加上外接元器件）和接收芯片（加上外接元器件）组成通信系统时，两个芯片的工作频率必须相等，调制和解调方式必须匹配，芯片生产厂家一般会对收发芯片的匹配做出说明。这种由一片发射芯片和一片接收芯片组成的通信系统，只能进行单方向的通信，即一方发送，另一方接收。例如，将这种系统应用于无线遥控玩具汽车，可实现对于汽车行驶的遥控。

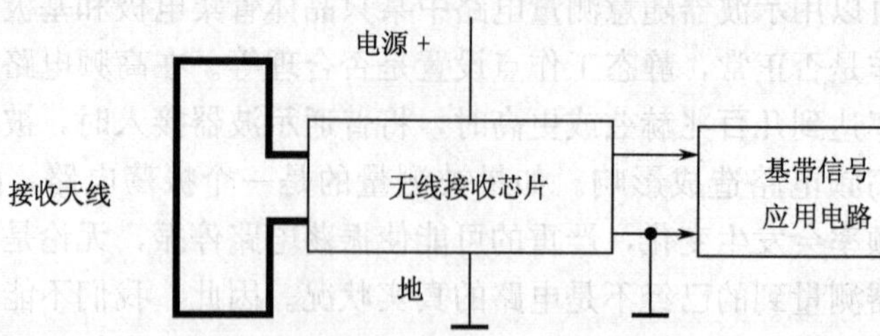

图 1.23　无线接收芯片框图

(3) 无线收发芯片

这类芯片兼有发射和接收功能，其结构如图 1.24 所示。图 1.24 中（a）和（b）是两个型号相同的收发芯片，每个芯片都包含发射电路和接收电路，一个输入端用于输入基带信号，一个输出端用以输出解调后的基带信号，接收和发射天线共用。和发射和接收芯片一样，集成的收发芯片也需要外接一些电容、电感、电阻等元器件，图中没有画出，有些芯片有多个收发端，图中只画出一个作为代表。常用的收发芯片型号有 Nordic 公司生产的 nRF401、nRF403、nRF903、nRF905、nRF2401、nRF2402 等，Chipcon 公司生产的 CC1000、CC1010、CC1020 等。两片同型号的收发芯片加上外接元器件，即可组成一个通信系统，图 1.24 就是一个由两个收发芯片加外接元器件（图中没有画出）组成的通信系统。图（a）的基带信号输入收发芯片后对无线电波进行调制，调制后的无线电波通过天线向外发射；图（b）的天线接收到这一无线电波后输入芯片内进行放大、解调，还原出基带信号经输出端加到基带信号应用电路，即完成了信号的“一收一发”，（a）部分发出信号，（b）部分接收信号。同样的道理，可以由（b）部分发送信号，（a）部分接收信号。图 1.24 所示的通信系统，信号的发送和接收可以同时进行，而且互不干扰，这种通信称为双工通信。

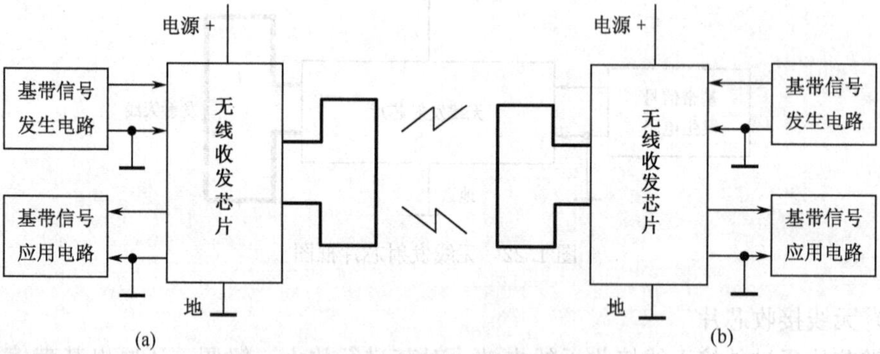

图 1.24　无线收发芯片框图

2. 无线收/发模块

用无线收发芯片组成无线收发电路或进一步组成通信系统，每只芯片都需要外接电阻、电容、电感等元器件，与模拟电子技术中的低频电路不同，在高频情况下，外接元器件的布局，各元器件之间、元器件与收发芯片引脚之间连接线的安排，以及印制电路板的品质等都对最后组成的通信系统的质量有很大的影响，缺少高频电路制作经验，常导致安装调试失败。针对这一情况，许多厂家利用无线收/发芯片和高频晶体管，配以必需的电阻、电感、电容等元器件，直接生产各种无线收/发模块供用户选用。由于这些电路的设计已经过反复试验，工艺成熟，性能稳定，批量生产的价格也不高，因此十分实用。无线模块的研制和批量生产，极大地方便了用户，也导致高频电子应用电路设计的改革。为了设计一个实用的通信系统，高频电子技术工程人员不必从振荡电路、调谐放大电路等基本电路开始设计，而可以根据通信系统的具体要求（例如，通信速率、使用的频段和频率、发射功率等）选择合适的模块产品，然后根据厂家提供的技术说明书进行安装连接即可。

无线模块可以由分立元件组成，也可以由无线收/发芯片组成，下面通过实例作扼要的介绍。

图 1.25（a）是分立元器件组成的无线发射电路，其中 SAW 是一种称为声表面波谐振器的器件，用以构成正弦波振荡电路，使用这种器件的好处是提高振荡频率的稳定性。u_i 是基带信号，从晶体管 VT_2 的基极输入，用以调制振荡电路所产生的无线电波，这一经过基带信号调制的无线电波通过天线向外发射，无线电波频率 315MHz，发射距离可达 500m（电源电压 12V）。图 1.25（b）是厂家生产的该发射电路的模块，由图可知，这种发射模块对外只有 3 只引脚，两只接电源，另一只接基带信号，只要将基带信号接入，打开电源后该模块即向外发射经过基带信号调制的无线电波，不必调试，使用时十分方便。

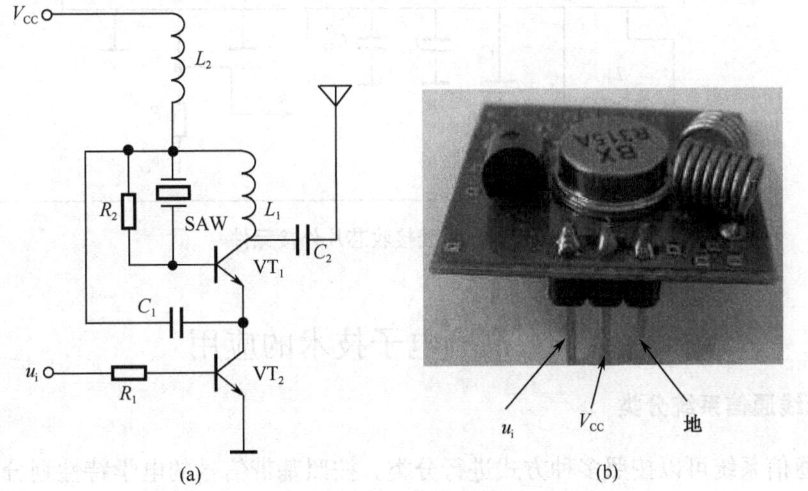

图 1.25 分立元件组成的无线发射模块

图 1.26 是无线接收芯片 RX 3310A 组成的无线接收模块，芯片 RX 3310A 使用时需要外接 16 个元器件，这一模块就是按照要求进行设计、安装而成的。模块对外共安排 5 只引脚，其中 1 脚外接天线，2、5 脚接地，3 脚接正电源，4 脚输出基带信号。使用时只要正确连接天线、电源（5V），即可从 4 脚得到解调后的基带信号。在图 1.26 中，芯片 RX 3310A 已经用黑色树脂进行封装，图中制作在印制板上的螺旋状线条是芯片的外接电感。图 1.27 给出了无线接收芯片 RX 3310A 外接元件连接关系。

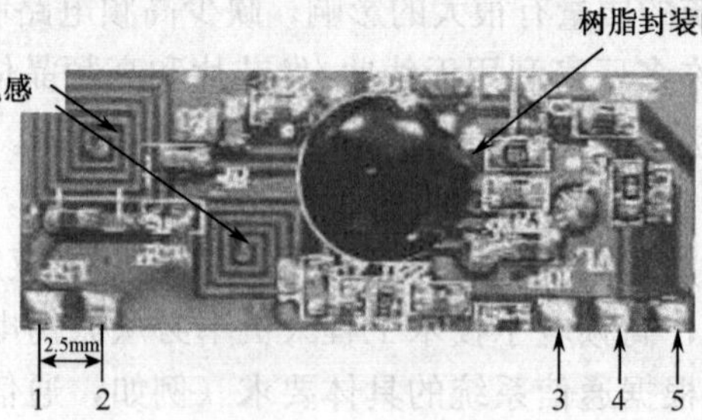

图 1.26 无线接收模块 RX 3310A

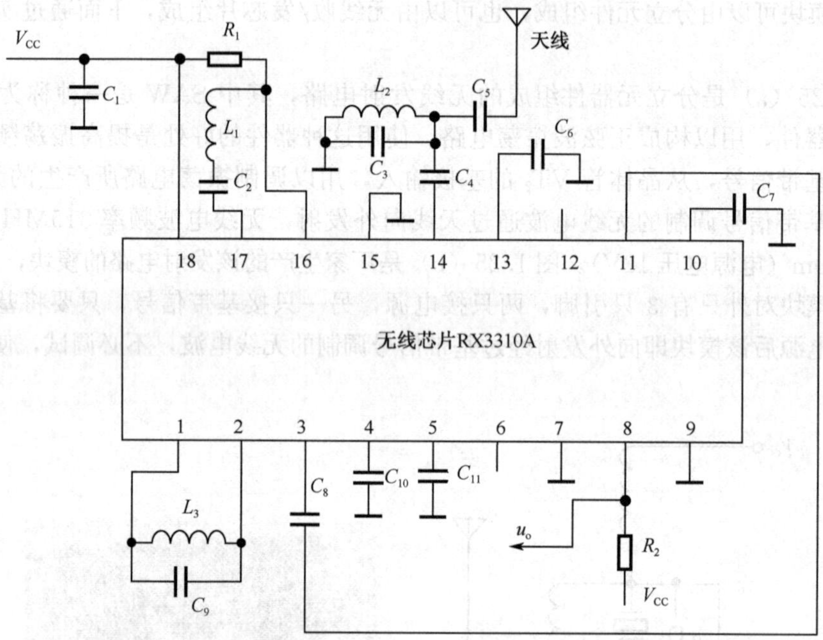

图 1.27 无线接收芯片外接元件

1.4 高频电子技术的应用

1.4.1 无线通信系统分类

无线通信系统可以按照多种方式进行分类。按照基带信号的电学特性划分，可分为模拟通信系统和数字通信系统。

基带信号为模拟信号时，如果直接用模拟信号对无线电波进行调制，所形成的通信系统称为模拟通信系统，如图 1.28 所示。调幅/调频广播即属于模拟通信系统，音乐声和播音员的声音经话筒转换为电信号，属模拟信号，广播系统用这一信号直接对高频信号进行调制，因此属模拟通信系统。

如果将待传输的模拟信号转换为数字信号（即模/数转换，A/D 转换）或待传输的信号本身就是数字信号，将该信号输入发射电路对高频信号进行调制，所形成的通信系统称为数字通信系统，如图 1.29 所示。

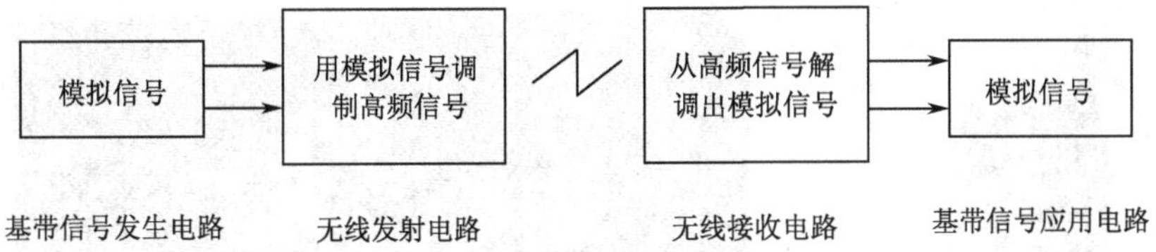

图 1.28 模拟通信系统

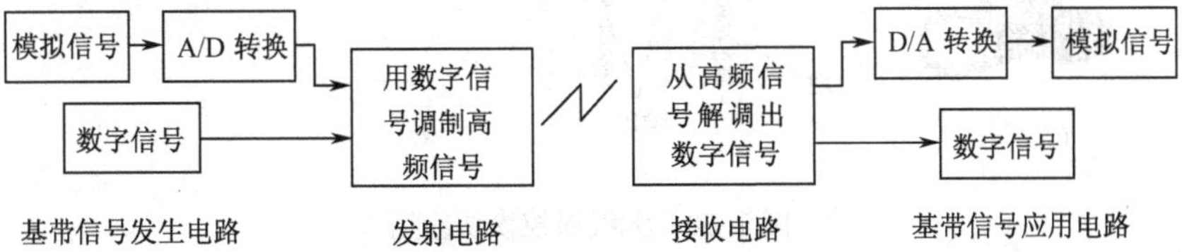

图 1.29 数字通信系统

可见，模拟通信与数字通信的区别在于用什么类型的信号对高频信号进行调制，而不是待传输的信号属什么类型。不管待传输的信号是模拟信号还是数字信号，只要是用模拟信号进行调制的，则属于模拟通信；用数字信号进行调制的，则属数字通信。待传输的信号是模拟信号时，既可以通过模拟通信系统进行传输，也可以通过数字通信系统进行传输。用数字通信系统传输时，需通过 A/D 转换电路将其转换为数字信号，无线信号接收后，又要经数模转换电路还原为模拟信号。

1.4.2 高频电子技术的应用

高频电子技术在各行各业有着十分广泛的应用，根据所处理的基带信号物理特性的差异，可以将高频电子技术的应用分为三个大的方面。

1. 高频电子技术在遥控中的应用

高频电子技术在遥控中的应用分开环控制和闭环控制两类。开环控制时，控制信号与被控制对象之间的通信是单向的，控制信号发送方只发送信号，不接收信号，被控对象方只接收信号，不发送信号。例如，玩具汽车的控制、电动门窗遥控、防盗报警控制、汽车门锁遥控、照明灯遥控、电动吊车遥控等。这类控制相对比较简单，现在已经批量生产各种无线遥控器供用户选择，用户只要根据需要选购，按照使用说明书的要求安装接收电路板，即可实现无线控制。

图 1.30 所示的是一种无线遥控模块，图（a）为带 4 个按键的发射器，图（b）是与之相配套的接收器，将接收器的输出接到受控对象，例如控制窗帘马达的继电器，通过按键即可遥控窗帘的开合。

闭环控制时，控制方与被控制对象之间的通信是双向的，控制方除了向被控制对象发出控制信号外，还接收来自被控对象的信号，控制方根据预先设定的程序和返回的信号决定继续向被控制对象发出新的控制信号。例如，无人驾驶飞机、导弹、人造卫星、宇宙飞船、航天飞机、核工业、空中交通管制、铁路调度等都使用闭环遥控。闭环控制的特点是将遥测和遥控紧密地结合在一起，控制无人驾驶飞机时，飞机的位置和飞行参数要不断地

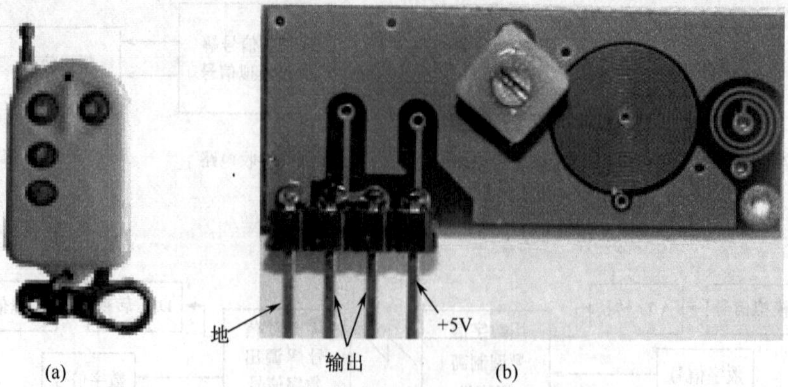

图 1.30　无线遥控模块应用

通过无线通信系统传输给测控站，测控站根据这些参数和预先设定的飞行目标发出飞行指令，控制飞机的飞行。

2. 高频电子技术在数据传输中的应用

数据传输电路结构如图 1.31 所示，待传输的数据送入发射电路，对高频振荡信号进行调制后向外发射，接收方接收这一无线电波后进行放大、解调，从中取出传输过来的数据输出，由此形成的系统即称为数据传输系统。当数据传输量较大时，也称数据电台。数据传输系统也已实现模块化，根据不同数据传输要求选购合适的模块，即可组成实用的数传系统。图 1.32 是两种数传模块的外形图，模块（a）是笔记本电脑的无线网卡；模块（b)用于无线抄表系统，有效作用距离为 500m。

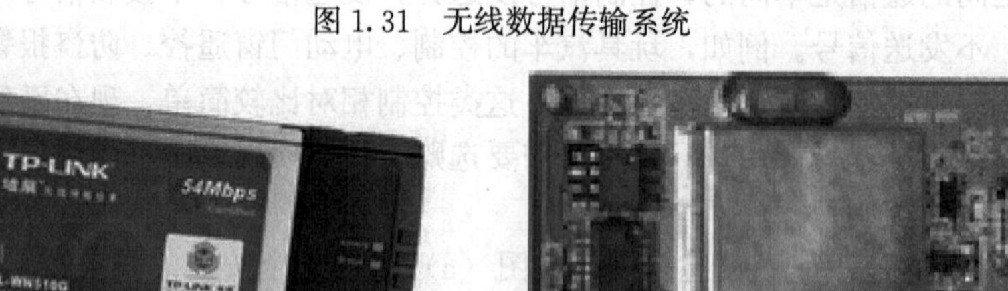

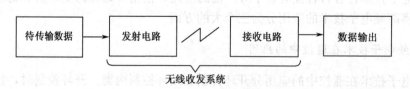

图 1.31　无线数据传输系统

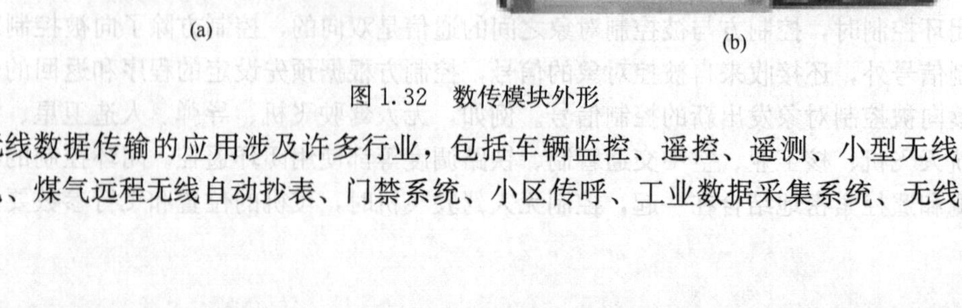

图 1.32　数传模块外形

无线数据传输的应用涉及许多行业，包括车辆监控、遥控、遥测、小型无线网络、水、电、煤气远程无线自动抄表、门禁系统、小区传呼、工业数据采集系统、无线标签、

身份识别、非接触RF智能卡、小型无线数据终端、安全防火系统、输油/气管道、油/气井/台监测、生物信号采集、水文气象监控、机器人控制、无线232数据通信、无线485/422数据通信等。

3. 高频电子技术在声音图像信号传输中的应用

用无线收发系统实现声音图像信号远程传输的方案如图1.33所示。声音和图像信号输入无线发射电路，对高频信号进行调制并向外发射调制后的无线电波，接收电路对接收到的无线电波进行放大，从中解调出音像信号输出，驱动扬声器发声、荧光屏显示，由此组成的即为音像信号传输系统，广播和电视系统即属于音像信号传输系统。

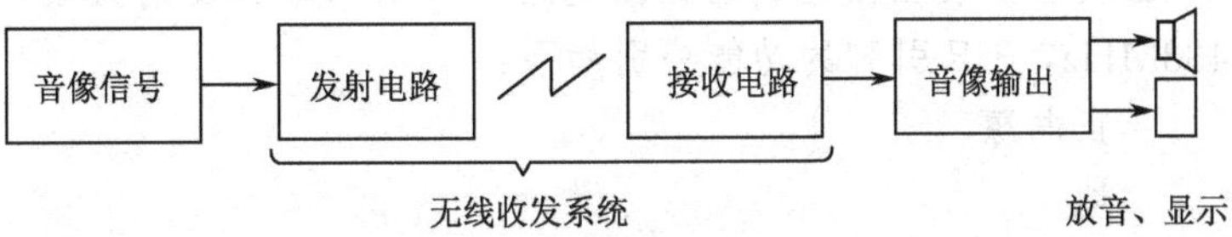

图1.33 音像信号传输系统

◆ 实训

收/发模块F05E和J04P组成的无线收发系统

1. 实训目的

学会用微型无线收/发模块F05E和J04P组成无线收发系统，实现低频脉冲信号的无线传输。

2. 实训内容

1）用微型无线收发模块F05E和J04P组成无线收发系统，观察低频脉冲信号无线传输效果。

2）测量接收模块工作电流。

3）利用该收发系统组成无线门铃，观察实际效果。

3. 仪器设备

1）微型无线发射模块F05E和接收模块J04P各一只，“叮咚”语音芯片一片，按钮开关一只，100kΩ电阻一只，0.25W、8Ω扬声器一只，9013G型晶体管一只，6反相器电路CD4096一块。

2）示波器一台。

3）数字万用表一只，9V和3V电池各一只。

4）电烙铁、剪刀、镊子等安装焊接工具一套。

4. 实训电路

（1）无线收/发模块F05E和J04P简介

F05E和J04P模块外形和引脚位置如图1.34所示，其中图（a）为发射模块F05E，图（b）为接收模块J04P。

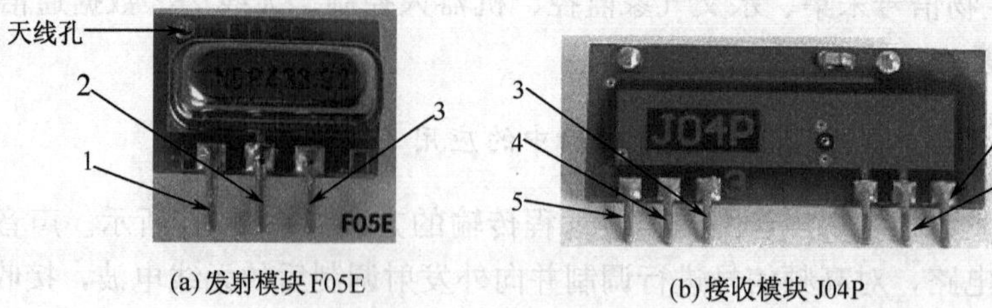

图1.34　无线发射模块F05E、接收模块J04P外形和引脚

发射模块F05E内含声表面波谐振器振荡电路、调制电路和发射天线，出厂时已将振荡频率调节至433MHz，3只引脚的功能分别如下：

1脚　　正电源

2脚　　地

3脚　　基带信号输入

3脚输入脉冲信号时，模块向外发射按输入信号调制的433MHz无线电波（见图1.35），输入脉冲的频率应在0.5～10kHz范围内，超过该范围，发射效果或解调效果将下降。

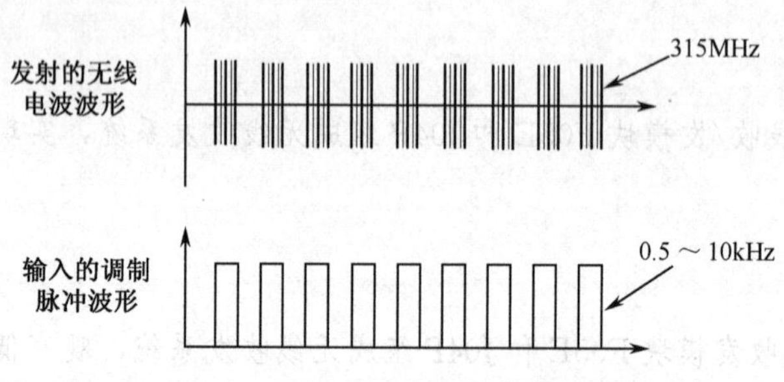

图1.35　F05E输入信号及发射波波形

模块F05E的主要特性指标如下：

发射频率	433MHz
工作电压	3～12V
发射电流	0.2～10mA
发射功率	5mW
频率稳定度	10^{-5}（声表面波谐振器组成振荡电路）
工作温度	−40～60℃

天线孔处（见图1.34）焊接直径0.5mm、长18cm的漆包线作为天线，可增加发射距离。

接收模块J04P内含超再生接收电路、放大整形电路和解调电路，顶部的镀银条为接收天线，谐振频率出厂时已调节至433MHz或315MHz，与F05E配套使用时需选用433MHz的产品。5脚外接天线时，可进一步提高接收灵敏度。5只引脚功能如下：

1脚　　正电源
2脚　　地
3脚　　工厂测试端（用户使用时悬空）
4脚　　数据输出端
5脚　　外接天线端

主要性能指标如下：

接收频率　　有433MHz或315MHz两种规格
工作电压　　3～3.5V
工作电流　　0.2～0.3mA
输出信号　　高低电平数据
接收灵敏度　　5μV
工作温度　　−40～60℃

(2) 实训电路

实训电路如图1.36所示。图中6反相器电路CD4069中的两个反相器I_{1-1}和I_{1-2}组成方波发生器电路，方波信号从4脚输出，方波的频率决定于电容C_1与电位器R_P阻值的乘积，取$R_P=10k\Omega$，$C_1=0.047\mu F$，调节电位器，可使输出方波的频率在1～10kHz范围内变化。电阻$R_2=5k\Omega$。虚线框内的是由收/发模块F05E和J04P组成的无线收发系统，方波发生器输出的方波信号由发射模块3脚输入，用来对433MHz的无线电波进行调制。接收模块J04P接收被方波调制的无线电波后，经过放大、解调，从4脚输出方波信号，可以用示波器观察4脚输出的方波，检验无线收/发模块的实际效果。

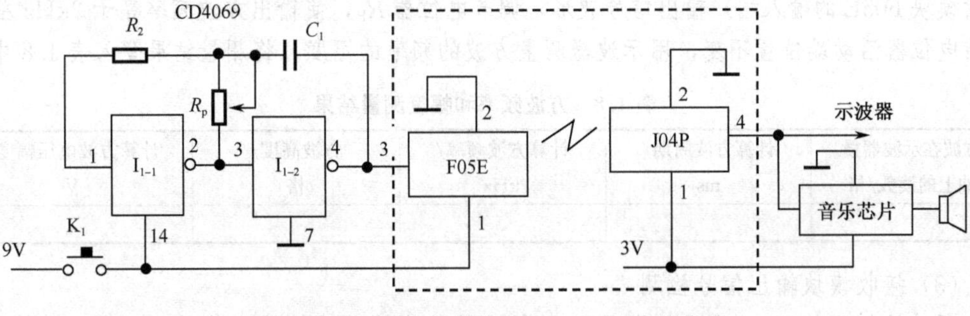

图1.36 无线收/发模块F05E、J04P实训电路

(3) 无线门铃

用J04P第4脚输出的信号驱动音乐芯片和扬声器组成的发声电路，即可构成无线门铃电路，门铃电路发声电路部分与J04P的连接关系如图1.37 (a) 所示。图中9300为音乐芯片，有多种规格，可选择发出“叮咚”声的芯片。该芯片外接晶体管时，第1脚为电源正极（3V），第2脚为音乐芯片触发信号输入端，与接收模块J04P输出端相连接，第3脚为音乐芯片9300的输出脚，音乐芯片从该脚输出音乐信号。这一音乐信号接晶体管VT_1基极，进行放大，驱动扬声器发声。VT_1是NPN型管，被接成共射极放大电路，扬声器为其负载。

实训时也可以用发光二极管代替发声电路，如图1.37 (b) 所示，图中$R_1=820\Omega$，VD_1为发光二极管。

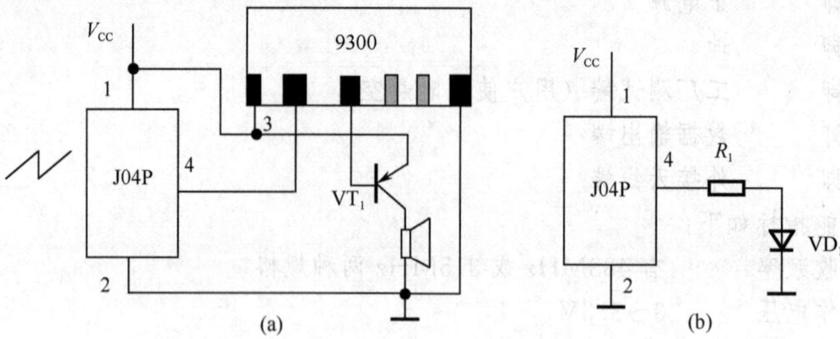

图 1.37　无线门铃电路

5. 实训步骤

(1) 安装电路

在两块通用电路板上安装图 1.36 所示的电路，一块安装发射模块 F05E 和方波信号发生电路，包括按钮开关 K_1、电路 CD4069、电阻 R_2、电位器 R_P、电容 C_1 和发射模块 F05E。另一块安装接收模块 J04P、音乐芯片（包括晶体管）并外接扬声器。注意，含发射模块的电路板使用 9V 电池，含接收模块的电路板使用 3V 电池，两块电路板的电源地也不能相互连接。

(2) 调试方波发生器电路

对照电路图 1.36，检查安装正确无误后接上发射模块电路板的 9V 电源，按下按钮开关 K_1，观察有无出现烧焦、冒烟等情况。确认正常后，用示波器观察电路 CD4069 的 4 脚（即发射模块 F05E 的输入端）输出信号波形，调节电位器 R_P，使输出方波频率等于 2kHz 左右，保持电位器活动端位置不变，用示波器测量方波的频率的幅度，将测量结果登入表 1.8 中。

表 1.8　方波频率和幅度测量结果

方波在示波器横轴上的读数/格	计算方波周期/ms	计算方波频率/kHz	方波高度/格	计算方波电压幅度/V

(3) 接收模块输出信号检测

释放按钮开关 K_1。对照电路图 1.36 检查接收模块电路板的安装是否正确，经检查确认无误后，接入 3V 电源（在实训过程中可让 3V 电源始终保持接入状态，J04P 工作电流只有 0.2mA，按钮未按下，没有无线电波发射时，J04P 处于待机状态，电流更低）。用示波器观察 J04P 测试端 3 脚（见图 1.31），将示波器置于 1ms 扫描挡，如能观察到 50mV 左右的噪声带，即表明 J04P 处于正常接收状态，噪声带的直流电平约 1.5V。观察到噪声带后，按下发射电路板的按钮开关 K_1，用示波器测量 J04P 输出端（4 脚）的信号，应该观察到方波，测量方波电压的周期和幅度，将测量结果登入表 1.9 中。

表 1.9　接收模块输出信号测量结果

信号在示波器横轴上的读数/格	计算信号周期/ms	计算信号频率/kHz	信号高度/格	计算信号电压幅度/V

如果3脚观察不到噪声带，应检查接收电路板的安装连接是否正确，特别是临时连接线过长引入分布参数会使接收模块失常。噪声带正常，J04P输出端观察不到方波，可让发射模块靠近后再测，靠近后仍然测不到输出方波，应检查发射模块输入方波是否正常，输入方波正常而仍测不到方波输出，可调节发射模块的天线高度进行尝试。

(4) 测量最大发射距离

测量J04P输出端方波后，逐渐加大发射电路板和接收电路板之间的距离，观察输出方波，直至方波消失，记录能观察到方波的最大距离，登入表1.10中。

表1.10 最大发射距离测量

最大发射距离/m	

(5) 接收模块工作电流测量

连接测量电路如图1.38所示，电源用9V电池，电阻$R_1=20\text{k}\Omega$，电容$C_1=220\mu\text{F}$。接通电源后，用万用表测量电阻R_1两端的电压降，将测量结果登入表1.11中；关闭电源，用万用表测量电阻R_1的实际电阻值，将测量结果登入表1.11中。根据所测量的电压和电阻值，计算接收电路的工作电流。

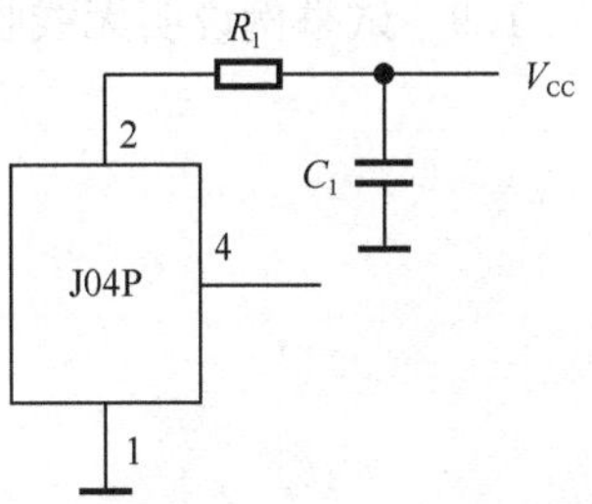

图1.38 接收模块电流测量装置

表1.11 接收模块工作电流

电阻R_1两端电压降/V	电阻R_1实际测量值/kΩ	接收模块电流/mA

(6) 无线门铃效果观察

保持发射模块部分电路不变，按图1.37所示连接接收模块部分电路，接上收发两块电路板的电源，按下发射电路板中的按钮开关K_1，监听扬声器是否发出“叮咚”声，记录监听结果。

6. 实训报告

按照上述步骤完成实训，作好记录，在此基础上分析讨论。

1) 比较方波发生器输出信号和接收模块J04P第4脚输出信号的频率，据此说明无线收发系统是否有效地完成了基带信号的无线传输。

2) 几十位同学在一个实验室进行实训，用示波器观察接收模块输出信号时，相互之间是否会有影响？如发现有影响，应如何避免？

3) 相邻的两家住户使用相同型号的无线收/发模块F05E和J04P组装无线门铃，在一家的门口按下按钮，是否会出现两家门铃都响起来的情况？如果出现，有什么办法解决？

思考与练习

1.1 无线发射电路的天线被制作在印制电路板上，能向外发射无线电波，在印制电路板上还有许多印制的导电连接线，这些导线也会向外发射无线电波吗？

1.2 无线电波的传播有哪几种方式？

1.3 无线电频率资源有哪些特点？为什么要进行无线电管理？

1.4 已知一无线电波的频率是433MHz，求其波长，这种无线电波能利用其电离层反射实现远距离传输吗？

1.5 无线电广播中的中波段，其电波是依靠什么方式传播的？

1.6 要实现地面与空间站的无线通信，应选用哪个频段？

1.7 无线通信系统由哪几部分组成？无线收发系统由哪几部分组成？两者有哪些联系与区别？

1.8 什么是无线收/发芯片和无线收/发模块？两者有什么联系和区别？

1.9 试举例说明无线收发系统在无线遥控、数据传输和音像信号传输方面的应用。

阅读材料一

第 2 章

无线信号发射电路

学习要求

掌握高频信号发射电路的组成；掌握LC振荡电路、晶体振荡电路和声表面波谐振器振荡电路的结构、主要特性指标和应用；掌握高频功率放大电路的分类和主要性能指标；了解谐振功率放大电路的结构和工作原理；学会识读高频振荡电路；掌握射频功率放大模块的用途和主要特性指标；掌握无线发射芯片和模块的组成和主要特性指标；了解典型发射芯片nRF402的应用电路。

2.1 正弦波振荡电路

无线发射电路由振荡电路、调制电路和发射天线组成，为了获得较大的无线输出功率，还需要增加功率放大电路。因此，实用的无线发射电路应包括正弦波振荡电路、调制电路、高频功率放大电路和天线，如图2.1所示。本章逐一介绍振荡电路、高频功率放大电路和天线，调制电路将在下一章专门讨论。

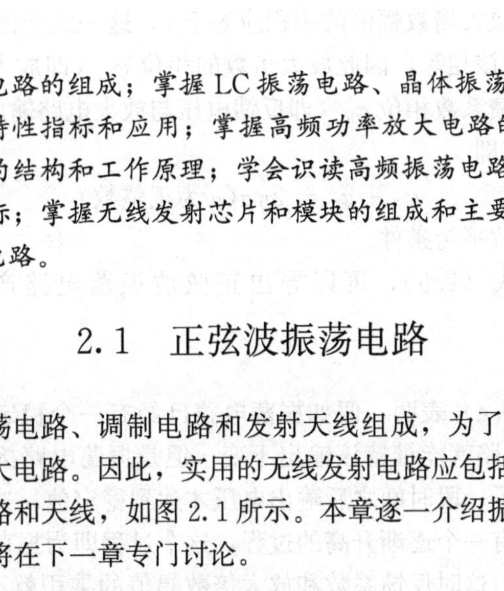

图 2.1 无线发射电路组成

2.1.1 正弦波振荡电路的组成和主要特性指标

1. 正弦波振荡电路的组成

正弦波振荡电路由放大电路和反馈、选频网络组成，其框图如图2.2所示，图中 $\dot{X}_o$ 为正弦波输出电压，$\dot{X}_f$ 为反馈选频网络输出电压，也就是放大电路的输入电压。用 $\dot{A}$ 表示放大电路的放大倍数，根据放大倍数的定义，达到稳定后（即振荡电路有稳定的输出 $\dot{X}_o$）应有

$$\dot{X}_o = \dot{A}\dot{X}_f \tag{2.1}$$

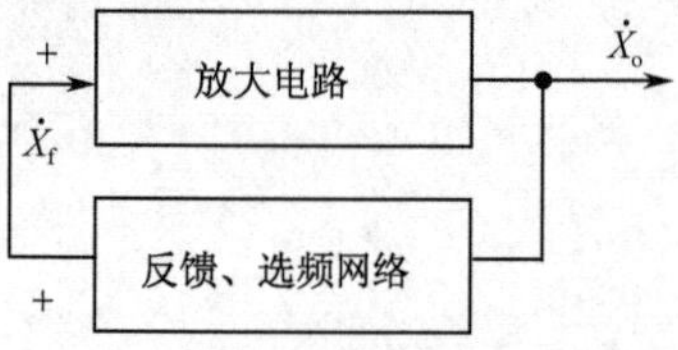

图 2.2 正弦波振荡电路组成框图

另一方面，用 $\dot{F}$ 表示反馈系数，反馈电压 $\dot{X}_f$ 等于

$$\dot{X}_f = \dot{F}\dot{X}_o \tag{2.2}$$

将式（2.2）代入式（2.1），可得

$$\dot{A}\dot{F} = 1 \tag{2.3}$$

上式称为正弦波振荡的平衡条件，表明正弦波振荡电路形成稳定输出后，放大电路的放大倍数和反馈网络的反馈系数的乘积等于1。

式（2.3）是相量式，它包含两层意思。其一，等式（2.3）两边的模应该相等，即

$$|\dot{A}\dot{F}| = 1 \tag{2.4}$$

表明平衡时反馈系数和放大倍数幅值的乘积应等于1，这一式子称为幅值平衡条件。其二，式（2.3）两边相位也应该相等，因此放大倍数的相位 φ_A（即放大电路输出电压与输入电压之间的相位差）和反馈系数相位 φ_F（即反馈电压与放大电路输出电压之间的相位差）之和应等于 2π 的整数倍，即

$$\varphi_A + \varphi_F = 2n\pi(n\ 为正整数) \tag{2.5}$$

此式称为振荡电路的相位平衡条件。

根据式（2.4）和式（2.5），可以导出正弦波振荡电路产生稳定输出所需要满足的3个条件。

（1）起振条件

幅值平衡条件式（2.4）表明，假如振荡电路已经有一个稳定的输出，只要平衡条件式（2.4）满足，振荡电路就能维持该输出不变。但是振荡电路接通电源以前以及刚接通电源时的输出为零，过了一段时间之后输出电压才达到稳定值，这表明振荡电路输出电压从零变化到稳定值显然有一个逐渐升高的过程，这个过程即为振荡电路的起振。起振过程中，输出电压不断升高，这时反馈系数和放大倍数幅值的乘积就不能等于1，而应该大于1，即

$$|\dot{A}\dot{F}| > 1 \tag{2.6}$$

这一起振过程所需要满足的条件称为振荡电路的起振条件。

反馈网络一般由电阻、电容和电感组成，没有放大功能，因此反馈系数 $\dot{F}$ 的幅值一定小于1。为了满足式（2.6），放大倍数 $\dot{A}$ 的幅值就一定要大于1。例如，一个振荡电路的 $\dot{F}$ 值等于1/3，该放大倍数 $\dot{A}$ 就应该大于3。不同的振荡电路，反馈系数大小不等，所要求的放大电路的放大倍数也不同，因此就有不同的起振条件。

振荡电路起振后输出电压不断增大，由于放大电路的非线性，这种增大的趋势不会一直持续下去，输出幅度增加到一定的程度，放大倍数开始下降，输出的增加就受到抑制，直到满足关系式（2.4）后，输出维持稳定。注意，放大倍数 $\dot{A}$ 是一个随工作状态变化的量，起振时，放大电路工作于线性区，$\dot{A}$ 的数值较大，进入非线性区域后，$\dot{A}$ 的数值随放大电路输出信号振幅变化，振幅变大，$\dot{A}$ 变小，稳定时 $\dot{A}$ 满足式（2.4），振幅趋于稳定。因此，振荡电路既要满足平衡条件式（2.4），又要满足起振条件式（2.6），两者并不

矛盾。

（2）形成正反馈

相位平衡条件式（2.5）满足时，振荡电路的反馈电压就会形成正反馈。下面用极性判别法说明相位平衡条件与正反馈的关系。假设初始时刻放大电路输入电压的极性为“正”，如图 2.2 所示，经过放大电路，产生相位移动 φ_A，经过反馈网络又产生相位移动 φ_F，因此所形成的反馈电压与初始输入电压之间的相位差等于 $\varphi_A+\varphi_F$。根据式（2.5），两者之和等于 2π 的整数倍，这表明反馈电压和初始电压相位相同，因此振荡电路所形成的为正反馈。相位平衡条件说明振荡电路必须形成正反馈才能有稳定的正弦波输出。

（3）必须有一个选频的环节

按照平衡条件式（2.4）和式（2.5），各种不同频率的信号都可能在输出端形成稳定的输出，这样一来，振荡电路输出的就不是正弦波电压，而是各种频率合成的振荡信号。为了获得正弦波电压输出，就必须有一个选频的环节，使得只是某一个频率的信号满足条件式（2.4）和式（2.5）。高频电子技术中用到多种选频电路，我们以 LC 谐振回路为例进行说明。

LC 并联电路的特性曲线如图 2.3 所示，其中图（a）是 LC 并联电路，u 是加在回路两端的正弦波电压，i 是流过回路的电流；图（b）是幅频特性曲线；图（c）为相频特性曲线。

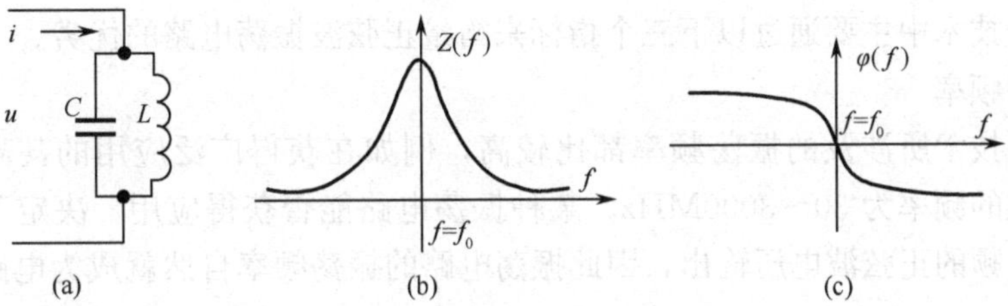

图 2.3　LC 并联谐振回路的频率特性

图 2.3（b）表示 LC 并联电路两端施加各种不同频率的正弦波电压时，回路阻抗幅度 $Z(f)$ 随频率变化的情况。输入信号频率很低时，电感 L 可视为短路，因此总阻抗趋于零。频率很高时，电容 C 可视为短路，总阻抗也趋于零。当输入信号频率等于 f_0［见式（2.7）］时，回路表现为很高的阻抗，因此达到图 2.3（b）所示的中间有一个峰值的曲线。相频特性曲线图 2.3（c）反映的是输入电压 u 和电流 i 之间的相位差随输入信号频率变化的情况。该曲线表明，输入信号电压频率等于频率 f_0 时，输入电压与由此产生的电流之间相位差等于零，这时的 LC 并联电路等效于一个纯电阻；输入信号频率低于 f_0 时，相位 $\varphi(f)$ 为正，电压相位超前电流，LC 并联回路等效于电感；输入信号频率高于 f_0 时，相位 $\varphi(f)$ 为负，电流相位超前电压，LC 并联回路等效于电容。频率 f_0 称为 LC 并联回路的谐振频率，等于

$$f_0=\frac{1}{2\pi\sqrt{LC}} \tag{2.7}$$

利用 LC 并联谐振电路的上述性质，可以实现正弦波振荡电路中的反馈和选频功能。例如，可以采用图 2.4 所示的电路来组成正弦波振荡电路。将 LC 并联谐振电路接在振荡

电路的输出端，由于谐振回路的幅频特性，只有频率等于f_0的正弦波信号才在LC回路两端形成最大的输出电压，对其他频率的信号，LC回路是低阻抗，建立不起高的电压，因此输出端得到的就是频率等于f_0的正弦波电压。另一方面，反馈电压取自输出电压并进行倒相，这一反馈电压进入放大电路输入端所形成的是正反馈，从而能保证振荡电路有稳定的输出。我们用极性判别法来判定这一点。假设放大电路初始输入信号为正极性，由于共射极放大电路的倒相作用，输出信号的极性为负，这一电压经倒相分压电路再次倒相，所得到的反馈电压与初始信号极性相同。

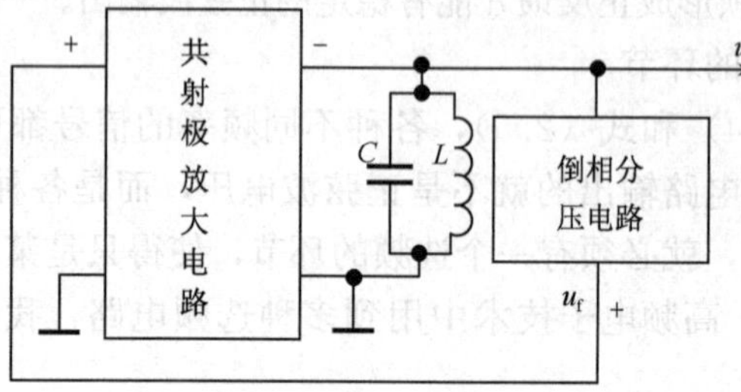

图 2.4　LC回路组成反馈选频网络

2. 正弦波振荡电路主要性能指标

高频电子技术中主要通过以下三个指标来衡量正弦波振荡电路的优劣。

（1）振荡频率

高频电子技术所涉及的振荡频率都比较高，例如在获得广泛应用的甚高频至特高频段，无线电波的频率为30～3000MHz。某种振荡电路能否获得应用，决定于这个电路能否产生如此高频的正弦波电压输出，因此振荡电路的振荡频率自然就成为电路的重要特性指标。

（2）振荡频率的稳定度

振荡电路的频率稳定性常用稳定度表示。若振荡器频率为f_0，由于温度变化等原因发生了Δf的变化，则用（$\Delta f/f_0$）×100%来表示稳定度。实用上，频率稳定度又分短期稳定度和长期稳定度。频率的突变一般由电源电压或外界干扰变化引起，缓慢的频率变化则由环境温度变化、元件参数变化所致。因此，表示振荡电路稳定度时，有时用($\Delta f/f_0$)/时，即一小时内频率变化百分之几；有时也用($\Delta f/f_0$)/月，即一个月内频率变化百分之几。

频率稳定度对于无线收发系统的重要性是不言而喻的，假如收发系统所使用的无线电波频率为433.0MHz，将发射电路和接收电路的频率都调整到433.0MHz，收发系统能正常地工作。假设发射电路振荡频率因温度变化等原因升高了0.1%，即从433.0MHz变化到433.4MHz，这时接收电路仍调谐于433.0MHz，接收电路可能根本无法接收无线信号，即使能接收到，由于频率偏移，接收灵敏度将明显下降，收发系统的工作就不正常。如果在同样温度变化的情况下，振荡电路频率只变化0.01%，即从433.0MHz变到433.04MHz，这样的变化就不会严重影响接收电路的工作。

（3）振荡频率的可调节性

无线通信时，收发电路的频率必须相等才会有较好的通信效果。而在生产时却很难做到这一点，完全相同的设计图纸所生产出来的发射或接收电路的频率也可能有较大的差异。如果振荡电路的频率可以通过某个元件，例如可变电容来调节，就可以方便地使发射电路和接收电路的频率相等。可见，一个振荡电路的频率是否可调、调节范围多大、调节是否方便等也是振荡电路的重要指标之一。

3. 振荡电路的分类

根据选频网络所用的元件进行分类，正弦波振荡电路可分为 RC 振荡电路、LC 振荡电路、石英晶体振荡电路和声表面波谐振器振荡电路等 4 种类型。RC 振荡电路的振荡频率较低，一般在 1MHz 以下，因此在高频电路中很少使用。为此，下面只介绍 LC 正弦波振荡电路、石英晶体振荡电路和声表面波谐振器振荡电路。

高频电子技术的重点是正弦波振荡电路的应用，因此在讨论振荡电路时，我们将重点放在电路的结构、特性和应用。

2.1.2　LC 正弦波振荡电路

以 LC 谐振电路作为选频环节的正弦波振荡电路，统称 LC 正弦波振荡电路。这类振荡电路能产生几十千赫兹直到几百兆赫兹的正弦波信号，在高频电路中用得比较多。

按照反馈电压取出方式的不同，LC 振荡电路又分为变压器反馈式、电感反馈式和电容反馈式三种，变压器反馈式又称互感反馈式振荡电路。下面重点介绍变压器反馈式和电容反馈式 LC 振荡电路。

1. 变压器反馈式 LC 振荡电路

典型的变压器反馈式 LC 振荡电路如图 2.5 所示。图中晶体管 VT_1 接成共射极放大电路，电阻 R_1、R_2 为基极偏置电阻，发射极电阻 R_e 起稳定静态工作点的作用，集电极负载是电容 C_1 和电感 L_1 组成的并联谐振回路。反馈电压通过电感 L_1 和 L_2 的互感耦合经电容 C_2 耦合到基极，其极性决定于两个互感绕组的方向。图中黑点表示两个电感线圈的同名端，按图中所示的绕组方向所形成的为正反馈，可用瞬时极性判别法验证如下：假设初始时刻基极电压极性为正，则集电极电压极性为负，经 L_1 和 L_2 之间互感的耦合，在 L_2 中形成反馈电压，按照“同名端同极性”的原则，反馈电压极性下负上正，耦合到基极的电压极性为正，与原极性相同，因此形成正反馈。

变压器耦合振荡电路的频率近似等于 C_1、L_1 并联谐振回路的谐振频率：

$$f_{osc} \approx \frac{1}{2\pi\sqrt{L_1 C_1}} \tag{2.8}$$

变压器反馈式 LC 振荡电路反馈电压大小决定于 L_1 和 L_2 的匝数比，因此电路的起振条件也决定于这一匝数比。由于变压器耦合的分布电容和漏磁较大，振荡频率做不高，因此适用于较低频段。

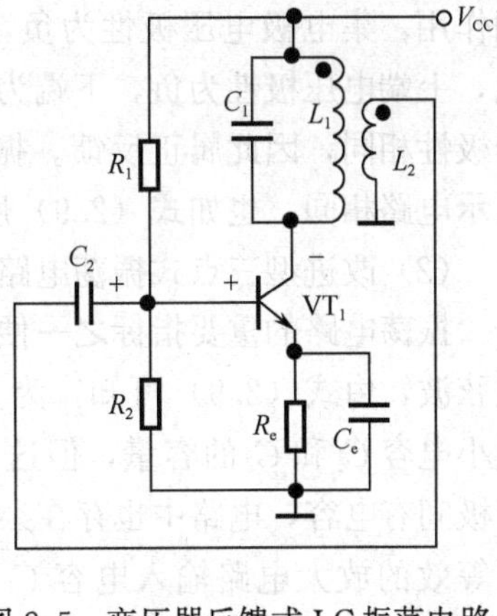

图 2.5　变压器反馈式 LC 振荡电路

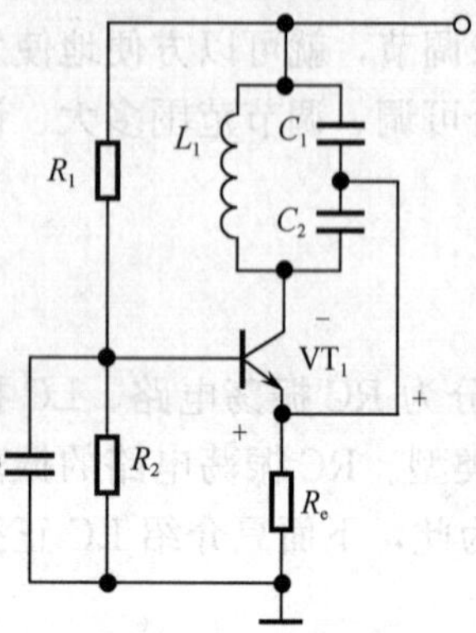

图 2.6 电容反馈式 LC 振荡电路

2. 电容反馈式 LC 振荡电路

（1）电容三点式振荡电路

典型的电容反馈式 LC 振荡电路如图 2.6 所示，晶体管 VT_1 和电阻 R_1、R_2、R_e 及电容 C_3 组成放大电路。电容 C_3 的容量较大，对于高频振荡来说它是一个低阻抗，接在基极和地之间，使基极交流接地，因此属共基极放大电路。集电极负载是电容 C_1、C_2 和电感 L_1 组成的并联谐振回路。输出电压经电容 C_1、C_2 分压形成反馈电压，加到放大电路的输入端（发射极），可以用瞬时极性判别法确定该反馈的极性为正反馈：假设初始时刻放大电路发射极电压极性为正，由于共基极放大电路输出电压与输入电压同相位，因此集电极电压极性为正，该电压经电容 C_1、C_2 分压形成反馈电压极性同样为正，加到发射极，与原电压极性相同，因此构成正反馈。

这种电路结构上的特点是 LC 谐振回路两个串联电容 C_1、C_2 的三个端点分别接晶体管的三个极，即 C_1、C_2 连接端接发射极，C_1 另一端经电源接基极，C_2 另一端接集电极，因此也称电容三点式振荡电路。

电路振荡频率等于 L_1、C_1、C_2 组成的并联谐振回路的谐振频率

$$f_{osc}=\frac{1}{2\pi\sqrt{L_1C}} \tag{2.9}$$

式中，C 是电容 C_1 和 C_2 的串联值，则

$$C=\frac{C_1C_2}{C_1+C_2} \tag{2.10}$$

这种电路的优点是振荡频率可以做得比较高，可以达到 100MHz 以上；缺点是频率的调节不方便，通过 C_2 电容量的改变来调节振荡频率时，电容 C_1 和 C_2 间的比例随之变化，电路的起振条件也会受到影响。

电容反馈式 LC 振荡电路也可以采用共射极放大电路为基础，如图 2.7 所示。可用瞬时极性判别法确定反馈的极性：设初始时刻基极电压极性为正，由于共射极放大电路的倒相作用，集电极电压极性为负，电容 C_1、C_2 中心点接地，上端电压极性为负，下端为正，反馈到基极与原信号极性相同，因此属正反馈。振荡电路的频率和图 2.6 所示电路相同，也如式（2.9）所示。

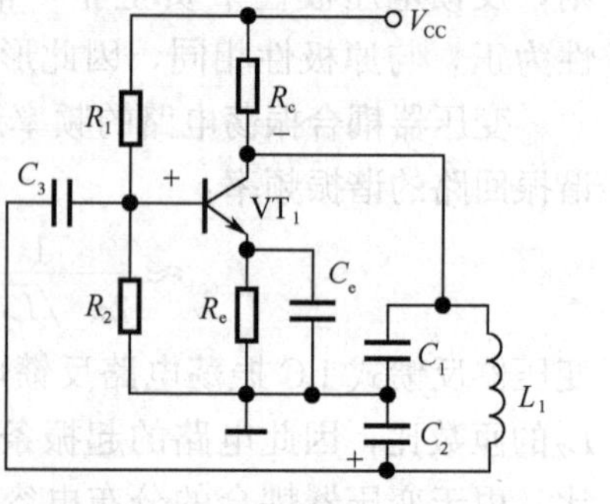

图 2.7 采用共射极放大电路的电容反馈式 LC 振荡电路

（2）改进型三点式振荡电路

振荡电路的重要指标之一便是它能产生多高频率的正弦波，由式（2.9）可知，为了提高振荡频率，应该减小电容 C_1 和 C_2 的容量，但这又带来新的问题。晶体管极间有电容，电路中也存在杂散电容，这些电容可以用等效的放大电路输入电容 C_i 和输出电容 C_o 来表示。电容 C_1 和 C_2 的容量较大（振荡频率较低）时，与输入/

输出电容 C_i 和 C_o 相比，后者可以忽略，因此，在前面分析三点式振荡电路时我们并没有提及 C_i 和 C_o。为了提高振荡频率而减小电容 C_1 和 C_2 后，电容 C_i 和 C_o 就不能忽略，输出电容 C_o 与 C_1 相并联，输入电容 C_i 与 C_2 相并联，计算振荡电路输出信号频率时就必须考虑这种并联作用。现在的问题是晶体管极间电容会随温度变化，杂散电容设计时又难于确定，这样构成的振荡电路的频率就会变得很不稳定，前面已经讲过，这种不稳定性将严重影响振荡电路的使用。

解决这个问题的办法是对电路做微小的改进，在电感支路串入一个小容量的电容 C，如图 2.8 所示。

接入电容 C 以后，LC 谐振回路中三个电容相串联，总电容量等于三个电容倒数之和的倒数。在求三个电容倒数之和时，由于 $C \ll C_1$，$C \ll C_2$，因此

$$\text{总电容量} = \frac{1}{C_1} + \frac{1}{C_2} + \frac{1}{C} \approx \frac{1}{C}$$

这说明接入小电容 C 之后，三个电容串联的总电容即等于 C，图 2.8 中 LC 谐振回路的谐振频率就等于

$$f_{osc} = \frac{1}{2\pi\sqrt{L_1 C}} \tag{2.11}$$

这个电路有两个特点：一是电容 C 取得很小时，能获得较高的振荡频率；二是振荡频率与极间电容和杂散电容无关，因而提高了稳定性。

这种振荡电路频率的调节也比较方便，让一个可变电容与电容 C 相并联，调节可变电容，就可以实现振荡频率的微调。

(3) 实用三点式振荡电路

图 2.9 所示的是一种用于无绳电话的电容三点式正弦波振荡电路，其中电容 C_1 = 15pF，C_2=5.6pF，C_3=4700pF，电阻 R_1=10kΩ，R_2=1.8kΩ，R_e=330Ω，晶体管 VT_1 的型号为 9018，所产生的正弦波频率为 88～108MHz。

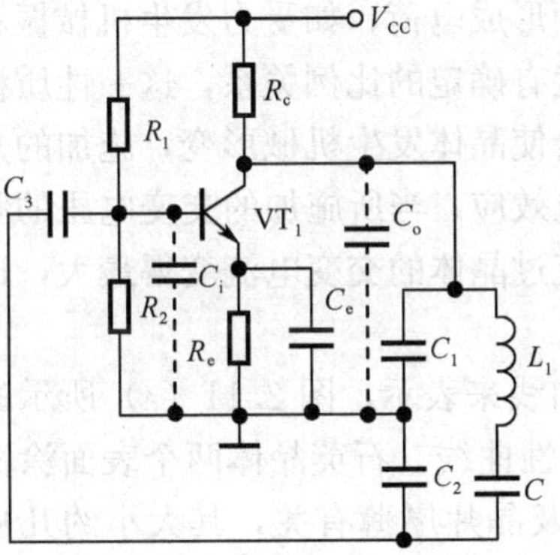

图 2.8　改进的电容反馈式 LC 振荡电路

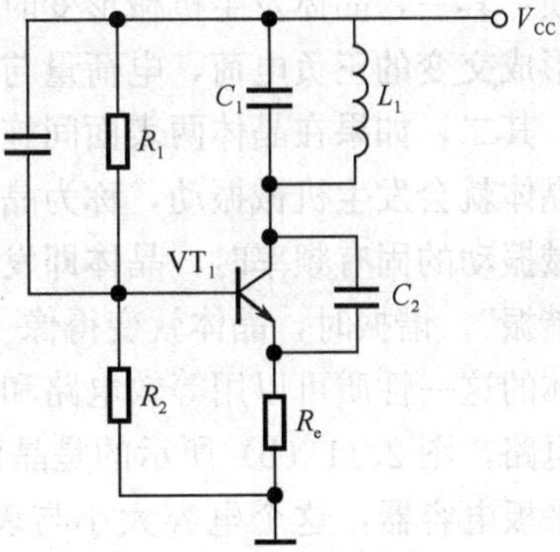

图 2.9　电容反馈式实用三点式振荡电路

2.1.3　石英晶体振荡电路

LC 振荡电路的优点是振荡频率较高，可以达到 100MHz 以上；缺点是频率稳定性不

高，最好的LC振荡电路，其频率稳定度$\Delta f/f$也只能达到10^{-5}。为此，讨论石英晶体振荡电路。由石英晶体组成的正弦波振荡电路，频率稳定度可以达到10^{-6}～10^{-8}，一些产品甚至可达10^{-10}～10^{-11}，与LC振荡电路有很大的差异。

1. 石英晶体

(1) 石英晶体结构

将二氧化硅晶体按一定的方向切割成很薄的晶片，再在晶片的两个表面涂覆银层并作为两个电极引出管脚，加以封装，即成为石英晶体谐振器，简称石英晶体。石英晶体谐振器已经制成各种规格的产品，其结构、电路符号和产品外形如图2.10所示，其中图(a)所示为石英晶体结构；图(b)所示为电路符号；图(c)所示为几种产品的外形。

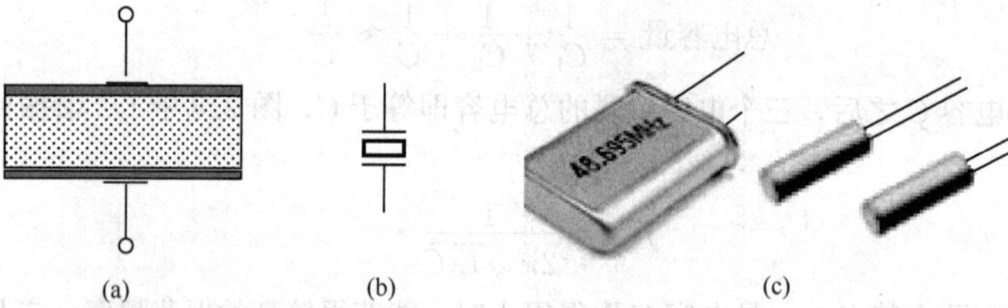

图2.10 石英晶体谐振器结构及电路符号

(2) 石英晶体的频率特性

石英是绝缘体，因此不能通过直流电，但能通过交变的电流。一定规格的石英晶体对某一特定频率的电流来说是一个良导体，允许该频率的交流电通过，而对其他频率的电流，它的特性又表现得像绝缘体。正是由于石英晶体的这一独特的优良性质，使得它在高频电路中获得了广泛的应用。

石英晶体这一独特的性质源于其压电效应。所谓压电效应，是指晶体具有的以下两方面的性质：其一，晶体发生机械形变时会在其表面形成电荷，如受力发生机械振动，其表面就会形成交变的正负电荷，电荷量与振动的强度有确定的比例关系，这一性质称为正压电效应；其二，如果在晶体两表面间施加电压，会使晶体发生机械形变，施加的是交变电压时，晶体就会发生机械振动，称为晶体的逆压电效应。当所施加的交变电压的频率等于晶体机械振动的固有频率时，晶体即发生共振，流过晶体的交变电流变得最大，这种现象称为“谐振”。谐振时，晶体就变得像一个良导体。

晶体的这一性质可以用等效电路和频率特性曲线来表示，图2.11(a)所示的是晶体的等效电路，图2.11(b)所示的是晶体的电抗特性曲线。石英晶体两个表面涂覆的银层组成一平板电容器，这个电容大小与表面积大小及晶片厚薄有关，其大小约几皮法，用C_0表示。L_q、C_q和R_q分别是晶体的交流等效电感、电容和电阻，L_q的大小约几十毫亨至几百毫亨，C_q较小，在0.01pF以下，R_q约几十欧姆。

晶体的导电特性可以用阻抗随频率变化的曲线表示，晶体的直流电阻为无穷大，因此只需考察晶体电抗随频率变化的情况。图2.11(b)所给出的是石英晶体电抗随频率变化的曲线，称为石英晶体电抗-频率特性曲线。由图可知，晶体有两个谐振频率点，f_s和f_p，前者称为串联谐振频率，后者称为并联谐振频率。两个谐振频率与等效电路各参量的关系如下：

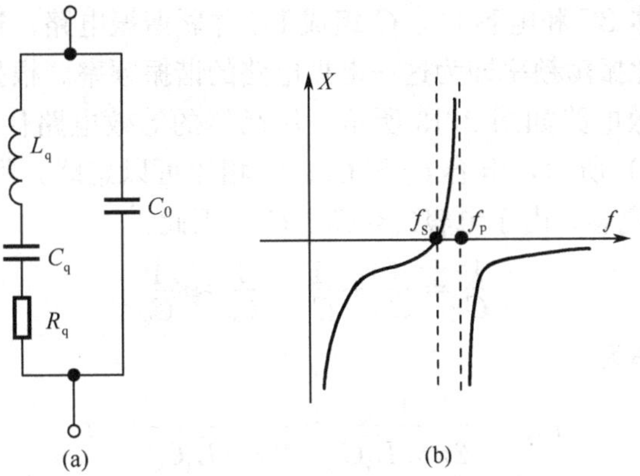

图 2.11　石英晶体等效电路和频率特性

$$f_s = \frac{1}{2\pi\sqrt{L_q C_q}} \tag{2.12}$$

$$f_p = \frac{1}{2\pi\sqrt{L_q\left(\frac{C_0 C_q}{C_0 + C_q}\right)}} \tag{2.13}$$

频率等于串联谐振频率 f_s时，电抗等于零，晶体相当于一纯电阻；频率等于并联谐振频率 f_p时，电抗为无穷大，相当于开路。频率小于串联谐振频率，电抗小于零，表现为容性；频率大于并联谐振频率时，电抗也小于零，晶体同样表现为容性；频率在串联和并联谐振频率之间时，晶体才表现为感性（电抗大于零）。由于电容 $C_0 \gg C_q$，电容 C_0、C_q并联值 $C_0C_q/(C_0+C_q)$与电容 C_q差别很小，根据式（2.12）和式（2.13），串联谐振频率与并联谐振频率的差别也就很小。因此，使石英晶体表现为感性的频率范围是十分狭小的，这说明石英晶体只在很小的频率范围内等效于一个电感，偏离这一频率范围则应视为电容或纯电阻，这一结论将用于分析石英晶体组成的振荡电路。

2. 晶体振荡电路

利用石英晶体组成正弦波振荡电路时，根据晶体在电路中所起的作用可分为并联型石英振荡电路和串联型石英振荡电路。

使晶体工作于串联谐振频率 f_s和并联谐振频率 f_p之间，即 $f_s < f_{osc} < f_p$时，它等效于电感，将晶体作为一个电感所组成的振荡电路即为并联型石英晶体振荡电路；如果将晶体接入振荡电路的正反馈支路，当晶体工作于串联谐振频率，即 $f_s = f_{osc}$时，晶体表现为交流短路（纯电阻）而使正反馈最强，这样构成的振荡电路称为串联型石英晶体振荡电路。

（1）并联型石英晶体振荡电路

用晶体取代电容反馈式振荡电路（见图 2.7）中的电感，所构成的振荡电路即为并联型石英振荡电路，如图 2.12 所示。电路的工作原理和图 2.7 所示的电路相同，下面计算并联型晶体振荡电路的频率。

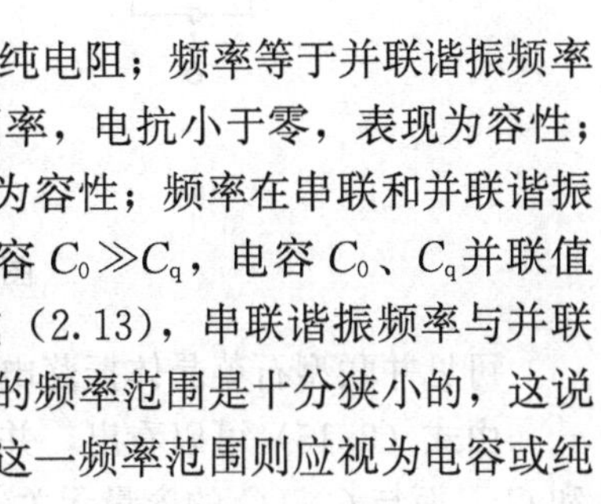

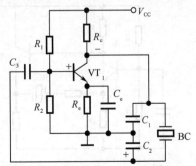

图 2.12　并联型石英晶体振荡电路

等效于电感的晶体 BC 和电容 C_1、C_2组成 LC 并联谐振电路，这一谐振电路即为振荡电路的选频环节，因此振荡频率即为这一谐振电路的谐振频率。根据晶体的等效电路，图中 C_1、C_2和 BC 的等效电路如图 2.13 所示，用晶体的等效电路代替晶体 BC，画出电路（a）的等效电路如（b）所示，电容 C_0与 C_1、C_2相比可以忽略，得电路（c），用 C 表示 C_1、C_2和 C_q串联的总电容，由于电容$C_q \ll C_1$、C_2，因此

$$\frac{1}{C}=\frac{1}{C_1}+\frac{1}{C_2}+\frac{1}{C_q}\approx\frac{1}{C_q} \tag{2.14}$$

由此求得并联谐振频率为

$$f_{osc}=\frac{1}{2\pi\sqrt{L_qC}}\approx\frac{1}{2\pi\sqrt{L_qC_q}}=f_s \tag{2.15}$$

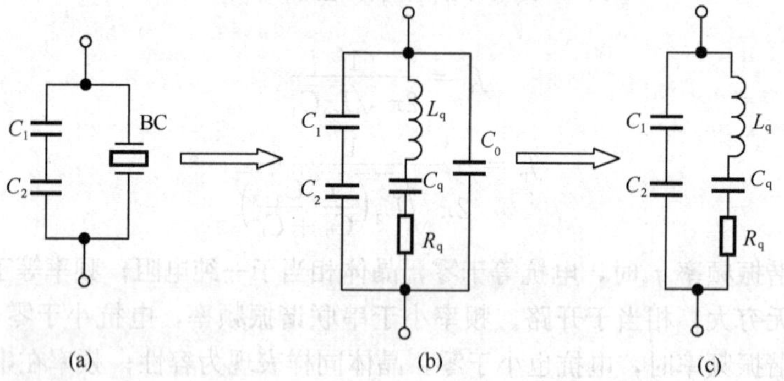

图 2.13　并联谐振电路的等效电路

可见并联型石英晶体振荡电路的频率即为晶体的串联谐振频率。

由式（2.15）可以看出，并联型晶体振荡电路的频率只决定于石英晶体 BC 的参量 L_q和 C_q，而与 C_1、C_2的容量无关。晶体管极间电容与 C_1、C_2相并联，振荡频率从而也与晶体管的极间电容无关。因此，石英晶体振荡电路有很高的频率稳定度。

（2）串联型石英晶体振荡电路

典型的串联型石英晶体振荡电路如图 2.14 所示，VT_1、VT_2组成两级放大电路，第一级是共基极放大电路（基极经电容 C_1交流接地）；第二级是共集电极放大电路，反馈支路由电阻 R_f和石英晶体 BC 组成，首先证明所形成的反馈属正反馈。

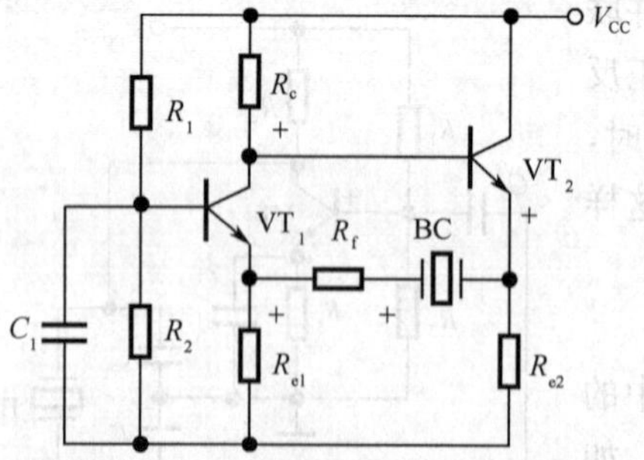

图 2.14　串联型石英晶体振荡电路

假设初始时刻 VT_1输入端发射极电压极性为正，经共基极放大电路放大，集电极输出电压极性也为正（共基极放大电路输出与输入同相位），经 VT_2放大，其发射极电压极性也为正（基极与发射极信号同相位），这一电压经晶体 BC 和电阻 R_f加到 VT_1发射极电压极性也属正，与输入电压同相位，因此所构成的为正反馈。

这一正反馈信号的大小与频率有关。频率等于晶体串联谐振频率 f_s时，晶体交流短路，正反馈信号很大；偏离这一频率时，晶体有很高的电

抗而使反馈电压趋于零。因此，达到稳定状态之后，振荡电路输出频率为 f_s 的正弦波信号。和并联型振荡电路一样，串联型晶体振荡电路也有很高的频率稳定度。

2.1.4　声表面波谐振器振荡电路

与 LC 振荡电路相比，石英晶体组成的振荡电路有很高的频率稳定度，但振荡频率不高，一般只能产生几十兆赫兹的正弦振荡。高频电路中另一类常用的振荡电路是声表面波谐振器组成的振荡电路，这种电路的频率稳定度不及石英晶体振荡电路，但频率可以做得很高。这是一种性能介于 LC 和石英晶体振荡电路之间的电路，在许多无线收/发模块中得到了广泛的应用。

声表面波谐振器（surface acoustic wave resonators，SAWR）是利用声波在晶体表面传播特性制成的谐振器。SAWR 的频率特性与石英晶体谐振器类似，都有一个谐振频率，输入信号频率等于该频率时谐振器表现出很低的阻抗，偏离谐振频率时则呈高阻。与石英晶体相比，SAWR 的频率稳定性稍差，一般在 10^{-5} 左右，但其谐振频率很高，可达 1000MHz 甚至更高。

图 2.15（a）所示是一种常用的由声表面波谐振器组成的振荡电路，图中 ZC_1 为声表面波谐振器，型号为 R315A，谐振频率为 315MHz，电容 C_3＝1000pF，为电源滤波电容，C_1＝2pF，C_2＝10pF，R_1＝240Ω，L＝33nH，晶体管 VT_1 选用 9018，其截止频率为 600MHz。

声表面波谐振器 ZC_1 起正反馈作用，它只允许 315MHz 的信号通过，即只有频率为 315MHz 的信号形成正反馈，因此电路的振荡频率即为 315MHz。图 2.15（b）是由声表面波谐振器构成的 315MHz 发射模块外形图，图中标有 R315A 的圆形器件即为声表面波谐振器。

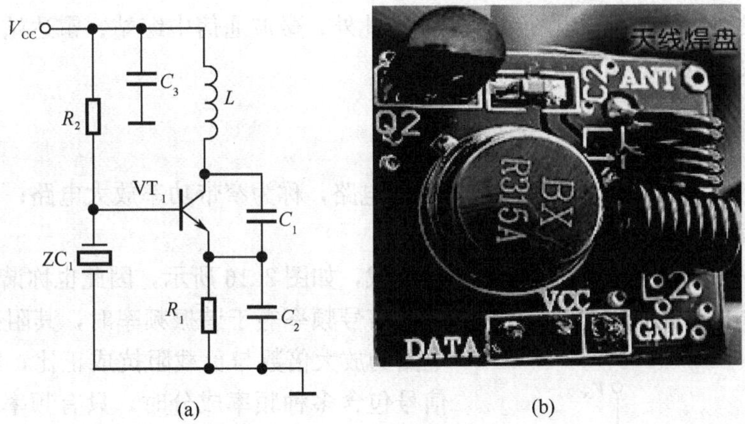

图 2.15　SAWR 谐振器组成的振荡电路

2.2　高频功率放大电路结构和工作原理

2.2.1　高频功率放大电路的分类

为了实现信息的无线传输，任何无线发射电路都需要一定的发射功率，这种用于使待发射高频信号具有一定功率的电路，就称为高频功率放大电路。高频信号的基本特征之一便是其频率高，能以无线电波的形式向外发射，因此，高频功率放大电路也称射频功率放大电路。无线收发系统的应用十分广泛，不同的应用领域对射频功放有不同的要求。为此，首先讨论功率放大电路的分类。

1. 按输出功率分类

不同输出功率的放大电路，其工作原理大同小异，但在结构上存在较大的差异。小功率的无线收发系统，其高频功率放大电路可以和高频振荡电路、调制电路等集成在一个芯片内，而大功率的无线收发系统，由于大功率高频放大管很难与其他电路集成在一块芯片内，常将高频放大部分独立制成射频功率放大模块以供使用。因此，按照功放是否独立制成射频功放模块，可以将功率放大电路分成两类：小功率射频功率放大电路和大功率射频功率放大电路。

（1）小功率射频功率放大电路

按照工信部《微功率（短距离）无线电设备管理暂行规定》附件所列的各项微功率无线电设备，其无线发射功率一般都在1W以下，这些设备所包含的射频放大电路即属于小功率射频功率放大电路。例如，无绳电话的座机和无绳电话手机，其无线发射功率不得大于20mW；工业用无线遥控设备（即用无线电方式传送遥控信息的无线电收发设备），其无线发射功率不得大于10mW；用于无线数据传送的设备，例如无线网卡，其发射功率也不得大于10mW；模型玩具无线电遥控设备，其无线发射功率不得大于1W等。CDMA手机的发射功率只有几个微瓦，GSM手机的发射功率约几百微瓦。

（2）大功率射频功率放大电路

移动电话基站的发射功率约几十瓦，一个城市的电视信号发射功率达到几千瓦，省级广播电台的发射功率为几千瓦至几十千瓦。此外，微波通信中继站、雷达站等都属于大功率射频功率放大电路应用的范围。

2. 按功率放大电路的负载分类

高频电路中，以选频网络为负载的功放电路，称为窄带功率放大电路；以宽带传输线变压器为负载的，称为宽带功率放大电路。

窄带功率放大电路以LC谐振回路为负载，如图2.16所示，因此也称谐振功率放大电路。LC谐振电路的阻抗与信号频率有关，信号频率等于谐振频率时，其阻抗最大，放大电路的放大倍数与负载阻抗成正比，因此如果输入信号包含多种频率成分时，只有频率等于LC回路谐振频率的成分才被有效地放大。其他频率成分因偏离谐振频率，所对应的负载阻抗很小，从而放大倍数也很小，得不到放大。这样一来，以LC回路为负载的功率放大电路就能有选择地放大频率等于其谐振频率的信号，由于这种频率选择性，LC谐振功率放大电路也称为选频放大电路。

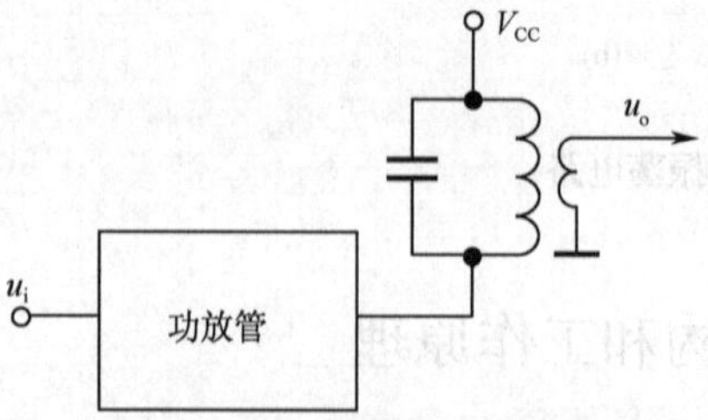

图2.16 谐振功率放大电路

窄带功率放大电路的优点是很明显的，如果被放大的信号中混有各种干扰信号，利用窄带功率放大电路很容易通过选频作用来抑制干扰。窄带功率放大电路的缺点是非线性失真比较大，LC 选频网络中心频率的调节也不方便。因此，有时需要使用宽带功率放大电路。

宽带功率放大电路的结构如图 2.17（a）所示，其中两根导线①—②、③—④和高导磁率铁氧体（如镍锌铁氧体，磁导率为 100～400）磁环组成传输线变压器，两根导线的连接关系如图 2.17（b）所示。传输线变压器既是功放电路的负载，同时又起着将高频信号传输到负载 R_L（或下一级放大电路）的作用，类似于普通变压器。传输线变压器没有选频的作用，有很好的频率特性，其上限频率可以扩展到几百兆赫兹乃至几千兆赫兹，因此特别适合于要求频率相对变化范围较大和要求迅速更换频率的发射机，改变工作频率时不需要对功放电路重新调谐。

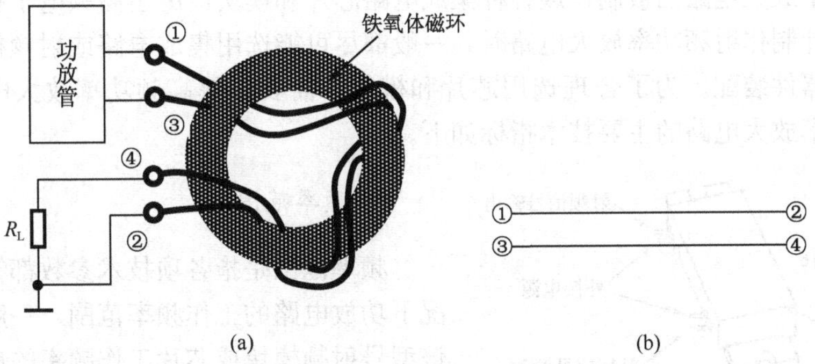

图 2.17　传输线变压器结构

3. 按功率放大管导通角分类

根据功率放大管（以下简称功放管）在一个信号周期内导通时间的长短，也可以对功放电路进行分类。在信号的正负半周，功放管始终处于导通状态，这时，我们就说功放管处于甲类工作状态，所组成的功放电路也就称为甲类功放电路，处于甲类工作状态的功放管，为了避免负半周时管子进入截止区而造成失真，静态时就有较大的电流通过；如果功放管在信号的负半周截止，正半周时导通，就说功放管处于乙类工作状态，所组成的功放电路为乙类功放电路，处于乙类工作状态的功放管，静态时电流为零；如果功放管只在正半周的一部分时间内导通，即只有正半周的信号超过一定的幅度以后功放管才导通，信号负半周及正半周输入信号幅度较小时均不导通，就说功放管处于丙类工作状态，所组成的功放电路称为丙类功放电路，丙类工作状态的功放管，静态时基极是负偏置的，直至输入正信号大于某个值后功放管才导通。

功放管在一个周期内的导通时间可以用相位角来表示。我们将管子导通时间一半所对应的相位角定义为功放管的导通角 θ。甲类工作时，功放管在 360°的时间内均导通，其导通角即为 $\theta=360°/2=180°$。类似地可以确定乙类工作时，导通角 $\theta=90°$；丙类工作时，导通角 $\theta<90°$。

功放管导通时间的长短与功率放大电路的效率有关，通过近似的计算可知，甲类工作状态时，导通角 $\theta=180°$，可以估算出放大电路的效率 $\eta=50\%$；乙类工作时，导通角 $\theta=90°$，可算得效率 $\eta=78.5\%$；丙类工作时效率最高，设 $\theta=60°$，可计算出效率 $\eta=90\%$。

可见，从提高功率放大电路的效率来看，丙类工作状态有着明显的优势。初看起来，丙类放大电路的非线性失真是非常严重的，输入一个正弦波信号时，只有正半周的一部分被放大，输出电压不是严重失真了吗？实际情况并非如此，由于LC谐振回路的选频作用，非线性失真可以在很大程度上得到消除，我们将在下面的讨论中详细地讨论这一问题。因此，在许多对于非线性失真要求不是很严格的场合，为了提高效率，功放电路都选用丙类工作状态。如对信号的非线性失真要求较高，丙类工作状态就不合适，这时，可选用甲类（一般用于前级）或乙类工作状态。

甲类、乙类和丙类功率放大电路也称A类、B类和C类功率放大电路。

2.2.2 高频功率放大电路的主要技术指标

高频功率放大电路已被制作成各种集成电路芯片和模块，由于高频电子技术工艺上的复杂性，设计制作射频功率放大电路时，一般都尽可能选用集成电路或射频模块，而不是使用分立元器件装配。为了合理选用芯片和模块，需要了解高频功率放大电路的技术指标。高频功率放大电路的主要技术指标如下。

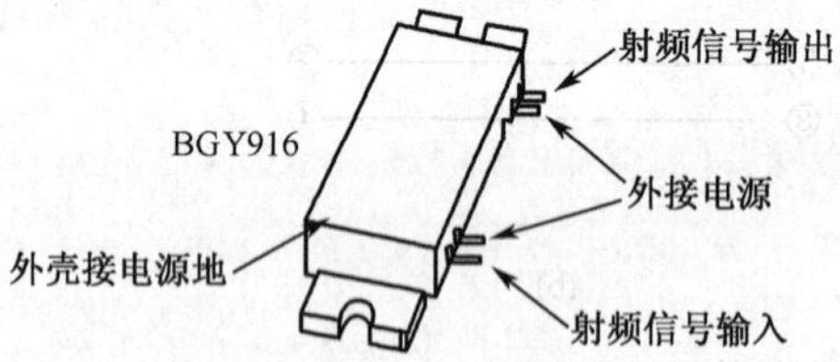

图 2.18 高频功放模块 BGY916

1. 频率范围

频率范围是指各项技术参数都符合要求的情况下功放电路的工作频率范围，一般厂家都给出该型号射频模块或芯片工作频率的最大值和最小值，实际模块的工作频率在最大和最小值限定的范围内。以 Philips 公司生产的射频功放模块BGY916为例，其外形如图2.18所示，射频信号从1脚输入，放大后从4脚输出。工作频率的最大值为960MHz，最小值为920MHz。

2. 输出功率 P

输出功率是指负载上得到的射频功率。输出功率可用两种单位表示：一种是功率的绝对值，单位是W（瓦）或mW（毫瓦）；另一种是用相对值的对数表示，即用输出功率与一个固定值，例如1mW（或1W）的比值的对数表示，称为功率电平。

设一个射频功放电路的输出功率为 P，定义 P 与1mW（或1W）比值的对数乘10为该电路以dBm（或dBW）为单位的功率值，该输出功率的功率电平为

$$\text{功率电平(dBm)} = 10\lg(P/1\text{mW}) \tag{2.16}$$

$$\text{功率电平(dBW)} = 10\lg(P/1\text{W}) \tag{2.17}$$

根据上述定义，可以求出功率绝对值与两种相对值（功率电平）之间的对应关系。1mW功率所对应的以dBm和dBW为单位的功率电平值分别为

$$10\lg(1\text{mW}/1\text{mW}) = 0\text{dBm} \quad \text{和} \quad 10\lg(1\text{mW}/1\text{W}) = -30\text{dBW}$$

0.1W功率所对应的以dBm和dBW为单位的功率电平值分别为

$$10\lg(100\text{mW}/1\text{mW}) = 20\text{dBm} \quad \text{和} \quad 10\lg(0.1\text{W}/1\text{W}) = -10\text{dBW}$$

0.1mW功率所对应的以dBm和dBW为单位的功率电平值分别为

$$10\lg(0.1\text{mW}/1\text{mW}) = -10\text{dBm} \quad \text{和} \quad 10\lg(0.1\text{mW}/1\text{W}) = -40\text{dBW}$$

模块 BGY916 的输出功率最小值为 16W，用功率电平表示，等于 12.04dBW。

利用式（2.16）和式（2.17），也可以根据功率电平值求出电路的绝对功率值。以 dBm 为例，设一功放电路的功率电平等于 P_x（单位 dBm），则其绝对功率 P 等于

$$P = (10^{0.1P_x})\text{mW} \tag{2.18}$$

例如，电路功率电平 P_x=20dBm，代入上式，可求得其绝对功率为 100mW。

3. 功率增益 G

功率增益指功率放大电路输出功率与输入功率的比值，常用分贝表示，公式为

$$\text{功率增益} = 10\lg(P_o/P_i) \tag{2.19}$$

式中，P_o和 P_i分别为输出和输入功率（以 W 或 mW）为单位。BGY916 的功率增益为 30dB。

4. 效率 η

功率放大电路的效率定义为输出信号功率与电源供给功率之比，公式为

$$\eta = \frac{P_o}{P_u} \times 100\% \tag{2.20}$$

式中，P_o为功放输出信号功率；P_u为电源提供的功率，效率的大小反映电源所提供的能量多大程度上被转换为无线电波的能量。模块 BGY916 效率的最小值为 35%，典型值为 40%。

2.2.3　C 类谐振功率放大电路原理

1. 纯电阻为负载的 C 类功率放大电路

纯电阻为负载的 C 类功率放大电路如图 2.19 所示，晶体管 VT_1 被接成共射极电路，输入信号 u_i经电容 C_1耦合加到基极和发射极之间，放大后的信号 u_o从集电极输出。其特点是基极静态电压 U_{BQ}小于发射结开启电压 U_{on}，即 $U_{BQ}<U_{on}$。

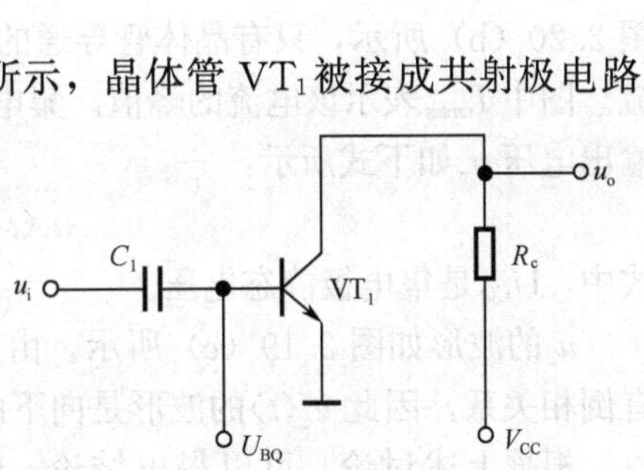

图 2.19　C 类谐振功率放大电路原理图

下面讨论上述功率放大电路的工作原理。设输入信号 u_i为余弦波，振幅为 U_{im}，角频率为 ω，则有

$$u_i = U_{im}\cos\omega t \tag{2.21}$$

加入信号电压后，发射结总电压是交流信号 u_i和直流偏置电压 U_{BQ}之和，因此基极-发射极间电压为

$$u_{BE} = U_{BQ} + U_{im}\cos\omega t \tag{2.22}$$

电压 u_{BE}的波形如图 2.20（a）所示。图中纵坐标为电压幅度，横坐标是 ωt，为输入信号 u_{BE}在 t 时刻的相位角。图中同时画出了基极静态电压 U_{BQ}和发射结开启电压 U_{on}，$U_{BQ}<U_{on}$，因此直线 U_{on}位于 U_{BQ}线的上方。由图可知曲线 u_{BE}和 U_{on}线的交点依次为 θ、$2\pi-\theta$、$2\pi+\theta$、$4\pi-\theta$、$4\pi+\theta$、…，晶体管导通的条件是发射结电压 u_{BE}大于开启电压，因此只有相位

角 ωt 满足以下条件时晶体管才导通：即 $0<\omega t<\theta$，$2\pi-\theta<\omega t<2\pi+\theta$，$4\pi-\theta<\omega t<4\pi+\theta$，…。晶体管一个周期内的导通时间为 2θ，例如 $0\sim2\pi$ 范围内导通的时间为 $0<\omega t<\theta$，$2\pi-\theta<\omega t<2\pi$，$\theta$ 即为前面所说的功放管的导通角（在这两个区域内发射结电压 u_{BE} 大于 U_{on}）。由于 U_{BQ} 线低于 U_{on} 线，导通角 $\theta<90°$。

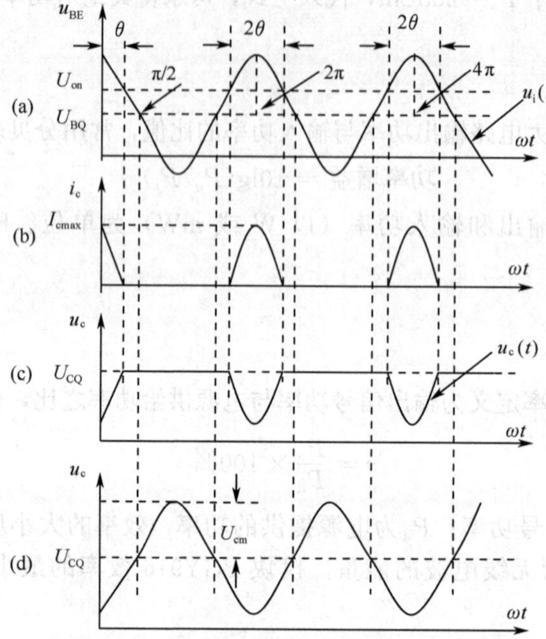

图 2.20　输入余弦波信号时各极电流电压波形

根据图 2.20（a）所表示的晶体管导通情况，可以画出集电极电流 i_c 的波形如图 2.20（b）所示，只有晶体管导通的区域集电极电流才不等于零，因此它是一个脉动电流。图中 I_{cmax} 表示该电流的峰值。集电极电流在负载电阻 R_c 上产生压降，从而形成集电极输出电压 u_c 如下式所示：

$$u_c(t)=U_{CQ}-i_c(t)R_c \tag{2.23}$$

式中，U_{CQ} 是集电极静态电压。

u_c 的波形如图 2.19（c）所示。由上式可以看出，集电极电压 $u_c(t)$ 与集电极电流 $i_c(t)$ 有倒相关系，因此 $u_c(t)$ 的波形是向下的。

根据上述讨论，可以得出结论：输入余弦波 $u_i(t)$ 时，经过放大，集电极输出电压 $u_c(t)$ 是图 2.19（c）所示的脉动性的电压，这一输出电压波形显然不符合功率放大的要求。尽管 C 类功率放大电路具有效率比 B 类功放更高的优点，直接将图 2.19 所示的电路应用于高频信号功率放大还是不行。

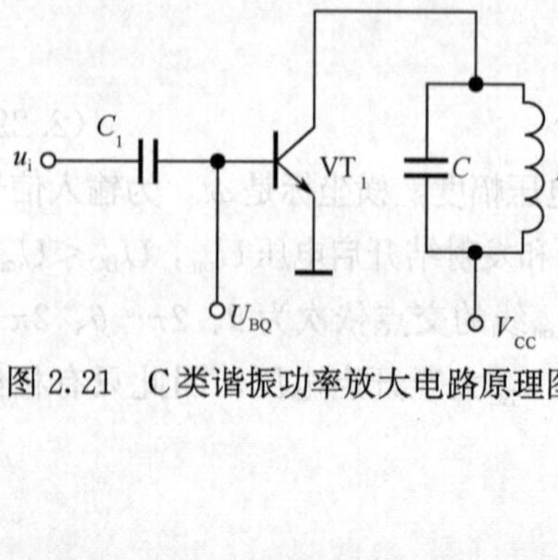

图 2.21　C 类谐振功率放大电路原理图

2. C 类 LC 谐振功率放大电路

用 LC 并联回路取代电阻 R_c 所组成的 C 类功率放大电路如图 2.21 所示，由于这类电路包含 LC 谐振回路，也称 C 类 LC 谐振功率放大电路。它由晶体管 VT_1、LC 并联谐振回路、输入信号耦合电容 C_1、基极偏置电压 U_{BQ} 和集电极偏置电压 V_{CC} 组成。和图 2.19 所示的电路一样，静态基极电压 $U_{BQ}<U_{on}$，放大晶体管 VT_1 的导通角小于 90°，放大电路属 C 类功率放大电路。

由图 2.20（b）可以看出，单向脉动输出电流 $i_c(t)$ 是 t 的周期函数，其周期与输入余弦波信号相同。一个周期性函数可以分解为许多余弦波（或正弦波）的叠加，因此可以将电流 $i_c(t)$ 分解为

$$i_c(t)=I_{c0m}+I_{c1m}\cos\omega t+I_{c2m}\cos 2\omega t+\cdots+I_{cnm}\cos n\omega t+\cdots \tag{2.24}$$

式中，第一项 I_{c0m} 是电流 $i_c(t)$ 所包含的直流分量；第二项的频率与输入信号 $u_i(t)$ 相同，称为 $i_c(t)$ 的基波分量；第三项的频率是 $u_i(t)$ 频率的 2 倍，称为 2 次谐波。类似地，第 $n+1$ 项的频率是 $u_i(t)$ 的 n 倍，称为 n 次谐波……式中，I_{c1m}、I_{c2m}、I_{cnm} 是基波、2 次谐波和 n 次谐波的振幅。

式（2.24）表明，输出（集电极）电流 $i_c(t)$ 由直流分量和基波、2 次谐波、3 次谐波等许多项谐波组成，为了实现对于输入信号 $u_i(t)$ 的不失真的放大，需要找到一种电路能从各种谐波中选择出所需要的基波项。图 2.20 所示的 LC 并联谐振回路与放大电路相配合，就具有这种功能。LC 并联回路的特征是阻抗随频率变化，谐振频率时阻抗最大，我们用 R_T 来表示谐振时的阻抗，偏离谐振频率时回路阻抗迅速下降。如果使 LC 回路的谐振频率正好等于输入信号 $u_i(t)$ 的频率，则它只对基频 ω 表现为高阻抗，其他频率的分量都是低阻抗，于是，含有多种频率成分的电流 $i_c(t)$ 流经 LC 回路时，就只有基频（基波）才表现出最大的输出电压，其他频率的谐波因频率偏离谐振频率只表现出微弱的电压。因此，可以求得集电极交流信号电流为

$$i_c(t)=I_{c1m}\cos\omega t \tag{2.25}$$

即为式（2.24）中的基波项。

集电极交流信号电压等于交流电流与谐振阻抗 R_T 的乘积，因此求得集电极输出电压

$$u_c(t)=I_{c1m}R_T\cos\omega t=U_{cm}\cos\omega t \tag{2.26}$$

这一输出电压 $u_c(t)$ 的波形如图 2.20（d）所示，图中 $U_{cm}=I_{c1m}R_T$，是输出电压的峰值。$u_c(t)$ 即为经过功率放大的输入信号。

我们也可以这样来理解 LC 谐振电路的选频放大作用。共射极放大电路的放大倍数与负载阻抗成正比，阻抗越大放大倍数也越大。另一方面，作为共射极放大电路集电极负载的 LC 回路对于不同的频率表现出不同的阻抗，对于谐振频率的信号阻抗最大，其他频率成分阻抗很小，因此图 2.21 所示的电路只对等于 LC 回路谐振频率的信号才具有很高的放大倍数。对于偏离这一频率的信号，其放大倍数趋于零，于是就实现了选频放大。

3. LC 谐振功率放大电路的效率

利用周期函数傅里叶级数的公式，可以求出式（2.24）直流分量及各次谐波峰值的表达式，下面仅给出直流分量 I_{c0m} 和基波 I_{c1m} 的表达式，分别为

$$I_{c0m}=i_{cmax}\left(\frac{1}{\pi}\frac{\sin\theta-\theta\cos\theta}{1-\cos\theta}\right)=i_{cmax}\alpha_0(\theta) \tag{2.27}$$

$$I_{c1m}=i_{cmax}\left(\frac{1}{\pi}\frac{\theta-\sin\theta\cdot\cos\theta}{1-\cos\theta}\right)=i_{cmax}\alpha_1(\theta) \tag{2.28}$$

式中，i_{cmax}为集电极电流峰值，$\alpha_0(\theta)=\dfrac{1}{\pi}\dfrac{\sin\theta-\theta\cos\theta}{1-\cos\theta}$和$\alpha_1(\theta)=\dfrac{1}{\pi}\dfrac{\theta-\sin\theta\cdot\cos\theta}{1-\cos\theta}$称为余弦脉冲分解系数，$\alpha_0(\theta)$是直流分量分解系数，$\alpha_1(\theta)$是基波分解系数，分解系数是导通角 θ 的函数。根据前面两个式子，可画出 $\alpha_0(\theta)$和 $\alpha_1(\theta)$随导通角变化情况如图 2.22 所示。由图可知，导通角 $\theta=0$ 时，两个分解系数都等于 0；导通角 $\theta=180°$时，两个分解系数都等于 0.5。根据式（2.26）和式（2.27），集电极直流分量 I_{c0m}和基波分量 I_{c1m}等于集电极电流峰值与相应分解系数的乘积，因此图 2.22 所反映的也是集电极直流分量 I_{c0m}和基波分量 I_{c1m}随导通角变化的规律。

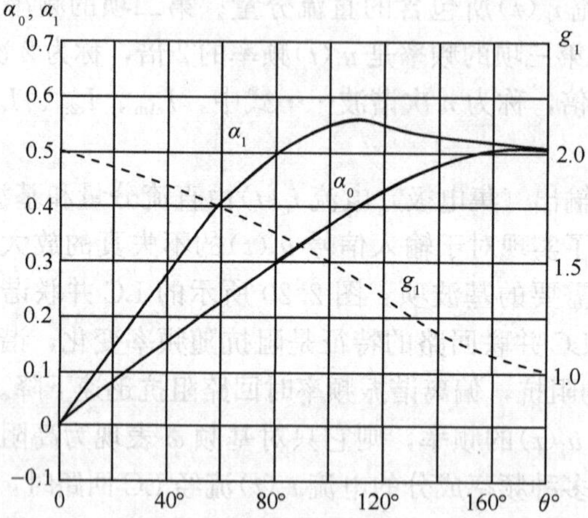

图 2.22 余弦脉冲波分解系数及波形系数随导通角变化图

放大电路信号输出功率等于集电极电流信号有效值与集电极电压信号有效值的乘积，根据式（2.25）和式（2.26）可以求得输出功率 P_o为

$$P_o=\frac{1}{\sqrt{2}}I_{c1m}\cdot\frac{1}{\sqrt{2}}U_{cm}=\frac{1}{2}I_{c1m}U_{cm}=\frac{1}{2}I_{c1m}^2R_T \tag{2.29}$$

另一方面，直流电源供给的功率 P_u等于集电极直流分量 I_{c0m}与电源电压 V_{CC}的乘积，即

$$P_u=V_{CC}I_{c0m} \tag{2.30}$$

功率放大电路的效率 η 等于输出功率 P_o和直流电源供给功率 P_u之比，因此

$$\eta=\frac{P_o}{P_u}=\frac{1}{2}\frac{U_{cm}I_{c1m}}{V_{CC}I_{c0m}}=\frac{1}{2}\xi g_1 \tag{2.31}$$

式中，$\xi=U_{cm}/V_{CC}$，是集电极输出电压幅值和电源电压的比值，称为电压利用系数；$g_1=I_{c1m}/I_{c0m}$，是集电极电流基波分量的幅度与直流分量之比，称为波形系数。将式（2.27）和式（2.28）代入 g_1的表达式，可求得

$$g_1=\frac{I_{c1m}}{I_{c0m}}=\left(\frac{\theta-\sin\theta\cdot\cos\theta}{1-\cos\theta}\right)\Big/\left(\frac{\sin\theta-\theta\cdot\cos\theta}{1-\cos\theta}\right)=\frac{\theta-\sin\theta\cdot\cos\theta}{\sin\theta-\theta\cdot\cos\theta} \tag{2.32}$$

图 2.22 虚线所示的曲线所反映的就是波形系数 g_1随导通角变化的情况，图中右边纵轴所标的是 g_1的大小，它与导通角 θ 的关系是：$\theta=0°$时，$g_1=2.0$；$\theta=90°$时，$g_1=1.57$；$\theta=180°$时，$g_1=1.0$。

高频功放的电压利用系数可以做得很高，近似地取 $\xi=1$，按照式（2.31），功率放大电路的效率就决定于波形系数 g_1，g_1是导通角 θ 的函数，两者之间的关系即为前面分析的虚线，因此，根据图 2.22 所示的 g_1随 θ 变化的虚线即可以求出电压利用系数$\xi=1$的情况下，不同导通角时的 g_1值，然后根据式（2.31）求出功放电路的效率，分别为

$\theta=180°$，A 类工作状态，$g_1=1$，$\eta=50\%$；

$\theta=90°$，B 类工作状态，$g_1=1.57$，$\eta=78.5\%$；

$\theta=60°$，C 类工作状态，$g_1=1.8$，$\eta=90\%$。

可见，C 类功率放大电路的效率最高。

由图 2.22 所示的曲线还可以看出，波形系数 g_1随导通角 θ 的减小而增加，导通角越小效率就越高，$\theta=0$ 时效率将达到 100%。但是，要注意输出功率也和导通角有关，将式（2.28)代入输出功率表达式（2.29），可以将输出功率表示为

$$P_o=\frac{1}{2}I_{c1m}^2R_T=\frac{1}{2}i_{cmax}^2R_T[\alpha_1(\theta)]^2 \tag{2.33}$$

可见输出功率与脉冲分解系数 α_1有关。由图 2.22 所示的曲线，α_1随导通角 θ 的减小而减小，导通角 $\theta=0$ 时 α_1下降为零，这时的输出功率为零，效率达到 100%就变得毫无意义。因此，实际的 C 类功放电路导通角的取值必须兼顾效率和输出功率，既不能过大，也不能过小。过大，输出功率大了，但效率低；过小，效率高了，但输出功率过低。为此，一般取 $\theta=60°\sim70°$，这时效率可达 85%左右。

4. 简单 LC 谐振功率放大电路存在的问题

图 2.19 所示的 LC 谐振功率放大电路还不能付诸实用，还需要解决以下两方面问题。

（1）功放的直流馈电

为高频功率放大电路提供直流电源并形成符合要求的基极和集电极静态电压的电路，称为直流馈电电路。高频功放直流馈电要比低频放大电路复杂，馈电方式也较多，需要专门加以讨论。

（2）滤波匹配电路

为了提高输出功率，改善功放电路的特性，还需要解决高频功放与前后级的阻抗匹配问题。图 2.20 所示的功放电路以 LC 并联谐振回路为集电极负载，解决了选频（或滤波）的问题，但还不能解决与后级（例如天线）实现阻抗匹配的问题，能同时实现选频（滤波）和阻抗匹配功能的电路称为滤波匹配网络。此外，功放电路与前级（例如振荡电路内阻）也需要实现阻抗匹配，因此功放电路输入端也需要接入符合要求的阻抗匹配网络。

考虑了阻抗匹配的要求后，高频功率放大电路的结构应包括输入阻抗匹配网络、功率放大管、输出阻抗匹配和选频网络以及直流馈电电路等几个部分，如图 2.23 所示。图中 Z_S为信号源阻抗，Z_L为负载阻抗。输入阻抗匹配网络实现功率放大电路输入阻抗与信号源（例如振荡电路）阻抗的匹配，输出阻抗匹配和选频网络既具有选频（滤波）的作用，同时又完成功放与负载（例如天线）之间的匹配。增加了直流馈电电路和滤波匹配网络之后，就能组成完整、实用的高频功率放大电路。

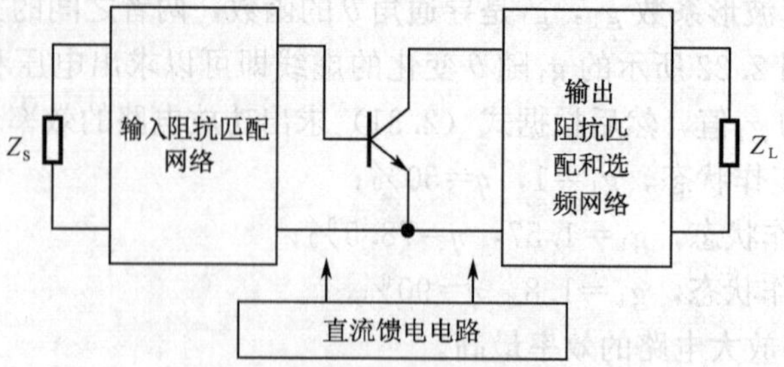

图 2.23 高频功率放大电路框图

2.3 滤波匹配网络和直流馈电

C类高频功率放大电路的选频和阻抗匹配网络也称滤波匹配网络，这一网络需要完成的主要任务如下：

1）实现阻抗变换，将实际的负载阻抗（一般为天线或传输线，阻抗 50Ω）转换为放大电路所要求的阻抗，以便在尽可能高的效率下输出必需的功率。

2）滤除不需要的各次谐波分量，选出所需要的基波成分。

3）匹配网络本身的损耗尽可能地小，以便完成高效率的信号传输。

根据上述要求，滤波匹配网络一般不含电阻，因为电阻要消耗能量；也不选用变压器，因为变压器虽然也可以实现阻抗变换，但由于绕组电感和匝间分布电容的影响，其上限频率只能达到几十兆赫，不满足高频的要求。能较好地实现上述功能的滤波匹配网络有L型匹配网络、π型匹配网络和T型匹配网络。

2.3.1 L型滤波匹配网络

最简单和最常用的匹配网络是由两个不同性质的电抗组成的L型网络。在讨论L型匹配网络之前，首先介绍阻抗电路的串并联等效转换。

1. 阻抗电路的串并联等效转换

由电抗和电阻串联组成的电路可以等效地转换为电抗与电阻并联的电路，反之，电抗与电阻并联的电路也可以等效地转换为电抗与电阻相串联的电路。所谓等效，是指转换前后串并联电路的总阻抗和Q值保持不变。

图 2.24（a）是电阻R_1和电抗X_1的并联电路，X_1既可以是电感，也可以是电容，图中用电感代表电抗；图 2.24（b）是电阻R_2和电抗X_2相串联的电路，图中用电感代表电抗X_2。如果两个电路对外表现出来的等效阻抗Z_1和Z_2相等，就可以认为两个电路彼此等效，既可以用R_1和X_1的并联来等效R_2、X_2相串联的电路，也可以用R_2、X_2串联电路等效R_1和X_1相并联的电路。下面将要证明，满足总阻抗相等的条件后，转换前后电路的Q值也保持不变。

根据图 2.24，可以分别求出Z_1和Z_2如下：

$$Z_1=\frac{R_1(\mathrm{j}X_1)}{R_1+(\mathrm{j}X_1)}=\frac{R_1X_1^2+\mathrm{j}R_1^2X_1}{R_1^2+X_1^2}=\frac{X_1^2}{R_1^2+X_1^2}R_1+\mathrm{j}\frac{R_1^2}{R_1^2+X_1^2}X_1 \tag{2.34}$$

$$Z_2 = R_2 + \mathrm{j}X_2 \tag{2.35}$$

电路等效转换要求

$$Z_1 = Z_2 \tag{2.36}$$

为满足上式，式（2.34）和式（2.35）的虚部和实部应彼此相等，即

$$R_2 = \frac{X_1^2}{R_1^2 + X_1^2} R_1 \tag{2.37}$$

$$X_2 = \frac{R_1^2}{R_1^2 + X_1^2} X_1 \tag{2.38}$$

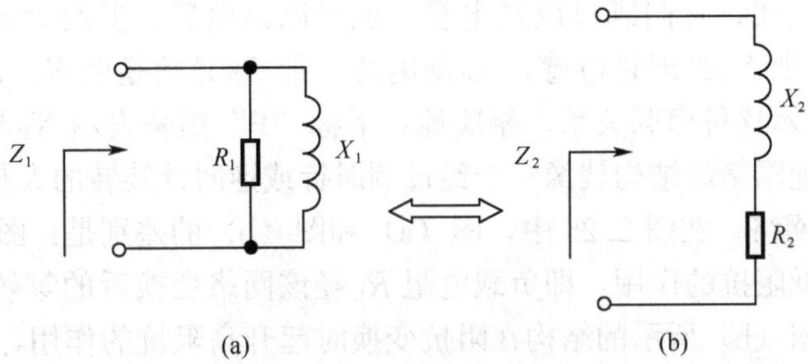

图 2.24 串并联阻抗转换

由式（2.37）和式（2.38）可知，将 R_1、X_1 并联电路等效地转换为 R_2、X_2 串联电路，R_2、X_2 必须取式（2.37）和式（2.38）所给出的数值。

将式（2.38）与式（2.37）相除，可得

$$\frac{X_2}{R_2} = \frac{R_1^2 X_1}{X_1^2 R_1} = \frac{R_1}{X_1} \tag{2.39}$$

式（2.39）左边 X_2/R_2 是串联电路的 Q 值，右边 R_1/X_1 是并联电路的 Q 值。这一式子表明，按照条件式（2.36）进行串并联转换后，转换前后电路 Q 值不变。下面用符号 Q_T 表示串并联电路的品质因数，则有

$$Q_\mathrm{T} = \frac{|X_2|}{R_2} = \frac{R_1}{|X_1|} \tag{2.40}$$

等式（2.37）及式（2.38）右边分式的分子分母都除以 X_1^2，利用式（2.39）和式（2.40），可将串并联电路相互转换关系表达为

$$R_2 = \frac{1}{Q_\mathrm{T}^2 + 1} R_1 \tag{2.41}$$

$$X_2 = \frac{Q_\mathrm{T}^2}{1 + Q_\mathrm{T}^2} X_1 \tag{2.42}$$

上述两式也可以写成用并联电路参数计算串联电路参数的形式，即

$$R_1 = (1 + Q_\mathrm{T}^2) R_2 \tag{2.43}$$

$$X_1 = (1 + 1/Q_\mathrm{T}^2) X_2 \tag{2.44}$$

【例 2.1】 已知 LR 并联电路中电阻 $R_1 = 100\Omega$，电感 $L_1 = 5\Omega$，将其转换为等效的 LR 串联电路，试求串联电路中 R_2 和 L_2。

解：根据式（2.40）和 R_1、L_1 的值，求得电路品质因数

$$Q_\mathrm{T} = R_1/|X_1| = 100/5 = 20$$

将上述Q_T值代入式（2.41）和式（2.42），即可求得

$$R_2=\frac{1}{Q_T^2+1}R_1=(1/401)100\Omega\approx 0.25\Omega$$

$$X_2=\frac{Q_T^2}{1+Q_T^2}X_1=(400/401)5\Omega\approx 5\Omega$$

2. L型滤波匹配网络

图2.25（a）、（b）中用虚线框出来的电路即为L型滤波匹配网络，它由两个性质不同的电抗X_P和X_S组成，它们既可以是电容，也可以是电感。但两者不能同为电感或电容，如X_P是电容，则X_S必须是电感；X_P是电感，则X_S必须是电容。X_S与负载相串联，下标“S”即用来表示这种串联关系；相应地，下标“P”用来表示X_P与负载之间的并联关系。这种滤波匹配网络的结构就像一个经过顺时针或逆时针旋转的大写字母“L”，因此称为L型滤波匹配网络。在图2.25中，图（a）和图（b）的差别是：图（a）所示的结构在阻抗变换时起降低阻抗的作用，即负载电阻R_L经该网络变换后的等效电阻R_0小于R_L，称为降阻抗网络；图（b）所示的结构在阻抗变换时起升高阻抗的作用，即负载电阻R_L经该网络变换后的等效电阻R_0大于R_L，称为升阻抗网络。

首先讨论升阻抗匹配网络。

（1）网络的选频作用

在图2.25（b）中，X_S和R_L是串联关系，根据前述串并联电路转换规则，可以将其转换为相互并联的X_{S1}和R_{L1}，如图2.26所示。根据式（2.43）和式（2.44），可以求出转换后的X_{S1}和R_{L1}等于

$$R_{L1}=(1+Q_T^2)R_L \tag{2.45}$$

$$X_{S1}=(1+1/Q_T^2)X_S \tag{2.46}$$

式中，Q_T是X_S、R_L串联电路的品质因数，其为

$$Q_T=\frac{|X_S|}{R_L} \tag{2.47}$$

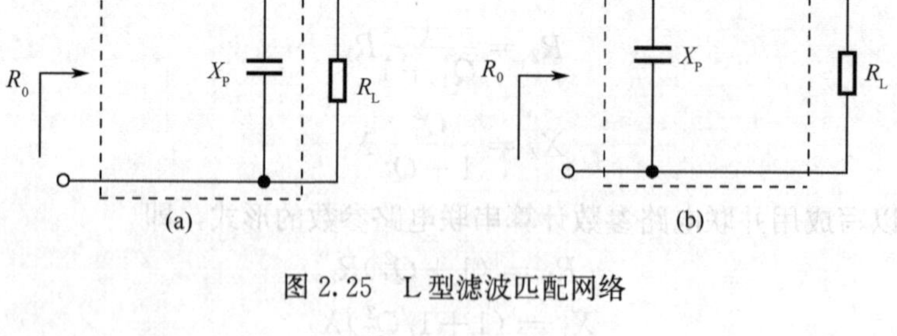

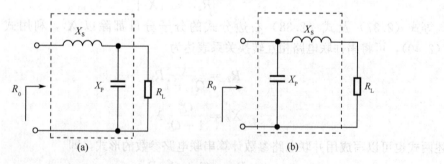

图2.25　L型滤波匹配网络

在图2.26所示的电路中，电容X_P和电感X_{S1}组成LC并联谐振回路，用C_P表示X_P的电容量，用L_{S1}表示X_{S1}的电感量，谐振频率即等于

$$\omega=\frac{1}{\sqrt{L_{S1}C_P}} \tag{2.48}$$

当输入信号的频率等于上述谐振频率时，图 2.25（b）表现为最大的阻抗，对于偏离谐振频率的其他频率成分，这一网络呈现很低的阻抗，可见这一滤波匹配网络具有选频特性。

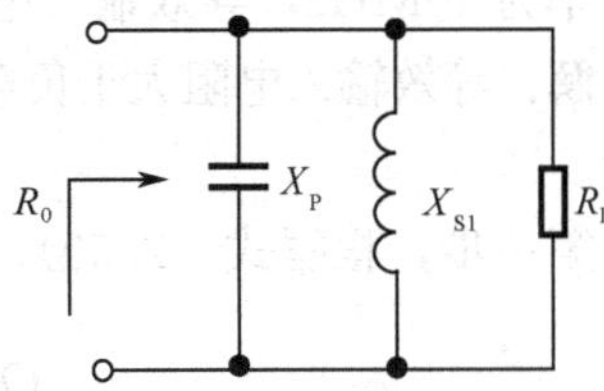

图 2.26　串并联转换后的 L 型滤波匹配网络

（2）阻抗变换作用

由图 2.26 可以看出，用 R_0 表示谐振时从网络输入端看进去的等效阻抗，由于 X_P 和 X_{S1} 并联电路表现为最大阻抗，R_0 即等于纯电阻 R_{L1}。根据式（2.45），求得 R_0 为

$$R_0 = R_{L1} = (1 + Q_T^2)R_L \tag{2.49}$$

可见通过图 2.25（b）所示的 L 型滤波匹配网络，负载电阻增加了 Q_T^2 倍，此即为 L 型滤波匹配网络的阻抗变换作用。

（3）L 型滤波匹配网络设计

典型的设计任务是，已知负载电阻 R_L、谐振（工作）频率 ω 和等效输入电阻 R_0，求出图 2.25（b）所示 L 型滤波匹配网络中 X_P 和 X_S 的数值，即求出相应的电容量 C_P 和电感量 L_S。设计步骤如下。

第一步，求 Q_T。

根据输入电阻表达式（2.49），可以求出 Q_T 等于

$$Q_T = \sqrt{\frac{R_0}{R_L} - 1} \tag{2.50}$$

第二步，求解电抗 X_S 的幅值。

利用式（2.47）并将 Q_T 的表达式代入，可得

$$|X_S| = Q_T R_L = \sqrt{R_L(R_0 - R_L)} \tag{2.51}$$

第三步，求解电抗 X_p 的幅值。

X_P 和 X_{S1} 组成的 LC 并联谐振回路谐振时满足 $|X_P| = |X_{S1}|$，因此根据式（2.46）求得

$$|X_P| = |X_{S1}| = (1 + 1/Q_T^2)|X_S|$$

将式（2.50）和式（2.51）代入，可求得 X_P 的绝对值为

$$|X_P| = R_0\sqrt{\frac{R_I}{R_0 - R_L}} \tag{2.52}$$

第四步，求出电容和电感量。

式（2.51）和式（2.52）所给出的是 X_S 和 X_P 的电抗值，当 X_P 为电容、X_S 为电感的情况下，可求出电容 C_P 和电感 L_S。

$$L_S = \frac{1}{\omega}\sqrt{R_L(R_0 - R_L)} \tag{2.53}$$

$$C_P = \frac{1}{\omega R_0}\sqrt{\frac{R_0 - R_L}{R_L}} \tag{2.54}$$

式中，ω 为 L 型滤波匹配网络的谐振频率。

【例 2.2】　已知高频功率放大电路负载电阻 $R_L = 50\Omega$，试设计一滤波匹配网络，工

作频率为 40MHz，等效输入电阻为 $R_0=500\Omega$。

解：等效输入电阻大于负载电阻，因此选用升阻抗的 L 型滤波匹配网络，如图 2.25（b）所示。

第一步，根据式（2.50），求得

$$Q_T=\sqrt{\frac{R_0}{R_L}-1}=\sqrt{\frac{500}{50}-1}=3$$

第二步，根据式（2.51）求得

$$|X_S|=\sqrt{R_L(R_0-R_L)}=\sqrt{50(500-50)}\Omega=150\Omega$$

第三步，利用式（2.52）求得

$$|X_P|=R_0\sqrt{\frac{R_L}{R_0-R_L}}=500\sqrt{\frac{50}{500-50}}\Omega\approx 167\Omega$$

第四步，根据工作频率求出电容、电感值分别为

$$L_S=\frac{|X_S|}{\omega}\frac{150}{2\pi\times 40}\mu H\approx 0.6\mu H$$

$$C_P=\frac{1}{\omega|X_P|}=\frac{1}{2\pi\times 40\times 167}\mu F\approx 24pF$$

对于图 2.25（a）所示的降阻抗匹配网络，它将阻抗 R_L 变换为比 R_L 小的阻抗 R_0，相关公式的推导与升阻抗匹配网络类似，下面只列出结果，不做推导。为便于比较，以列表的形式将升阻抗匹配网络的相关公式一起列于表 2.1 中。

表 2.1　L 型滤波匹配网络公式

电路	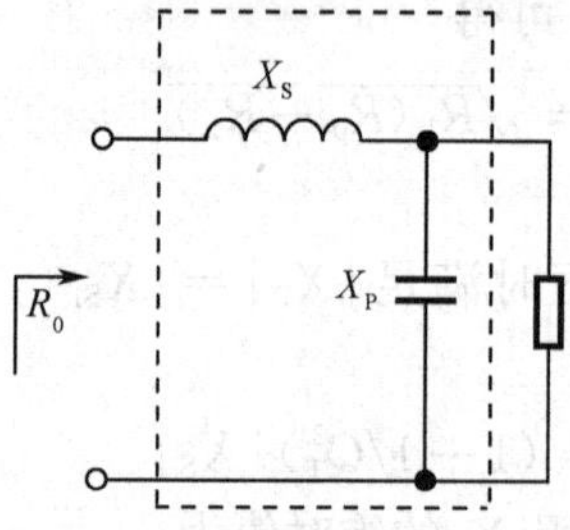 降阻抗匹配网络	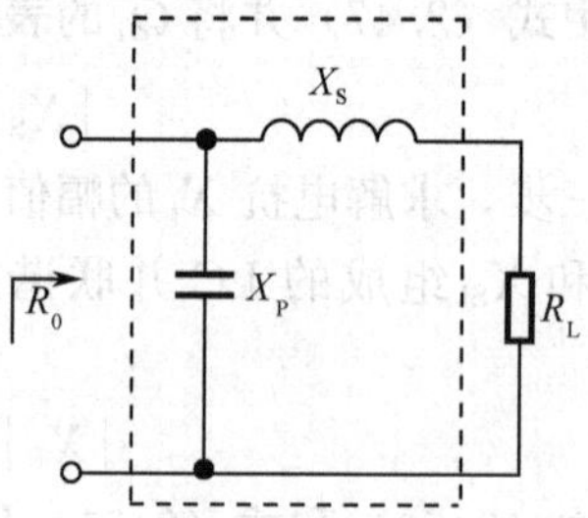 升阻抗匹配网络
Q_T	$Q_T=\sqrt{\frac{R_L}{R_0}-1}$	$Q_T=\sqrt{\frac{R_0}{R_L}-1}$
$\|X_P\|$	$\|X_P\|=R_L\sqrt{\frac{R_0}{R_L-R_0}}$	$\|X_P\|=R_0\sqrt{\frac{R_L}{R_0-R_L}}$
$\|X_S\|$	$\|X_S\|=\sqrt{R_0(R_L-R_0)}$	$\|X_S\|=\sqrt{R_L(R_0-R_L)}$

2.3.2　π 和 T 型滤波匹配网络

π 和 T 型滤波匹配网络由三个电抗元件组成，两个为同性质电抗，一个为异性电抗。图 2.27 所示的即为常用的 π 和 T 型滤波匹配网络，图（a）为 T 型网络，由两个与负载串联的电感 X_{S1}、X_{S2} 及一个与负载并联的电容 X_P 组成。图（b）属 π 型网络，由一个与负载串联的电感 X_S 和两个与负载并联的电容 X_{P1}、X_{P2} 组成。

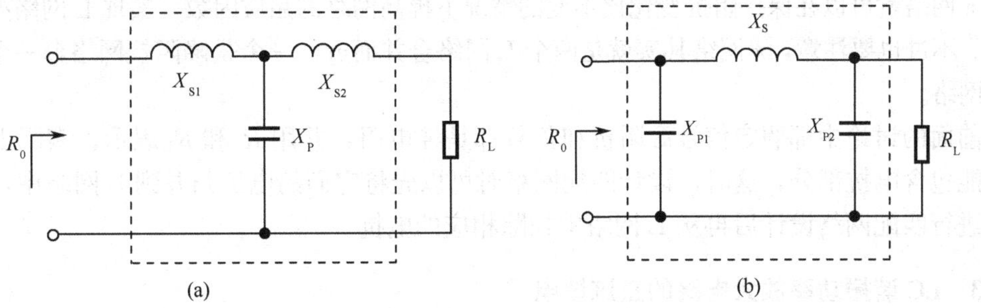

图 2.27　π 和 T 型滤波匹配网络

由表 2.1 可以看出，对于 L 型滤波匹配网络，无论升阻抗网络或降阻抗网络，其品质因数 Q_T 只决定于负载电阻 R_L 和要求转换的输入端等效电阻 R_0 的比值。R_L/R_0 给定以后，Q_T 值就确定了。例如例 2.2 中的滤波匹配网络，负载电阻 $R_L=50\Omega$，要求等效输入电阻为 $R_0=500\Omega$，根据式（2.50）求得 $Q_T=3$。从改善通频带特性的角度来看，这一 Q_T 值过小，有什么办法在保持阻抗变换比（R_L/R_0）不变的情况下提高网络的 Q_T 值呢？改用 π 或 T 型滤波匹配网络就可以做到这一点。下面以 π 型滤波匹配网络为例，说明如何满足不同 Q_T 值的要求。

将 π 型滤波匹配网络的横臂 X_S 分解为两部分，即 X_{S1} 和 X_{S2}，如图 2.28 所示，$X_S=X_{S1}+X_{S2}$，这样一来，π 网络就分解为两个 L 型网络，我们就可以用上述 L 型网络分析方法来分析 π 网络。

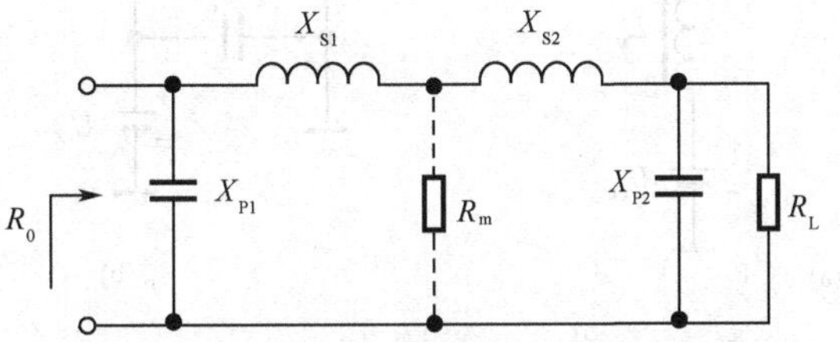

图 2.28　π 型滤波匹配网络分解

由 X_{S2} 和 X_{P2} 组成的是降阻抗匹配网络，它将负载电阻 R_L 变换为一个比 R_L 低的电阻，如图 2.28 中 R_m 所示。按照表 2.1 所列的公式，X_{S2} 和 X_{P2} 组成的 L 网络的品质因数（用 Q_1 表示）等于

$$Q_1=\sqrt{\frac{R_L}{R_m}-1} \tag{2.55}$$

图 2.28 中 X_{S1} 和 X_{P1} 组成升阻抗匹配网络，它将电阻 R_m 变换为比 R_m 大的电阻 R_0，按照表 2.1 所给出的公式，X_{S1} 和 X_{P1} 组成的 L 网络，其品质因数（用 Q_2 表示）等于

$$Q_2=\sqrt{\frac{R_0}{R_m}-1} \tag{2.56}$$

整个 π 网络的带宽由 Q_1 和 Q_2 决定，Q 值较大的起主导作用。从式（2.55）和式（2.56）可以看出，在 R_L 和 R_0 确定的情况下，仍然可以通过 R_m 的选择来改变 Q_1 和 Q_2 的大小，可以根据带宽的要求设定较高的那个 Q 值。例如，同样是 $R_L=50\Omega$、$R_0=500\Omega$ 的阻抗变换要求下，取 $R_m=5\Omega$，代入式（2.55）和式（2.56），可以求得 $Q_1=3$，$Q_2=9.95$。可见，

利用 π 网络就可以在保持阻抗变化比不变的情况下提高网络的品质因数，实现 L 网络办不到的事。不过也要注意，π 网络其实就是两个 L 网络合并而成，一个是降阻抗网络，一个是升阻抗网络。

前面的讨论中都假定信号源阻抗和负载都是纯电阻，并用 R_0 和 R_L 表示。实际上两者都可能包含电抗部分，这时，设计匹配网络时可以先将它们的电抗归并到 L 网络中，对纯电阻进行匹配网络设计后再从 L 网络中扣除相应的电抗。

2.3.3 LC 谐振功率放大电路的直流馈电

（1）集电极馈电

集电极直流馈电的两种电路如图 2.29（a）和（b）所示，图（a）的特点是直流电源 U_{CC}、滤波匹配网络和晶体管 VT_1 三者在电路形式上相互串联，因此称为串馈方式；图（b）的特点是直流电源 U_{CC}、滤波匹配网络和晶体管 VT_1 三部分在电路形式上彼此并联，因此称为并馈方式。

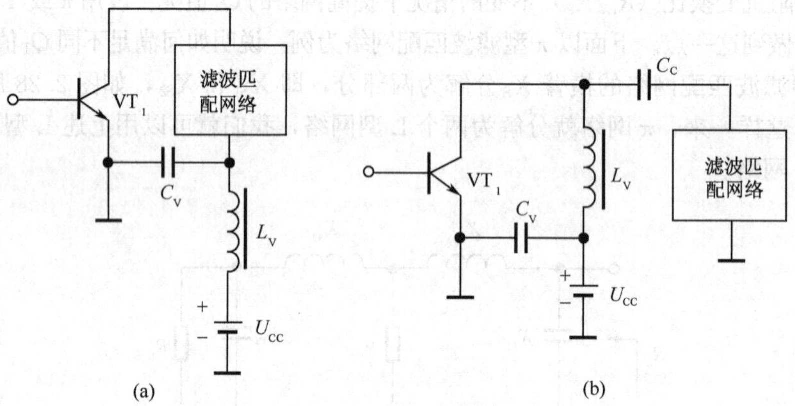

图 2.29　集电极直流馈电

高频功率放大电路的输出容易经直流电源内阻的耦合而产生自激振荡，因此直流供电时需要有效地滤除直流电源的高频成分。图 2.29 中电感 L_V 和电容 C_V 即起滤波的作用，L_V 允许直流电通过，但对高频信号表现为很高的阻抗，因此抑制高频信号经电源内阻产生自激振荡。为取得更好的抑制效果，常采用带磁芯的高频扼流圈来增加电感量，L_V 的直流电阻很小，不会造成明显的直流电压降。滤波电容 C_V 对高频信号来说可视为短路，加接 C_V 后可以进一步提高抑制自激振荡的能力。

图 2.29（b）中的滤波电容 C_V 和高频扼流圈 L_V 的作用与串馈电路相同，电容 C_C 为隔直电容，它为高频信号提供通路，将滤波匹配网络连接到晶体管的集电极和发射极之间，同时隔离直流电源 U_{CC}，以免直流电经滤波匹配网络对地短路。

注意馈电方式不同时，滤波匹配网络所处的直流电平也不相同。串馈电路中，滤波匹配网络与直流电源正极直接相连，处于较高的电平；在并馈电路中，网络元件直接接地，网络处于低电平。

（2）基极馈电

基极直流馈电也分串馈和并馈两种方式，电路如图 2.30（a）和（b）所示。图 2.30（a）

中基极直流电源 U_{BB}、输入端的阻抗匹配网络和晶体管三者是相互串联的，属串馈；图 2.30（b）中基极直流电源 U_{BB}、输入端阻抗匹配网络和晶体管三者彼此相并联，属并馈。图 2.30 中 L_V为高频扼流圈，C_V为电源滤波电容，C_C为高频信号耦合电容。

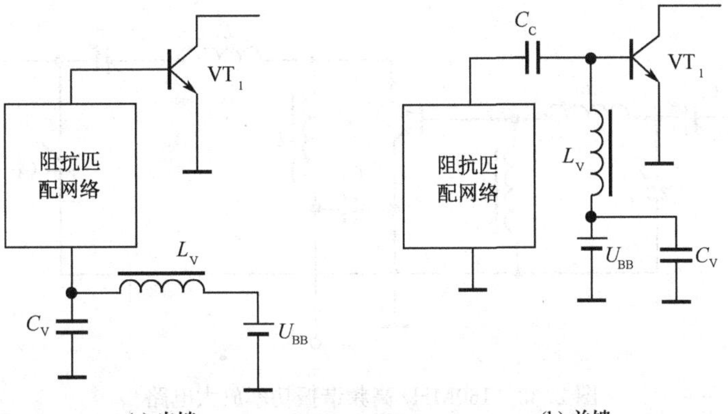

图 2.30　基极直流串馈电与并馈电

图 2.30 所示的基极馈电方式的缺点是需要一个独立的基极直流电源，实际使用时很不方便，因此，一般都采用自给偏压的馈电方式。

常用的两种自给偏压式偏置电路如图 2.31（a）和（b）所示。图 2.31（a）的电路中基极电流脉冲的直流分量流经高频扼流圈微小直流电阻和 R_b时，所产生的压降为基极提供偏置，电阻 R_b可以不接，这时电容 C_b自然也不需要。图 2.31（b）是利用发射极电流的直流分量在电阻 R_e上产生压降提供偏置，这时基极直流应该接地，而交流不接地，因此在基极与地之间接入电感 L_b（高频扼流圈）。

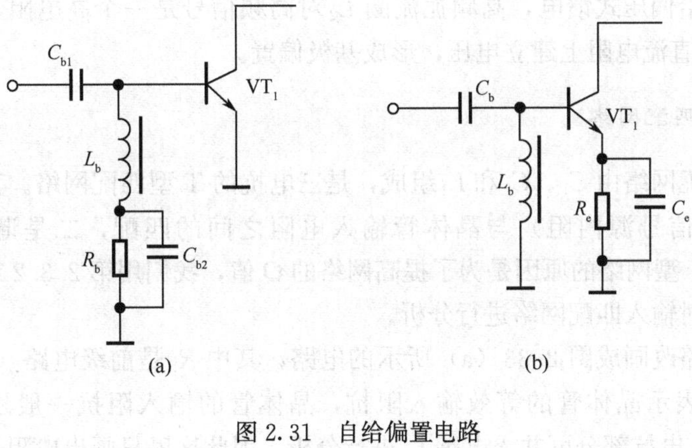

图 2.31　自给偏置电路

2.4　实用高频功率放大电路识读

图 2.32 所示的是 160MHz 高频谐振功率放大电路，输出功率可达 13W。前级振荡电路及功放电路的输出负载电阻均为 50Ω，功率放大电路由直流馈电电路、输入阻抗匹配网

络、晶体管和输出滤波匹配网络组成。电路中各元件数值如下：$C_1=17\text{pF}$、$C_2=45\text{pF}$、$C_3=0.01\mu\text{F}$、$C_4=10\text{pF}$、$C_5=16\text{pF}$、$L_1=16\text{nH}$、$L_2=28\text{nH}$、$L_3=280\text{nH}$、$L_4=97\text{nH}$，电源电压 $V_{\text{CC}}=28\text{V}$。

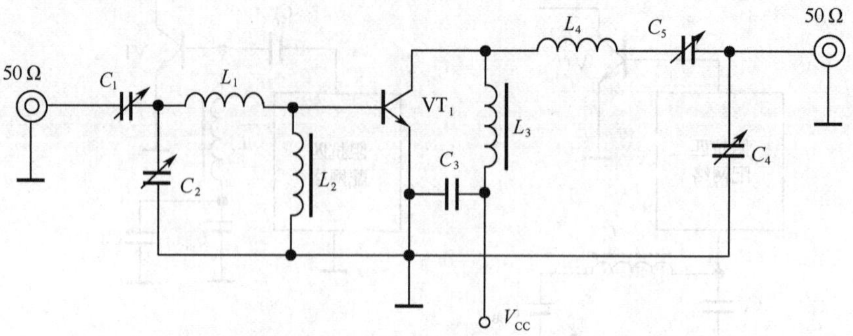

图 2.32　160MHz 高频谐振功率放大电路

1. 直流馈电

集电极采用并馈方式，L_3 为高频扼流圈，电感量为 280nH，对于 160MHz 的信号，可算出其感抗为

$$X_{\text{L3}}=\omega L_3=2\pi\times160\times10^6\times280\times10^{-9}\Omega=281\Omega$$

滤波电容 $C_3=0.01\mu\text{F}$，可算出它对于 160MHz 信号的阻抗

$$X_{\text{C3}}=1/\omega C_3=1/(2\pi\times160\times10^6\times0.01\times10^{-6})\Omega=0.1\Omega$$

可见，扼流圈对高频信号呈现为高阻，防止高频信号流向电源内阻，电容 C_3 对高频信号可视为短路，两者联合作用可避免高频信号经电源内阻耦合引起自激振荡。

基极采用自给偏压式馈电，高频扼流圈 L_2 对高频信号是一个高电阻，基极信号中的直流成分在 L_2 的直流电阻上建立电压，形成基极偏置。

2. 输入阻抗匹配网络

输入阻抗匹配网络由 C_1、C_2 和 L_1 组成，是三电抗的 T 型匹配网络。其功能一是实现前级 50Ω 阻抗（信号源内阻）与晶体管输入电阻之间的匹配，二是谐振于工作频率 160MHz。选用 T 型网络的原因是为了提高网络的 Q 值，我们用第 2.3.2 节中所叙述的 T 型网络分析方法对输入匹配网络进行分析。

可将输入电路改画成图 2.33（a）所示的电路，其中 R_{S} 是前级电路（例如振荡电路）的输出电阻，R_{i} 表示晶体管的等效输入阻抗，晶体管的输入阻抗一般还包括电抗，如第 2.3.3节所述，电抗部分可并入电感 L_1 进行分析，因此这里只画出电阻部分。为分析 T 型匹配网络，将电容 C_2 分解为电感 L_{11} 和与之并联的电容 C_{11}，如图 2.33（b）所示。分解时，保证分解前后电抗不发生变化，即 L_{11} 和 C_{11} 对于 160MHz 信号所表现的并联电抗必须是容性的，而且与电容 C_2 的容抗相等，这样，分解就完全合理。分解后，电容 C_1 与电感 L_{11} 组成 L 型匹配网络，电容 C_{11} 与电感 L_1 组成另一个 L 型匹配网络，于是就可以仿照前面关于 L 型网络的分析方法进行分析计算。通过分析计算，可以看出电容 C_1 的大小对电

阻 R_S 与 R_i 之间的匹配有较大的影响，电容 C_2 的大小对谐振频率的影响较敏感。因此，图 2.33所示电路中的 C_1、C_2 都是微调电容，调节 C_1，用来实现 R_S 与 R_i 之间的最佳匹配，这一调节过程称为调配；调节 C_2，用来微调谐振频率，使其等于 160MHz，这一过程称为调谐。由于理论与实际情况的差异，实用的高频功率放大电路设计时，一般都保留若干可调的元件，用以实现最佳的阻抗匹配和最佳的谐振，即都要进行调配和调谐。

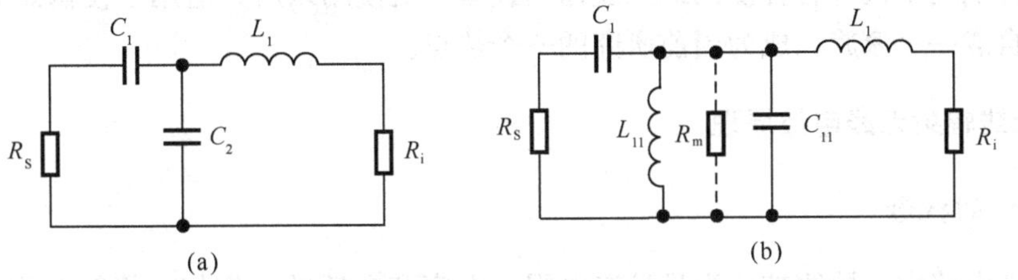

图 2.33　输入阻抗匹配网络分解

3. 输出滤波匹配网络

输出滤波匹配电路由 L_4、C_5 和 C_4 组成。L_4 和 C_5 相串联，在 160MHz 频率时实际等效于一个电感，为了证明这一点，计算两者串联后的阻抗，得

$$X_S = j\omega L_4 + \frac{1}{j\omega C_5}$$
$$= j[2\pi \times 160 \times 10^6 \times 97 \times 10^{-9} - 1/(2\pi \times 160 \times 10^6 \times 16 \times 10^{-12})] > 0$$

串联电抗 $X_S > 0$，说明串联后总阻抗呈现感性，即 L_4 和 C_5 相串联等效于一电感。这一电感与电容 C_4 即组成 L 型滤波匹配网络。之所以用 L_4、C_5 相串联的电路来代替电感，是为了调节的方便，电感量的调节比较麻烦，串联一个小容量的微调电容，通过电容的调节即可实现电感的调节。电容 C_5 和 C_4 一起用以调配和调谐。

2.5　天　　线

2.5.1　天线的作用和收发互易性

无线通信系统中，发送方将待传输的信息调制到高频信号上以后，需要一个装置将其转换为无线电波才能向外发送；接收方要获取发送方所传输的信息，也需要有一个装置将来自发送方的无线电波接收下来，转换为高频电流，然后才能进行放大、解调，最后获取发送方所发出的信息。这种用于将高频电流形式的能量转换为同频率的无线电波能量向外发射，或将空间的无线电波能量转换为同频率的高频电流能量的装置即称为天线。天线是无线通信系统不可缺少的组成部分，没有天线也就没有无线电通信，因此需要专门讨论天线。

第 1 章中对无线门铃进行剖析时，我们曾简要地介绍过天线，这里我们将较系统地讨论天线的结构、工作原理和特性。

天线的一个重要特征是收发互易性。一只手机，既具有发送功能又具有接收功能，为此它一定包含两套电路，即发射电路和接收电路，前者用于向外发送信息，后者用于接收信息，但它只需一个天线，这个天线既用于发射，又用于接收。一个发射天线一定可以用于接收，反之接收天线也一定可以用于发射，这就是所谓的天线收发互易性。

天线可按各种方法进行分类。按用途分类，可分为通信天线、广播天线、电视天线、雷达天线等；按工作频段分类，可分为中长波天线、短波天线、超短波天线、微波天线等；按方向性分类，可分为全向天线、定向天线等；按外形分类，可分为线状天线、面状天线等。特别是手机等各种便携式无线通信设备广泛使用以后，适用于便携式无线设备的天线更是自成一个家族，成为当前研究的一个热点。

2.5.2 天线辐射无线电波原理

1. 长线的概念

在模拟电路中，导线被认为是没有电阻、电容和电感的。例如，将频率为 1kHz 的正弦波电压 $u(t)$通过两根平行导线加到电阻 R 的两端，正弦波电压的峰值为 5V，考查导线上相距 10m 的 A、B 两点电压变化的情况（见图 2.34）。设 $t=t_1$时刻，A 点的电压上升到 0.01V，经过多长时间以后，B 点的电压才达到这一数值？模拟电路中认为 B 点的电压跟 A 点是同步变化的，即 A 点电压上升为 0.01V 时，B 点电压同样等于 0.01V。这只是一种近似的观点，严格地说 A 点电压上升到 0.01V 后，B 点电压何时达到该值，决定于电场从 A 点传播到 B 点需要多长时间。电场传播的速度是光速，按光速计算，电场从 A 点传播到 B 点所需要的时间是 $10/(3\times10^8)=3.3\times10^{-8}$s，也就是说经过 0.033μs 后 B 点的电压才上升到 0.01V。另一方面，要注意当 B 点电压升为 0.01V 时，A 点电压已继续上升而不再等于 0.01V，我们可以近似地估算 0.033μs 时间内 A 点电压的变化量：正弦波周期 1ms，1/4 周期内电压变化量为 5V，因此单位时间内平均电压变化量为 5V/0.25ms=20V/ms。由此求得 0.03μs 时间内 A 点电压变化量约 0.000 66V，也就是说，当 B 点电压上升为 0.01V 时，A 点电压升为 0.010 66V。于是，我们得出结论：由于电场传播的速度是有限的，电压从导线的一点传向另一点时会有延时的效应，某一瞬间，导线上各点电压的数值是不相等的。只不过在低频情况下，这种延时效应和由此引起的各点电压的差异十分微小，在模拟电路中完全可以忽略。

在高频电路中情况发生了质的变化。假设将前面所讨论的正弦波电压换成频率为 7.5MHz 的高频电压，讨论同样的问题。首先，A 点电压升为 0.01V 后，经过 0.033μs 后 B 点电压才上升为 0.01V，这个时间没有发生变化。问题是，B 点电压升为 0.01V 的时刻，A 点电压是多少呢？7.5MHz 的振荡，波长等于 40m，周期等于 0.133μs，0.033μs 约等于 1/4 周期，由图 2.34 可以看出，经过 1/4 周期，A 点电压上升到峰值电压 5V 附近。可见在高频电路中，当传输线的长度和波长差不多或比波长更长时，电场沿传输线传播时所引起的延时和因此造成的电压幅度随位置的变化不可忽略，我们将这种情况下的传输线称为长线。这里“长”的含义不是指导线的绝对长度，而是指导线长度与波长相比而言的长度。长度 1m 的传输线，对于 100kHz 的频率（波长 3000m）来说就构不成长线，但对于 300MHz 的频率（波长 1m）就成为长线。

从电路理论知道，电压经过电感和电容会产生相位移动（延时），高频电压在传输线上传播时发生的延时表明，高频情况下，传输线的每一段都表现为电感、电容和电阻，即

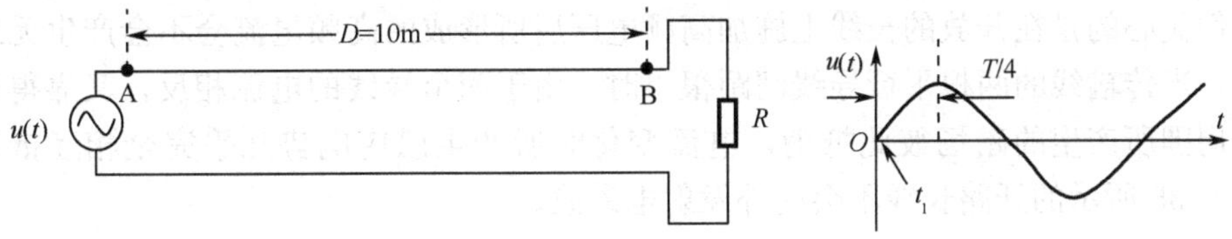

图 2.34　长线的概念

整个传输线都有电感、电容和电阻的分布，因此，我们将高频情况下的传输线称为分布参数电路。

2. 开路长线

现在讨论开路长线施加交变电压时的情况。所谓开路长线，是指输出端不接负载（开路）的长线，如图 2.35（a）和（c）所示。

假如在输入端所施加的 $u(t)$是低频电压，例如 1kHz 的正弦波，这时由于传输线比波长短得多，两根导线不属长线，加了正弦波电压后，导线上各点电压几乎同步变化，也就是说某一时刻导线各点电压彼此相等，因此也就不会有电流的流动。这在模拟电路中是很自然的，两根导线输出端开路的情况下在输入端加了交变电压，导线中当然不会有电流流动。

如果所加的是高频信号，情况就大不相同了。由于高频信号的频率很高，波长与传输线长度相当，传输线就应该被视为长线。为讨论方便，进一步假设传输线的长度正好等于 1/4 波长，输入的交变电压是周期为 T 的余弦波，则 $T/4$ 时刻传输线上电压的分布就会如图 2.35（b）所示。因为远端（输出端）$\lambda/4$ 处的电压要比近端（输入端）滞后 $T/4$（电场传播 1/4 波长所需时间），因此输入端从峰值电压降到零时，输出端还处于峰值。由于相邻各点之间有电压差，传输线上就有电流流动，流动方向如图 2.35（a）箭头所示，上下两根导线流过的电流方向相反。$T/2$ 时刻，输入端电压从零降为负向峰值，输出端因滞后 T/4 而正好等于零，因此长线上电压分布如图 2.35（d）所示。因长线各点电压彼此不同，传输线上同样有电流流动。$3T/4$、T 时刻，电压分布再次发生变化，电流方向与图 2.36（a）、（c）所示的相反。于是可以得出结论：开路长线施加高频电压时，会在长线中产生方向和大小都不断变化的高频电流。电荷的流动造成长线上正负电荷的聚集和消散，这正是电感和电容的特征，因此表明长线的每一段都含有电容和电感，导线中的电流也就是由电容、电感的充放电所形成的。

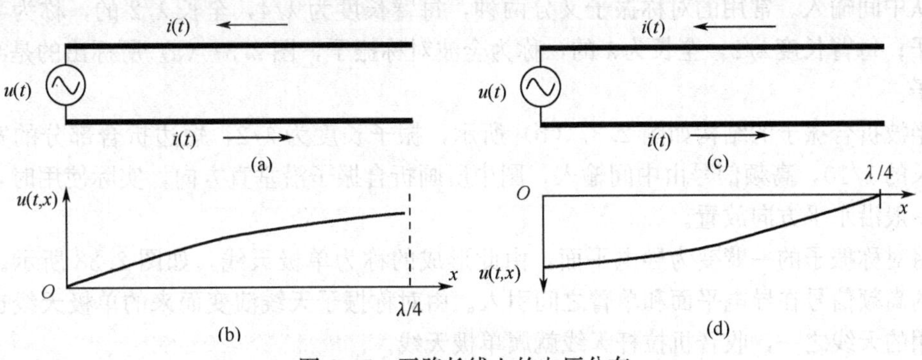

图 2.35　开路长线上的电压分布

我们关心的是在开放的长线上施加高频电压后所形成的高频电流会不会产生无线电波的辐射？当传输线的两根平行导线间距很小时，由于两个导线的电流相反，又靠得近，电流在其周围所产生的磁场彼此抵消，电流变化时所产生感应电势几乎完全相互抵消，因此，图 2.35 所示的开路长线不会向外发射电磁波。

3. 对称振子和半波折合振子

如果将图 2.35 中的两根导线展开，如图 2.36 所示，情况就会发生变化。图 2.36（a）是没有展开时的开路传输线，输入高频信号后两根导线所产生的电流方向相反，不向外发射电磁波。图 2.36（b）是展开后的情况，这时两根导线中的电流方向变得一致，根据电磁感应定理，交变电流的流动在其周围产生交变的磁场，而磁场的变化又会产生交变的电场，于是就会形成无线电波向外辐射。可见，只要将长线的两根导线展开，通过长线就能向外辐射无线电波，将导线中高频电流转换为无线电波的目的就可以达到。

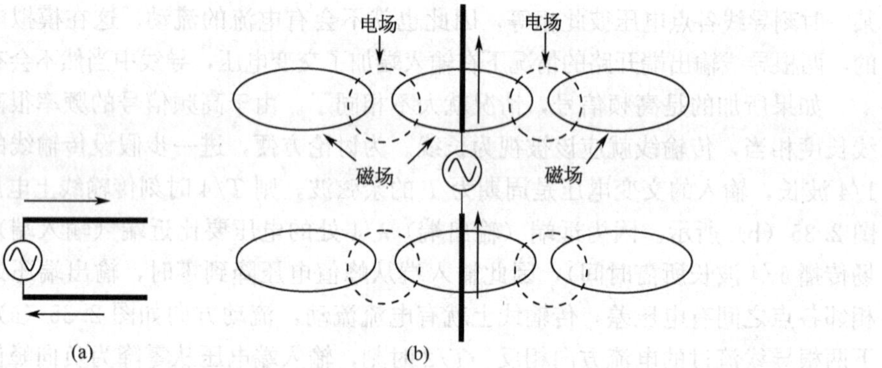

图 2.36 基本振子的结构

但并不是任意长度的导线展开后都能有效地向外辐射无线电波，只有导线长度与波长可以比拟时，即能视为长线时，向外辐射的效率才比较高。于是就形成两种经典的，至今仍广泛应用的天线：对称振子和半波折合振子。

对称振子的结构如图 2.37（a）所示，它由长度相等的两个臂组成，高频信号通过传输线从中间输入。常用的对称振子又分两种，每臂长度为 $\lambda/4$，全长 $\lambda/2$ 的，称为半波对称振子；每臂长度 $\lambda/2$，全长为 λ 的，称为全波对称振子，图 2.37（a）所标出的是半波对称振子。

半波折合振子的结构如图 2.37（b）所示，振子长度为 $\lambda/2$，短边折合部分的宽度约为波长的 1/10，高频信号由中间输入，图中所画折合振子沿垂直方向，实际使用时，折合振子一般沿水平方向放置。

将对称振子的一臂变为导电平面，由此形成的称为单极天线，如图 2.38 所示。单极天线的高频信号在导电平面和单臂之间引入。由对称振子天线演变而来的单极天线也是一种常用的天线之一，收音机拉杆天线就属单极天线。

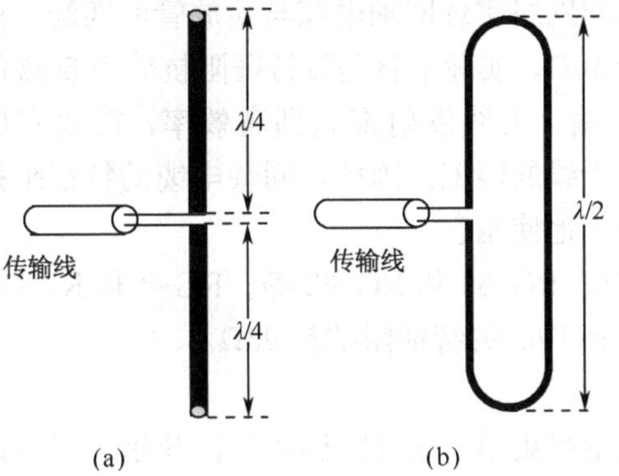

图 2.37　对称振子和折合振子

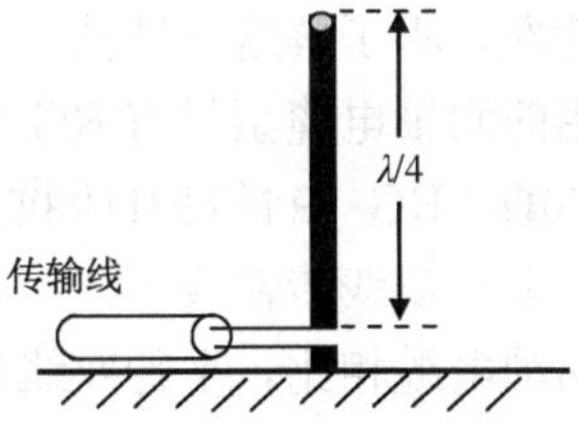

图 2.38　单极振子

对称振子、折合振子和单极振子都是常用天线的基本结构，这些天线结构上的特征是天线的尺度都与波长相比拟，半波对称振子、半波折合振子的总长度都是波长的1/2，如果被发射的是 1MHz 的中频无线电波，其波长 300m，天线的长度要达 150m。

4. 传输线

使用外接天线时，如何将高频功放输出的功率信号以最小的损耗传输到天线的输入端，这是高频电路另一个十分重要的问题。按照模拟电路的习惯思路，这个问题似乎十分简单，用两根导线将高频功放的输出与天线的两个输入端连接起来就行了，只要导线足够粗，传输过程的损耗就可以小到接近于零。但在高频电路中就不是这么回事。前面已经说过，如果导线长度与波长可比拟时，传输高频信号的导线应视为长线，长线的每一段都包含电阻、电感和电容，由于这些分布参数的作用，不仅表现为损耗很大，高频信号还可能被“反射”而根本传不过去。要实现高频信号的有效传输，连接功放和天线的电路必须具有特殊的结构，这种具有特殊结构的导线称为传输线。

用于短波波段的传输线有两类：同轴电缆传输线（以下简称同轴电缆）和平行双线传输线。用于微波波段的传输线有同轴电缆、波导和微带等。下面介绍同轴电缆和平行双线传输线。

(1) 同轴电缆

同轴电缆结构如图 2.39 所示。它以硬铜线为芯，外包一层绝缘材料，再由密织的网状导体环绕，网外覆盖一层保护性材料，有线电视中用于传输电视信号的即为同轴电缆。

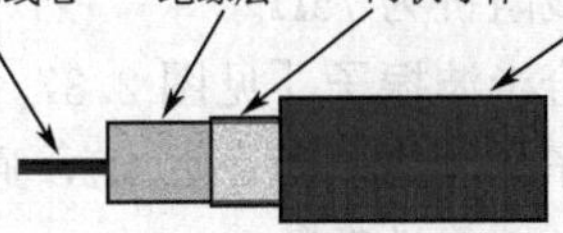

图 2.39　同轴电缆结构

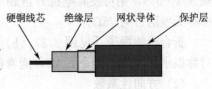

同轴电缆最主要的特性指标是特征阻抗。特征阻抗定义为无限长传输线上各处电压和电流的比值，这个比值与电缆长度、信号频率无关，而只决定于硬铜导线直径、网状导体直径及绝缘层的介电常数。注意，同轴电缆特征阻抗反映的不是电缆导体的电阻，也不是电缆输入端电压与电流的比值。

同轴电缆在使用时，其特征阻抗等于天线输入阻抗时能实现最有效的传输，这种情况称为“匹配”。假如天线的输入阻抗等于 50Ω，就应该选用特征阻抗为 50Ω 的同轴电缆来实现功放与天线之间的功率信号传输。同轴电缆与高频功放电路输出端相连接时，电缆又成为功放的负载，功放电路要通过滤波匹配网络实现同轴电缆与功放管的匹配。前面讨论160MHz功放电路时，介绍负载电阻等于50Ω，实际上就是以特征阻抗等于50Ω的同轴电缆为负载。为了使高频功放、高频信号传输、天线发射都做到高效率，需要实现两个匹配：功放与同轴电缆的匹配，同轴电缆与天线的匹配。因此，同轴电缆的特征阻抗是十分重要的特性，不了解这一特性，就无法合理地使用它。

常用的同轴电缆型号有RG-8、RG-58、RG-59和RG-62等。RG-8和RG-58的特征阻抗是50Ω，RG-59的特征阻抗是75Ω，RG-62的特征阻抗是93Ω。

（2）平行双线传输线

与同轴电缆相比，平行双线传输线诞生得更早。20世纪70年代开始用于电话线，之后广泛用于计算机网络。图2.40所示的是包含四对平行双线的传输线。

图2.40 平行双线传输线

2.5.3 天线的主要特性参数

（1）输入阻抗

天线与传输线连接点的输入信号电压与信号电流的比值，称为天线的输入阻抗。输入阻抗包括输入电阻和输入电抗两部分。输入电抗会减少进入天线的有效信号功率，因此，设计时都应尽量减小电抗分量。

一般来说，决定天线阻抗的因素有三个：天线的结构形式和外形尺寸；天线的工作频率；天线周围的环境。三个因素中任何一个发生变化都会引起天线输入阻抗的变化。

图2.37（a）所示半波对称振子的输入阻抗 $Z_A=73.1+j42.5(\Omega)$，如果将振子长度缩短3%～5%，则可使其电抗分量趋于零，使输入阻抗呈纯电阻性，即 $Z_A=73.1\Omega$，通常标称天线阻抗为75Ω。

折合半波振子［见图2.37（b）］可视为两个半波振子的并接，其输入阻抗等于半波对称振子的4倍，即292.4Ω，通常标称为300Ω。

（2）方向性系数

方向性系数是表征天线所发射的无线电波能量集中程度的参数。实现两点之间的无线通信时，所发射的无线电波能量越集中，所需要的发射功率就越低。例如，实现A、B两点间的通信，可以使用理想非定向天线 A_1，这种天线的特征是辐射能量在各个方向的分布是均匀的，等电场强度面是天线为中心的球面，如图2.41（a）所示。也可以使用定向天线 A_2，其特征是辐射能量在空间的分布较为集中，它只分布在前方很窄的区域内，如图2.41（b）所示。两种天线相比较，显然，使用图2.41（b）所示的天线所需要的发射功率要小得多。为了描述天线辐射能量集中程度，定义天线方向性系数 D 为接收点产生相等电场强度的条件下，理想非定向天线的总辐射功率 $P_{\Sigma 0}$ 与该点定向天线的总辐射功率 P_{Σ}

之比［见图 2.41（c）］，即

$$D=\frac{P_{\Sigma 0}}{P_{\Sigma}} \tag{2.57}$$

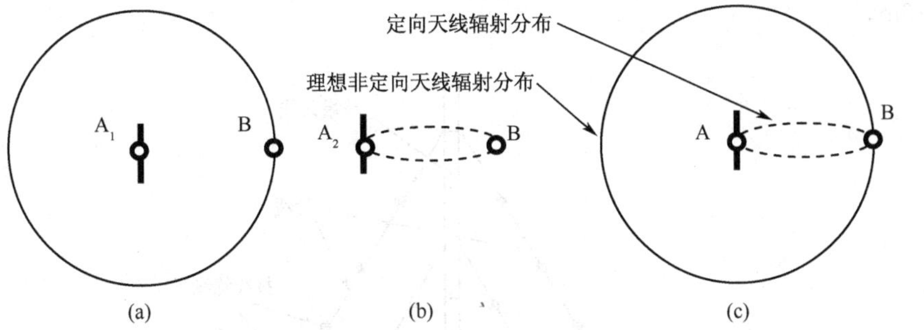

图 2.41　方向性系数定义

（3）增益与效率

天线的增益也是通过与理想非定向天线的比较来定义的。天线增益 G 定义为接收点产生相等电场强度的条件下，理想非定向天线输入功率 P_{A0} 与该点定向天线的总输入功率 P_A 之比，即

$$G=\frac{P_{A0}}{P_A} \tag{2.58}$$

G 和 D 都通过待测天线（定向天线）与理想非定向天线的比较来表征天线的特征。方向性系数 D 通过天线辐射功率之比反映天线辐射能量的集中程度；增益 G 通过输入功率之比反映天线输入功率的有效性。

天线输入功率为 P_A，向外辐射的功率为 P_Σ，辐射功率总小于输入功率。这是因为输入功率有一部分要消耗于天线振子的损耗、匹配不良的损耗、周围空间和地面的损耗等。一个优良的天线，我们希望消耗部分越小越好。为了表征天线各种损耗的大小，引入效率的概念，定义天线的效率 η_t 等于天线辐射功率 P_Σ 与输入功率 P_A 之比，即

$$\eta_t=\frac{P_\Sigma}{P_A} \tag{2.59}$$

理想非定向天线的效率 $\eta_t=1$，因此可以得出 $P_{\Sigma 0}=P_{A0}$。其中，P_{A0} 是理想非定向天线的输入功率。再利用式（2.58）和式（2.60）可以得出增益与方向性系数、效率之间的关系

$$G=\frac{P_{A0}}{P_A}=\frac{P_{\Sigma 0}}{P_\Sigma}\cdot\frac{P_\Sigma}{P_A}=D\cdot\eta_t \tag{2.60}$$

上式表明天线增益等于方向性系数和效率的乘积。一个高增益的天线，其方向性系数和效率都要高。

工程上常用分贝（dB）表示天线增益

$$G=10\lg\frac{P_{A0}}{P_A}(\mathrm{dB})$$

2.5.4　常用天线简介

1. 中波广播天线

我国中小功率中波广播发射台站中，常用的发射天线是单塔天线和斜拉线顶负荷单塔

天线。小功率单塔天线如图 2.42 所示，中间直立的为天线，由多节圆钢焊接而成，每节 4m 或 4.5m，竖立在绝缘底座上。单塔天线用 12 根拉线从三个方向（各相隔 120°）加以固定，拉线中需嵌入多个绝缘子，如图 2.42 中黑点所示，射频信号通过馈线输入，天线高度约 76m。

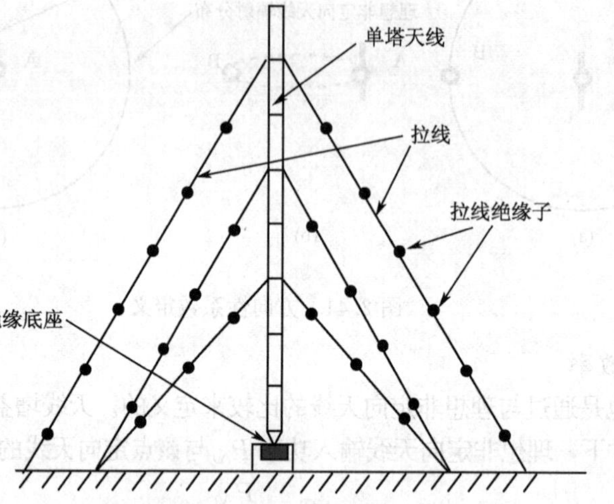

图 2.42　中波单塔天线

2. 短波广播天线

短波段无线电波的频率为 3～30MHz，常用的天线有水平对称振子短波天线、笼形振子短波天线和宽波段幕形天线等。水平对称振子短波天线结构如图 2.43 所示，振子天线两臂的长度为 D，用拉线固定在两根桅杆之间，用高频绝缘子将天线的两臂与桅杆相隔离，因此天线与地是绝缘的。桅杆用若干根拉线固定于地面。天线每臂长度 D 为 $0.125\lambda \sim 0.5\lambda$，$\lambda$ 为无线电波的波长。无线信号通过馈线从中间输入。

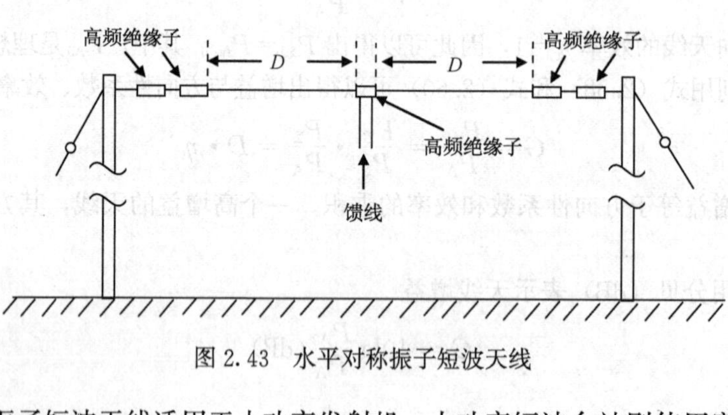

图 2.43　水平对称振子短波天线

水平对称振子短波天线适用于小功率发射机。大功率短波台站则使用宽频带、特征阻抗低的偶极天线，即笼形振子短波天线。笼形振子短波天线与上述水平对称振子短波天线的差别在于天线臂由多根导线组合而成，而不是单根导线。常用 6 根、8 根或 14 根导线组合成天线臂，看起来就像笼子一样，如图 2.44 所示，因此称为笼形振子短波天线。

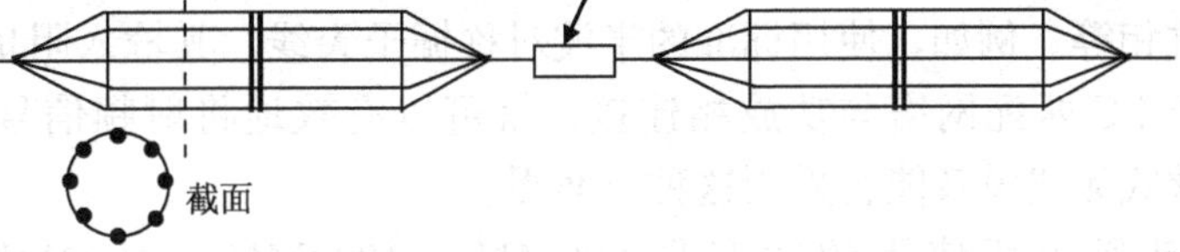

图 2.44　笼形振子短波天线臂

3. 电视和调频广播天线

无线电视和调频广播工作于超短波段，频率为 30MHz～30GHz。这个波段的无线电波主要依靠“视距”传播方式传播，为了增加传播距离，电视和调频广播的天线一般都安装在电视高塔或城市的高楼（建筑物）上。

常用的电视和调频广播天线有蝙蝠翼天线、环形天线、偶极板天线等，这里仅介绍蝙蝠翼天线。

蝙蝠翼天线实物外形如图 2.45（a）所示。天线振子翼做成貌似蝙蝠的双翼形状，因此称为蝙蝠翼天线。图 2.44 中天线共分 4 层，每层都由 4 个振子翼十字交叉地固定在桅杆上，两对振子分别称为东—西翼和南—北翼，如图 2.45（b）所示。图 2.45（a）因拍摄角度关系，南—北振子翼被挡住了。振子翼与桅杆之间是绝缘的，无线信号通过馈线送入东—西翼和南—北翼振子。

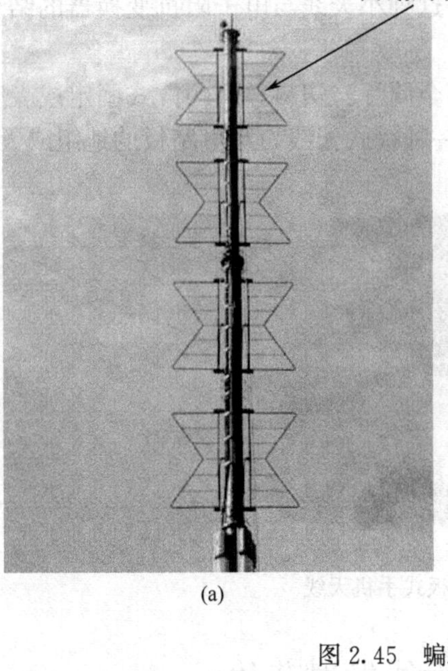

(a)

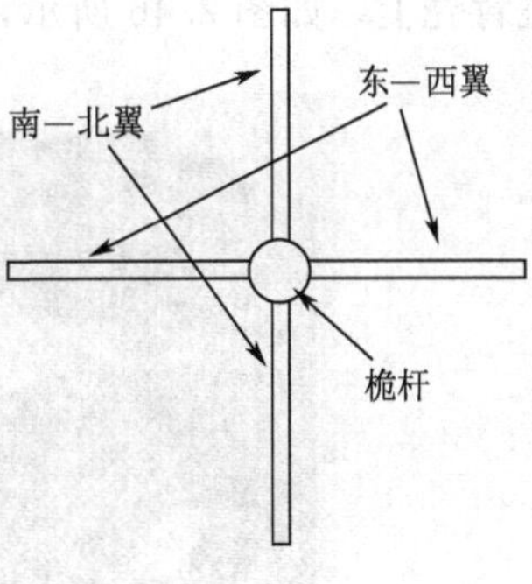

(b)

图 2.45　蝙蝠翼天线

4. 便携式无线设备中的天线

前面已经引入过射频信号传输的一个重要概念，为了将功放的射频功率有效地通过天线发射出去，天线的输入阻抗必须和传输线的特征阻抗相匹配，传输线必须与功放的输出阻抗相匹配，即需要通过LC滤波匹配网络进行阻抗变换，将传输线的特征阻抗变换为与功放的输出阻抗相等。例如，使用标准的半波对称振子天线，其输入阻抗等于75Ω，选用75Ω同轴电缆经LC匹配网络与功放相连接，就可以有效地将射频信号通过天线发射出去。手机等便携式无线设备能否采用这种方案呢？

第二代移动通信所使用的频率是900MHz、1800MHz、1900MHz等几个频段。900MHz无线电波的波长是$\lambda=33.3\text{cm}$，我们计算半波对称振子天线的长度。半波振子天线的长度等于$\lambda/2$，将上面求得的波长代入，即可求得天线的长度等于16.7cm，对于手机这样的便携式设备来说，显然是过长了。如果将天线截短，其输入阻抗便会升高，阻抗的匹配就会受到破坏，射频功率的发射效率就会明显下降，但受便携式设备大小的限制，天线的尺寸又必须缩小，这是发展便携式无线设备必须要解决的重要问题。

我们将尺寸小于波长1/10的天线称为小天线，小天线的设计和制造已经成为高频电子技术研究的一个热点之一。

为了解决小天线与传输线或直接与高频功率放大电路的阻抗匹配问题，通常采用以下两种方法。

(1) 使用LC网络实现阻抗匹配

此方法即使用前面已经介绍过的LC滤波匹配网络实现阻抗变换。这种方法的缺点是天线的阻抗随频率变化，必须解决快速调整的问题。

(2) 使用有源天线

此方法即使用具备很高输入阻抗和很低输出阻抗的电子放大电路。高输入阻抗与小天线匹配，低输出阻抗驱动接收机易如反掌，这种小天线与电子阻抗变换器的结合体就被称为“有源”天线。

现在的手机，一般都为内置天线，采用金属片与塑料热熔的方式固定或者直接将金属片贴在手机背壳上，如图2.46所示，这是一种板式天线，与电路板的地组成天线的两极。

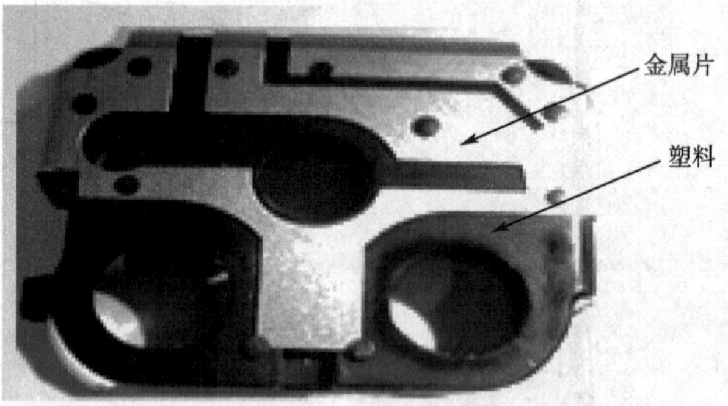

图2.46 板式手机天线

2.6 集成无线发射芯片

和模拟集成电路一样，无线收发系统也被制作成各种集成电路和模块，并已得到了广泛的应用。现有的集成电路产品中多数芯片同时具有接收和发射的功能，但也有一些集成芯片只用于发射，另一些芯片只用于接收，前者称为无线收发芯片，后两种分别称为无线发射芯片和无线接收芯片。本章首先介绍无线发射芯片。

从应用的角度来说，芯片内部的电路结构和工作原理的细节并不重要，因此，我们仅限于介绍内部电路的框图，将重点放在典型芯片的特性、外围元件连接及简单应用上。

2.6.1　无线发射芯片 nRF902 的结构与工作原理

以 nRF902 为例说明集成无线发射芯片的结构与工作原理。

nRF902 芯片内部电路框图如图 2.47 所示，它由频率为 868～870MHz 的振荡电路（图 2.47 中虚线框标出的部分）、ASK 调制电路、FSK 调制电路和功率放大电路等 4 部分组成。下面逐一介绍各单元电路的组成及功能。

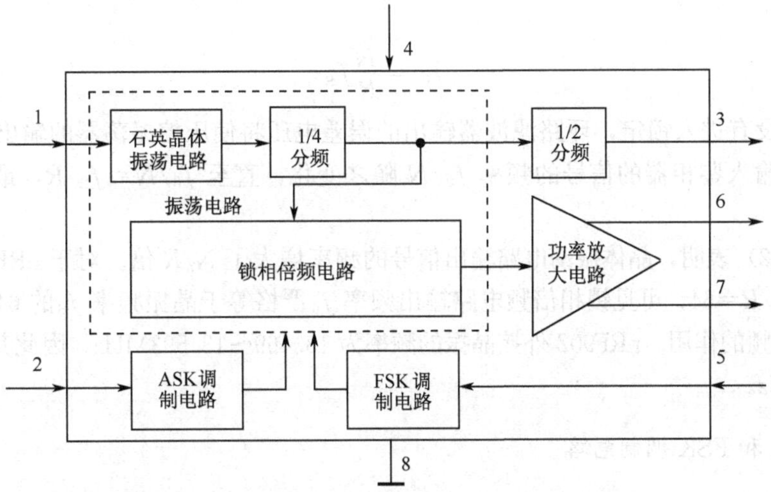

图 2.47　nRF902 内部电路框图

1. 锁相倍频电路

nRF902 的工作频率为 868～870MHz，频率稳定度要求高。前面已经学习过 LC 振荡电路、石英晶体振荡电路和声表面波振荡电路，LC 振荡电路能产生频率几百兆赫兹的高频振荡，但稳定度不符合要求；石英晶体振荡电路的稳定度很高，但不能产生几百兆赫兹的振荡；声表面波振荡电路稳定度介于前两种振荡电路之间，也不符合要求。为了获得频率高、稳定度好的正弦振荡，集成无线收/发芯片常用的方法是由石英晶体产生十几兆赫兹的高稳定性振荡，再通过锁相倍频电路进行倍频，最后获得频率和稳定性都符合要求的正弦振荡。通过锁相倍频电路获得高频率、高稳定性正弦振荡的电路如图 2.48 所示。

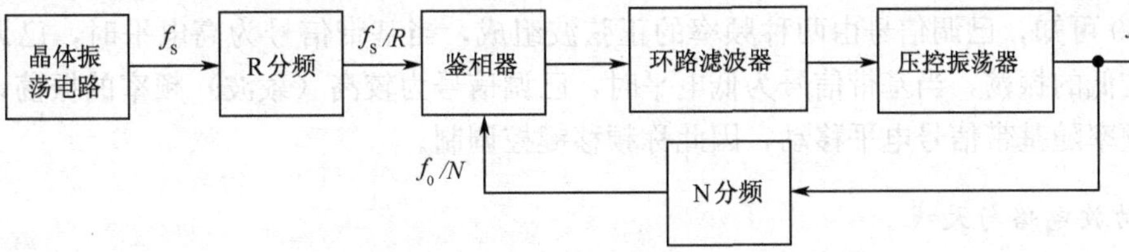

图 2.48　锁相倍频电路

为了分析锁相倍频电路的工作原理，首先讨论每个单元电路的功能。“晶体振荡电路”产生正弦波振荡，其频率为 f_S；“R 分频电路”使输出信号的频率是输入频率的1/R，即其输出信号频率等于 f_S/R；同理，“N 分频”电路输出信号频率是 f_0的 1/N，即输出频率为 f_0/N 的正弦波信号；“鉴相器”是一个相位比较装置，它对输入的两个正弦波电压（频率分别为 f_S/R 和 f_0/N）的相位进行比较，输出与两个正弦波相位差成正比的误差电压；“环路滤波器”检出误差电压中的直流成分，去控制压控振荡器的振荡频率和相位；“压控振荡器”是一种振荡频率受输入电压控制的电路。锁相倍频电路的基本性质是：电路有频率固定的信号（即频率为 f_S/R 的输入信号）输入时将进入锁定状态，锁定时鉴相器的两个输入信号频率严格相等，即

$$f_S/R = f_0/N \tag{2.61}$$

由此求得

$$f_0 = \frac{N}{R}f_S \tag{2.62}$$

如果还没有进入锁定，环路滤波器输出的误差电压将使压控振荡器的输出频率 f_0发生变化，从而输入鉴相器的信号的频率 f_0/N 随之变化，直至 $f_0/N=f_S/R$，最后进入锁定状态。

式（2.62）表明，晶体振荡电路输出信号的频率增大了 N/R 倍。对于 nRF902，$N=4$，R 取 256，$N/R=64$，可见锁相倍频电路输出频率 f_0严格等于晶振频率 f_S的 64 倍，即该电路起到 64 倍频的作用。nRF902 外接晶振的频率为 13.469～13.593MHz，因此其输出频率为 862～870MHz。

2. ASK 和 FSK 调制电路

ASK 是幅移键控的缩写，ASK 调制是基本的数字信号调制方式之一，下面用图 2.49 来说明幅移键控调制电路的功能。图 2.49（a）表示基带信号（待传输的数字信号）、载波和已调信号的关系，基带信号和载波输入调制电路，调制后输出已调信号；图 2.49（b）画出的是基带信号、载波和已调信号的波形。输入的数字信号是 101101，在输入信号的作用下，连续的载波信号被调制为按照数字信号节律变化的已调信号，当基带信号为高电平时，已调信号维持一定的振幅，当基带信号为零电平时，已调信号振幅为零，即已调信号的幅度随基带信号变化，因此称为幅移键控调制。容易看出这一信号已经包含了基带信号的信息。图 2.49 只是给出了调制电路的效果，至于调制电路的结构及工作原理，将在下面的章节来说明。

FSK 是频移键控的缩写，类似地，我们通过图 2.50 来说明 FSK（频移键控）调制电路的功能。图 2.50（a）给出三个信号之间的关系，图 2.50（b）画出了三个信号的波形。由图 2.50 可知，已调信号由两种频率的正弦波组成，当基带信号为高电平时，已调信号为频率较低的振荡，当基带信号为低电平时，已调信号为较高（载波）频率的振荡，已调信号的频率随基带信号电平移动，因此称频移键控调制。

3. 功放电路与天线

调制后的信号功率还达不到要求，因此需要通过高频功率放大电路进行放大。

图 2.47 中的功率放大电路即起这种作用。与前面讨论的功放电路不同，nRF902 采用差分形式的功放电路，图中引脚“6”“7”即为差分功放电路的两个输出端。

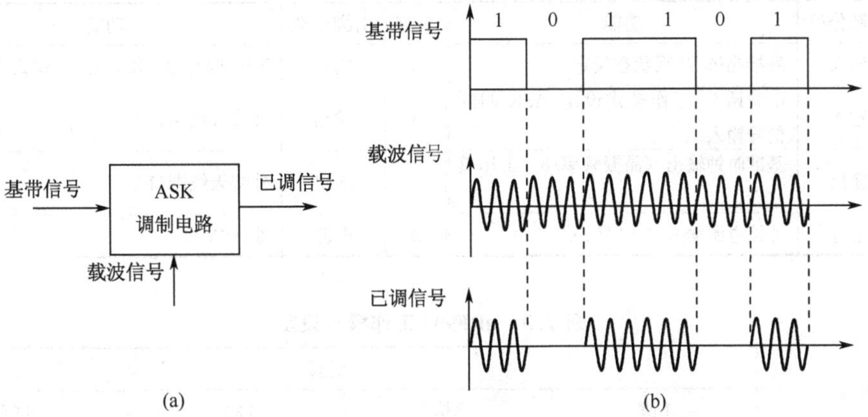

图 2.49　ASK 调制波形

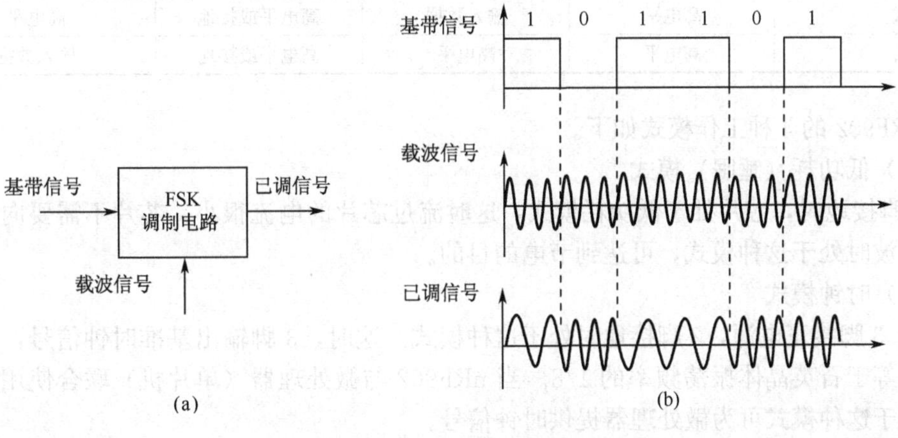

图 2.50　FSK 调制波形

4. nRF902 的封装和引脚功能

nRF902 为 8 脚 SOIC（small out-line integrated circuit）封装，引脚间距等于 1.27mm。引脚功能如图 2.51 和表 2.2 所示。其中，4、8 为电源引脚，4 脚接电源正极，8 脚接地，1 脚外接石英晶体（晶体另一引脚接地），3 脚输出基准时钟信号，它等于石英晶体振荡频率的 1/8，2、5 脚用来输入待传输的数字信号（基带信号），从 2 脚输入时对高频信号进行 ASK 调制，从 5 脚输入时进行 FSK 调制，6、7 脚接发射天线。和模拟集成电路一样，无线收/发芯片的一些引脚可能具有多个功能，即一个引脚可以有多种用途，称为引脚的复用。nRF902 的 1、2、5 脚均为复用的引脚，1 脚除了外接石英晶体之外，经电阻接地，可以使芯片进入节电的睡眠模式；2、5 脚还用来设定芯片的工作模式，工作模式设定方法如

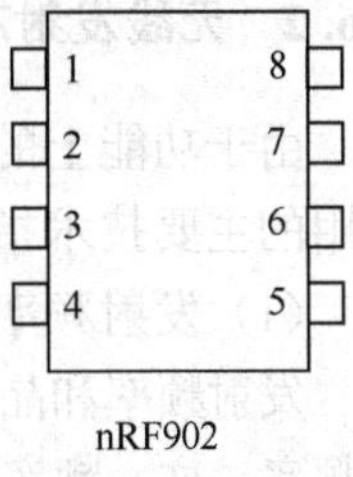

图 2.51　nRF902 引脚

表 2.3所示，表中高电平是指引脚经一电阻接正电源。

表 2.2　nRF902 引脚功能

引脚	引脚分类	功能	引脚	引脚分类	功能
1	输入	外接晶体/睡眠状态设定	5	输入	FSK 调制信号输入/工作模式设定
2	输入	电源调节/工作模式设定/ASK 调制信号输入	6	输出	外接天线端口 1
3	输出	基准时钟输出（晶振频率/8）/工作模式设定	7	输出	外接天线端口 2
4	电源	外接电源输入（+3V DC）	8	电源	地（0V）

表 2.3　nRF902 工作模式设定

模式	引脚			
	1 脚	2 脚	3 脚	5 脚
低功耗（睡眠）模式	接地	—	—	—
时钟模式	高电平	接地	高电平	
ASK 模式	高电平	输入数据	高电平或接地	高电平
FSK 模式	高电平	高电平	高电平或接地	输入数据

nRF902 的 4 种工作模式如下。

(1) 低功耗（睡眠）模式

1 脚接地时，芯片处于低功耗模式，这时流过芯片的电流很小，芯片不需要向外发射无线电波时处于这种模式，可达到节电的目的。

(2) 时钟模式

1、3 脚接正电源，2 脚接地时处于这种模式。这时，3 脚输出基准时钟信号，该信号的频率等于石英晶体振荡频率的 1/8。当 nRF902 与微处理器（单片机）联合使用时，让芯片处于这种模式可为微处理器提供时钟信号。

(3) ASK 模式

1、3、5 脚接正电源（3 脚也可以接地）时，芯片调制方式为 ASK，调制信号（基带信号）从 2 脚输入。

(4) FSK 模式

1、2、3 脚接正电源（3 脚也可以接地）时，芯片调制方式为 FSK，调制信号（基带信号）从 5 脚输入。

2.6.2　无线发射芯片的主要技术指标

由于功能上的差异，各种无线发射芯片会有各自不同的指标。下面给出的是发射芯片常用的主要技术指标。

(1) 发射频率和晶体频率

发射频率和晶体频率是指无线发射时载波的频率，即芯片正常工作时片内振荡电路的工作频率，这一频率决定于外接石英晶体的频率。nRF902 的晶体频率的最小值为 13.469MHz，最大值为 13.593MHz，经锁相环电路 64 倍频，发射频率为 862～870MHz。

（2）电源电压范围

电源电压范围定义为芯片正常工作所需的电源电压范围，nRF902 的电源电压范围为 2.4～3.6V。

（3）工作温度范围

nRF902 的工作温度范围是－40～＋85℃。

（4）最大输出功率

最大输出功率是指负载上得到的最大射频功率，一般用功率电平（dBm 或 dBW）表示。芯片的输出功率与负载及电源电压大小有关，因此在表征一块芯片的最大输出功率时，需要说明测试条件。nRF902 在电源电压等于 3V、负载为 400Ω 时的最大输出功率为 10dBm。也可以利用式（2.18）求出相应的绝对功率为 10mW。

（5）电源电流

电源电流是指直流电源提供的电流。芯片工作于不同模式时，电源所提供的电流各不相同。以 nRF902 为例，睡眠模式时，流过芯片的电流典型值为 10nA，最大值 100nA；FSK 或 ASK 模式时，输出功率 10dBm 时的电源电流为 25～37mA；时钟模式时，电源电流 200μA。

（6）最大传输速率

最大传输速率是指能传输的基带信号的最高频率。传输数字信号时，常用的单位是 kb/s，即每秒千比特。nRF902 的传输速率与调制方式有关，ASK 调制时，速率为 10kb/s；FSK 调制时，传输速率为 50kb/s。

2.6.3　无线发射芯片 nRF902 的应用

将 nRF902 接成 FSK 调制模式的应用电路如图 2.52 所示，芯片与外部元件的连接可分为三部分：芯片顶部和底部给出的是直流电源与芯片的连接关系；左边是输入信号连接关系；右边是输出信号连接关系，下面逐一加以讨论。

（1）电源

电源正极接 4 脚，负极（地）接 8 脚。高频电路中常用一个大容量电容与小容量电容相并联的方法进行滤波，这是因为，在高频情况下大容量的电容常具有较大的电感，它对高频信号呈高阻，用大小容量电容的并联，无论对高频或低频信号都是低阻，因此滤波效果较好。图 2.52 中 C_4＝33pF，C_5＝4700pF，C_6＝4.7μF。

（2）输入信号

1、2、3 脚分别经电阻 R_1、R_4、R_5 接正电源，即可保证这三个引脚为高电平，根据表 2.3，芯片处于 FSK 调制工作模式，输入信号（基带信号）从 5 脚输入。这种连接方式的缺点是芯片不发送信号时仍有较大的功耗，当芯片由电池供电工作时将大大缩短电池的有效工作时间。为此，图 2.52 中让 1 脚经电阻 R_1 接睡眠模式控制信号，芯片不发射信号时，让 R_1 接低电平，芯片进入睡眠状态，芯片电流可降到 10nA 左右；需要发送信号时给 R_1 加高电平，5ms 后芯片即进入 FSK 调制模式，可以发送信号。图 2.52 中电容 C_1～C_3 起滤波作用。

各电阻、电容数值如下：R_1＝22kΩ，R_2＝3.9kΩ，R_3＝22kΩ，R_4＝150kΩ，R_5＝15kΩ，C_1＝33pF，C_2＝4700pF，C_3＝680pF。

（3）输出信号

输出部分包括3脚的基准时钟输出和6、7脚的功放输出。3脚在芯片与微处理器联合使用时输出基准时钟信号，这时2脚接低电平，1、3脚接高电平，节电的芯片睡眠模式就不能使用。

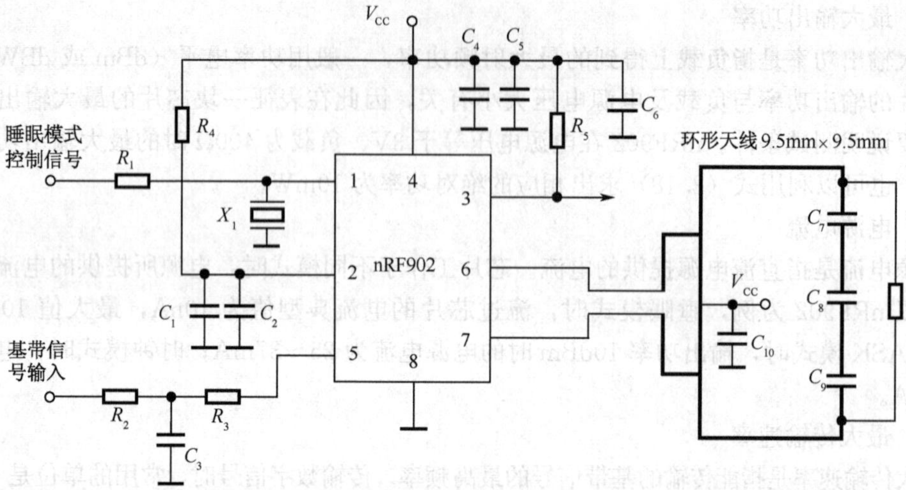

图2.52 发射芯片nRF902应用电路

nRF902差分式功放的两个输出端6、7接环形天线，其形状和尺寸如图2.52所示，电源电压必须从天线中间部分引入。图2.52中各元件数值为$C_7=4.7pF$，$C_8=4.7pF$，$C_9=4.7pF$，$C_{10}=33pF$。

2.6.4 常用无线发射芯片简介

若干常用的无线发射芯片型号及主要技术指标如表2.4所示，其输出功率为1～10mW，属微功率范围。表2.4中的AM是幅度调制方式的缩写，将在下面的章节讨论这种调制方式的原理和特点。

表2.4 常用无线发射芯片技术指标

芯片型号	频率范围/MHz	调制方式	调制频率/kHz	基准频率/MHz	输出功率	电源电压/V	生产厂
RF2514	100～1000	AM/ASK	4	14.318	50Ω负载时1dBm	2.2～3.6	RF Micro-Devices
RF2516	100～500	AM/ASK	—	14.318	50Ω负载时10dBm	2.2～3.6	RF Micro-Devices
nRF902	868～870	FSK ASK	50 10	13.469～13.593	400Ω负载时10dBm	2.4～3.6	Nordic
nRF904	902～928	FSK ASK	50 10	14.094～14.500	400Ω负载时1dBm	2.4～3.6	Nordic
TDA5101	314～316	ASK FSK	20 20	6.78～13.56	50Ω负载时5dBm	—	Infineon Technologic

◆ 实训

无线通信中的编码和解码

1. 实训目的

掌握无线编码/解码通信的原理；了解编码解码芯片 SC2262/SC2272-L6 的主要特性和工作原理；学会用编码解码芯片 SC2262/SC2272-L6 进行编码和解码。

2. 实训内容

1）安装焊接由芯片 SC2262 及外围元件组成的编码电路，安装焊接由芯片 SC2272-L6 及外围元件组成的解码电路，用示波器观察编码芯片输出信号。

2）用直接耦合方式将编码芯片 SC2262 的 17 脚（编码信号输出端）与解码芯片 SC2272-L6 的 14 脚（编码信号输入端）相连接组成编码解码系统，用以检验编码解码效果。

3）设定一组地址码和数据码，由 SC2262 输出，分两种情况测量 SC2272-L6 的输出，检查输出数据是否与 SC2262 的相同：第一，使 SC2272-L6 的地址码与 SC2262 的相同；第二，使 SC2272-L6 的地址码与 SC2262 的不同。

4）保持编码和解码芯片地址码不变，改变编码芯片的输入数据，重复上述实训，检查解码后的数据是否与发送数据相同。

3. 仪器设备

1）编码芯片 SC2262（或 PT2262），解码芯片 SC2272-L6（或 PT2272-L6）各一片，1.2MΩ、200kΩ 电阻各一只，18 脚双列直插式插座两块，按钮开关一只。

2）示波器一台。

3）数字万用表一只，5V 稳压电源一台。

4）电烙铁、剪刀、镊子等安装焊接工具一套。

4. 实训电路

(1) 无线编码通信原理

用无线收/发模块 F05E 和 J04P 组成遥控系统存在两个明显的缺点。第一，F05E 发送的是一串脉冲，无法实现复杂的控制。例如，要实现玩具汽车的遥控，需要前进、后退、左转、右转和停止等多种信号，第 1 章实训部分所使用的方案做不到这一点。第二，如果在无线信号有效范围内同时存在多个由 F05E 和 J04P 组成的通信系统，各系统之间的相互干扰将严重影响系统的正常工作。例如，一个楼层内相邻的几家都安装了由 F05E 和 J04P 组成的无线门铃，当按下一家的门铃时，周围邻居家的门铃也都响了，这样的无线门铃显然不会被用户所接受。解决上述问题的一个好办法便是实行编码通信。

由一个发射台对 N 辆汽车进行编码遥控的方案如图 2.53 所示，无线通信系统包括一台发射装置和 N 个接收装置，发射装置由编码电路和无线发射模块 F05E 组成，每路接收装置都由一块发射模块 J04P、解码电路和译码电路组成，并控制一辆汽车。每一路接收装置都有一个地址码，发射装置要对某一路的汽车进行控制时，需将该路的地址码和数据码送入编码电路，编码电路输出编码信号，以串行的方式送入发射模块的 3 脚（模块信号输入端），由发射模块向外发射。其中的数据码即为控制汽车前进、后退、左转、右转、停止等指令代码。发射装置发出地址码和数据码后，所有 N 个接收装置的接收模块 J04P 都接收到这些信号，这些信号经 J04P 解调后从 4 脚输出将编码信号送入解码电路。解码电路首先检测所接收到的地址码，N 路解码电路中只有一路检测到接收的地址码与自己的地址相符，于是将随后的数据码送入译码电路，译码后控制汽车，其余各路均因接收到的地址码与本路地址不符而不输出数据。这样一来，发射装置就实现了对某一台汽车的控制。

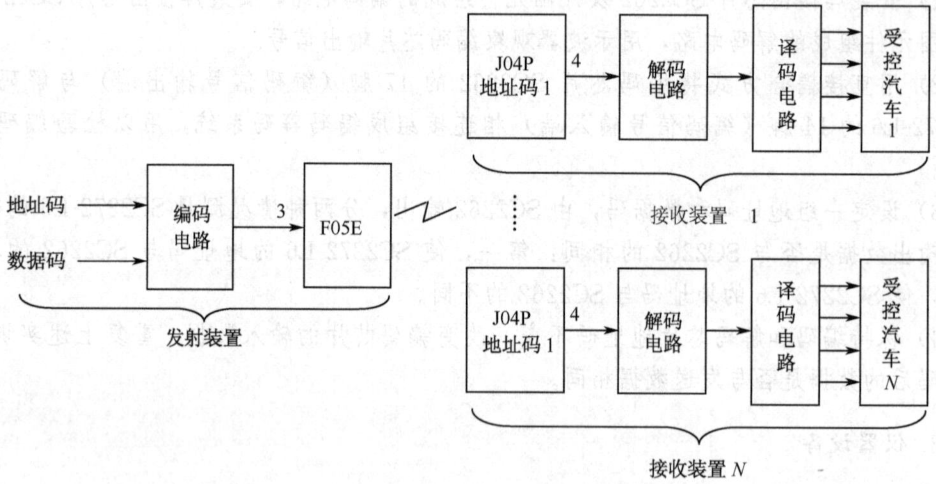

图 2.53 编码通信系统

上述方案的关键是编码和解码电路，下面介绍一种常用的编码/解码芯片。

(2) 编码和译码芯片 SC2262/SC2272-L6

1) 编码芯片 SC2262 封装和引脚功能。编码芯片 SC2262 外形如图 2.54 所示，各引脚功能如图 2.55 和表 2.5 所示。

图 2.54 编码/解码芯片外形

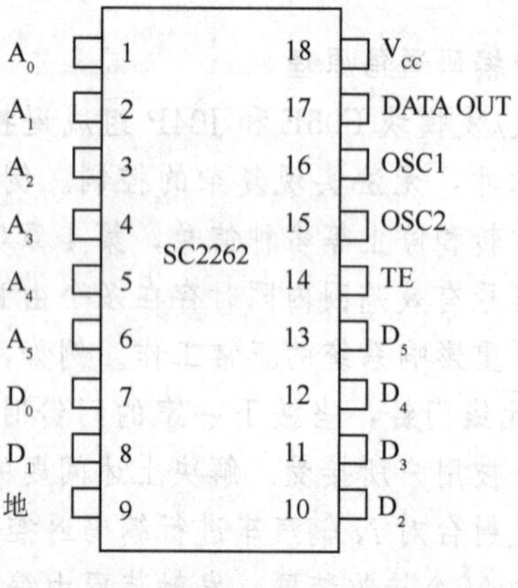

图 2.55 编码芯片 SC2262 引脚功能

表 2.5 编码芯片 SC2262 功能引脚

引脚	名称	功能
1～6	A_0～A_5	地址引脚，用于进行地址编码，可置为三种状态："0"、"1" 或 "f"（悬空）
7～8 10～13	D_0～D_1 D_2～D_5	数据输入端，有两种状态："0" 或 "1"。数据输入端也可以用于地址编码，例如将 7、8 脚用于地址编码，则数据输入端减少至 4 位
9	地	电源及信号地
14	TE	编码启动端，低电平时将地址码和数据输入端的信号编码后从 17 脚输出
15	OSC1	外接电阻连接端，该电阻大小决定芯片内振荡电路频率
16	OSC2	外接电阻连接端，该电阻大小决定芯片内振荡电路频率
17	DATA OUT	编码数据输出端
18	V_{CC}	电源正端

SC2262 地址码和数据码合计共 12 位，数据最多 6 位，这时地址也只有 6 位，如要增加地址位数，数据位数就要减少。下面的讨论假设地址和数据码各 6 位，即 1～6 脚输入地址码，7、8、10～13 为数据输入引脚，使用 6 位地址时，可提供的地址总数为 $3^6=729$。编码芯片的基本功能是将输入的并行地址码和数据码编为串行地址—数据码从 17 脚输出。编码输出由 14 脚控制，地址和数据信号输入至 1～6 脚、7～8 脚、10～13 脚后应维持信号不变，让 14 脚变为低电平，编码后的地址—数据码即从 17 脚输出。

2）编码信号波形。17 脚输出的串行编码信号的顺序是先地址位，后数据位，地址与数据合计共 12 位，我们将 12 位称为一个字。为提高数据传输的可靠性，给 14 脚加负脉冲启动编码后，每个字的输出要重复 4 次，重复的各个字之间隔一个同步码，如图 2.56所示，图中"a"代表一个"字"，其内部包含 12 个编码信号"位"，"字"与"字"之间相隔的为同步码。解码芯片接收编码后，重复 2 次测到相同的编码信号即认为接收正确。由于无线发射时第一个发出的信号最容易被干扰，因此可以首先检测同步码，读到同步码后，连续检测两个"字"所得的结果相同，接收即被认为正确，这样做，通信的可靠性就很高。

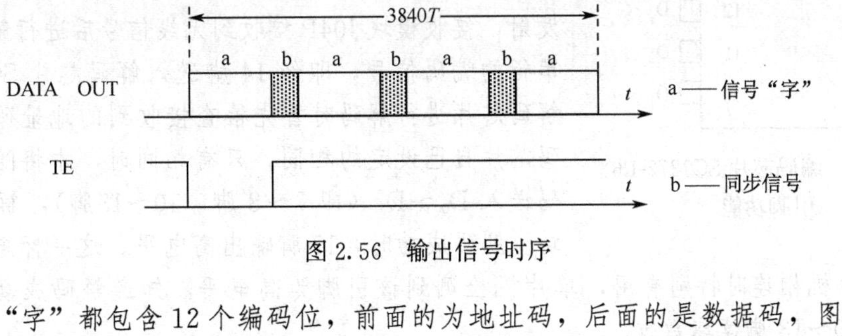

图 2.56 输出信号时序

每个"字"都包含 12 个编码位，前面的为地址码，后面的是数据码，图 2.57 给出了"位"信号的波形图。第一行显示的是片内振荡信号波形，T 为周期；第二行是信号"0"的波形，它由两个宽度 $8T$ 的脉冲组成，两个脉冲之间间隔 $24T$；第三行是"1"的波形，由两个宽度 $24T$ 的脉冲组成，两个宽脉冲之间间隔 $8T$；第四行是“f”（地址码中的“悬空”态，数据码中无此态）的波形，由宽 $8T$ 和宽 $24T$ 的两个脉冲组成，两个脉冲之间间隔 $24T$；最后一行是同步信号的波形，它由一个宽为 $8T$ 的脉冲和 $248T$ 的低电平组成。

根据上述描述，可以看出，每个“位”的长度是 $64T$。在这 $64T$ 的时间内，出现两个窄脉冲就代表“0”，出现两个宽脉冲即代表“1”，出现一窄一宽两个脉冲即为“f”。12 位组成一个“字”，因此图 2.56 中一个“字”的长度为 $64\times12T=768T$（即图中“a”）。由图 2.57 可知，同步脉冲长度为 $8+248=256T$（即图 2.56 中的“b”），由此求得 SC2262 芯片一次发送编码的总时间等于 $3840T$。

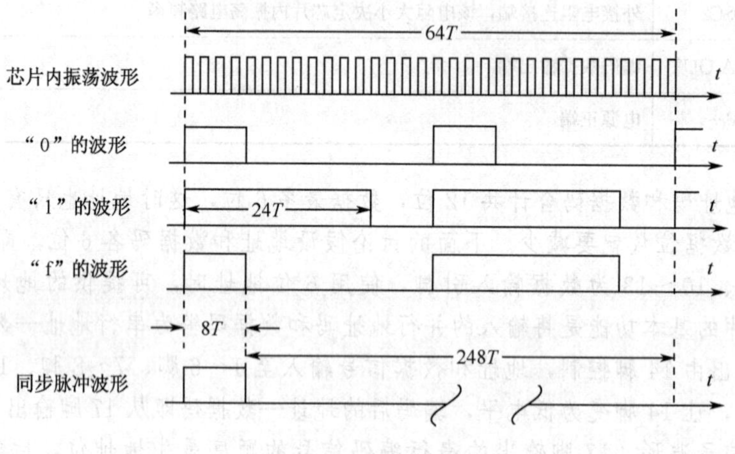

图 2.57　输出信号波形

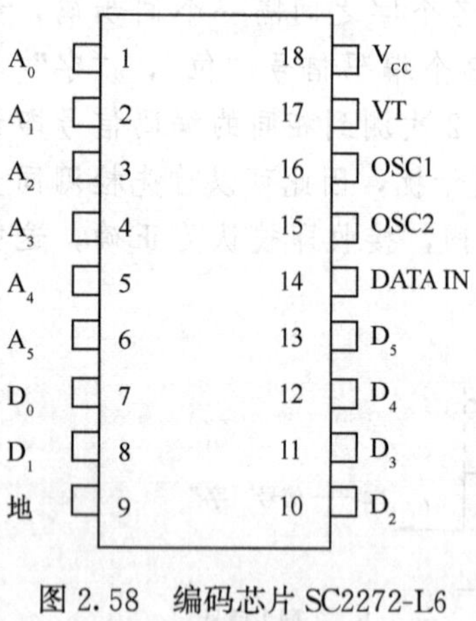

图 2.58　编码芯片 SC2272-L6 引脚功能

3）解码芯片 SC2272-L6 封装和引脚功能。SC2272-L6 的外形如图 2.54 所示，其引脚功能如图 2.58 和表 2.6 所示。SC2272-L6 的地址线引脚为 1～6 脚，数据线引脚为 7、8、10～13 脚。电源引脚 9、18 脚，外接电阻引脚 15、16 等都和 SC2262 相同。14 脚为待解码的信号输入端，编码芯片 SC2262 将编码信号送入发射模块 F05E 的 3 脚，对高频信号进行调制，调制后的信号由 F05E 向外发射，接收模块 J04P 接收到无线信号后进行解调，检出串行的编码信号，即经 14 脚送入解码芯片 SC2272-L6。解码芯片进行解码时首先检查接收到的地址码是否与解码芯片自己设定的相同，只有相同时，才将随后的数据码送入 $D_0\sim D_5$（即 7～8 脚，10～13脚），解码即告成功。解码成功时，17 脚输出高电平。这一标志位在解码芯片与单片机相连时特别有用，单片机检测到该引脚为高电平，知道解码成功，即可从 7～8脚，10～13 脚读取数据。

表 2.6　解码芯片 SC2272-L6 引脚功能

引脚	名称	功能
1～6	A_0～A_5	地址引脚，用于进行地址编码，可置为三种状态："0"、"1"或"f"（悬空）。2272 的地址编码必须和 2262 的相同，否则不解码
7～8 10～13	D_0～D_1 D_2～D_5	数据输出端，有两种状态："0"或"1"。数据输出端也可以用于地址编码，例如将 7、8 脚用于地址编码，则数据输出端减少至 4 位
9	地	电源及信号地
14	DATA IN	数据输入端，来自接收模块的信号送入该端进行解码
15	OSC1	外接电阻连接端，该电阻大小决定芯片内振荡电路频率
16	OSC2	外接电阻连接端，该电阻大小决定芯片内振荡电路频率
17	VT	解码有效确认端，解码有效时输出高电平，平时为低电平
18	V_{CC}	电源正端

4）解码芯片 SC2272 的规格。SC2272 解码芯片有多种规格，不同规格芯片用不同的后缀表示，常用的如表 2.7 所示。

表 2.7　SC2272 解码芯片的多种规格

型号规格	数据位数	输出类型	封装
SC2272	无		18 脚 DIP 或 OS
SC2272A-L2	2	锁存	18 脚 DIP 或 OS
SC2272A-M2	2	非锁存	18 脚 DIP 或 OS
SC2272-L3	3	锁存	18 脚 DIP 或 OS
SC2272-M3	3	非锁存	18 脚 DIP 或 OS
SC2272-L4	4	锁存	18 脚 DIP 或 OS
SC2272-M4	4	非锁存	18 脚 DIP 或 OS
SC2272-L5	5	锁存	18 脚 DIP 或 OS
SC2272-M5	5	非锁存	18 脚 DIP 或 OS
SC2272-L6	6	锁存	18 脚 DIP 或 OS
SC2272-M6	6	非锁存	18 脚 DIP 或 OS

后缀中的字母 L 表示锁存输出，数据只要成功接收，数据输出端就能一直保持对应的电平状态，直到下次输入数据发生变化时改变为新数据。字母 M 表示非锁存输出，数据脚输出的电平是瞬时的而且和发射端是否发射相对应。L 或 M 后面所跟的数字表示该芯片的数据信号位数。实训中使用的解码芯片 SC2272-L6 属锁存型，数据信号位数为 6，选用锁存型的目的是便于用万用表测量输出数据。

（3）实训电路

实训电路如图 2.59 所示，图中两个芯片振荡电路的外接电阻 $R_1=1.2\text{M}\Omega$，$R_2=200\text{k}\Omega$，所使用的电源为 5V 稳压电源。编码、解码芯片的地址和数据都是任意选定的，但要注意解码芯片 2272 的地址码与编码芯片相同时才能解码。此外，地址码的每一位都可以有三种状态供选择，接电源正极，相当于“1”，接地相当于“0”，悬空不接，相当于状态“f”，但数据码的每一位都只能取“0”或“1”，不能悬空。图中的地址码为 ff0f01，数据码为 010110。

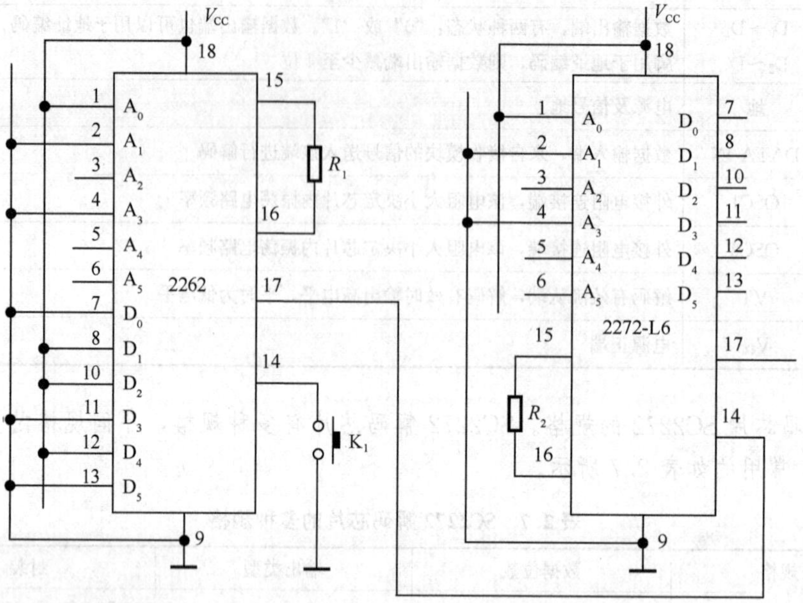

图 2.59 编码/解码实训电路

编码芯片 2262 的 14 脚经按钮开关接地，按下开关，14 脚为低电平，地址码和数据码即以串行方式从 17 脚输出，按一次，地址和数据码被重复输出 4 次，按住 K_1 不放，地址和数据码就连续不断地输出。

本实训的目的是熟悉 SC2262 和 SC2272-L6 的特性和用法，实训时将 SC2262 第 17 脚的输出直接接到解码芯片 SC2272 的输入端（14 脚），而不是经过无线收/发模块 F05E 和 J04P 传输。解码芯片接收到编码芯片发出的编码信号后，立即检查地址码是否相符，如两个芯片设定的地址码相符，解码芯片即将编码芯片输入端数据显示于解码芯片的数据输出引脚（7、8、10～13 脚）。

5. 实训步骤

(1) 安装电路

在通用电路板上安装如图 2.59 所示的电路，注意电路 SC2262 和 SC2272-L6 可重复使用，实训中应使用 18 脚插座，将插座焊在电路板上，安装完毕后再将芯片插入插座。

(2) 编码芯片 SC2262 性能检测

对照电路图 2.59，检查电路焊接是否正确，经检查正确无误后，设置 SC2262 的地址码和数据码，使其等于 1f01f1010110。设置的方法是：地址引脚与正电源相连接时为状态“1”，与地连接时为状态“0”，悬空时为状态“f”，数据引脚与正电源连接时为状态“1”，与地连接时为状态“0”。设置完毕后插入芯片 SC2262，接入 5V 稳压电源，用万用电表逐一测量各引脚电压，登入表 2.8 第三行。

表 2.8　编码芯片 SC2262 性能检测

项目	测量值											
	A_0 /V	A_1 /V	A_2 /V	A_3 /V	A_4 /V	A_5 /V	D_0 /V	D_1 /V	D_2 /V	D_3 /V	D_4 /V	D_5 /V
要求设定	1	f	1	0	f	1	0	1	1	0	1	0
实测电压												
示波器观测 17 脚的结果								17 脚电压				

按下按钮开关 K_1 并维持不放，依次用万用电表和示波器测量 17 脚输出电压，将结果登入表 2.8 中。

(3) 编码/解码效果检测

关闭电源后插入 SC2272-L6 芯片，任意设定一组 SC2262 的地址码和数据码，将设定值登入表 2.9 第二行。设定 SC2272-L6 地址值，使其和 SC2262 的设定相同，将设定值登入表 2.9第三行。设定后接上 5V 电源，按一下 SC2262 的 K_1 按钮后即放手，用万用表测量 SC2272-L6 的 17 脚及各数据输出引脚电压，将结果登入表 2.9 第三行。测量到的电压为高电平时在表中记录“1”，为低电平时记录“0”。改变地址及数据码的设定值，共进行三次测量，最后一次测量时，2272 的地址码不同于 2262，将所得结果依次登入表 2.9 的第 4～7 行。

表 2.9　编码/解码效果检测

项目	设定及测量值												
	2272 V_{17}	A_0 /V	A_1 /V	A_2 /V	A_3 /V	A_4 /V	A_5 /V	D_0 /V	D_1 /V	D_2 /V	D_3 /V	D_4 /V	D_5 /V
								2262 为数据设定值，2272 为数据读出值					
2262 设定													
2272 设定													
2262 设定													
2272 设定													
2262 设定													
2272 设定													

6. 实训报告

按照上述步骤完成实训，作好记录，在此基础上分析讨论。

1) 根据表 2.8 所得结果检查设置值与实际测量值是否相同，回答如何根据万用表及示波器对 17 脚的测量结果判断编码芯片 SC2262 是否正常工作。地址引脚悬空时测量到的电压是多少？

2) 根据表 2.9 所得结果，检查编码芯片的数据设定值与从解码芯片上测量到的数据值是否相同，讨论解码芯片地址设定值不同于编码芯片时，解码芯片输出信号的特点。

思考与练习

2.1　高频电路中常用的振荡电路有哪几类？各有哪些优缺点？

2.2　LC 振荡电路所能产生的正弦振荡频率范围多大？

2.3　正弦波振荡电路既要满足$|\dot{A}\dot{F}|=1$，又要满足$|\dot{A}\dot{F}|>1$，有矛盾吗？

2.4　功率放大电路的输出功率既可以用 W、mW 等绝对值表示，也可以用相对值功率电平表示，试回答两者之间的关系。

2.5　已知功率电平等于－10dBm、0dBm、10dBm 和－10dBW，依次计算其相对应的功率绝对值（以 mW 或 W 为单位）。

2.6　什么是C类功率放大电路？它有什么优点？

2.7　高频功放电路中滤波匹配网络起什么作用？常用的滤波匹配网络有哪些？

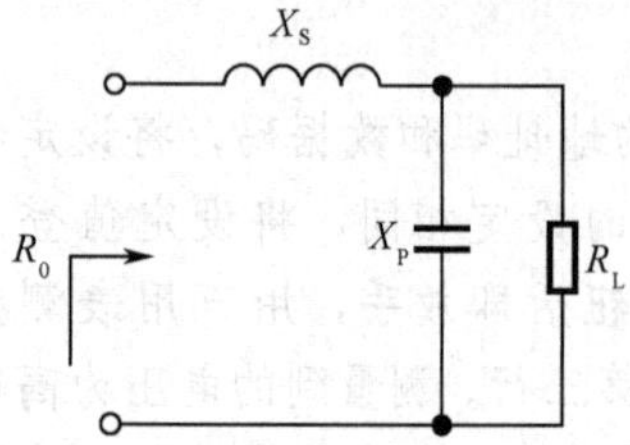

图 2.60　题 2.7 图

2.8　高频功放的输出经特性阻抗为 50Ω 的同轴电缆与天线相连接，已知功放电路工作频率等于 60MHz，输出阻抗等于 120Ω，为实现阻抗的匹配，拟接入图 2.60 所示的网络，试计算电容 X_P和电感 X_S。

2.9　已知高频功放的输出阻抗等于 80Ω，负载为 50Ω 的天线，应插入哪种类型的滤波匹配网络？不实现阻抗匹配会带来什么问题？

2.10　何谓半波对称振子和半波折合振子？何谓单极振子？已知高频信号频率为 430MHz，拟使用半波对称振子天线发射，试画出该天线的形状和尺寸。

2.11　何谓同轴电缆的特征阻抗？同轴电缆的长度增加了一倍，其特征阻抗是否随之增加一倍？

2.12　为什么电视和调频广播的天线都安装得很高？短波广播的天线有这样的要求吗？

2.13　何谓小天线？这种天线适用于哪些无线设备？小天线如何解决阻抗匹配问题？

2.14　集成无线发射芯片由哪几部分电路组成？各起什么作用？

2.15　集成无线发射芯片有哪些主要技术指标？芯片的发射频率和晶振频率有什么联系与区别？

第 3 章

调制与解调

学习要求

掌握模拟调制解调方式的分类、原理和特性；掌握产生调幅波、调频波的方法；读懂常用分立元器件组成的调制和解调电路；掌握常用数字信号幅移、频移和相移键控调制的原理和特性；读懂常用频率调制和解调电路的工作原理；了解集成调制/解调器电路的性能和应用。

3.1 调制与解调概述

3.1.1 调制与解调方式分类

1. 为什么要调制与解调

首先需要讨论为什么必须将基带信号调制到载波上才能进行有效的无线通信。第 1 章中我们已经指出，无线通信中需要传输的原始信号的频率都比较低，例如无线电广播中的话音和音乐信号，其频率为 20Hz～20kHz；遥控指令的频率一般也在几十千赫兹以内；电视图像信号频率在 6MHz 以内。电磁波辐射的特性是频率越高，辐射能力越强，这些较低频率的信号直接以无线电波的形式传输，效率就很低。因此，需要通过调制将待传输的基带信号加载到较高频率的载波上再发射，这是我们在第 1 章所阐明的需要对基带信号进行调制的第一个原因。

除此之外，无线通信时必须进行调制还有以下两个理由。

(1) 低频信号直接发射所需要的天线过长

第 2 章讨论天线时已经指出，为了有效地发射无线电波，天线的长度应与波长相比拟，应等于 1/2 波长或更长些。据此，我们可以估算一下发射 20kHz 无线电波所需要的最佳天线长度。20kHz 无线电波的波长等于 1 500 000m，采用半波振子天线发射时天线长度是波长的一半，因此需要制作 750km 长的天线。制作这样的天线不仅工艺复杂，而且造价也奇高。

(2) 调制可以解决不同基带信号之间相互干扰的问题

假如一个城市有 10 个电视频道，10 个电视频道在不加调制的情况下同时向外发送节目，该城市用户打开电视机后所接收到的将是怎么样的电视图像呢？由于这 10 个频道图像信号的频率都在 0～6MHz，每个电视接收机将同时收到所有 10 个频道的信号，结果屏幕上所显示的将是10个频道图像的复合，这显然是无法接受的。

如果对图像信号进行调制，我们可以将不同的电视频道信号调制到不同频率的载波信号上，例如可以选定以下10个频率，分别对10个频道的信号进行调制：511.25MHz，519.25MHz，527.25MHz…623.25MHz，即在511.25～623.25MHz每隔8MHz安排一个电视频道，这10个频道电视信号向外发送时就不会相互干扰。用户希望收看第一个频道的电视节目，可将接收机的频率调到511.25MHz，其他频道的信号就不会形成干扰。可见，用基带信号进行调制，可以充分利用频率资源，极大地增加通信的容量。

由于上述三方面理由，无线通信时除了特殊情况以外（例如第7章将要讨论的感应式耳机），一般采用调制的方法进行通信。

有了调制，就需要研究解调。这是因为调制后接收机接收到的已调信号并不是我们所需要的基带信号本身，而是包含基带信号的已调信号，于是就需要通过某种方法从已调信号中还原出基带信号，通过一定的方法从已调信号中还原出基带信号的过程就是前面所说的解调。调制和解调是无线通信系统中十分重要的环节，正因为如此，调制解调方式的研究仍然是现代通信技术的研究热点之一。

2. 调制解调方式分类

按基带信号的性质划分，调制解调方式可分为两大类：基带信号为模拟量时的调制解调称模拟调制和解调；基带信号为数字量时相应的调制解调称为数字调制和解调。

无论是模拟量调制还是数字量调制，将基带信号调制到载波上去的常用方法是让载波信号中某个参数跟随基带信号变化，这一控制参数的选择即所谓调制方式。

用于调制的高频载波一般为正弦波，包含三个参数，即幅度、频率和相位，用模拟量对载波进行调制时，可以控制三个参数中的任意一个随基带信号变化，于是就有三种模拟调制方式。选择载波的幅度随基带信号变化时，称为幅度调制，简称AM（amplitude modulation）。选择载波的频率随基带信号变化时，称为频率调制，简称FM（frequency modulation）。选择载波的相位随基带信号变化时，称为相位调制，简称PM（phase modulation）。

数字量对载波进行调制时，根据被调制的参数的不同，也有三种调制方式，被控制的参数为幅度时，称为幅移键控调制，简称ASK调制（amplitude shift keying）；相应地被控制的参数为频率和相位时，称为频移键控调制和相移键控调制，分别简称为FSK调制（frequency shift keying）和PSK调制（phase shift keying）。

于是就有6种调制方式，可以用图3.1来表示。

- 调制方式
  - 模拟调制
    - 幅度调制（AM）
    - 频率调制（FM）
    - 相位调制（PM）
  - 数字调制
    - 幅移键控（ASK）调制
    - 频移键控（FSK）调制
    - 相移键控（PSK）调制

图3.1　调制方式分类

每一种调制方式都有其相应的解调方法，不同的调制和解调方式的组合称为调制解调

方式，于是就有 6 种常用的调制解调方式：幅度调制解调、频率调制解调、相位调制解调、幅移键控调制解调、频移键控调制解调和相移键控调制解调等。

3. 调制解调方式及调制解调电路

停留在调制方式的研究并不能实现无线通信，一个完整的调制技术还必须研究如何组成一个电路来实现基带信号的调制。按照某种调制方式用基带信号对载波信号进行调制形成符合要求的已调信号的电路，称为调制电路。相应地，实现基带信号复原的电路则称为解调电路。一定的调制解调方式与相应的电路的组合，才形成一种完整的调制解调技术。因此，在以后的叙述中，“调制解调方式”用于特指调制解调参数的选择，而“调制解调技术”则包括实现调制解调的电路。

调制解调技术是无线通信的关键技术，随着通信技术的发展，各种新的调制解调技术不断涌现，新的技术总是在原有技术的基础上发展起来的，只有掌握了最基本的调制解调技术，才能适应通信技术飞速发展的形势。因此，我们将重点介绍上述 6 种最基本的调制解调技术。在讨论调制解调电路之前，首先要对各种调制方式做深入的了解，以便搞清楚基带信号各参数与载波各参数的关系，搞清楚这些参量的选择与调制的主要特性指标之间的关系等。而在讨论各种调制方式前，需要介绍各种调制方式时基带信号、载波信号和已调信号的波形关系，有了这些波形分析的基础，将使调制方式的理论分析变得容易理解。因此，本章论述的次序是调制方式波形分析—调制方式理论分析—调制解调电路。

3.1.2　各种调制方式的波形

1. 幅度调制波形图

实际的模拟量基带信号一般都属多音频信号（即包含多种频率成分的任意波形），直接对多音频信号进行分析显得过于复杂，为此，我们首先分析基带信号为单音频信号（即为余弦波）时的各种调制所形成的波形，由此所得的结论容易推广到多音频（任意波形）的情况。

幅度调制时，基带信号、载波信号及已调信号波形如图 3.2 所示。图 3.2（a）所示为基带信号，用 $u_\Omega(t)$ 表示，Ω 为其角频率。图 3.2（b）所示的是载波信号，用 $u_c(t)$ 表示，是角频率为 ω_c 的余弦波。载波的频率 ω_c 远高于基带信号频率 Ω，例如，中短波调幅广播用幅度调制方式传播语音和音乐信号，语音及音乐信号频率为 20Hz～20kHz，而中波的频率为 525～1605kHz，短波的频率为 3.5～29.7MHz，基带与载波信号相比，后者的频率是前者的几十倍至几千倍。图 3.2 是用计算机画出的示意图，画图时取载波频率等于基带频率的 10 倍。

调制后所形成的已调波为 $u_{AM}(t)$，其波形如图 3.2（c）所示。角标 AM 表示这是经幅度调制后生成的已调信号，以便与其他调制方式所产生的已调信号相区别。经幅度调制后形成的已调波也称调幅波。比较图 3.2 中（a）～（c）所示的三个波形，可以看出幅度调制的结果是使已调信号的幅度随基带信号的幅度变化，基带信号取正值时振幅变大，取负值时变小。

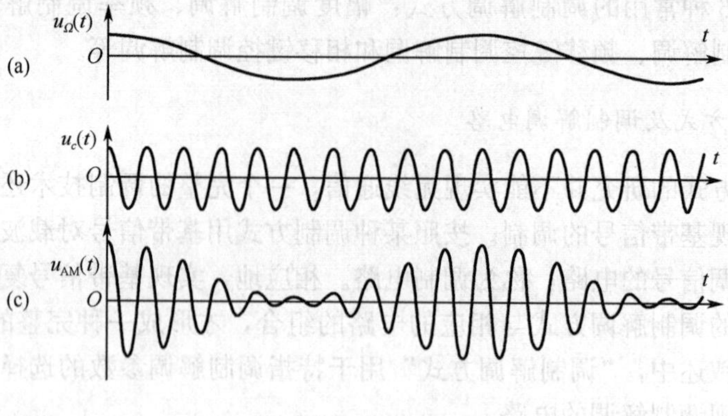

图 3.2 幅度调制波形图

如果用线将调幅波的上下峰值点连起来，如图 3.3 虚线所示，这个曲线即为基带信号曲线，只不过是将正弦波基带信号曲线向上、向下移动了一个距离。图中的两条虚线称为调幅波的包络线。根据这一特点，调幅波的解调将变得十分简单，接收机接收到调幅信号后（并经过必要的放大），只要从接收到的调幅波中检出包络线，解调的任务就可以完成了，而且上下包络线中只要检出一条就行。检测包络线是调幅波解调的方法之一。

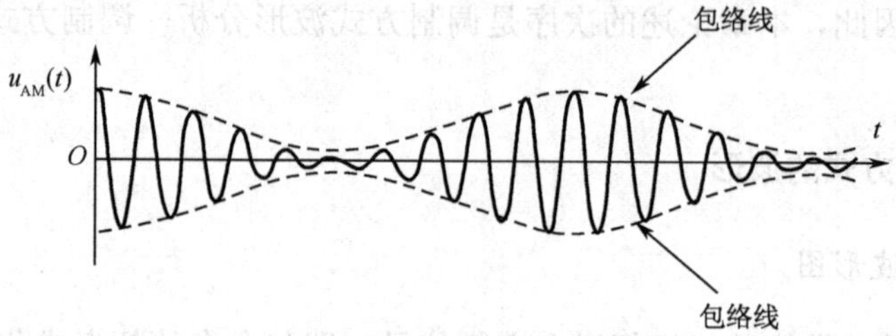

图 3.3 调幅波的包络线

2. 频率调制波形图

频率调制时，基带信号、载波信号及已调信号波形如图 3.4 所示。基带信号 $u_\Omega(t)$、载波信号 $u_c(t)$ 都和幅度调制时的相同，都是余弦波，载波频率是基带信号频率的 10 倍，如图 3.4（a）和（b）所示。频率调制后形成的已调波用 $u_{FM}(t)$ 表示，其波形如图 3.4（c）所示，角标 FM 表示这是频率调制所形成的已调信号，频率调制形成的已调波也称调频波。

调频波的特征是幅度维持不变，频率随基带信号变化，这种频率变化也称频移。由图 3.4可以看出，调频波的频率随基带信号变化，基带信号取负值时，调频波频率变低，取正值时频率变高。调频波频率的变化包含了基带信号的信息，从调频波中检出频率随时间变化的规律，即可得到基带信号，实现调频波的解调。

3. 相位调制波形图

相位调制时，基带信号、载波信号及已调信号波形如图 3.5 所示。基带信号 $u_\Omega(t)$、载波信号 $u_c(t)$ 都和幅度调制时的相同，如图 3.5（a）和（b）所示。相位调制后的信号

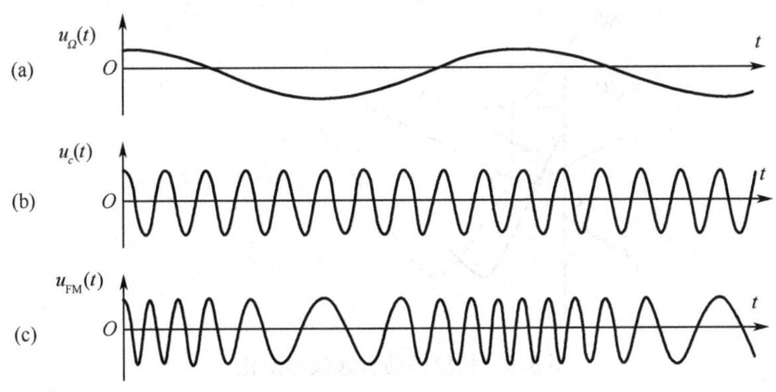

图 3.4　频率调制波形图

用符号 $u_{PM}(t)$ 表示，其波形如图 3.5（c）所示，角标 PM 表示这是相位调制所形成的已调信号，这种已调波也称调相波。

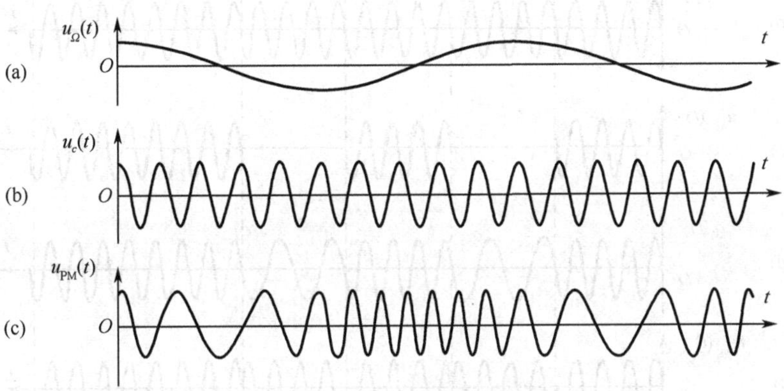

图 3.5　相位调制波形图

下面通过图 3.6 说明相位调制如何引起波形的变化。载波是余弦波，其波形如图虚线所示，由于存在相位的移动，调制后形成的波形就会偏离余弦波，而成为实线所示的波形。初始时刻（$t=0$）相位调制波电压在（自左向右计算）第一个黑点处，t_1 时刻，如果没有附加的相位移动，调制波电压应位于图中 A 处（用圆圈表示），由于相位调制引起附加的相位移动，调制波电压就不再位于 A 点。假设相移等于 $\Delta\Phi_1$，t_1 时刻调制波电压应等于图中 B 点所对应的数值（A、B 两点之间相位差即等于 $\Delta\Phi_1$），因此 t_1 时刻调制波位于黑点 C 处（高度等于 B 点电压幅度的水平线与 t_1 垂直线的交点），逐点计算相移，即可得到如图 3.5（c）所示的波形。

4. 数字信号调制波形图

基带信号为数字信号时，根据所控制的载波的参数不同，分为幅移键控（ASK）调制、频移键控（FSK）调制和相移键控（PSK）调制，这三种调制方式的波形图如图 3.7 所示。图 3.7（a）为基带数字信号波形图，高电平代表数字“1”，低电平代表数字“0”，图中基带信号波形所代表的数字信号是 101011。图 3.7（b）是高频载波信号波形。

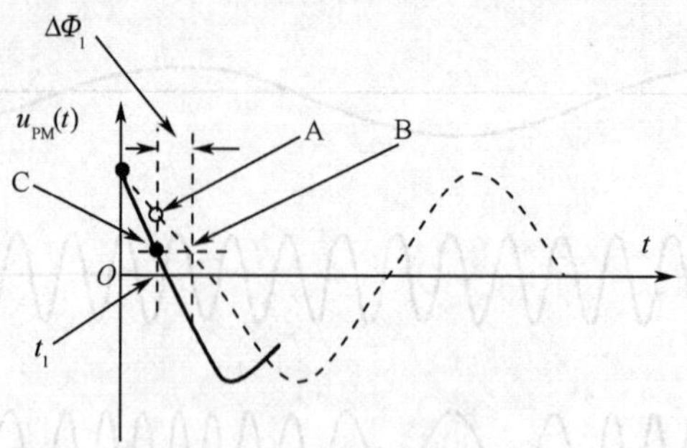

图 3.6 相位移动引起波形变化

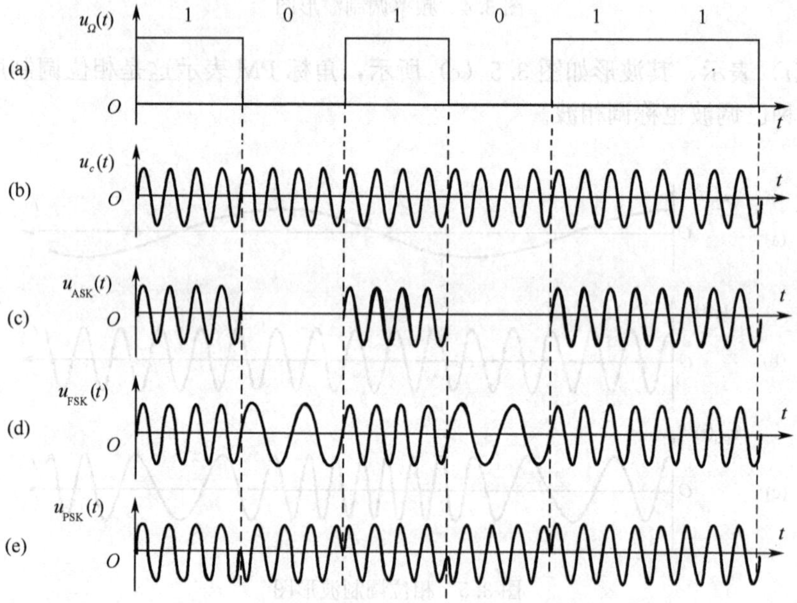

图 3.7 数字信号调制波形图

图 3.7（c）是幅移键控调制波形图，基带信号控制载波的振幅，基带信号为“1”时调制波为等幅的高频正弦波，为“0”时调制波振幅为零。图 3.7（d）是频移键控调制波形图，基带信号控制载波的频率，信号“1”时的频率较高，“0”时的频率较低。图 3.7（e）是相移键控调制波形图，基带信号控制载波的相位移动，“0”与“1”相比，相位移动 180°。这一点容易看出，只要将“0”所对应的调制波沿垂直方向翻转（即倒相或相移 180°），即可得到“1”所对应的波形。

3.1.3 调制的主要性能指标

由于存在多种调制方式，自然就有一个如何选择最佳调制方式的问题。为此，需要讨论调制的主要性能指标，以便根据各种调制方式的性能来确定最佳选用方案。

衡量调制方式好坏的主要性能指标介绍如下。

1. 调制方式的频带利用效率

调制前，高频载波是正弦波（或余弦波），具有单一的频率。基带信号对其进行调制后，所形成的已调信号必然具有一定的频带宽度，这个频带宽度除了与基带信号自身的频带宽度有关之外，还与调制方式有关。由于频率资源是有限的，在保证传输速率和质量不变的前提下，我们总希望调制所形成的已调信号所使用的频带宽度越小越好，这就是无线通信频带利用效率的含义。

例如，48.5～92MHz 的甚高频段按规定被用于电视及数据广播。按现在所选用的调制方式，电视广播已调信号的频带宽度 6.5MHz，为保证各个电视频道彼此不相互干扰，规定相邻电视频道频率间隔为 8MHz，因此，48.5～92MHz 的频段就可以安排 5 个频道。如果调制方式选用不当，每个电视频道占用的频带宽度提高到 13MHz，上述频段就只能安排 3 个频道，频带利用效率就大大下降了。

2. 调制方式的功率有效性

无线通信的距离与发射功率有关，功率越大，通信距离就越远。在保证相同通信距离的情况下，采用不同的调制方式，所需要的发射功率会有所不同，所需要的功率越小，就说明其功率有效性越高。功率有效性也是衡量调制方式的重要性能指标之一。

例如，幅度调制方式中有一种称为单边带调制的技术能使功率减小一半。又如，有些已调信号必须使用线性功率放大电路进行放大，而有一些调制方式允许使用非线性功率放大电路进行放大，非线性放大电路的效率远比线性放大电路高，这两种情况都说明选择合适的调制方式可以提高功率有效性。

3. 抗干扰能力

在无线信号传输过程中，难免会受到噪声等各种干扰的影响，干扰的存在影响了信号的质量，从而缩短了有效的通信距离。反之，抑制各种干扰后提高了信号的质量，也就增加了通信距离。因此，各种调制方式对于噪声等各种干扰的抑制能力也是衡量调制方式优劣的重要指标。例如，频率调制方式的抗干扰能力就比幅度调制方式强，调频波的特点是幅度为恒定值，假如通信过程中混入了幅度干扰，在解调前只要加一个限幅器电路就可以消除这种干扰。由于调频波的幅度并不携带信息，加入限幅电路并不影响通信效果。相反，调幅波的幅度大小包含了基带信号的信息，混入幅度干扰时就不能采用限幅器的方法来去除干扰。

3.2　幅度调制与解调原理

3.2.1　幅度调制的解析分析法

1. 基带信号为单音频信号时已调波的频谱和带宽

首先讨论基带信号为余弦波时的情况，这时基带信号表示为

$$u_\Omega(t) = U_{\Omega\mathrm{m}}\cos\Omega t \tag{3.1}$$

式中，Ω 是基带信号的角频率，$U_{\Omega m}$为其振幅。设载波信号为

$$u_c(t) = U_{cm}\cos\omega_c t \tag{3.2}$$

式中，ω_c 是载波信号的角频率，U_{cm}为其振幅。分别用F和f_c表示基带信号和载波信号的频率，则有

$$\Omega = 2\pi F,\quad \omega_c = 2\pi f_c \tag{3.3}$$

载波频率一般都远高于基带信号频率，因此

$$\Omega \ll \omega_c (F \ll f_c) \tag{3.4}$$

我们进一步假设载波的振幅大于基带信号振幅，即

$$U_{cm} > U_{\Omega m} \tag{3.5}$$

幅度调制是用基带信号控制载波的振幅，使载波的振幅随基带信号的规律变化，因此调制后形成的已调波可表示为

$$u_{AM}(t) = [U_{cm} + k_a u_\Omega(t)]\cos\omega_c t \tag{3.6}$$

式中，$u_{AM}(t)$ 为已调波的瞬时值，$U_{cm}+k_a u_\Omega(t)$是已调波的振幅，它随基带信号的规律变化，其中第一项为载波的振幅，第二项是基带信号调制引起的振幅变化量，它与基带信号$u_\Omega(t)$ 成正比，比例系数为k_a。已调信号的振幅部分也可以表示为

$$U_{cm} + k_a u_\Omega(t) = U_{cm}(1 + m_a\cos\Omega t)$$

式中

$$m_a = \frac{k_a U_{\Omega m}}{U_{cm}} \tag{3.7}$$

称为调幅指数。幅度调制时调幅指数m_a一定要小于或等于1，否则将出现调制失真。

用前面定义的调幅指数m_a，调幅波也可以表示为

$$u_{AM}(t) = U_{cm}(1 + m_a\cos\Omega t)\cos\omega_c t$$

按照上述简单分析，只要已知基带信号和载波，就可以画出已调波的波形，图3.2所示的是$\omega_c=10\Omega$，$m_a=0.9$时基带、载波和已调波的波形图。

下面分析已调波的频谱和带宽。

将式（3.1）代入式（3.6），利用三角函数公式

$$\cos\alpha\cdot\cos\beta = \frac{1}{2}[\cos(\alpha+\beta) + \cos(\alpha-\beta)] \tag{3.8}$$

可将已调波化为

$$u_{AM}(t) = U_{cm}\cos\omega_c t + \frac{1}{2}m_a U_{cm}\cos(\omega_c+\Omega)t + \frac{1}{2}m_a U_{cm}\cos(\omega_c-\Omega)t \tag{3.9}$$

上式表明已调波由三个余弦波成分组成，其中第一项即为载波，其后两项是幅度调制后增加的成分。根据式（3.9）对已调波的频谱组成和带宽进行分析，可得以下结论：

1）已调波的频谱由三部分组成：角频率为ω_c的载波、角频率分别为$\omega_c+\Omega$和$\omega_c-\Omega$的两个新增余弦波。由于$\omega_c \gg \Omega$，新增的两个频率成分都接近ω_c，属高频信号。

2）已调波包含三个频率成分，其频带宽度BW为

$$BW = (f_c + F) - (f_c - F) = 2F$$

即已调波的频带宽度是基带信号频率的两倍。

2. 基带信号为任意波形时已调波的频谱和带宽

在通常情况下，基带信号不会是单音频信号，为了与实际情况相符，必须研究基带信

号为任意函数时已调波的频谱和带宽。解析分析的方法是将基带信号展开为傅里叶级数，然后逐一研究级数中每一项对已调波的影响。理论上，基带信号分解后将包含无限多项余弦波（也可表示为正弦波），如果逐项分析，解析分析将变得非常困难。因此，实际上总是用有限多项去近似，所取项数越多，近似就越好，究竟取多少项才合适，则决定于基带信号的波形。作了近似以后，基于傅里叶级数的分析方法将得到简化，尽管如此，用解析法分析已调信号仍然过于复杂。

例如，假设基带信号可以用 20 项余弦波之和来近似地表示，由式（3.6）可以看出，这 20 项频率各不相等的余弦波与 $\cos\omega_c t$ 相乘，得到 20 项余弦波与 $\cos\omega_c t$ 的乘积，每一项这样的乘积再用三角函数公式化为两项频率不等的余弦波，于是就得到 40 项余弦波之和，加上式（3.6）第一项 $\cos\omega_c t$，共 41 项。为了解已调波的频谱和带宽，需要逐一分析这 41 项余弦波，这样的方法显然很不方便，为此，下面讨论频谱图分析法。

3.2.2　幅度调制的频谱图分析法

1. 基带信号为单音频时的频谱图分析

首先分析基带信号为单音频时的情况，讨论如何用频谱图来表达前面解析分析的过程和结果。

一个正弦波（或余弦波）信号可以用频谱图上的一根竖线来表示，竖线的位置表示其角频率，竖线的高度即为其振幅。因此，基带信号和载波信号可以用频谱图上的两条竖线表示，如图 3.8 所示。基带信号的角频率为 Ω，载波信号的角频率为 ω_c，$\omega_c \gg \Omega$，因此载波的频谱线位于高端，基带的频谱线位于低端，两者频率相差很大，为便于分析，将频率轴的中间部分截去。两个信号的振幅不等，竖线的高度也不等。

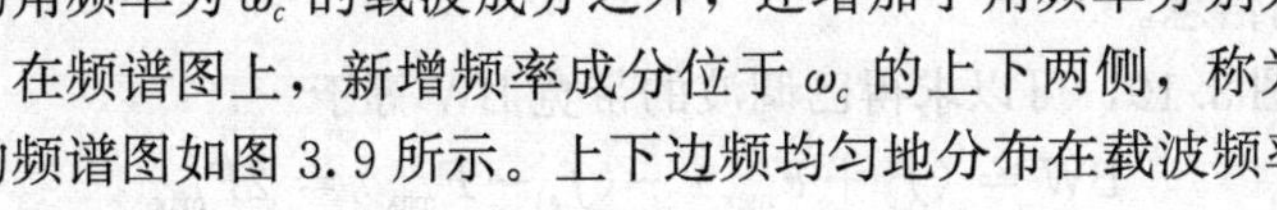

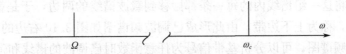

图 3.8　单音频基带信号和载波信号的频谱图表示

根据前面解析分析法所得到的结论，幅度调制的结果，所产生的已调波共包含三个频率成分，除原有的角频率为 ω_c 的载波成分之外，还增加了角频率分别为 $\omega_c-\Omega$ 和 $\omega_c+\Omega$ 的两个频率成分。在频谱图上，新增频率成分位于 ω_c 的上下两侧，称为上下边频，由此可以画出已调波的频谱图如图 3.9 所示。上下边频均匀地分布在载波频率的两侧，边频的振幅高度小于载波振幅的一半（因为 m_a 小于 1）。

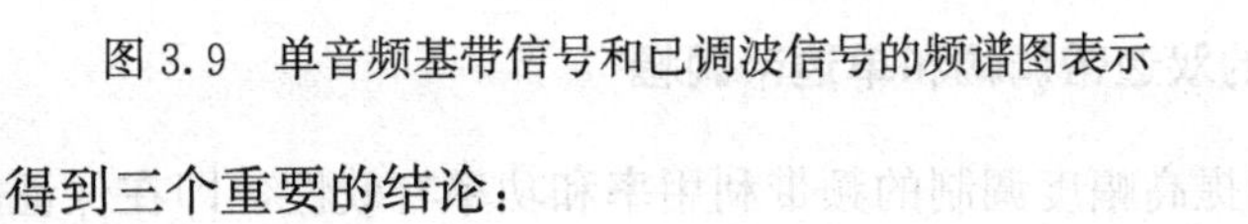

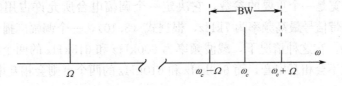

图 3.9　单音频基带信号和已调波信号的频谱图表示

由图 3.9 可以得到三个重要的结论：

1）调制的结果是把基带信号搬移到载波频率的两侧，形成上下两个边频，两个边频相对于载波频率对称分布，边频的振幅小于载波的一半。

2）调制前后，载波仍保持其频率和幅度不变，因此也不携带基带信号的任何信息。

3）从频谱图中可以计算出已调波的频带宽度，它就等于上下边频之差，即

$$\mathrm{BW}=(f_c+F)-(f_c-F)=2F$$

2. 基带信号为任意函数时的频谱图分析

上述单音频的结果很容易推广到基带为任意函数时的情况。

当基带信号为任意函数时，可以将其展开为傅里叶级数，其每一项都是余弦波。在频谱图上级数的每一项都由一根竖线表示，于是基带信号就由频谱图上的一组谱线所表示，称为基带频谱，如图 3.10 左边的谱线所示，图中 $\Omega_{\max}$ 为基带信号的最高角频率，$\Omega_{\min}$ 为基带信号的最低角频率。

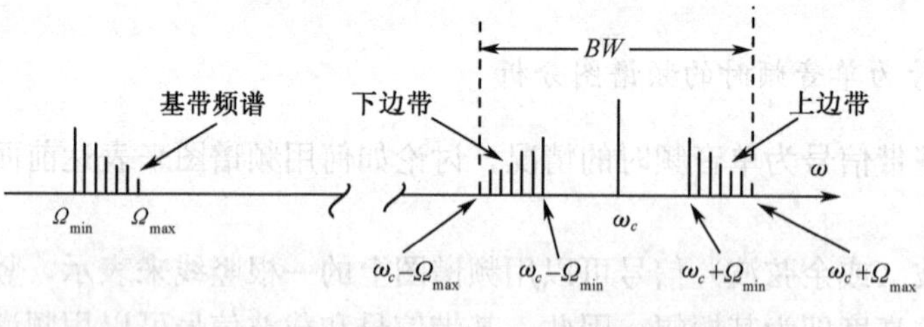

图 3.10 任意基带信号和已调波信号的频谱图表示

前面已经说过，调制的作用是将基带信号的频谱线搬移到载波频率的两边，单音频情况下是将一条谱线搬移成高频端的上下边频，推广到任意函数，基带信号有一组谱线，幅度调制的结果是将这一组谱线内的每一条都搬移到载波谱线的两边，于是就在载波谱线两侧形成两组谱线，称为上下边带，由此形成已调波频谱图如图 3.10 右边的图形所示。

由已调波的频谱图，可以分析基带信号为任意函数时已调波的谱线和带宽：

1）幅度调制时，基带谱线搬移所形成的上下边带相对于载波谱线对称分布，边带的频谱结构和基带信号的相同。

2）和单音频时的情况相同，调制前后，载波仍保持其频率和幅度不变，因此也不携带基带信号的任何信息。

3）根据频谱图 3.10，可以求得已调波的带宽 BW 等于

$$\mathrm{BW}=(f_c+F_{\max})-(f_c-F_{\max})=2F_{\max} \tag{3.10}$$

式中，$F_{\max}$ 为基带信号的最高频率。

已调波的带宽是一个重要的参数，它决定一个调幅电台所允许占用的频带宽度。例如，调幅广播基带信号最高频率为 7kHz，根据式（3.10），一个调幅广播台所占用的频带宽度即为 14kHz。在这种情况下，载波频率为 600kHz 和 615kHz 的两个电台因其频率差超过 14kHz，就不会相互串音，而 600kHz 和 610kHz 的两个台则会相互串音。

3.2.3 抑制载波的双边带调幅和单边带调幅

下面讨论如何提高幅度调制的频带利用率和功率有效性，即在保证相同通信质量的前

提下如何压缩频带宽度和减小无线发射功率的问题。

1. DSB（抑制载波的双边带调幅）

已调波的总功率是载波功率和两个边带功率之和，其中载波成分并不包含任何基带信号的信息，因此，在向外发射无线电波时将载波成分抑制掉，发射功率降下来了，而信息的传输没有受到任何影响，这样做，显然能够达到提高功率有效性的目的。于是，在幅度调制方式中，就形成一种能够提高功率有效性的调制方式，这种调制方式特征是将已调波中的载波成分抑制掉而仅向外发射两个边带，称为抑制载波的双边带调幅，简称 DSB（double side-band suppressed carrier）调制。

DSB 调制的频谱图如图 3.11 所示，已调信号中已不再包含载波成分。由图可以看出，这种调制方式的已调信号带宽仍然等于 $2F_{max}$。

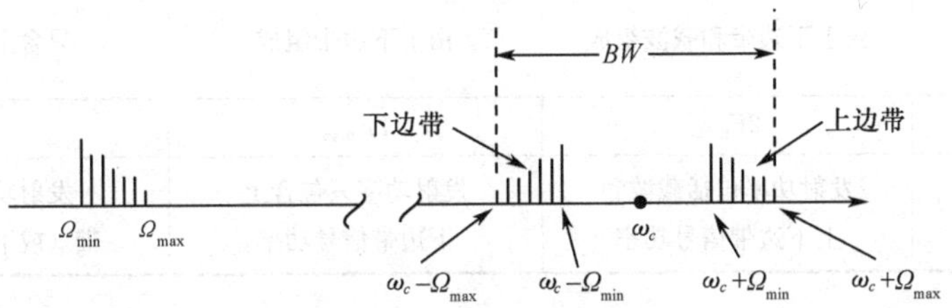

图 3.11　DSB 调制频谱图

可见，DSB 调制节省了发射功率，提高了调制的功率有效性，但不能节省频带资源，因为这种调制方式的带宽没有发生变化，仍然等于 $2F_{max}$。

2. SSB（抑制载波的单边带调幅）

DSB 已调波包含上下两个边带（见图 3.11），这两个边带所包含的基带信号信息是完全相同的，因此，如果进一步抑制掉其中的一个边带，只发射一个边带（上边带或下边带）的能量，发射功率还可以进一步降下来。这样的调制方式称为抑制载波的单边带调幅（也称单边带调幅），简称 SSB（single side-band suppressed carrier）调制。

SSB 调制的频谱图如图 3.12 所示，已调信号中载波和下边带已被抑制（也可以抑制载波和上边带而保留下边带）。由图可知，调制形成的边带的频谱结构和基带信号的完全相同，已调信号的带宽等于

$$\mathrm{BW}=(f_c+F_{max})-(f_c+F_{min})=F_{max}-F_{min} \tag{3.11}$$

其中，F_{max} 和 F_{min} 分别为基带信号的最高频率和最低频率，F_{max} 和 F_{min} 之差也就是基带信号的带宽。上式表明，已调信号的带宽也就等于基带信号的带宽。当基带信号最低频率接近于零时，单边带调幅的带宽近似等于 F_{max}，与抑制载波的双边带调幅相比，频带宽度缩减了一半。同时，单边带调幅发射功率又减了一半，因此这是一种频带利用率和功率有效率都较高的调制方式。

习惯上将没有抑制载波和边带的幅度调制方式称为普通幅度调制方式，简称 AM。于是就有三种幅度调制方式：AM、DSB 和 SSB。表 3.1 给出了三种调幅方式性能的比较。

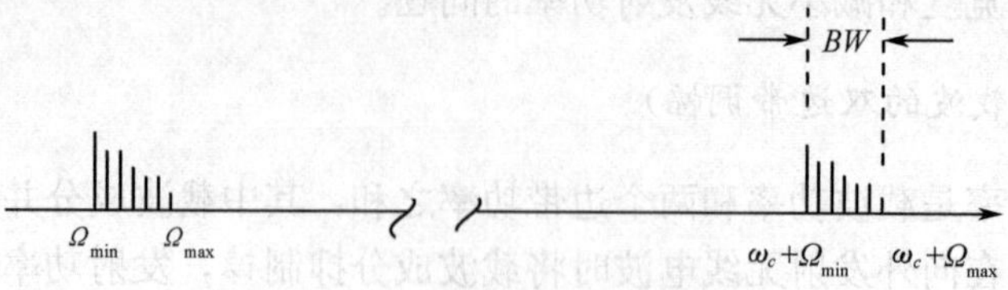

图 3.12 SSB调制频谱图

表 3.1 三种幅度调制方式比较

性能	调制方式		
	AM（普通幅度调制）	DSB（抑制载波的双边带调幅）调制	SSB（抑制载波的单边带调幅）调制
频谱图上已调波特点	由上下边带和载波组成	由上下边带组成	只含上边带或下边带
带宽	$2F_{max}$	$2F_{max}$	$\sim F_{max}$
功率有效性	发射功率包括载波和上下边带信号功率	发射功率只包含上下边带信号功率	发射功率只包含上边带（或下边带）信号功率

3. 电视图像信号的残留边带调制

电视图像信号采用幅度调制的方式向外发射，信号的频率范围为 0～6MHz，因此进行 AM 调制的频谱图如图 3.13 所示。图中 ω_c 为载波角频率，由于图像（基带）信号的最低角频率 Ω_{min} 为零，因此上边带高频沿、载波频谱线和上边带低频沿重叠在一起。为反映图像信号频率成分丰富的特点，图中用加斜线的区域表示上下边带。由图可知，所形成的已调信号带宽为 12MHz。

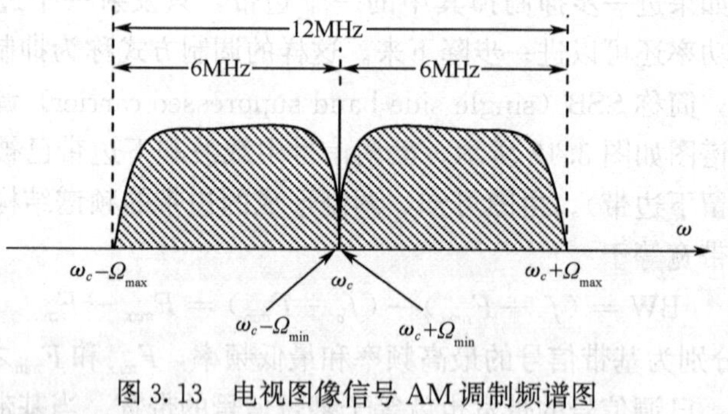

图 3.13 电视图像信号 AM 调制频谱图

如前所述，上下边带都包含图像信号的全部信息，为了减小带宽和发射功率，只需发射上下边带中的一个就行了，即采用 SSB 调制。可是现在的情况是上下边带连在一起，采用滤波器完整地保留一个边带而完全滤除一个边带几乎是办不到的。

为此，电视图像信号采用了一种称为残留边带的发送方式，即发送全部上边带和部分下边带，如图 3.14 所示。图中实轮廓线围成的区域包含了全部上边带和高频端的下边带（残留边带）。由图可知，加上残留部分，调制后图像信号频带宽度等于 7.25MHz，加上电视伴音信号（采用频率调制方式发送），全电视信号的宽度为 8MHz。对照第 1 章电视频道的划分，不同电视频道之间的频率差正好是 8MHz。

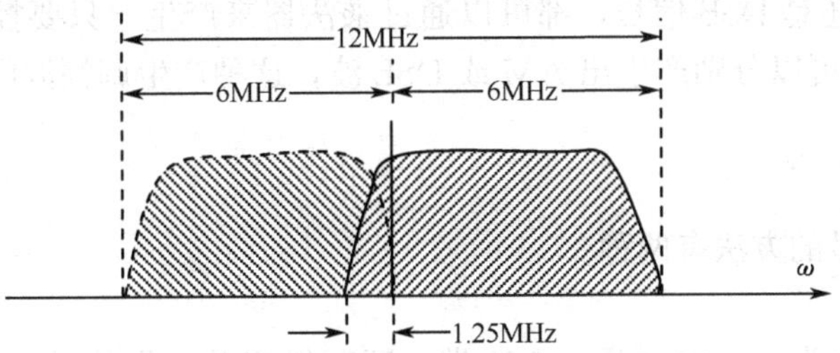

图 3.14　电视图像信号 VSB 调制频谱图

残留边带调制简称 VSB（vistigial side band）调制。

3.2.4　调幅信号的产生方法

1. AM 和 DSB 信号的产生

AM 和 DSB 波可以通过乘法器来产生，原理如图 3.15 所示。图中 $u_\Omega(t)$ 为多音频（任意函数）基带信号，经傅里叶级数展开，可将其表示为

$$u_\Omega(t)=U_{\Omega 0}+U_{\Omega 1}\cos\Omega t+U_{\Omega 2}\cos 2\Omega t+\cdots+U_{\Omega n}\cos n\Omega t$$

上式右边第一项 $U_{\Omega 0}$ 是基带信号所包含的常数项，第二项为基波，其余为各级谐波，式中仅保留了 2～n 项谐波，更高次的谐波予以忽略。图中 $u_c(t)$ 为载波信号，它等于

$$u_c(t)=U_{cm}\cos\omega_c t$$

上述两个信号经乘法器相乘，所得的结果为

$$U_{cm}(U_{\Omega 0}\cos\omega_c t+U_{\Omega 1}\cos\omega_c t\cos\Omega t+U_{\Omega 2}\cos\omega_c t\cos 2\Omega t+\cdots+U_{\Omega n}\cos\omega_c t\cos n\Omega t)$$

式中第一项为载波成分（含系数 $U_{\Omega 0}$），第二项用三角函数公式（3.8）展开，即为两个边频 $\omega_c\pm\Omega$，类似地第三项代表两个边频 $\omega_c\pm 2\Omega$……第 n 项代表两个边频 $\omega_c\pm n\Omega$，这些边频组成上下边带。载波和上下边带之和即为普通调幅波 $u_{AM}(t)$，因此图 3.15 所示的基带信号 $u_\Omega(t)$ 和载波信号 $u_c(t)$ 相乘所得的即为普通调幅波，即

$$\begin{aligned}u_{AM}(t)&=u_c(t)\cdot u_\Omega(t)\\&=U_{cm}(U_{\Omega 0}\cos\omega_c t+U_{\Omega 1}\cos\omega_c t\cos\Omega t+U_{\Omega 2}\cos\omega_c t\cos 2\Omega t+\cdots+U_{\Omega n}\cos\omega_c t\cos n\Omega t)\end{aligned}$$

图 3.15 中滤波电路的作用是用来滤除带外干扰信号。

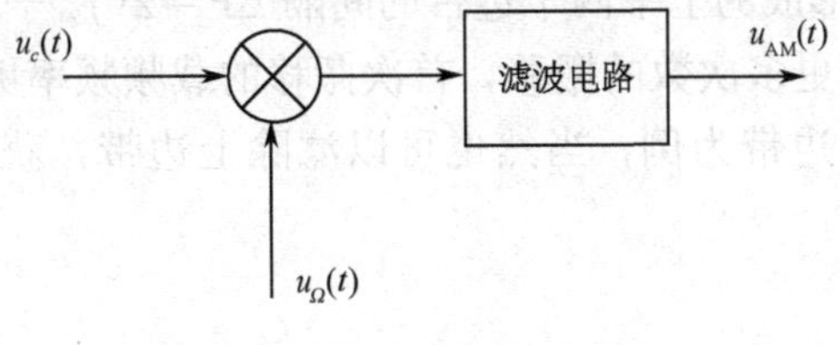

图 3.15　调幅波的产生

从调幅波 $u_{AM}(t)$ 的表达式可以看出，其所包含的载波成分的系数与基带信号中的直流成分 $U_{\Omega 0}$ 成正比，$U_{\Omega 0}$ 不等于零时，乘法器所得的调幅波含有载波成分，属普通调幅波。

如果消除基带信号中的直流成分（$U_{\Omega 0}=0$），则所生成的调幅波不含载波成分，这样的调幅波就属于DSB调幅波，即为抑制载波的双边带调幅波。

可见无论AM还是DSB信号，都可以通过乘法器来产生，只要控制基带信号的常数项（直流成分），就可以分别产生出AM或DSB波，这种产生调幅波的方法称为相乘法。

2. SSB信号的产生

产生单边带信号的方法有两种。

（1）滤波法

用滤波器从双边带信号中滤除一个边带，即可得到单边带信号，如图3.16所示。这种方法的难点是滤波器，如果基带信号的最小频率$F_{\min}$（$F_{\min}=\Omega_{\min}/2\pi$）很小，上下边带的间隔$\Delta F=(f_c+F_{\min})-(f_c-F_{\min})=2F_{\min}$将变得很小，即相对频差值$\Delta F/f_c$变得很小。为了滤除一个边带时不影响另一个边带，滤波器的矩形系数将接近于1，滤波器的制作就非常困难。为了解决这个问题，可采用对频谱进行多次搬移的方法来实现，如图3.17所示。

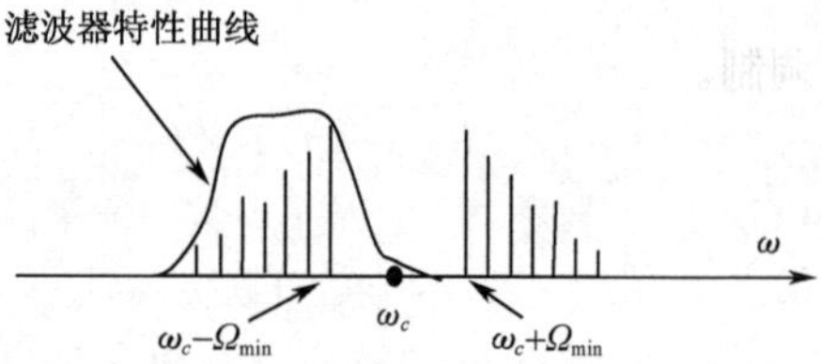

图3.16　滤波法产生SSB信号

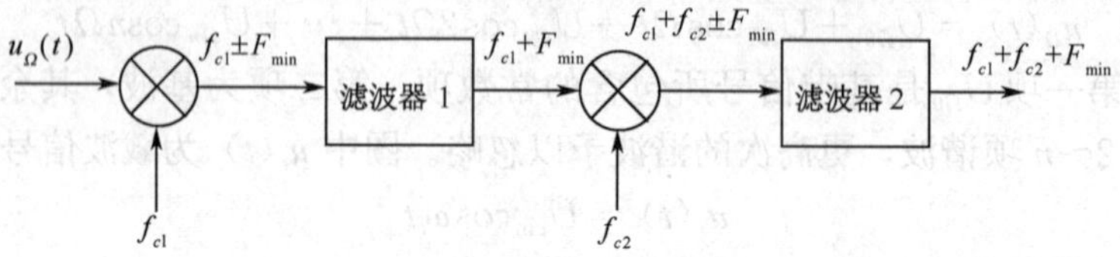

图3.17　通过多次搬移产生SSB信号

图3.17以两次搬移为例说明多次搬移为什么可以降低对于滤波器的要求。基带信号的最低频率用$F_{\min}$表示，第一次用频率f_{c1}较低的载波信号与基带信号相乘，将基带频谱搬移到f_{c1}附近，形成上下两个边带，（$f_{c1}\pm F_{\min}$）是所形成的两个边带最高和最低频率，对应于图3.16中的$\omega_c+\Omega_{\min}$和$\omega_c-\Omega_{\min}$。经第一个滤波器滤除下边带，得到上边带，其最低频率为（$f_{c1}+F_{\min}$），由于载频f_{c1}较低，相对频差值$2F_{\min}/f_{c1}$较大，滤波器1的制作就比较容易。第二次再将所得信号与载波f_{c2}相乘，将基带信号搬移到载频f_{c2}的两边，形成上下边带（$f_{c1}+f_{c2}\pm F_{\min}$），经第二个滤波器滤除下边带，获取最低频率为（$f_{c1}+f_{c2}+F_{\min}$）的上边带，由于所形成的上下两个边带的间隔$\Delta F=2(f_{c1}+F_{\min})$较大，滤波又比较容易实现。如果分三次或更多次数的搬移，首次搬移的载频频率更低，效果就更好。

前面的讨论以获取上边带为例，当然也可以滤除上边带，获取下边带来形成SSB信号，原理是一样的。

（2）移相法

移相法的工作原理如图3.18所示。仿照前面讨论幅度调制时的做法，首先假定基带为单音频信号，然后将结果推广到基带信号为任意函数的情况。

设基带信号为角频率等于Ω的余弦波，载波信号为角频率为ω_c的余弦波，这两个信号经乘法器1相乘形成信号$m_a U_{\Omega m} U_{cm}\cos\Omega t\cos\omega_c t$，$m_a$为调幅指数。另一方面，基带信号经相

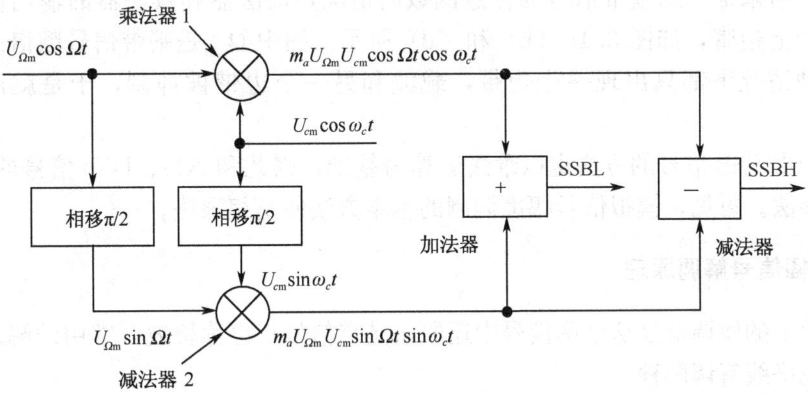

图 3.18 相移法产生 SSB 信号

移电路相移 π/2 后形成正弦波信号 $U_{\Omega m}\sin\Omega t$，载波信号经相移电路相移 π/2 后形成正弦波信号 $U_{cm}\sin\omega_c t$，这两个信号输入乘法器 2 相乘，得出信号 $m_aU_{\Omega m}U_{cm}\sin\Omega t\cdot\sin\omega_c t$，对两个乘法器的输出信号作加减运算，用 SSBL 表示加法运算后的输出信号，用 SSBH 表示减法运算后的输出信号，可得

$$\text{SSBL}=m_aU_{\Omega m}U_{cm}\cos\Omega t\cos\omega_c t+m_aU_{\Omega m}U_{cm}\sin\Omega t\sin\omega_c t$$
$$\text{SSBH}=m_aU_{\Omega m}U_{cm}\cos\Omega t\cos\omega_c t-m_aU_{\Omega m}U_{cm}\sin\Omega t\sin\omega_c t$$

利用三角函数公式 $\cos(\alpha+\beta)=\cos\alpha\cos\beta-\sin\alpha\sin\beta$，$\cos(\alpha-\beta)=\cos\alpha\cos\beta+\sin\alpha\sin\beta$，可将 SSBL 和 SSBH 的表达式化简为

$$\text{SSBL}=m_aU_{\Omega m}U_{cm}\cos(\omega_c-\Omega)t \tag{3.12}$$
$$\text{SSBH}=m_aU_{\Omega m}U_{cm}\cos(\omega_c+\Omega)t \tag{3.13}$$

式 (3.12) 所表示的余弦波在频谱图上是 ω_c 右边的下边频，如图 3.19 (a) 所示，式 (3.13)所表示的余弦波是 ω_c 左边的上边频，如图 3.19 (c) 所示。由此得出结论，通过图 3.18 所示的相移电路，加法器输出信号将基带谱线搬移到载波的右边，形成下边频，不出现载波和上边频谱线；减法器输出信号将基带谱线搬移到载波的左边，形成上变频，不出现载波和下变频谱线。

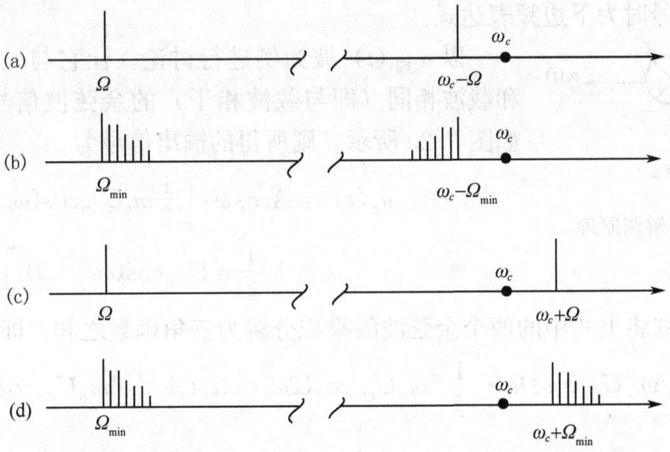

图 3.19 相移法产生 SSB 信号频谱图表示

将这一结果推广到基带信号为任意函数的情况，加法器和减法器的输出信号分别形成下边带和上边带，如图 3.19（b）和（d）所示。图中 $\Omega_{\min}$ 是基带信号频谱的最低角频率。这两种情况下都只出现一个边带，载波和另一个边带被抑制，于是就产生了 SSB 信号。

上述产生 SSB 信号的方法也以乘法运算为基础，因此和 AM、DSB 信号的产生一样，也属于相乘法。可见，模拟信号幅度调制的基本方法便是相乘法。

3.2.5 调幅信号解调原理

调幅信号的解调就是从已调信号中还原出基带信号，也称检波。常用的解调方法有相干解调和包络线解调两种。

1. 相干解调

从频谱图上看，调制是将基带信号从低频端搬移到载波附近的高频端，解调就是将高频端的基带谱线重新搬回到低频端。因此，只要找到将谱线从高频端向低频端搬移的方法，就能实现解调。

首先讨论基带信号为单音频信号时的情况，研究怎么样的运算能实现谱线从高频端向低频端的搬移。

由式（3.9）可知，频率为 Ω 的基带余弦波信号对频率为 ω_c 的载波信号进行幅度调制后所形成的已调波为

$$u_{\mathrm{AM}}(t)=U_{cm}\cos\omega_c t+\frac{1}{2}m_a U_{cm}\cos(\omega_c+\Omega)t+\frac{1}{2}m_a U_{cm}\cos(\omega_c-\Omega)t \tag{3.14}$$

DSB 调制时，已调波中的载波被抑制，因此，这时已调波的表达式为

$$u_{\mathrm{DSB}}(t)=\frac{1}{2}m_a U_{cm}\cos(\omega_c+\Omega)t+\frac{1}{2}m_a U_{cm}\cos(\omega_c-\Omega)t \tag{3.15}$$

SSB 调制时，进一步抑制上边频或下边频，因此，已调波表达式为

$$u_{\mathrm{SSB}}(t)=\frac{1}{2}m_a U_{cm}\cos(\omega_c\pm\Omega)t \tag{3.16}$$

上式中“±”符号表示即可以取“+”号，也可以取“−”号，取“+”号时为上边频表达式，取“−”号时为下边频表达式。

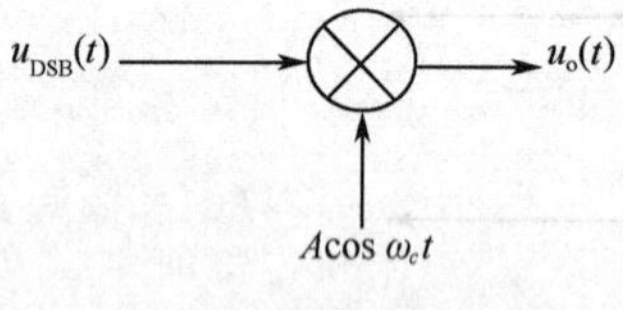

图 3.20 相干解调原理

以 $u_{\mathrm{DSB}}(t)$ 波为例进行讨论。让它与一个频率和相位都和载波相同（即与载波相干）的余弦波信号 $A\cos\omega_c t$ 相乘，如图 3.20 所示，则所得的输出信号为

$$u_{\mathrm{o}}(t)=A\cos\omega_c t\left[\frac{1}{2}m_a U_{cm}\cos(\omega_c+\Omega)t+\frac{1}{2}m_a U_{cm}\cos(\omega_c-\Omega)t\right]$$

利用三角函数公式将上式中的两个余弦波的乘积分解为三角函数之和，即得

$$u_{\mathrm{o}}(t)=\frac{1}{2}Am_a U_{cm}\cos\Omega t+\frac{1}{4}Am_a U_{cm}\cos(2\omega_c+\Omega)t+\frac{1}{4}Am_a U_{cm}\cos(2\omega_c-\Omega)t \tag{3.17}$$

上面的式子表明，$A\cos\omega_c t$ 和 $u_{DSB}(t)$ 相乘的结果，在低频端产生频率为 Ω 的谱线（等式右边第一项），同时在高频端产生频率为（$2\omega_c+\Omega$）和（$2\omega_c-\Omega$）的两条谱线（等式右边第二、三项），其频谱图如图 3.21 所示。为便于对照，该图同时给出了 DSB 波的频谱，图 3.21（a）是 DSB 调制后已调波的频谱图，图 3.21（b）是相乘以后输出信号的频谱图。由频谱图可以看出，相乘的结果是将基带信号谱线重新搬回低频端，同时将调制所形成的（$2\omega_c+\Omega$）和（$2\omega_c-\Omega$）两条谱线从 ω_c 附近搬移到 $2\omega_c$ 附近。可见，让 $A\cos\omega_c t$ 和待解调的已调波相乘，确实能在低端复原出基带信号（频率为 Ω 的谱线），不过相乘的结果同时产生了两条我们并不需要的谱线（$2\omega_c+\Omega$）和（$2\omega_c-\Omega$），好在这两条谱线的频率比基带信号高得多，解调时我们可以使用低通滤波器阻止高频信号，而让频率较低的基带信号通过，这样就能复原出基带信号。

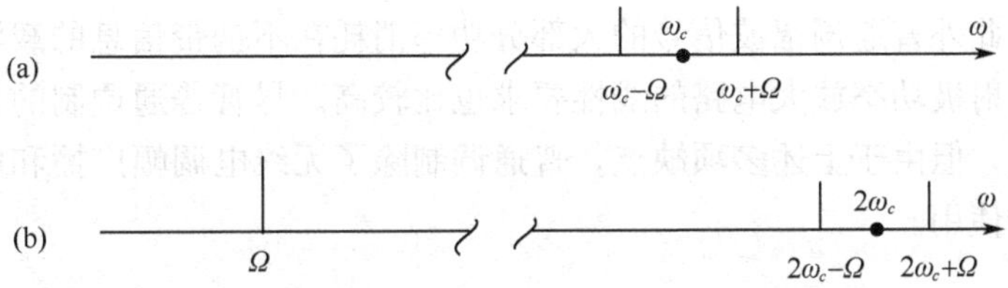

图 3.21　单音频时 DSB 调制相干解调频谱图

这种通过已调信号和与载波相干的参数信号 $A\cos\omega_c t$ 的相乘来实现解调的方法称为相干解调。如将 DSB 信号 $u_{DSB}(t)$ 换成 AM 和 SSB 信号，与 $A\cos\omega_c t$ 相乘的结果也都能复原低频端基带信号谱线，所不同的是 AM 信号与 $A\cos\omega_c t$ 相乘，复原基带频谱的同时在高端还产生频率为 ω_c 的载波谱线，这一谱线和（$2\omega_c+\Omega$）和（$2\omega_c-\Omega$）谱线一样可以通过低通滤波器滤除。由此可得完整的相干解调方案如图 3.22 所示，将 $u_{DSB}(t)$、$u_{AM}(t)$ 或 $u_{SSB}(t)$ 输入乘法器，与载波信号 $A\cos\omega_c t$ 相乘，再经低通滤波器，即可实现基带信号的复原。这一解调方法对于 AM、DSB 和 SSB 三种调制都适用。

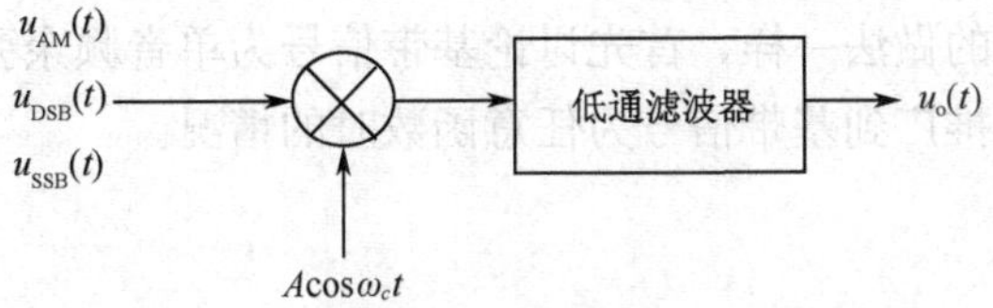

图 3.22　相干解调器组成

上述结论可以推广到基带信号为任意函数时的情况，只需用基带信号的频带替换单根的谱线即可，这时的频谱图如图 3.23 所示，其中图 3.23（a）为基带信号为任意函数情况下经 DSB 调制形成的已调波的频谱图，图 3.23（b）为相乘后输出信号的频谱图。由图 3.23（b）可知，相乘后基带信号所包含的频带被搬回低频端，同时在高频端 $2\omega_c$ 两边产生两个边带。利用低通滤波器滤除 $2\omega_c$ 两边的边带即可得到解调的结果。

2. 包络线解调

普通调幅波的幅度包络线即为基带信号波，如图 3.3 所示，从已调波中检出包络线来

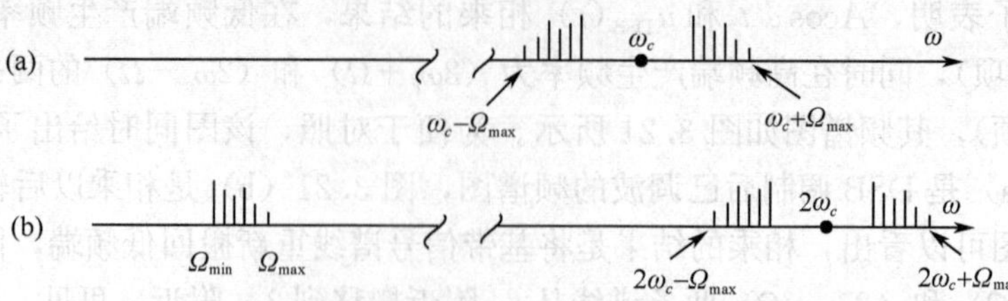

图 3.23　任意基带函数时 DSB 调制相干解调频谱图

进行解调的方法称为包络线解调法。与相干解调相比，包络线解调的电路最简单，但它仅适用于普通幅度调制（AM）的解调，相干解调则适用于 AM、DSB 和 SSB 等三类调制波的解调。由于普通调幅波的调制信息包含在幅度的包络中，而已调波的幅度极易受到干扰和噪声的影响，此外普通调幅波信号的大部分功率消耗在不携带信息的载波的发射上，因此普通调幅对发射极功率放大电路的线性要求也比较高。尽管普通调制的包络线解调具有电路简单的优点，但由于上述多项缺点，普通调制除了无线电调幅广播和电视图像信号的传输外，已很少使用。

3.3　角度调制与解调原理

频率调制（FM）是使高频载波的频率随基带信号变化，相位调制（PM）是使高频载波的相位随基带信号变化，无论调频还是调相都表现为高频载波的瞬时相位角随基带信号变化，因此两者通称为角度调制。实际应用时，调频的使用比调相更广泛，因此本节重点介绍频率调制与解调。此外，和前面的做法一样，下面的讨论暂不涉及具体的调制解调电路，即限于讲述调制与解调的原理。

3.3.1　单音频信号的频率调制

和研究幅度调制时的做法一样，首先讨论基带信号为单音频余弦信号时频率调制的原理，然后将所得的结论推广到基带信号为任意函数时的情况。

1. 频率调制的定义

和幅度调制时一样，设单音频基带信号为

$$u_\Omega(t)=U_{\Omega m}\cos\Omega t \tag{3.18}$$

式中，$U_{\Omega m}$ 为基带信号振幅，Ω 为角频率。载波信号为

$$u_c(t)=U_{cm}\cos\omega_c t \tag{3.19}$$

式中，U_{cm}、ω_c 分别为载波的振幅和角频率。所谓调频，就是由基带信号控制已调波的频率变化，即保持已调波的幅度不变，而让其角频率按如下规律变化

$$\omega(t)=\omega_c+k_f u_\Omega(t)$$

式中，k_f 是比例常数，由电路确定。将基带信号表达式（3.18）代入，可得

$$\omega(t)=\omega_c+k_f U_{\Omega m}\cos\Omega t \tag{3.20}$$

等式右边第二项即为基带信号引起的角频率偏移。其中，$\cos\Omega t$ 的最大值等于 1，因

此式中 $k_f U_{\Omega m}$ 就等于基带信号引起的最大角频率偏移，用 $\Delta\omega_m$ 表示，则有

$$\Delta\omega_m = k_f U_{\Omega m} \tag{3.21}$$

可见最大角频率偏移与基带信号的振幅成正比。根据角频率和频率的关系，可以求出最大频率偏移 Δf_m 为

$$\Delta f_m = 2\pi\Delta\omega_m = 2\pi k_f U_{\Omega m} \tag{3.22}$$

最大频率偏移简称最大频偏，是一个描述基带信号对载波调制作用的重要参数。

2. 调频波的表达式

t 时刻调频波电压的瞬时值等于其振幅乘上该时刻调频波相位角的余弦，用 $\phi(t)$ 表示 t 时刻调频波的相位，则调频波可表示为

$$u_{FM}(t) = U_{cm}\cos\phi(t) \tag{3.23}$$

注意，由于基带信号对载波频率调制的结果，所生成的调频波的角频率随基带信号变化，不是常数，因此不能将瞬时相位 $\phi(t)$ 表示为 ωt，即不能写成

$$u_{FM}(t) = U_{cm}\cos\omega t$$

在角频率随时间变化的情况下，我们应该根据瞬时角频率，求出 t 时刻的相位 $\phi(t)$，然后代入式（3.23），这样，才能得到正确的调频波表达式。根据相位与角频率的关系 $\omega(t)=\mathrm{d}\phi(t)/\mathrm{d}t$，$t$ 时刻的相位 $\phi(t)$ 等于角频率对时间的积分，即

$$\phi(t) = \int_0^t \omega(t)\mathrm{d}t$$

将调频波角频率表达式（3.20）代入，可得调频波瞬时相位 $\phi(t)$ 的表达式为

$$\phi(t) = \int_0^t \omega(t)\mathrm{d}t = \int_0^t (\omega_c + k_f U_{\Omega m}\cos\Omega t)\mathrm{d}t$$

求解上式的积分，可得

$$\phi(t) = \omega_c t + \frac{k_f U_{\Omega m}}{\Omega}\sin\Omega t$$

将上面的式子代入式（3.23），即可求出调频波的表达式为

$$u_{FM}(t) = U_{cm}\cos\left(\omega_c t + \frac{k_f U_{\Omega m}}{\Omega}\sin\Omega t\right) \tag{3.24}$$

定义调频指数 m_f 为

$$m_f = \frac{k_f U_{\Omega m}}{\Omega} \tag{3.25}$$

利用最大频偏表达式（3.22），可求出调频指数 m_f 与最大频偏 Δf_m 的关系为

$$m_f = \frac{\Delta f_m/2\pi}{F/2\pi} = \frac{\Delta f_m}{F} \tag{3.26}$$

式中，F 为基带的频率，上式表明调频指数即等于最大频偏与基带频率的比值。将上式代入式（3.24），可将调频波表达式化为

$$u_{FM}(t) = U_{cm}\cos(\omega_c t + m_f\sin\Omega t) \tag{3.27}$$

式中，$\omega_c t$ 是载波的相位值，$m_f\sin\Omega t$ 是基带信号调制引起的附加相移。因此，调频指数 m_f 实际上就是最大相移，它表示，由于基带信号的调制，附加相移随时间周期性地变化，变化的最大值即为 m_f。

图 3.4 所示的调频波是取 $m_f=6$、$\omega_c=10\Omega$ 绘制而成的，由图可以看出已调波（调频波）频率随基带信号变化的情况。

3. 调频波频谱特性

我们知道，单音频的基带信号对载波进行幅度调制的作用是实现谱线的搬移，将谱线搬移到高频端载波谱线 ω_c 的两侧，形成上下两个边频 $\omega_c+\Omega$ 和 $\omega_c-\Omega$，如图 3.9 所示。现在考察单音频基带信号频率调制会产生怎么样的谱线搬移。为此，需要将调频波表达式（3.27）展开为傅里叶级数。略去级数展开时所涉及的数学推导，可给出调频波展开结果如下：

$$u_{\mathrm{FM}}(t)=U_{\mathrm{cm}}\sum_{n=-\infty}^{+\infty}J_n(m_f)\cos(\omega_c+n\Omega)t \tag{3.28}$$

式中，$J_n(m_f)$ 是 n 阶贝塞尔函数，调频指数 m_f 是贝塞尔函数的变量。上式对 n 的求和范围为 $-\infty\sim+\infty$，因此包含无穷多个贝塞尔函数。这一式子初看起来十分复杂，其实不然，式（3.28）右边每一项都是余弦波，这些余弦波的频率依次为 ω_c、$\omega_c\pm\Omega$、$\omega_c\pm2\Omega$、$\omega_c\pm3\Omega$，…，每项余弦波的振幅则为 U_{cm} 和各阶贝塞尔函数的乘积。n 阶贝塞尔函数的特征是其数值随着 n 的增加而趋于减小，特别是 $n>m_f$ 以后其值趋于零。利用这一性质，式（3.28）所示的调频波就可以近似地看作为有限项之和，于是可得调频波频谱性质如下：

1）其频谱以载频 ω_c 为中心，两边有无数个边频（基带信号为单音频信号时，调幅波只有上下两个边频），相邻边频的间隔为 Ω，如图3.24（a）所示。

2）边频的振幅随 n 的增加而减小，因此如果在规定的误差范围内忽略振幅过低的边频，即忽略 n 值高于某一数值的谱线，调频波的边频数就成为有限数。

3）按照调频指数大于 1 还是小于 1，可以将调频分为窄带调频和宽带调频。

① 窄带调频：$m_f<1$，最大频偏小于基带频率，载频（频率为 ω_c）分量振幅较大，边频个数较少，特别是 $m_f\ll1$ 时，和调幅波一样只需保留 $\omega_c\pm\Omega$ 两条边频，如图 3.24（b）所示。

② 宽带调频：$m_f>1$，最大频偏大于基带频率，这时载频分量的振幅较小，边频较多，如图 3.24（a）所示。

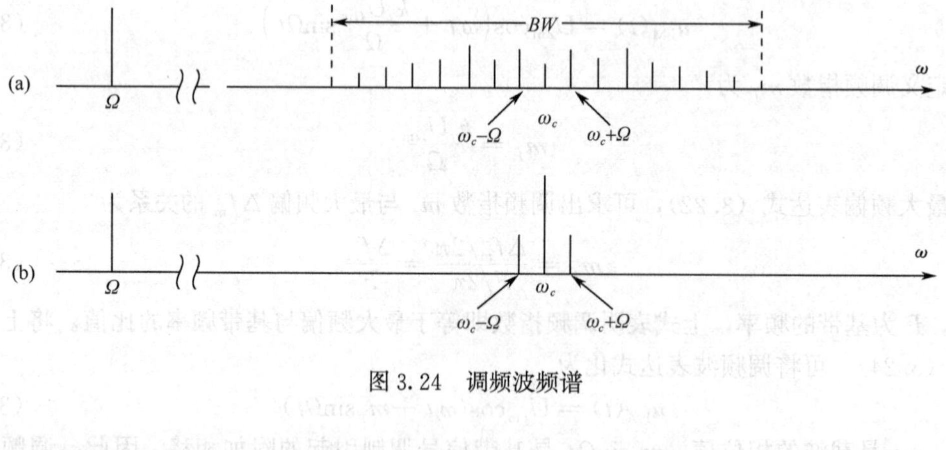

图 3.24 调频波频谱

4. 调频波频谱宽度

从理论上看，调频波的边频个数为无限大时，频谱宽度也应为无限大，这将给频率调制的应用带来很大的问题。前面已经说过，n 增加时频谱振幅越来越小，因此可在一定误差范围内忽略 n 大于某一值的谱线，调频波的谱线就成为有限数。这样一来，调频波的频谱宽度也不会是无穷大。如果规定边频分量振幅的高度小于 $0.15U_{\Omega m}$ 时加以忽略，则有效频谱宽度可以用下面的公式计算

$$BW_{CR} = 2(m_f + 1)F = 2(\Delta f_m + F) \tag{3.29}$$

式中，Δf_m 为最大频偏；F 为基带信号频率。这一用来计算频谱宽度的公式称为卡尔逊公式，计算所得的频谱宽度用 BW_{CR} 表示。

对于窄带调制，当 $m_f \ll 1$ 时，$\Delta f_m \ll F$，与 F 相比忽略 Δf_m，频谱带宽近似为

$$BW_{CR} \approx 2F \tag{3.30}$$

即，窄带调频波的频谱宽度约等于基带频率的两倍。

对于宽带调制，当 $m_f \gg 1$ 时，与 Δf_m 相比忽略 F，频谱带宽近似为

$$BW_{CR} \approx 2\Delta f_m \tag{3.31}$$

即，宽带调频波的频谱宽度约等于最大频偏的两倍。

3.3.2　基带信号为任意函数时的频率调制

将上述基带信号为单音频信号的结果推广到多音频的任意函数的情况，频谱图中的每一条边频都将转换为边带。和调幅波不同，基带信号的一条谱线在频率调制后将形成一系列谱线，如不作近似，谱线的个数是无穷大，由频带取代谱线所形成的频谱图将变得十分复杂。不过从单音频推广到多音频时，用于表征调制特性的相关公式则不需要作太大的变化，只要将基带频率 F 改为基带信号频谱的最高频率 F_{max} 即可，调频指数及带宽公式只需相应地作表 3.2 所示的改变。

表 3.2　单音频和多音频信号频率调制主要公式

调制特性	基带信号	
	基带信号为单音频信号	基带信号为多音频信号
调频指数与最大频偏的关系	$m_f=\frac{\Delta f_m}{F}$	$m_f=\frac{\Delta f_m}{F_{max}}$
有效频带宽度	$BW_{CR}=2(m_f+1)F=2(\Delta f_m+F)$	$BW_{CR}=2(m_f+1)F_{max}=2(\Delta f_m+F_{max})$
窄带调制 $m_f \ll 1$	$BW_{CR}\approx 2F$	$BW_{CR}\approx 2F_{max}$
宽带调制 $m_f \gg 1$	$BW_{CR}\approx 2\Delta f_m$	$BW_{CR}\approx 2\Delta f_m$

3.3.3　调频信号的产生

产生调频波的方法分直接调频法和间接调频法两种方法。

1. 直接调频法

根据调频的定义，调频波的瞬时频率与基带信号 $U_{\Omega m}\cos\Omega t$ 成正比［见式（3.20）］，据此，可以采用如图 3.25 所示的方法产生调频波。由基带信号控制振荡器的频率，使其振荡频率随基带信号变化，振荡器输出的即为调频波。这种方法的

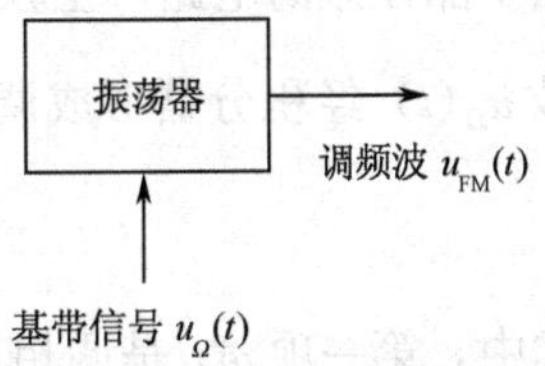

图 3.25　直接法产生调频波

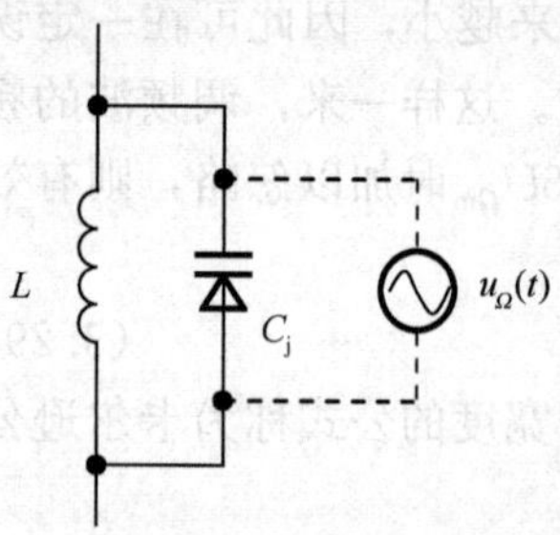

图 3.26 基带信号控制 LC 回路谐振频率示意图

特点是基带信号直接控制振荡器频率，由此产生调频波的方法称为直接法。

直接法产生调频波的一个例子是用基带电压控制 LC 谐振回路的电容，使谐振频率随基带信号变化。图 3.26 所示的是由电感 L 和变容二极管 C_j 组成的谐振回路，变容二极管的特性是其电容量随电容两端的电压降变化，将基带电压加到变容二极管两端，就能实现基带信号对电容量 C 的控制，从而也就控制了 LC 回路的谐振频率。用这一 LC 回路组成振荡电路，其输出电压即为频率随基带信号变化的调频波。

直接调频原理简单、能产生的频偏较大，缺点是频率稳定度不高，这是各种 LC 振荡电路共有的一个缺点。

2. 间接调频法

调频波的表达式为［见式（3.24）］

$$u_{FM}(t)=U_{cm}\cos\left(\omega_c t+\frac{k_f U_{\Omega m}}{\Omega}\sin\Omega t\right)$$

其瞬时相位 $\omega_c t+\frac{k_f U_{\Omega m}}{\Omega}\sin\Omega t$ 是下面积分的结果

$$\omega_c t+\frac{k_f U_{\Omega m}}{\Omega}\sin\Omega t=\int_0^t(\omega_c+k_f U_{\Omega m}\cos\Omega t)\mathrm{d}t$$

上式表明调频波瞬时相位与基带函数的积分成正比，据此，可以组成间接产生调频波的电路如图 3.27 所示。

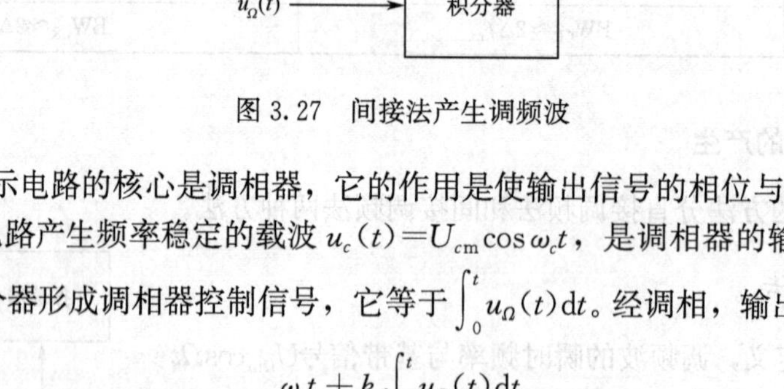

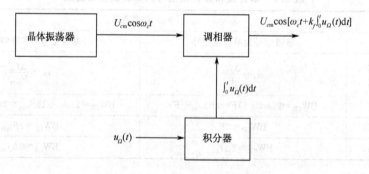

图 3.27 间接法产生调频波

图 3.27 所示电路的核心是调相器，它的作用是使输出信号的相位与控制信号成正比。图中晶体振荡电路产生频率稳定的载波 $u_c(t)=U_{cm}\cos\omega_c t$，是调相器的输入信号，基带信号 $u_\Omega(t)$ 经积分器形成调相器控制信号，它等于 $\int_0^t u_\Omega(t)\mathrm{d}t$。经调相，输出信号的相位等于

$$\omega_c t+k_f\int_0^t u_\Omega(t)\mathrm{d}t$$

式中，第一项 $\omega_c t$ 是调相器输入信号的相位；第二项是调相器控制信号引起的附加相移，k_f 为比例系数。因此，调相器输出信号等于

$$u_{FM}(t)=U_{cm}\cos\left[\omega_c t+k_f\int_0^t u_\Omega(t)\mathrm{d}t\right]$$

此即为调频波。

间接法产生调频波的优点是频率稳定，因为其载波信号是由晶振产生的；缺点是频偏比较小，要增加频偏需外加扩频电路。

3.3.4 调频信号解调原理

调频波的解调称为频率检波，简称鉴频。鉴频的作用是从调频波中检出基带信号，即将调频波的瞬时频率变化转换为电压输出。用于实现鉴频的方法有以下几类。

(1) 斜率鉴频

斜率鉴频的原理如图 3.28 所示。输入的等幅调频信号经过一个频率—振幅转换电路，使输出电压的幅度随瞬时频率而变化。这个输出电压的幅度包含了基带信号的信息，经过包络检波电路检出包络线，即为基带信号。

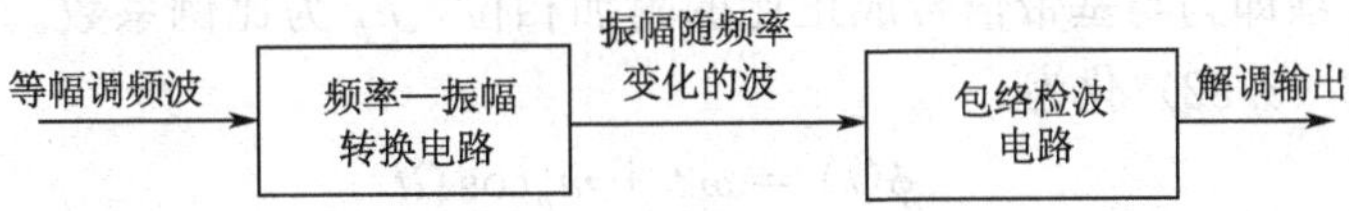

图 3.28 斜率鉴频原理

(2) 正交鉴频

首先将等幅调频波通过频率—相位转换电路，使输出信号产生与频率成正比的附加相位移动，然后再通过一个相位检波器即可得到解调信号输出，如图 3.29 所示。相位检波电路的功能是将该电路的两个输入信号（频率—相位转换电路输出的附加相移随频率变化的信号以及原等幅调频信号）相位差转换为电压输出，因此其输出电压反映附加相移的变化，而附加相移又和调频波的频率变化成正比，相位检波电路输出的即为与基带信号成正比的解调结果。

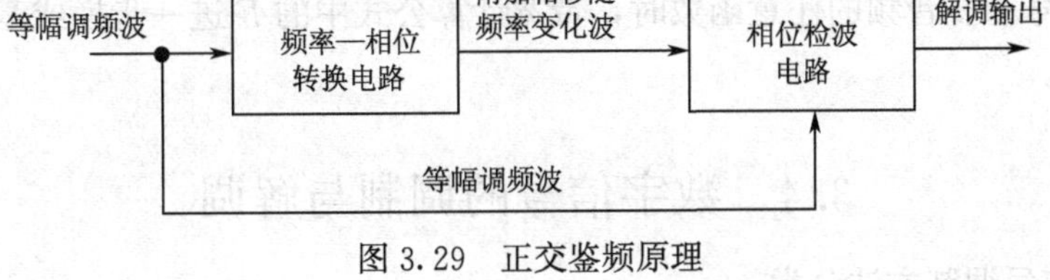

图 3.29 正交鉴频原理

(3) 脉冲计数式鉴频

通过一非线性网络，将调频波转换为一串宽度随调频波频率变化的脉冲序列，这一脉冲序列的疏密情况反映调频信号的瞬时频率变化，再用低通滤波器滤除脉冲序列的高频成分，所得到的即为与基带信号成正比的解调结果。工作原理如图 3.30 所示，等幅调频波经脉冲形成电路将调频波转换为脉冲序列，这一脉冲序列经过低通滤波电路滤除脉冲序列的高频成分，即得解调结果。

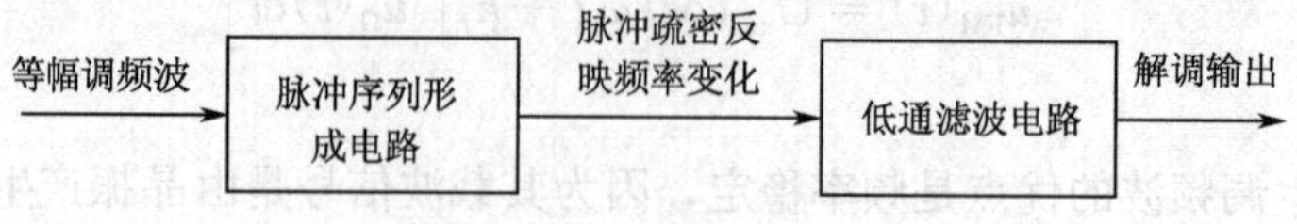

图 3.30　脉冲计数式鉴频原理

3.3.5　相位调制概述

1. 基带为单音频信号时调相波的表达式

首先求出基带信号为单音频信号时调相波的表达式。

基带信号和载波表达式仍如式（3.18）和式（3.19）所示。相位调制的定义是调相波的瞬时相位随基带信号线性地变化，因此，调相波的瞬时相位 $\phi(t)$ 可表示为

$$\phi(t)=\omega_c t+k_p U_{\Omega m}\cos\Omega t \tag{3.32}$$

式中，右边第二项即为与基带信号成正比的附加相位，k_p 为比例系数。定义调相指数 m_p 等于 $k_p U_{\Omega m}$，式（3.32）化为

$$\phi(t)=\omega_c t+m_p\cos\Omega t \tag{3.33}$$

和调频指数一样，调相指数 m_p 也是最大相移。

根据式（3.33），调相波表达式为

$$u_{PM}(t)=U_{cm}\cos\phi(t)=U_{cm}\cos(\omega_c t+m_p\cos\Omega t) \tag{3.34}$$

调相波的波形如图 3.5 所示，这个波形图是选择 $\omega_c=10\Omega$、$m_p=6$ 绘制的。

比较式（3.34）和式（3.27），可见调相波的表达式与调频波的差异，一是将调频指数 m_f 换为调相指数 m_p，二是将正弦函数换成余弦函数。

2. 基带信号为任意函数时的相位调制

正弦函数与余弦函数的更换并不影响频谱结构，因此，调相波的频谱、带宽公式和调频波的相同，只需将式（3.29）～式（3.33）中的调频指数 m_f 换为调相指数 m_p 即可。

当基带信号为多音频的任意函数时，带宽计算公式中的 F 进一步换成基带信号的最高频率 F_{max} 即可。

3.4　数字信号的调制与解调

3.4.1　数字信号调制方法分类

1. 数字信号调制方法分类

与模拟通信相比，数字通信有许多优点，例如抗干扰能力强，便于加密处理，便于与计算机联网，便于利用计算机对数字信号进行存储、处理和交换，便于设备的集成化和微型化等。因此，原始的待传输信号为模拟量时，常常也通过 A/D 转换将其转换为数字量，然后通过数字通信实现信号的远距离传输，接收后再经数模转换复原为模拟量。移动通信就是一个典型的例子，话音信号是模拟量，通话时受话器输出的语音信号经 A/D 转换为

数字量后用来对载波进行调制，然后发射出去。接收方接收到信号后经解调还原出数字信号，再经数模变换转换为模拟量，驱动耳机发声。由于采用了数字通信技术，与模拟通信相比，不仅通话质量大大提高，手机的体积也可以做得很小。由于数字通信技术的广泛应用，讨论基带信号调制时就必须同时讨论数字信号调制。

前面已经介绍过，按照被控制的载波参数分类，数字调制可分为幅移键控（ASK）调制、频移键控（FSK）调制和相移键控（PSK）调制。上述三类调制也可简称为移幅键控、移频键控和移相键控调制。

幅移键控调制时，载波振幅随基带信号变化。根据基带信号是二进制还是多进制数，幅移键控调制又分为二进制幅移键控（2ASK）调制和多进制幅移键控（MASK）调制。类似地，频移键控调制分为二进制频移键控（2FSK）调制和多进制频移键控（MFSK）调制；相移键控调制分为二进制相移键控（2PSK）调制和多进制相移键控（MPSK）调制。不加说明时，ASK、FSK 和 PSK 常表示二进制幅移键控、频移键控和相移键控调制。

上述三种基本的调制方法是数字调制的基础，我们称其为传统数字调制方法。随着大容量、远距离数字通信技术的发展，这三种调制方式也暴露出一些不足，例如频谱利用率低、功率谱衰减慢、带外辐射严重等。近十年来又陆续提出了一些新的调制技术，主要有最小频移键控（MSK）、高斯滤波最小频移键控（GMSK）、正交幅度调制（QAM）和正交频分复用调制（OFDM）等。综合起来，可以用图 3.31 来简单表示数字调制方法的分类。

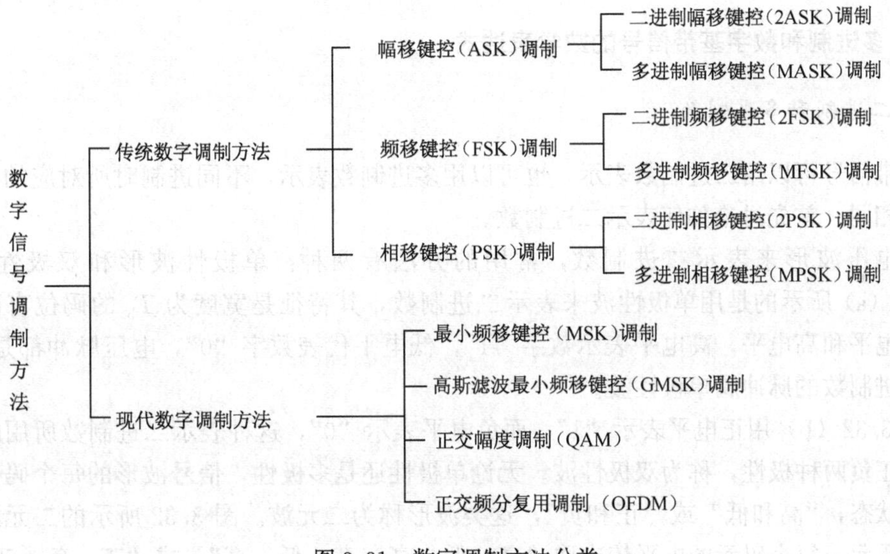

图 3.31　数字调制方法分类

2. 数字信号调制的主要性能指标

（1）比特率和波特率

比特率是指数字信号传输的速率，定义为每秒传输的二进制代码的有效位数，单位是 b/s，表示每秒可传输多少个二进制位数。常用的比特率单位还有 kb/s 和 Mb/s，前者是 10^3 b/s，后者是 10^6 b/s。

波特率指数字信号对载波的调制速率，它用单位时间内载波调制状态改变次数来表示，其单位是 baud/s。

波特率和比特率是两个不同的概念，但又有联系。如果数字信号所用的是二进制幅移键控调制，则载波的振幅只有两种状态，要么有高电平振幅，要么振幅为零［参见图 3.7（c）］。如果载波调制状态每秒变化 1000 次，则其波特率为 1000baud/s，每次变化所传输的是一个二进制位，因此传输速率为 1000b/s，波特率和比特率在数值上相等。假如采用的是四进制幅移键控调制，这时载波的振幅有 4 种状态（参见图 3.33）。如果载波状态每秒变化 1000 次，其波特率仍为 1000baud/s。由于载波状态变化一次所传输的是一位四进制数，相当于两个二进制位，因此，这种情况下比特率为 2000b/s。比特率（信号传输速率）和波特率（载波调制速率）不仅含义不同，数值上也不相等。

（2）频谱效率

频谱效率定义为每赫兹（Hz）带宽的传输频道上可以传输的数字信息的比特率，单位是 b/s/Hz，频谱效率主要用于衡量各种数字调制技术的效率。

（3）误码率

误码率是指在经过通信系统的传输后，用户接收到的数字码流与信源发送出的原始码流相比，发生错误的码字数占信源发送出的总码字数的比例。对于二进制数字信号，由于传输的是二进制比特，因此误码率称为误比特率（bit error rate，BER）；对于多进制信号，误码率称为误码字率（code error rate，CER）。

3.4.2 多进制和数字基带信号的数学表达式

1. 二进制和多进制数

基带信号可以用二进制数表示，也可以用多进制数表示，不同进制时所对应的信号波形也不相同。首先讨论如何表示二进制数。

用电压波形来表示二进制数，常用的方法有两种：单极性波形和双极性波形。图 3.32（a）所示的是用单极性波来表示二进制数，其特征是宽度为 T_b 的码位有两种状态，低电平和高电平，高电平表示数字“1”，低电平代表数字“0”，电压脉冲都是正的，表示二进制数的脉冲属单极性波。

图 3.32（b）用正电平表示“1”，而负电平表示“0”，这种表示二进制数所用的脉冲电压有正负两种极性，称为双极性波。无论单极性还是多极性，信号波形的每个码位都只有两种状态，“高和低”或“正和负”，这类波形称为二元波。图 3.32 所示的二元波共包含 6 个码元，每个码元的电平依次取“高、低、高、高、低、高”，或“正、负、正、正、负、正”等 6 个状态，用来代表数字“101101”。接收机每隔 T_b 时间对接收到的波形进行采样，将采样到的电平值与某个门限进行比较。单极性波表示时，门限可取高电平的一半；双极性波表示时，门限可取零电平。比较后，高于门限的确定为“1”，低于门限的确定为“0”。

用电压波形来表示多进制数，一个码位就必须具有多个不同的状态，下面以四进制数的表示为例进行讨论。

图 3.33 规定每个码位分为 4 个离散的电平状态，电平 0、1、2 和 3，分别代表四进

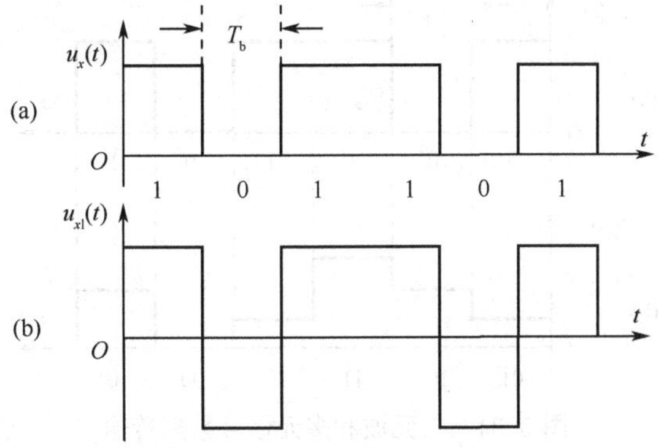

图 3.32　二元信号波形

制数的 0、1、2 和 3，用二进制数表示四进制数，即为 00、01、10 和 11。做了这样的规定以后，相应的波就可以用来表示多进制数。图 3.33 中（a）～（d）画出了每个码元的 4 个离散状态，每个状态代表一个数，这种具有两个以上离散状态的信号波称为多元波。

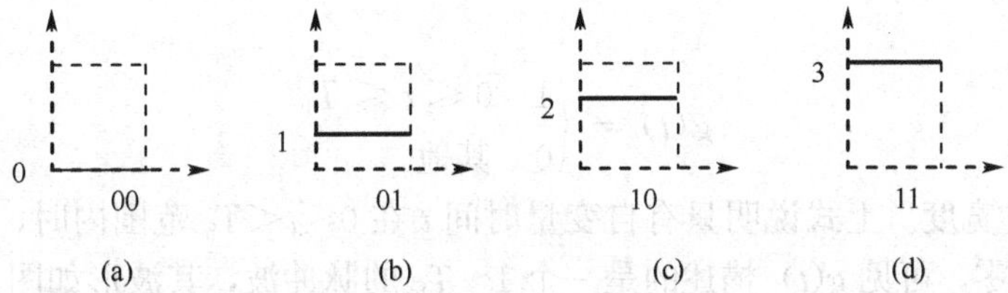

图 3.33　多元波的 4 个状态

在无线通信中引入多元波来表达多进制数的目的是为了提高数字信号传输的速率。下面通过二进制和四进制数字传输的比较来说明多进制数为何能够提高传输速率。

图 3.34 画出了用二元波和多元波传输数字信号时的波形图，图 3.34（a）是用二元波传输二进制数“101101”的波形图，图 3.34（b）是用多元波传输四进制数“011011100010”（用二进制表示四进制数）的波形图。由图可以看出，在相同的时间间隔内（两种情况下都花费了 $6T_b$ 的时间），用多元波传输时共传输了 12 位二进制数，用二元波传输时只传输了 6 位二进制数，用多元波传输时的速率是二元波的两倍。可见，引入多元波能够提高数字信号传输的速率，而且采用的进制越多，传输速率就提高得越多。

不过，用多元波提高传输速率的同时也降低了抗干扰的能力。用二元波传输时，噪声电压低于高电平的一半时不会造成误码；图 3.33 所示用多元波传输时，噪声电压要低于峰值电平的 1/3 才不会造成误码。因此，在采用多进制通信的同时，需要通过更先进的调制解调技术来提高抗干扰的能力。此外需要注意，确定一个码元的多种状态的方法不是唯一的。例如，表示四进制数时，一个码元的四个状态也可以是电平－3、－1、＋1 和＋3，这时，信号波形是双极性波。

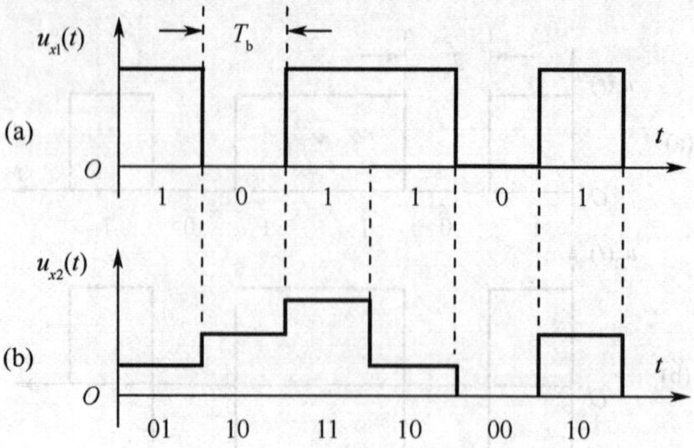

图 3.34　二元波和多元信号数据传输

2. 数字基带信号的表达式

用图 3.32 所示的波形来表示二进制数的方法很简单，但无法用于数字信号调制和解调原理的分析。为此，需要讨论如何用解析式来表达数字基带信号。

(1) 单极性波

首先讨论基带信号波形为单极性波时的情况。

定义函数

$$g(t)=\begin{cases}1 & 0\leqslant t\leqslant T_b\\ 0 & \text{其他}\end{cases}$$

式中，T_b 为脉冲宽度。上式说明只有自变量时间 t 在 $0\leqslant t<T_b$ 范围内时，$g(t)$ 才等于 1，其余时间都等于零，可见 $g(t)$ 描述的是一个 $1\sim T_b$ 的脉冲波，其波形如图 3.35 (a) 所示。改变 $g(t)$ 的自变量，可以得到不同时刻的脉冲波，例如 $g(t-T_b)$ 表示的是 $T_b\sim 2T_b$ 的脉冲波，$g(t-3T_b)$ 表示的是 $3T_b\sim 4T_b$ 的脉冲波，如图 3.35 (b) 和 (c) 所示。

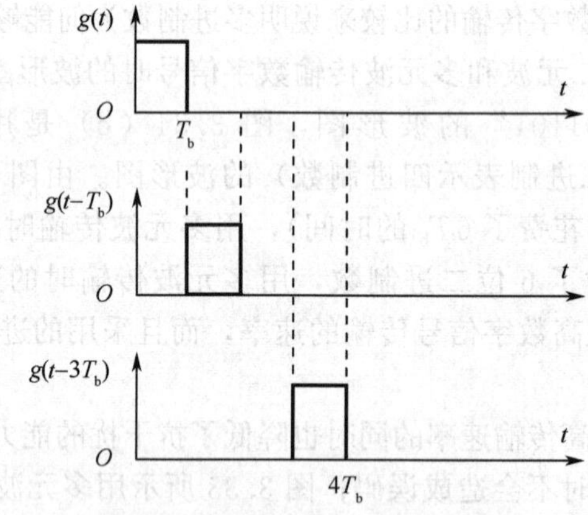

图 3.35　用函数 $g(t)$ 表示脉冲波

利用 $g(t)$ 函数的上述性质，基带信号的一个二进制数 $\{a_0a_1a_2\cdots a_n\cdots\}$ 可以表示为

$$S(t)=\sum_n a_n g(t-nT_b) \tag{3.35}$$

式中，a_n 为二进制数第 n 位的值，a_n 取 0 或 1。例如，图 3.32 (a) 的波形所表示的是二

进制数 101101，只要将 $a_0=1$，$a_1=0$，$a_2=1$，$a_3=1$，$a_4=0$，$a_5=1$ 代入式（3.35），即可得到图 3.32（a）所示的波形的表达式

$$S(t)=g(t)+g(t-2T_b)+g(t-3T_b)+g(t-5T_b)$$

（2）双极性波

基带信号为图 3.32（b）所示的双极性波时，设二进制数仍为 $\{a_0a_1a_2\cdots a_n\cdots\}$，这时基带信号可以用函数 $S_1(t)$ 表示

$$S_1(t)=\sum_n\{a_ng(t-nT_b)+(a_n-1)g(t-nT_b)\} \tag{3.36}$$

我们可以通过实例来验证上述表达式的正确性。

设二进制数为 {101001}，表明 $a_0=1$，$a_1=0$，$a_2=1$，$a_3=0$，$a_4=0$，$a_5=1$，代入式（3.36）可得

$$S_1(t)=g(t)-g(t-T_b)+g(t-2T_b)-g(t-3T_b)$$
$$-g(t-4T_b)+g(t-5T_b) \tag{3.37}$$

根据上式，可以画出相应的波形图如图 3.36 所示，根据该图所示的波形，读出二进制数为 101001，与原设定的相同。

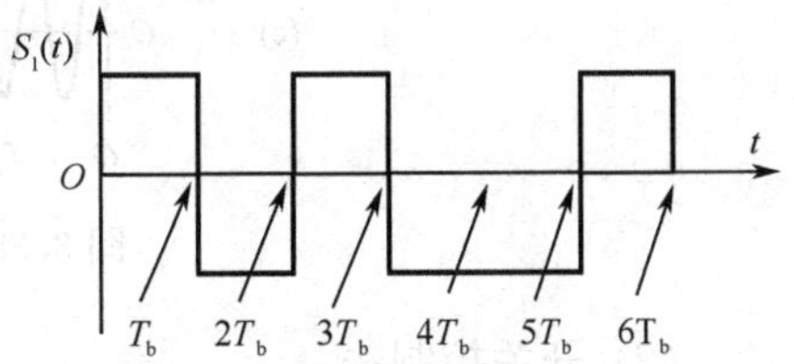

图 3.36　双极性波形图

3.4.3　数字信号调制

1. ASK 调制信号的产生

以二进制幅移键控调制 2ASK 信号的产生为例来说明。

ASK 调制就是一种由基带信号控制载波振幅，保持载波频率不变而使其振幅随基带信号变化的调制方式。基带信号为“1”时，已调波为等幅的振荡；基带信号为“0”时，已调波振幅为零。ASK 调制波可通过以下两种方法产生。

（1）相乘法

相乘法产生 ASK 调制波的原理如图 3.37 所示。乘法器的输入信号为基带信号 $S(t)$ 和载波信号 $U_{cm}\cos(\omega_ct+\phi)$，其输出信号即为 ASK 调制信号 $u_{ASK}(t)$，即

$$u_{ASK}(t)=S(t)U_{cm}\cos(\omega_ct+\phi) \tag{3.38}$$

图 3.37 中 BPF 为带通滤波器，其作用是抑制干扰和带外信号而只允许 ASK 信号通过。

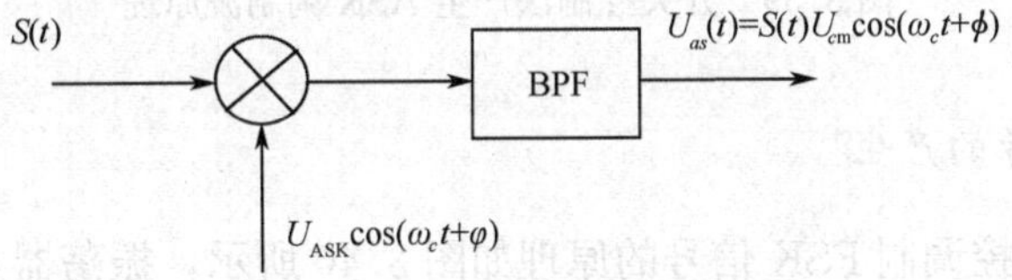

图 3.37　相乘法产生 ASK 调制波

乘法运算产生 ASK 调制波的原理可以通过图 3.38 来说明。图中 3.38（b）为载波信号，是一个幅度等于 U_{cm}、角频率为 ω_c 的余弦波。图 3.38（a）为输入的基带信号，代表二进制数“101101”，根据式（3.35），这一基带信号可表示为

$$S(t)=g(t)+g(t-2T_b)+g(t-3T_b)+g(t-5T_b)$$

将上式代入式（3.36）即得

$$u_{\mathrm{ASK}}(t)=[g(t)+g(t-2T_{\mathrm{b}})+g(t-3T_{\mathrm{b}})+g(t-5T_{\mathrm{b}})]U_{cm}\cos(\omega_c t+\phi)$$

由此即可画出图 3.38（c）所示的 ASK 调制波。式中 $g(t)$、$g(t-2T_{\mathrm{b}})$、$g(t-3T_{\mathrm{b}})$、$g(t-5T_{\mathrm{b}})$ 分别代表 $0\sim T_{\mathrm{b}}$、$2T_{\mathrm{b}}\sim 3T_{\mathrm{b}}$、$3T_{\mathrm{b}}\sim 4T_{\mathrm{b}}$、$5T_{\mathrm{b}}\sim 6T_{\mathrm{b}}$ 的高电平，与 $U_{cm}\cos(\omega_c t+\phi)$ 相乘的结果在相应的位置上产生高频振荡，其余时间则无高频输出。

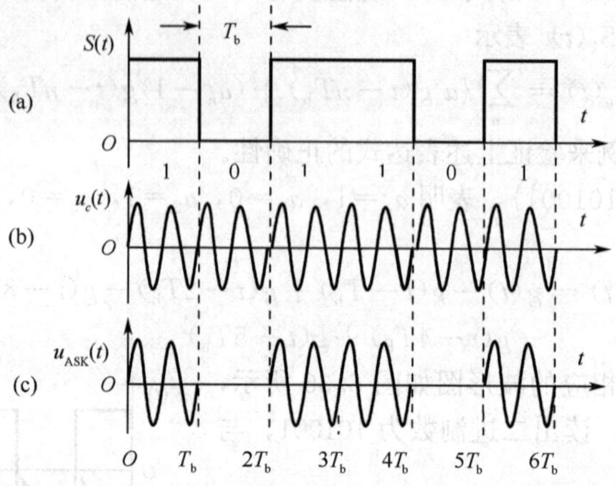

图 3.38 相乘法产生 ASK 调制波

（2）开关控制法

开关控制法产生 ASK 调制波的原理如图 3.39 所示，载波信号发生电路产生等幅余弦波，经开关控制形成 ASK 调制波，基带信号为“1”时控制器开关接通输出高频振荡，基带信号为“0”时开关断开，输出信号电平为零，于是同样得到图 3.38 所示的调制结果。

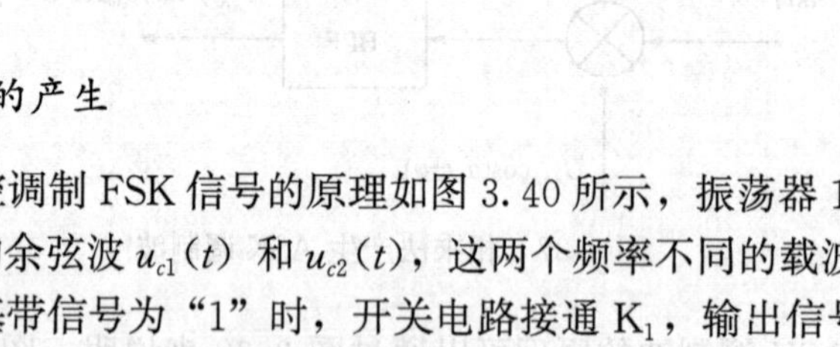

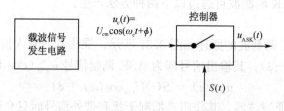

图 3.39 开关控制法产生 ASK 调制波原理

2. FSK 调制信号的产生

产生二元频移键控调制 FSK 信号的原理如图 3.40 所示，振荡器 1 和振荡器 2 分别产生角频率为 ω_1 和 ω_2 的余弦波 $u_{c1}(t)$ 和 $u_{c2}(t)$，这两个频率不同的载波被送入由基带信号控制的开关电路，当基带信号为“1”时，开关电路接通 K_1，输出信号为 $u_{c1}(t)$，其角频率为 ω_1；当基带信号为“0”时，开关电路接通 K_2，输出信号为 $u_{c2}(t)$，其角频率为 ω_2，于是得到图 3.41（b）所示的 FSK 调制波。

多进制频移键控（MFSK）调制时，调制电路需要由多个频率振荡器组成，例如四进制调制时，要有 4 个频率不同的振荡器和相应的开关组成。

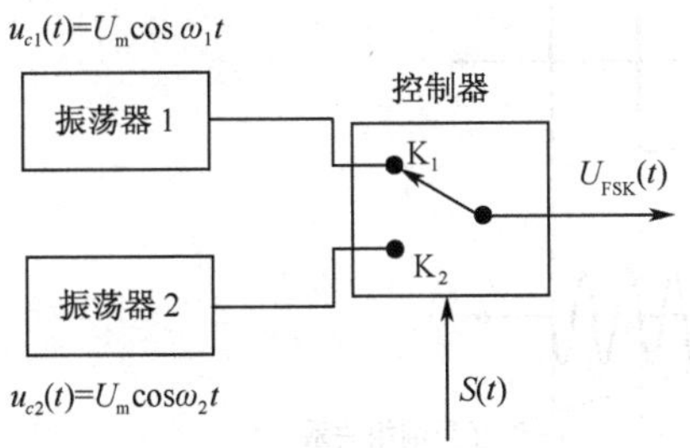

图 3.40 开关法产生 FSK 调制波原理

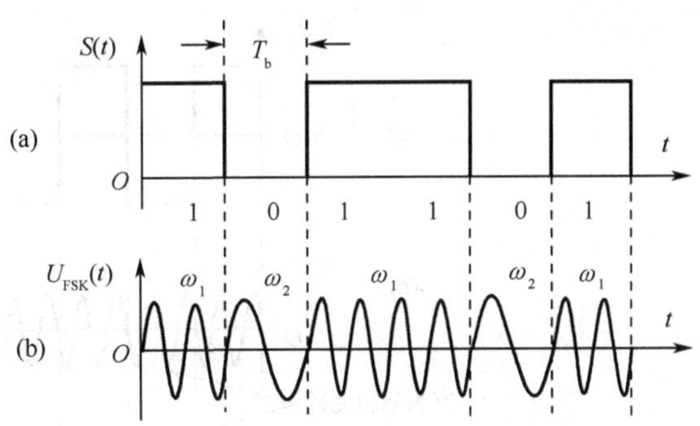

图 3.41 相乘法产生 ASK 调制波

3. PSK 调制信号的产生

常用的 PSK 调制方法有相乘法和开关控制法两种。

(1) 相乘法

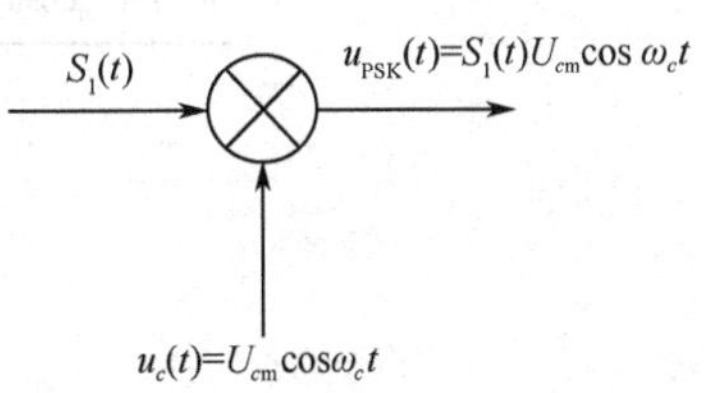

图 3.42 相乘法产生 FSK 波

让双极性的数字基带信号 $S_1(t)$ 和载波信号相乘，即可得到 PSK 调制波，如图 3.42 所示。下面通过实例说明 FSK 调制波的产生。

设基带数字信号为 {101001}，按照式 (3.36)，其表达式为

$$S_1(t)=g(t)-g(t-T_b)+g(t-2T_b)\\-g(t-3T_b)-g(t-4T_b)+g(t-5T_b)$$

这一基带信号 $S_1(t)$ 与载波信号 $u_c(t)=U_{cm}\cos\omega_c t$ 相乘的结果为

$$u_{PSK}(t)=[g(t)-g(t-T_b)+g(t-2T_b)-g(t-3T_b)\\-g(t-4T_b)+g(t-5T_b)]U_{cm}\cos\omega_c t$$

上式展开后共 6 项，每一项都是高频余弦波 $U_{cm}\cos\omega_c t$，但第 2、4、5 项前面有一个负号，表示这三项的余弦波与 1、3、6 项余弦波之间有 180°的相位差，即这些项的余弦波与 2、4、5 项有倒相关系，如图 3.43 所示。图 3.43 中 (a) 为双极性的基带信号，(b) 为载波信号，(c) 为调制后形成的 PSK 波，其特点是波的相位随基带信号变化，基带信号为正电平时输出信号与载波信号同相位，基带信号为负电平时输出信号的相位与载波信号相反。

用相乘法产生 PSK 调制信号，基带信号必须是双极性的，如果原始基带信号不是双极性的，需转换为双极性后才能用于和载波信号相乘产生 FSK 波。

(2) 开关控制法

开关控制法产生 PSK 调制波的原理如图 3.44 所示。控制器有两个输入信号，一个控制信号。一个输入信号是角频率为 ω_c 的载波信号，另一个是经过倒相运算的载波信号，控制信号即为基带信号。当基带信号为高电平"1"时，电子开关使载波信号与输出端接通，输出与载波信号同相位的波；基带信号为低电平"0"时，电子开关使经过倒相的载波与输出端接通，输出信号与载波有倒相关系，于是就形成相位随基带信号变化的 PSK 波。

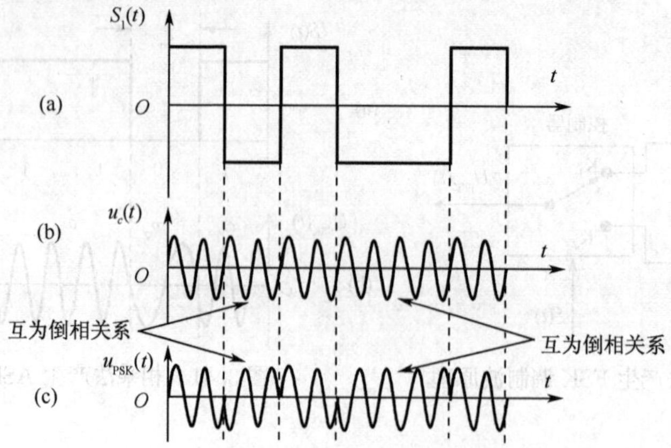

图 3.43　相乘法产生 PSK 波

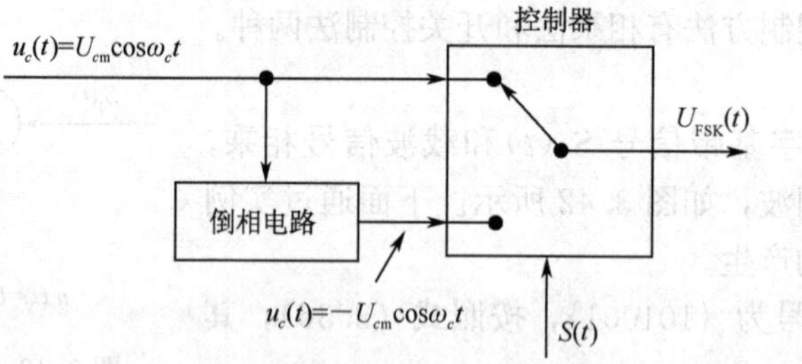

图 3.44　开关控制法产生 PSK 波

3.4.4　数字信号解调

1. ASK 信号解调

(1) 非相干解调

幅移键控（ASK）信号非相干解调原理如图 3.45 所示。待解调信号 $u_{ASK}(t)$ 经带通滤波器（BPF）滤除接收信号中的带外信号和其他干扰，然后检出信号的包络线，再经低通滤波器（LPF）滤除其中的高频成分，即可复原基带信号。由于各种干扰和不可避免的滤波器的缺陷，为进一步降低误码率，实际解调电路还需要增加采样判决电路。基带数字信号的特点是只有两个值，在多进制情况下也只有几个离散值，利用这个特点，采样判别电路设定若干个门限值（例如二进制时，设定高电平的一半），然后将 LPF 的输出信号与门限值逐一比较，根据比较结果再做出概率判断（在二进制情况下，电平高于门限值时判为“1”，低于门限值时判为“0”），最后可获得最佳的基带信号复原。

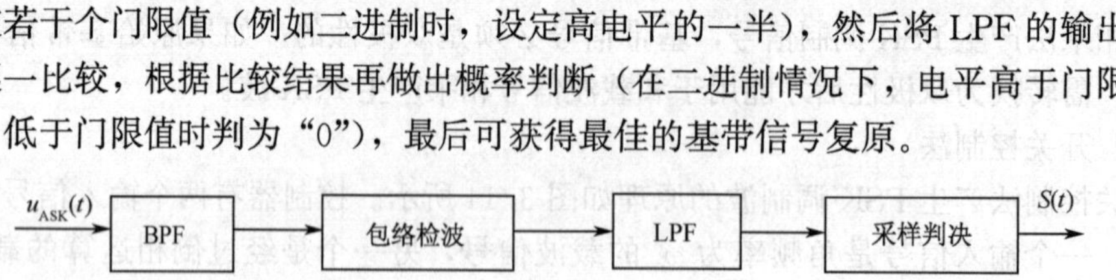

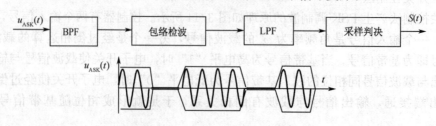

图 3.45　ASK 信号非相干解调

(2) 相干解调

相干法解调的原理是让已调信号与同步的载波信号相乘，所得的乘积包含基带信号和其他高频信号，用滤波器滤除高频信号，即可复原基带信号。ASK 调制信号相干解调原理如图 3.46 所示，根据式（3.36），ASK 调制波为

$$u_{ASK}(t)=S(t)U_{cm}\cos(\omega_c t+\phi)$$

这一 ASK 波 $u_{ASK}(t)$ 与信号 $A\cos(\omega_c t+\phi)$ 相乘，所得结果为

$$\begin{aligned}u_{ASK}(t)A\cos(\omega_c t+\phi)&=S(t)AU_{cm}\cos^2(\omega_c t+\phi)\\&=\frac{1}{2}S(t)U_{cm}A+\frac{1}{2}S(t)U_{cm}A\cos 2(\omega_c t+\phi)\end{aligned}$$

上式第一项为基带信号（含比例系数 $U_{cm}A/2$），第二项为角频率 $2\omega_c$ 的高频信号，用低通滤波器滤除高频成分，即可得到基带信号。为进一步消除各种干扰，增加了采样判别电路，可进一步降低误码率。

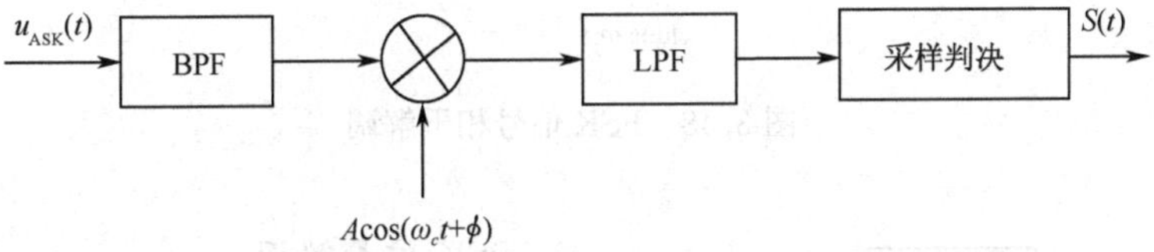

图 3.46 ASK 信号相干解调

2. FSK 信号解调

(1) 非相干解调

FSK 调制波非相干解调原理如图 3.47 所示，图中 BPF1 和 BPF2 都是带通滤波器，前者的中心角频率为 ω_1，后者中心角频率为 ω_2。根据前面调制方法的讨论，FSK 已调波可表示为以下两项之和

$$u_{FSK}(t)=a_1U_{cm}\cos\omega_1 t+a_2U_{cm}\cos\omega_2 t$$

这一已调波经滤波器 BPF1 和 BPF2 滤波后，式中第一项被送往包络检波器 1，产生信号 $x_1(t)$；第二项送往包络检波器 2，产生信号 $x_2(t)$。采样判决电路对 $x_1(t)$ 和 $x_2(t)$ 进行采样比较，$x_1(t)$ 大于 $x_2(t)$，判定输出信号 $S(t)$ 为“1”，$x_1(t)$ 小于 $x_2(t)$，$S(t)$ 为“0”，如此，即可检出基带信号。

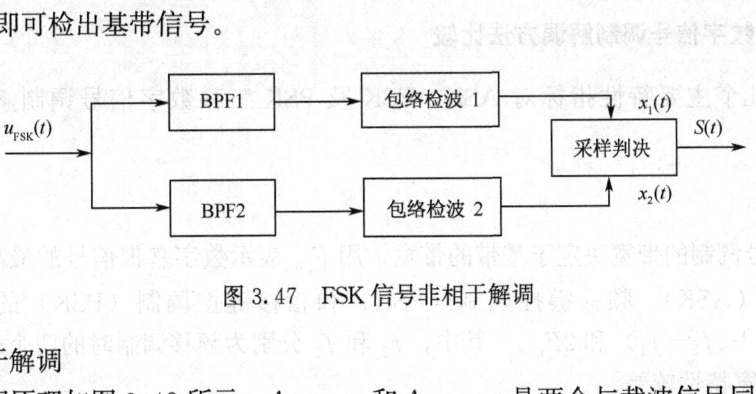

图 3.47 FSK 信号非相干解调

(2) 相干解调

相干解调原理如图 3.48 所示，$A\cos\omega_1 t$ 和 $A\cos\omega_2 t$ 是两个与载波信号同步的余弦波，

待解调的 $u_{ASK}(t)$ 经带通滤波器滤去干扰的信号后分别与这两个余弦波相乘。与 ASK 相干解调的情况类似，相乘后形成基带信号和高频信号之和，用低通滤波器 LPF1 和 LPF2 滤除高频成分，即可检出基带信号。为进一步消除干扰的影响，降低误码率，由采样判别电路对两路输出信号进行比较，$x_1(t)$ 大于 $x_2(t)$，判定输出信号 $S(t)$ 为“1”，$x_1(t)$ 小于 $x_2(t)$，$S(t)$ 为“0”，解调过程即告结束。

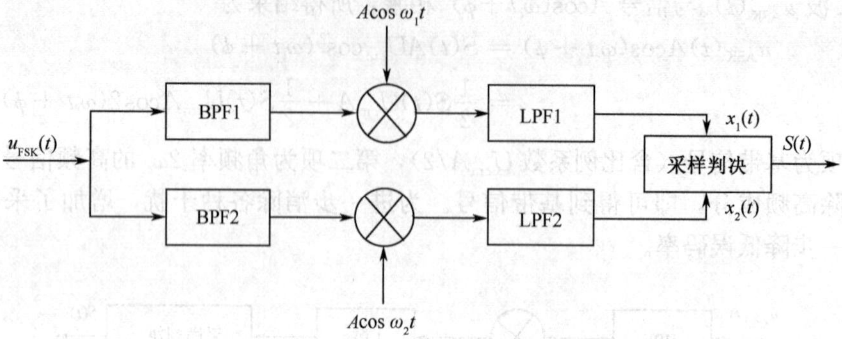

图 3.48 FSK 信号相干解调

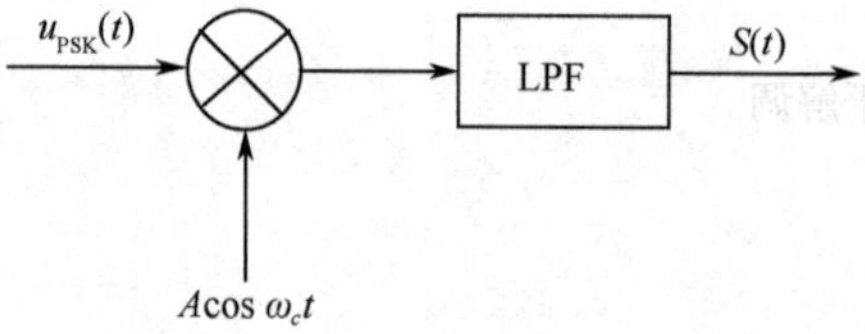

图 3.49 PSK 信号解调原理

3. PSK 信号解调

PSK 信号解调原理如图 3.49 所示，它由乘法器和低通滤波器 LPF 组成，图中 $A\cos\omega_c t$ 是与载波信号同步的余弦波。频移键控调制形成的已调信号为（见图 3.42）

$$u_{PSK}(t) = S_1(t)U_{cm}\cos\omega_c t$$

它与 $A\cos\omega_c t$ 相乘的结果产生 $S_1(t)$ 和高频项，即

$$\begin{aligned} u_{PSK}(t)\cdot A\cos\omega_c t &= S_1(t)U_{cm}A\cos^2\omega_c t \\ &= \frac{1}{2}S_1(t)U_{cm}A + \frac{1}{2}S_1(t)U_{cm}A\cos 2\omega_c t \end{aligned}$$

上式第一项为基带信号，第二项为高频成分，用低通滤波器滤除高频成分，就可以得到基带信号 $S_1(t)$（含比例系数）。

3.4.5 三种数字信号调制解调方法比较

下面就几个主要特性指标对 ASK、FSK 及 PSK 三种数字信号调制解调方法进行比较。

1. 带宽

数字信号调制的带宽决定于基带的带宽，用 F_{max} 表示数字基带信号的最高频率，则幅移键控调制（ASK）、频移键控调制（FSK）和相移键控调制（PSK）的带宽依次为 $2F_{max}$、$2F_{max}+(f_2-f_1)$ 和 $2F_{max}$。其中，f_2 和 f_1 分别为频移调制时的两个载波频率。可见 FSK 的带宽特性较差。

2. 误码率

从误码率考虑，在三种调制解调方法中，PSK 的抗噪声性能最好；两种 PSK 解调方法相比较，相干解调优于非相干解调。

3. 抗信道变化能力

受到无线信号传输多径效应（通过多条路径先后到达接收点）和多普勒效应的影响，无线信道特性具有较强的时变特性，从抗信道变化能力考虑，FSK 及 PSK 对信道特性变化不敏感，抗信道变化能力强，而 ASK 系统最佳判决门限为 $A/2$，与接收输入信号幅度有关，故 ASK 性能最差。

因此，在三种数字信号调制解调方法中，PSK 是使用最广泛的一种。

3.5　调制和解调电路识读

3.5.1　调制解调方法分类

回顾前面的讨论可以看出，一种类型的已调波可以通过多种方法产生，例如 ASK 信号既可以由相乘法产生，也可以由开关控制法产生。另外，同样一种方法又可以产生多种已调波，例如相乘法既可用于产生 AM、DSB 和 SSB 等调幅波，也可用于产生基带信号为数字信号时的 ASK 和 PSK 波。因此，为了获得对于调制解调方法的全面了解，需要对调制解调方法进行分类。

调制方法分类如表 3.3 所示。已经学习过的调制方法可以分为 4 类，其中直接和间接调频法仅用于频率调制波的产生，开关控制法则限于基带信号为数字信号时的 ASK、FSK 和 PSK 波的产生。

表 3.3　调制方法分类

调制方法名称	能产生的已调波类型	简要说明
相乘法	调幅波 AM、DSB、SSB	由乘法器和滤波电路组成，载波信号与基带信号相乘并经滤波后产生所需要的已调波
	幅移键控（ASK）波	
	相移键控（PSK）波	
直接调频法	调频（FM）波	基带信号控制振荡器的频率，直接产生 FM 波
间接调频法	调频（FM）波	用基带信号的积分控制振荡器输出信号的相位形成 FM 波
开关控制法	幅移键控（ASK）波	用电子开关控制已调波幅度，使之随基带信号变化
	频移键控（FSK）波	用电子开关控制已调波频率，使之随基带信号变化
	相移键控（PSK）波	用电子开关控制已调波相位，使之随基带信号变化

解调方法分类如表 3.4 所示。其中相干法使用乘法器，让已调信号与载波相乘后经滤波复原基带信号，这一方法适用于调幅波和各种数字信号调制形成的已调波。非相干法仅适用于 ASK 和 FSK 波的解调，包络线法适用于调幅波解调，斜率鉴频、正交鉴频和脉冲计数鉴频仅用于频率调制形成的已调波解调。

表 3.4 解调方法分类

解调方法名称	适用于解调的已调波类型	简要说明
相干法	调幅波 AM、DSB、SSB	由乘法器和滤波器组成，已调波与载波信号相乘经滤波后复原基带信号
	幅移键控（ASK）波	由乘法器、滤波器和采样判决电路组成，已调波和载波信号相乘、滤波后由采样判别电路判定应输出的数字量
	频移键控（FSK）波	
	相移键控（PSK）波	
非相干法	幅移键控（ASK）波	由滤波器、包络检波和采样判别电路组成，已调波滤除干扰信号后由包络检波电路检出包络，最后经采样判别电路确定应输出的数字量
	频移键控（FSK）波	
包络线法	调幅波 AM	利用二极管等非线性器件从已调波中检出包络线
斜率鉴频	调频波 FM	通过频率—振幅转换电路将频率变化转换为幅度变化，然后用包络检波电路检出其幅度
正交鉴频		通过频率—相位转换电路将频率变化转换成附加的相位变化，然后用相位检波器检出相位差信号
脉冲计数鉴频		通过线性网络将频率变化转换为调频脉冲系列，然后经低通滤波器复原基带信号

3.5.2 无线收发芯片中的调制解调电路

有了调制解调的方法，还需要依靠具体的电路去实现才能完成调制解调的任务，用于实现调制和解调功能的电路即称为调制解调电路。调制和解调电路都只是无线发射或接收系统的一个单元电路，调制电路总是与振荡器、高频功放等电路结合在一起的，而解调电路则是无线接收、放大电路结合在一起，因此，调制解调电路的识读就离不开无线发射和接收系统的分析。

无线收发系统既可以由分立元器件组成，也可以由无线收发芯片或无线收发模块组成，系统由分立元器件和集成电路组成时，调制解调电路的识读方法和要求不尽相同。识读分立元器件组成的调制解调电路时，既要了解其性能指标，又要了解它的工作原理，而识读集成芯片或模块组成的收发系统中的调制解调电路，则只需了解其性能指标。此外，由表 3.3 和表 3.4 可以看出，用于调制的相乘法和用于解调的相干法，其核心都是乘法器，由分立元器件组成的乘法器比较复杂，因此乘法器已被制成集成电路。由集成乘法器电路组成的调制和解调电路又成为特殊的一类调制解调电路，在识读时需要分别对待。因此，需要区别以下三种情况进行调制解调电路的识读和讨论：无线收发芯片及模块中的调制解调电路；分立元器件组成的无线收发系统的调制解调电路；由集成乘法电路组成的调制解调电路。

这里首先讨论无线收发芯片和模块中调制解调电路的识读。

完整的无线收发芯片和模块一定都包含调制解调电路，从应用的角度来看，只需要了解某个电路选用的是哪种调制和解调方法，与调制解调相关的主要特性指标是什么就够了，至于芯片所选择的具体电路则完全没有必要去关注。

表 4.3 和表 4.4 列出了部分典型无线收发芯片的主要参数。由表可知，所有的芯片都标明其内含调制解调电路的调制解调方式。例如，收发芯片 nRF401 的调制方式是 FSK，接收芯片 TDA5211 的调制方式是 FSK 或 ASK（由用户自行选择）。表中所列的调制方式还包括 OOK（on-off keying，通断键控）调制和 GFSK（Gaussian frequency shift keying，高斯频移键控）调制。OOK 调制是 ASK 调制的一个特例，把一个幅度取为 0，另一个幅度为非 0，就是 OOK 调制；GFSK 调制是 FSK 调制的特例，是指待调制信号经高斯低通滤波器滤波后再进行 FSK 调制。

无线接收模块 3400 外形如图 3.50 所示，图中中间部分是组成模块的集成电路芯片，从其使用说明书可以读出，该模块的接收方式是 ASK，最高传输速率为 4.8kb/s。使用时，其所采用的具体电路就没有必要了解了。

图 3.50　无线接收模块 3400 外形

3.5.3　集成乘法器调制解调电路识读

以集成乘法器电路 MC1596（平衡式调制/解调器）为例说明乘法器组成的调制和解调电路的识读。

1. MC1596 组成的 DSB 调制电路

MC1596 是集成平衡式调制/解调器电路，实际上是一个乘法器电路，用这个乘法器电路可以构成调制器、解调器，而且既可以双端输出，也可以单端输出，因此称平衡式调制/解调器电路。作为例子，仅介绍由该电路组成的 DSB 调制电路和 SSB 解调电路。

电路 MC1596 为 14 脚 DIP 或 SO 封装，外形如图 3.51 所示。

图 3.51　乘法器 MC1596 外形

由 MC1596 构成的 DSB 调制电路如图 3.52 所示，虚线框内是电路以及按电路使用说明书规定外接的电阻和电容，载波信号 $u_c(t)=A\cos\omega_c t$ 和基带信号 $u_\Omega(t)$ 分别从 10 脚和 1 脚输入，电路 MC1596 完成乘法运算后从 6 脚输出运算结果，输出信号是两个输入信号的乘积，即

$$u_{\mathrm{DSB}}(t)=u_c(t)\cdot u_\Omega(t)=Au_\Omega(t)\cos\omega_c t$$

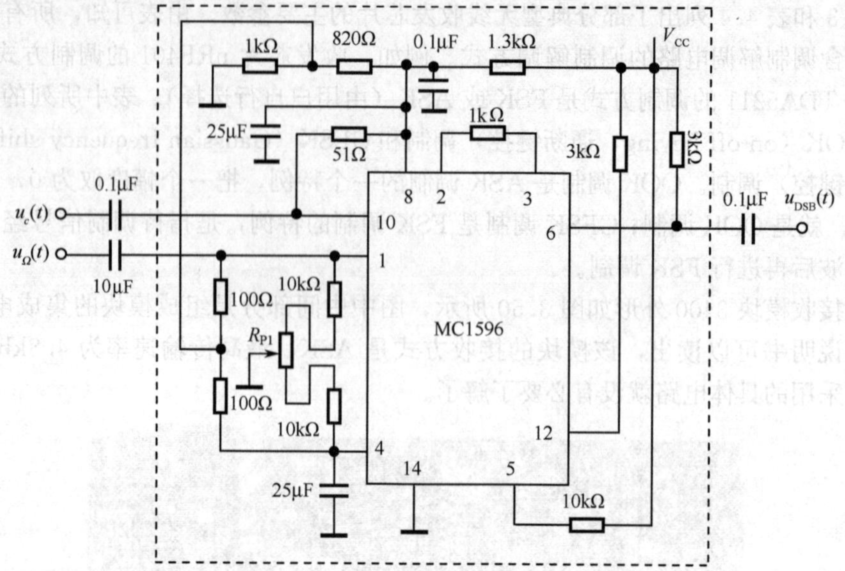

图 3.52 MC1596 组成 DSB 调制电路

对照图 3.15，可知这一输出信号即为调幅波。图中电位器 R_{P1} 的阻值为 50kΩ，调节 R_{P1} 可补偿基带信号中的直流成分。补偿后，6 脚输出的就是 DSB 信号，即载波被抑制的双边带已调信号；否则，输出信号中含有载波成分，就不是 DSB 波。

2. MC1596 组成的 SSB 解调电路

由 MC1596 构成的 SSB（单边带）信号解调电路如图 3.53 所示，载波信号 $u_c(t)=A\cos\omega_c t$ 从 10 脚输入，接收机接收到的已调单边带信号 $u_{SSB}(t)$ 从 1 脚输入，电路对两个输入信号进行乘法运算，运算结果从 12 脚输出，输出信号 $u_x(t)$ 等于

$$u_x(t)=u_{SSB}(t)A\cos\omega_c t$$

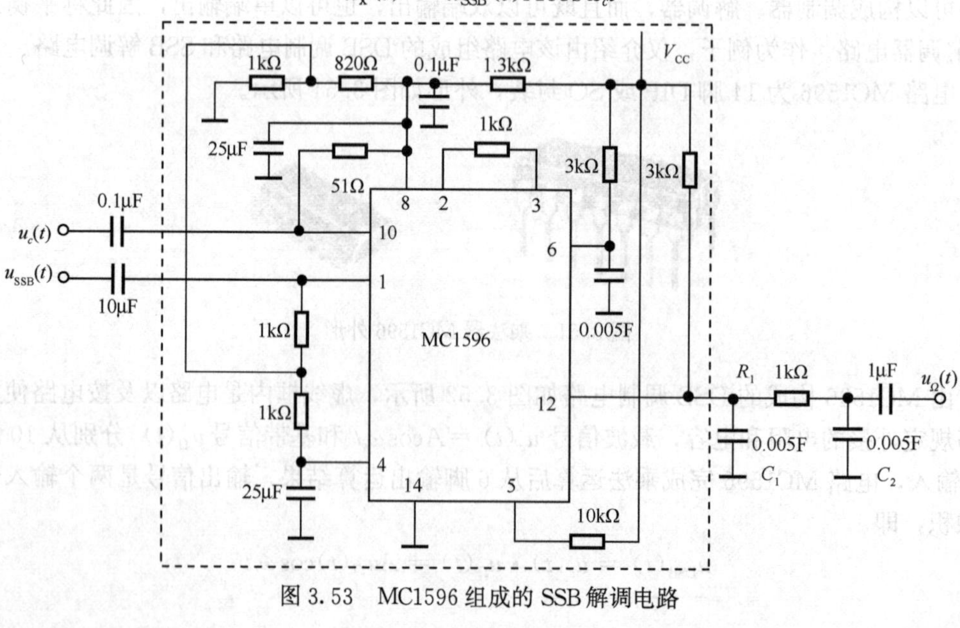

图 3.53 MC1596 组成的 SSB 解调电路

图 3.53 中电阻 R_1 和电容 C_1、C_2 组成低通滤波器，经低通滤波器滤除角频率为 ω_c 载波高频成分，按照图 3.22 所示的相干解调器工作原理，滤波后输出的即为基带电压 $u_\Omega(t)$，解调即告完成。

使用集成乘法器电路 MC1596 等组成调制解调电路的缺点是，它还不是一个完整的无线发射或接收系统，要实现无线信号的发射或接收，还需要与振荡电路、功放电路、天线、射频放大电路等整合在一起，如果其他电路也选用集成芯片，还不如直接选用无线发射或接收芯片（或无线收发芯片）。因此，上述用集成乘法器电路组成调制解调器的方案并不普及。相反，尽管已经有了各种无线收/发芯片，许多微功率无线通信设备，特别是无线遥控设备仍由分立元器件组成，因此下面着重介绍几个常用的由分立元器件组成的调制解调电路。

3.5.4 分立元器件组成的调制电路识读

分立元器件常被组成无线发射或接收模块而作为产品出售。下面识读的电路也被用于一些常用的无线接收或发射模块。

1. 变容二极管调频电路

变容二极管调频电路如图 3.54 所示，图中 BT_1 是陶瓷谐振器，型号 ZTA13.0MT；C_j 为变容二极管，型号 1SV147；VT_1 为高频晶体管，各电阻和电容的数值如下：$R_1=2.2k\Omega$、$R_2=33k\Omega$、$R_3=33k\Omega$、$R_4=100k\Omega$、$C_1=47pF$、$C_2=68pF$。

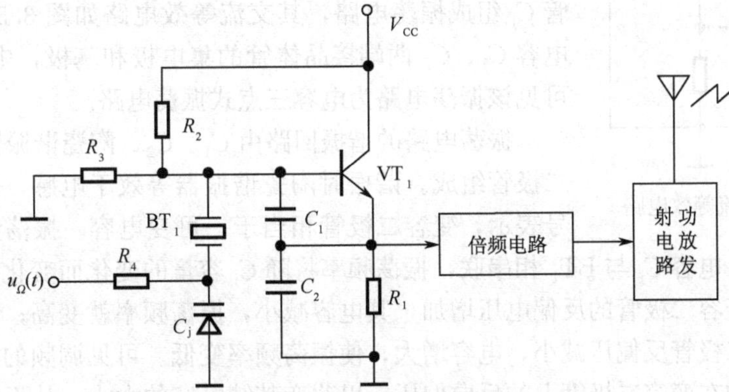

图 3.54　变容二极管调频电路

(1) 陶瓷谐振器和变容二极管

第 2 章已经介绍过，用石英晶体和声表面波谐振器可以组成正弦波振荡电路。除了这两个谐振器以外，陶瓷谐振器也常用于组成正弦波振荡电路。为了识读陶瓷谐振器组成的振荡电路，首先介绍陶瓷谐振器的主要特性。

陶瓷谐振器的外形如图 3.55 (a) 所示，其幅频特性曲线如图 3.55 (b) 所示。作为对照，图 3.55 也画出了石英晶体谐振器的幅频特性曲线，如图 3.55 (c) 所示。陶瓷谐振器和石英晶体谐振器一样都有两个谐振频率，串联谐振频率 f_s 和并联谐振频率 f_p，当它们工作于这两个谐振频率之间的频率范围内时，谐振器等效于一个电感（其品质因数远高

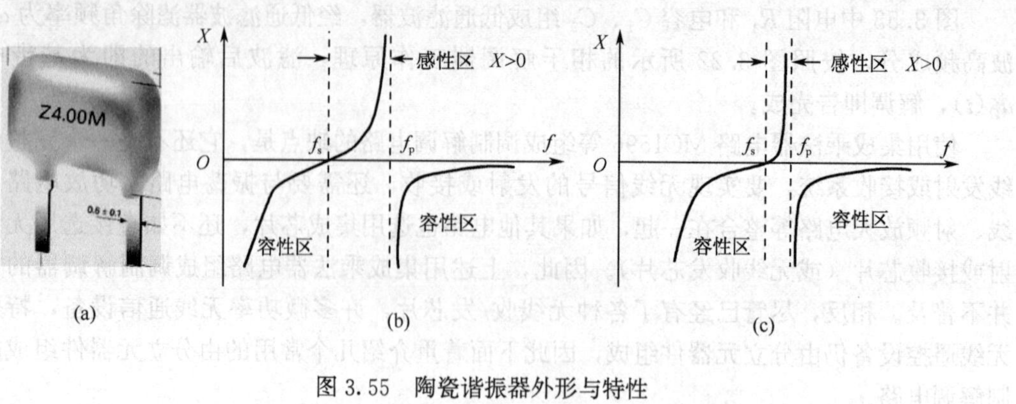

图 3.55 陶瓷谐振器外形与特性

于普通导线组成的电感），超出这一范围即表现为电容，利用谐振器这一特性可构成频率稳定的振荡电路。陶瓷谐振器与石英晶体谐振器不同的是两个谐振频率之差 f_p-f_s 比石英晶体大得多，大约是石英晶体谐振器的几十倍。陶瓷谐振器组成的振荡电路，频率可以达到 60MHz，稳定度介于石英晶体和 LC 振荡电路之间，钛酸铅制成的 40MHz 陶瓷谐振器，−35°～+85°范围内的稳定度可以达到 2×10^{-5}。

变容二极管的电容量随所施加的反向电压变化，1SV147 的反向偏置电压从 1V 增加到 9V，电容量从 45pF 下降到 10pF。

（2）调频原理

晶体管 VT_1 和电容 C_1、C_2、陶瓷谐振器 BT_1、变容二极管 C_j 组成振荡电路，其交流等效电路如图 3.56 所示，串联电容 C_1、C_2 两端接晶体管的集电极和基极，中心接发射极，可见该振荡电路为电容三点式振荡电路。

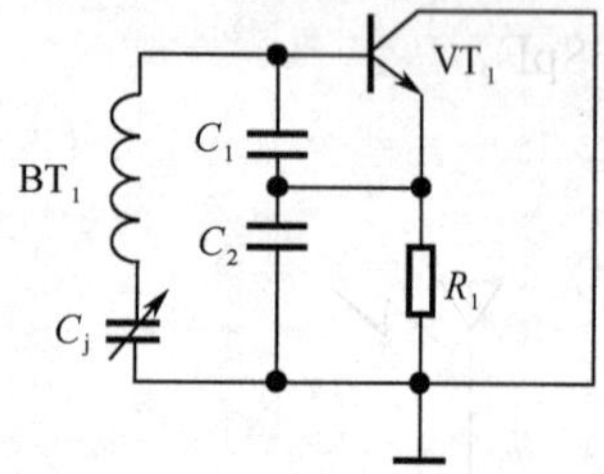

图 3.56 交流等效电路

振荡电路的谐振回路由 C_1、C_2、陶瓷谐振器 BT_1 和变容二极管组成。谐振时陶瓷谐振器等效于电感，因此用电感符号表示，变容二极管相当于一可变电容。振荡频率决定于回路的谐振频率，电容 C_j 与 BT_1 相串联，振荡频率将随 C_j 容量的变化而变化。当调制信号为正半周时，变容二极管的反偏电压增加，其电容减小，振荡频率就变高；调制信号为负半周时，变容二极管反偏压减小，电容增大，使振荡频率变低。可见调频的原理是，用调制信号去改变加在变容二极管上的反向偏压，以改变其结电容的大小，从而改变高频振荡频率的大小，达到调频的目的。由于所选用的陶瓷谐振器 ZTA13.0MT 的标称频率为 13MHz，因此经调制后的已调波的频率在 13MHz 左右。

（3）应用

上述调频方法可用于无线话筒、无线耳机等场合，但实际应用时还需要解决振荡频率过低的问题。以无线话筒为例，按使用频率的不同，常用的 FM 话筒使用的频段是 88～108MHz 的国际调频广播频段；VHF 话筒使用的是 169～185MHz、185～200MHz 和 200～230MHz 频段。但陶瓷谐振器只能产生几十兆赫兹的振荡，因此需要通过倍频电路提高已调波的频率，如图 3.54 所示。

简单的倍频电路如图 3.57 所示。晶体管 VT_2 被接成调谐放大电路，集电极负载是 L_1、C_3 组成的谐振回路，选择 L_1 和 C_3 使其谐振频率等于 92MHz（等于已调信号频率的

7 倍)。通过 VT_2 工作点的选择，有意使放大过程中的信号失真，于是除 13MHz 的信号以外还出现许多倍频，2 倍频，3 倍频，……，7 倍频等，利用 L_1、C_3 谐振回路的选频作用，放大电路仅放大 92MHz 附近的信号，其他倍频则被抑制，这样就实现了倍频。经功率放大后，从天线发射出去的就是符合要求的 88～108MHz 范围内的调频信号。

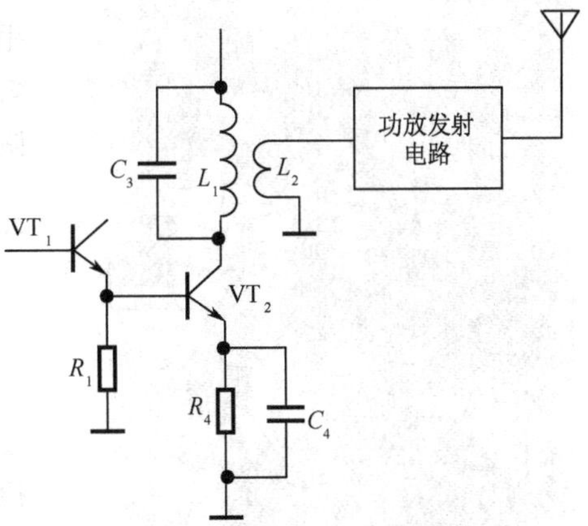

图 3.57 倍频电路

2. ASK 调制电路

通过开关控制法产生 ASK 波的电路如图 3.58所示，它由两部分组成，右边部分是正弦波振荡电路，左边部分是开关控制电路。

振荡电路由声表面波谐振器 ZC_1，晶体管 VT_1，电容 C_1、C_2、C_3，电阻 R_1、R_2 和电感 L 组成，ZC_1 选用 R315A，因此电路的振荡频率为 315MHz。电路中其他各元器件的数值、电路的工作原理等都已经在第 2 章做过介绍，可参见图 2.15。正电源 V_{CC} 通过晶体管 VT_2 向振荡电路供电，只有晶体管 VT_2 饱和导通时振荡电路才能得电而正常工作。

开关控制电路由晶体管 VT_2、VT_3 及电阻 R_3、R_4、R_5 组成。数字基带信号 $S(t)$ 经电阻 R_5 加到 VT_3 的基极，当基极信号为低电平（“0”）时，晶体管 VT_3 截止，正电源经电阻 R_3 向 VT_2 注入较大的基极电流使其饱和导通，振荡电路得到 12V 电源的供电，因此输出高频振荡；$S(t)$ 为高电平（“1”）时，VT_3 饱和导通，VT_2 基极电压被拉低接近零电压而截止，振荡电路得不到直流供电而停止振荡，于是就得到经 $S(t)$ 幅移键控调制的已调波。图 3.58 中 VT_2 选用开关管 3DK9C，VT_3 为高频小功率管 9014，电阻 $R_3=5.1\text{k}\Omega$、$R_4=10\text{k}\Omega$、$R_5=1\text{k}\Omega$，电容 $C_4=1000\text{pF}$，用于消除干扰。

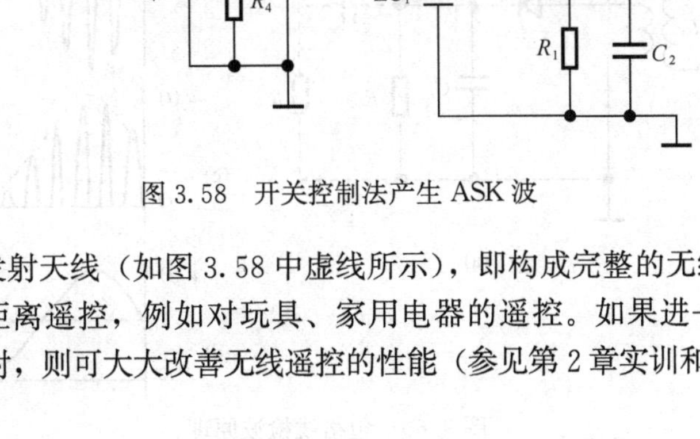

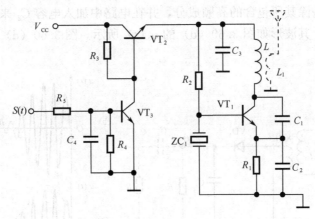

图 3.58 开关控制法产生 ASK 波

上述电路配上发射天线（如图 3.58 中虚线所示），即构成完整的无线发射系统，这种发射系统常用于短距离遥控，例如对玩具、家用电器的遥控。如果进一步使用编码芯片 SC2262 进行编码发射，则可大大改善无线遥控的性能（参见第 2 章实训和本章实训部分）。

图 3.59　ASK 调制的无线发射模块

图 3.59 所显示的即为由声表面波谐振器 R315A 组成的发射模块，调制方式为 ASK 方式，发射功率 ≤1W，电源电压 6～9V，发射距离可达 2000m（开阔地）。

3.5.5　分立元器件组成的解调电路识读

1. 包络线检波电路

利用二极管的单向导电性和非线性可以实现 AM 波的解调，解调电路如图 3.60（a）所示。它由检波二极管 VD_1 和低通滤波电路 C_1、R_1 组成。在通信接收机中，天线接收到的无线信号［即已调信号 $u_{AM}(t)$］很微弱，要经过一系列放大以后才进入解调电路，因此待解调的信号幅度一般在 0.5V 以上，我们用 $u_i(t)$ 表示这个待解调的信号，其波形如图 3.60（b）的 $u_1(t)$ 所示。用 $u_o(t)$ 表示检波电路输出电压，也就是电容 C_1 或电阻 R_1 两端的电压。这种输入信号为大信号情况下的检波称为峰值包络检波。

电路检波原理如下：当输入电压大于输出电压时，即 $u_i(t)>u_o(t)$，二极管正向偏置。由于输入信号幅度在 0.5V 以上，而 VD_1 一般选用锗管，这一正向偏置能使二极管导通，于是输入信号经二极管向电容 C_1 充电，充电的时间常数为二极管导通电阻 R_D 和电容 C_1 的乘积。充电的同时，电容通过电阻 R_1 放电，放电的时间常数为 R_1 和 C_1 的乘积。二极管导通电阻 R_D 很小而 R_1 要大得多，因此充电时间常数远小于放电时间常数。充得快而放得慢，于是电容两端的电压始终保持等于 $u_i(t)$ 的峰值电压，因此输出电压（电容 C_1 两端电压）$u_o(t)$ 波形如图 3.60（c）的 $u_2(t)$ 的虚线所示。这一虚线是已调波的包络线，即为基带信号，滤除其所包含的高频成分，并在电路中加入电容 C_2 来隔离直流成分，即可得到基带信号，其波形如图 3.60（d）的 $u_3(t)$ 所示。图 3.60（d）中虚线所示的即为直流成分。

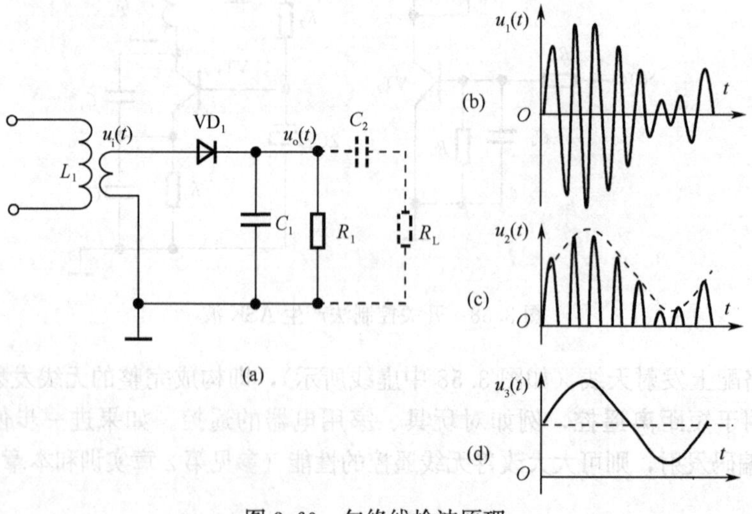

图 3.60　包络线检波原理

包络检波电路常用于分立元器件组成的调幅收音机电路中。

2. 斜率鉴频电路

用来对调频波进行解调的斜率鉴频电路如图 3.61 所示。它由两部分组成：一是实现频率—幅度变换的线性网络，即为图中的 LC 并联回路；二是包络线检波电路，由图中的二极管 VD_1、电容 C_1 和电阻 R_1 组成。

先以单音频基带信号为例进行分析。和前面的讨论一样，在单音频情况下分析所得的结论可以推广到多音频的情况。根据式（3.26），基带信号为单音频信号时的调频波表达式是

$$u_{FM}(t) = U_{cm}\cos(\omega_c t + m_f \sin\Omega t)$$

解调的任务就是从中复原出基带信号 $u_\Omega(t)=U_{\Omega m}\cos\Omega t$。为此，对上式进行微分运算，用 $u_p(t)$ 表示运算结果，可求得

$$u_p(t) = -U_{cm}(\omega_c + m_f\Omega\cos\Omega t)\sin(\omega_c t + m_f\sin\Omega t)$$

由上式最后一个因子可以看出，这还是一个调频波（瞬时频率随时间变化），同时这个调频波的振幅 $U_{cm}(\omega_c t + m_f\Omega\cos\Omega t)$ 是随时间变化的，因此它是一个调频调幅波。这一调频调幅波的幅度随时间变化的规律正是我们要求的基带信号（与基带信号成正比），只要从微分以后的调频调幅波中检出包络线，该包络线即为基带信号。因此，要实现调频波的解调，应先对待解调的信号进行微分运算，然后进行包络线检波。图 3.61 所示斜率检波电路中的 LC 回路的功能就是实现对于输入信号的微分运算。调频波经微分运算后成为其幅度随基带信号变化的调频调幅波，可以看作频率—幅度的变换。

前面已经讨论过包络线检波电路，只要说明图中 LC 组成的回路如何实现微分运算，就能完成斜率鉴频电路的识读。上述电路中的 LC 回路工作于失谐状态，下面讨论为什么失谐状态的 LC 回路能完成微分运算。设输入信号 $u_i(t)=A_i\sin\omega t$，经微分运算，输出信号 $u_o(t)$ 等于

$$u_o(t) = kA_i\omega\cos\omega t$$

式中，k 为微分运算引入的比例系数。上式可以表示为 $u_o(t)=A_o\cos\omega t$，由此求得微分前后信号振幅的关系是 $A_o=kA_i\omega$，即微分前后信号振幅比值 A_o/A_i 与角频率 ω 成正比。

LC 谐振回路的幅频特性如图 3.62 所示，这是我们很熟悉的特性曲线，不过以前关心的是谐振频率附近曲线的性质，希望曲线越陡越好。现在注意偏离谐振频率时幅频特性曲线的特性，由图可知，如果让载波角频率 ω_c 位于偏离谐振的位置（称为失谐），则 ω_c 附近输出信号振幅与输入信号振幅的比值 A_o/A_i 与角频率 ω 成正比（这一段曲线的斜率近似为常数），这正和微分运算要求的相同，因此说明图 3.61 所示的失谐状态 LC 回路确实能完成微分运算。输入的调频波经微分运算后由 VD_1、C_1、R_1 实现包络线检波，就可得到解调结果。

不过 LC 回路幅频特性的线性范围很小，调频信号的频偏比较大时非线性失真比较严重，为了提高幅频特性的线性范围，实际使用双失谐回路组成的斜率鉴频电路。

典型的双失谐回路组成的斜率鉴频电路如图 3.63 所示。图中 L_1、C_1 和 L_2、C_2 分别组成两个谐振回路，谐振角频率分别为 ω_1 和 ω_2，调频信号经变压器耦合输入，调频信号

中心频率 ω_c 介于 ω_1 和 ω_2 之间，而且满足关系

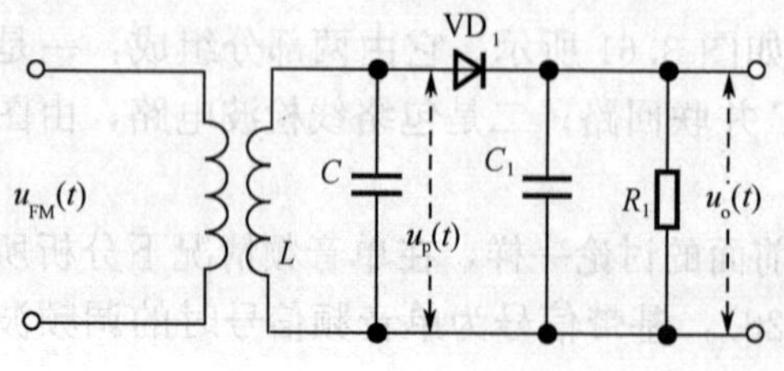

图 3.61 斜率检波电路

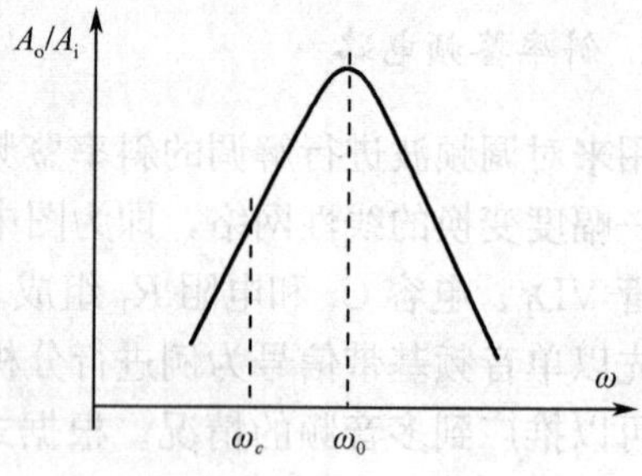

图 3.62 LC 谐振回路幅频特性

$$\omega_1 - \omega_c = \omega_c - \omega_2$$

即处于 ω_1 和 ω_2 的中间，既不等 ω_1 也不等于 ω_2，因此两个回路均处于失谐状态。VD_1、C_3 和 R_1 以及 VD_2、C_4 和 R_2 组成包络线检波电路，解调电压从上下两个电路的输出端之间输出，由于采用了差动输出的结构，失谐回路的非线性可以相互补偿，因此能改善线性范围。

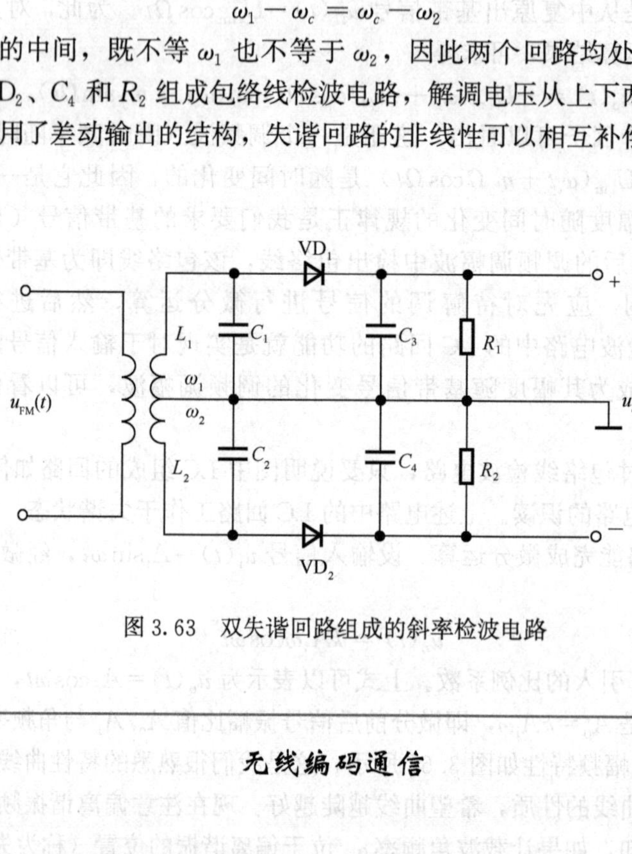

图 3.63 双失谐回路组成的斜率检波电路

♦ 实训

无线编码通信

1. 实训目的

掌握无线编码/解码通信的原理；掌握编码解码芯片 SC2262/SC2272-L6 地址码设置及数据编码的方法；学会用无线收发芯片和编码解码芯片组成小型编码通信系统，并对编码通信效果进行测试。

2. 实训内容

1）安装焊接由无线发射模块 F05E 和编码芯片 SC2262 及外围元件组成的编码发射电路，安装焊接由无线接收模块 J04P 和解码芯片 SC2272-L6 组成的编码接收电路。

2）4 人一组，进行地址编码效果检测。

3）4人一组，进行数据编码传输效果检测。

3. 仪器设备

1）微型无线发射模块F05E和接收模块J04P各一块，编码芯片SC2262（或PT2262），解码芯片SC2272-L6（或PT2272-L6）各一片，1.2MΩ、200kΩ电阻各一只，18脚双列直插式插座两块，按钮开关一只。

2）示波器一台。

3）数字万用表一只，9V和5V稳压电源各一台。

4）电烙铁、剪刀、镊子等安装焊接工具一套。

4. 实训电路

1）无线收/发模块和编码/解码电路介绍。本实训所使用的无线发射模块F05E和无线接收模块J04P的原理、特性和使用方法参见第一章实训，所使用的编码/解码电路的原理、特性和使用方法见第二章实训。

2）实训电路。实训电路如图3.64所示，两个芯片振荡电路的外接电阻R_1=1.2MΩ，R_2=200kΩ，R_3=3kΩ，C_1=220μF。编码和解码芯片的1～6脚（A_0～A_5）用于设置地址码，每一位都可以选择三种状态：0、1或f，接地为"0"状态，接正电源为"1"状态，悬空为"f"状态。一共可设置3^6=729个不同的地址。

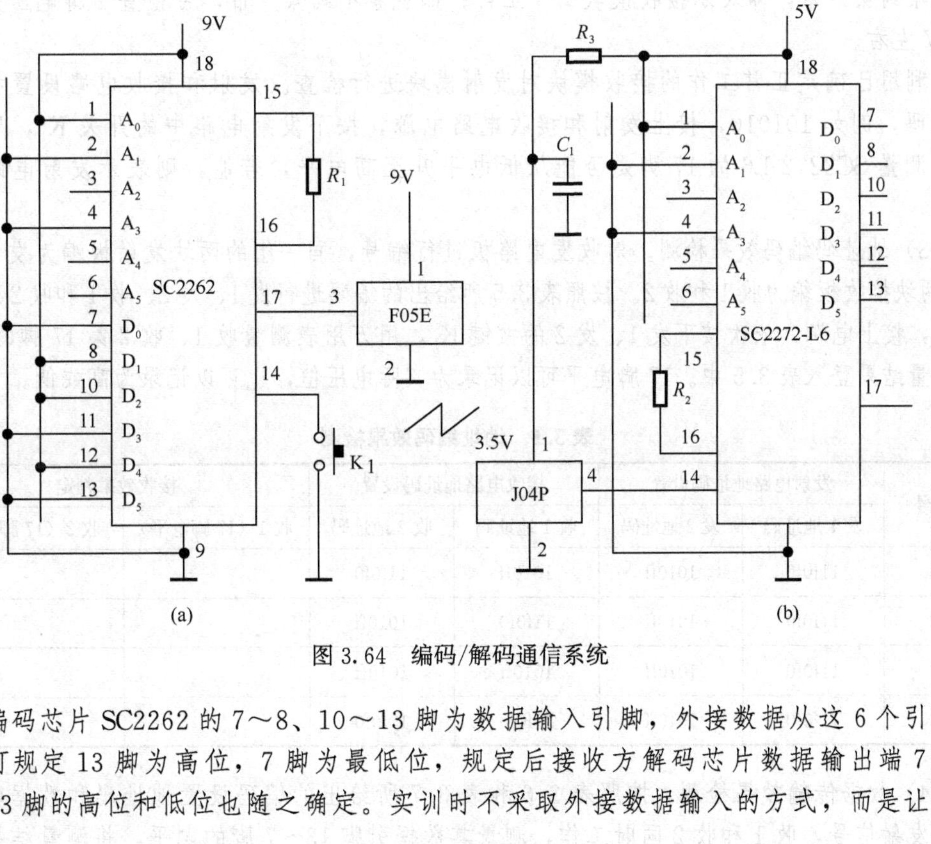

图3.64 编码/解码通信系统

编码芯片SC2262的7～8、10～13脚为数据输入引脚，外接数据从这6个引脚输入，可规定13脚为高位，7脚为最低位，规定后接收方解码芯片数据输出端7～8、10～13脚的高位和低位也随之确定。实训时不采取外接数据输入的方式，而是让每只数据引脚接正电源或地来输入数据，用这种方式输入数据时，更改数据时需关断电源后重新焊接。注意和地址码不同，每个数据位只能取两种状态：0或1，接地时为“0”，接正电源为“1”。图中地址和数据引脚的连接是随意画的，实训时可自行设计焊接。

发射电路使用9V直流稳压电源，在接收电路中，无线接收模块的工作电压为2.5～3.5V，最佳工作电压为3～3.5V，而解码芯片SC2272-L6的工作电压有较宽的范围，因此选用5V的直流电源直接加到SC2272-L6的18脚，然后经R_3（阻值3kΩ）降压后加到接收模块J04P，J04P的工作电压可调节至3.5V左右。图中电容C_1为电源滤波电容。

5. 实训步骤

1）安装焊接电路。实训时4人为一组，每组两人安装焊接发射电路（由图3.64中SC2262芯片和发射模块F05E组成），另两人安装焊接接收电路（由图3.64中SC2272-L6芯片和接收模块J04P组成）。按照图3.64所示的电路安装焊接，注意发射电路和接收电路的电源有不同的要求。

2）发射和接收电路正常工作检查。对照电路图检查安装焊接是否正确，经检查确定无误后分别接上+9V和+5V电源，观察有无冒烟、发出焦味等情况，如出现这些异常情况，应立即关闭电源，重新检查安装焊接是否正确，直至故障被排除。

合上电源后无异常情况出现，按下述办法判定发射和接收电路工作是否正常：合上电源后用示波器（置50mV/ms挡）观察接收模块3脚，应观察到一条50mV的噪声带。如能观察到噪声带，即表示接收模块工作正常；如观察不到噪声带，可检查1脚电压是否为3.5V左右。

利用已确定正常工作的接收模块对发射模块进行检查。发射和接收电路设置相同的地址码，例如101010，接上发射和接收电路电源，按下发射电路中的开关K_1，用万用电表测量SC2272-L6的17脚是否能从低电平升至高电平，若能，则表示发射电路工作正常。

3）地址码编码效果检测。对收发电路板进行编号，同一组的两块发射板编为发1和发2，两块接收板编为收1和收2。按照表3.5所给出的编码进行发1、发2、收1和收2地址码设置，接上电源，依次按下发1、发2的按键K_1，用万用表测量收1、收2第17脚的电平，将测量结果登入表3.5中。17脚电平可以记录为实际电压值，也可以记录为高或低。

表3.5 地址编码效果检测

序号	发射电路地址码设置		接收电路地址码设置		接收效果判定	
	发1地址码	发2地址码	收1地址码	收2地址码	收1（17脚电平）	收2（17脚电平）
1	11f0f0	1010ff	1010ff	11f0f0		
2	11f0f0	1010ff	11f0f0	1010ff		
3	11f0f0	1010ff	1010ff	1010ff		
4	11f0f0	1010ff	11f0f0	11f0f0		

4）数据传输效果检测。按照表3.6和表3.7所给出的编码设置地址码和数据码，由发1发射信号，收1和收2同时工作，测量其数据引脚13～7脚的电平，将测量结果登入

表 3.6 中。然后再由发 2 发射信号，收 1 和收 2 同时工作，测量其数据引脚 13～7 脚的电平，将测量结果登入表 3.7中。

表 3.6　数据传输效果检测

序号	发 1 地址码及数据设定		收 1 地址码设定，数据接收		收 2 地址码设定，数据接收	
	地址码	数据码	地址码	接收到的数据	地址码	接收到的数据
1	11ff01	101011	11ff01		11ff00	
2	11ff01	101011	11ff00		11ff01	
3	11ff01	101011	11ff01		11ff01	

表 3.7　数据传输效果检测

序号	发 2 地址码及数据设定		收 1 地址码设定，数据接收		收 2 地址码设定，数据接收	
	地址码	数据码	地址码	接收到的数据	地址码	接收到的数据
1	1f1f00	110101	110f01		1f1f00	
2	1f1f00	110101	1f1f00		110f01	
3	1f1f00	110101	1f1f00		1f1f00	

6. 实训报告

1）根据表 3.5 所得的结果讨论地址编码的效果。

2）根据表 3.6 和表 3.7 所得的结果分析编码数据传输的效果。

思考与练习

3.1　何谓基带信号？何谓载波信号？为了实现有效的无线通信，为什么必须将基带信号调制到载波上？

3.2　常用调制解调方式分哪几类？哪些属模拟信号调制与解调？哪些属数字信号调制与解调？

3.3　幅度调制、频率调制和相位调制所形成的已调波各有什么特点？

3.4　何谓幅移键控调制、频移键控调制和相移键控调制，基带信号为模拟量时能对载波信号进行上述调制吗？

3.5　已知基带信号为话音信号，其频率为 20Hz～15kHz，用这一基带信号对频率为 810kHz 的载波信号分别进行 AM、DSB 调制和 SSB 调制，求所得已调波的频带宽度。

3.6　已知基带信号频带如图 3.65 所示，用基带信号对载波进行 SSB 调制，试画出已调波的边带。图中 Ω_{max} 是基带信号的最高角频率，ω_c 为载波角频率。

3.7　AM、DSB 和 SSB 三种调制方式相比较，各有什么优缺点？

3.8　有哪些方法能够产生 SSB 信号？

3.9　设基带信号为余弦波信号，角频率为 Ω，载波角频率为 ω_c，试写出调幅波、调频波和调相波的表达式。

3.10　调制的作用是实现谱线的搬移，试简述幅度调制和频率调制所实现的谱线搬移

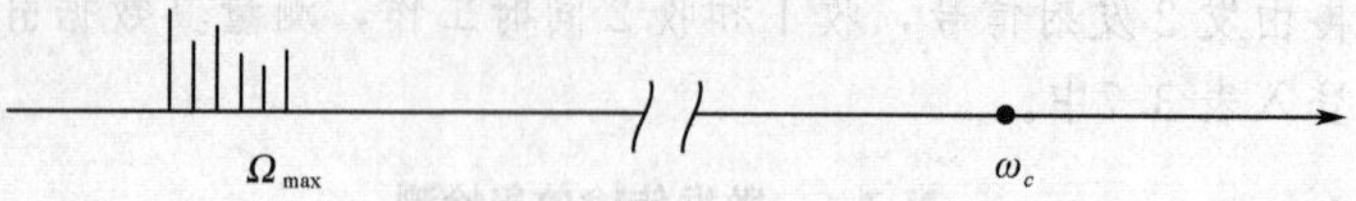

图 3.65　基带信号频带

有什么么不同。

3.11　试简述直接调频法和间接调频法产生调频波的原理，比较其优缺点。

3.12　基带信号为数字信号时，可以是二进制数，也可以是多进制数，如何用波形表示多进制数？采用多进制数有什么好处？

3.13　产生 ASK 和 PSK 信号有哪些方法？试简述其原理。

3.14　一种调制方法可用来产生多种已调波，试回答相乘法可以产生哪些已调波。

3.15　何谓解调？调幅波和调频波各有哪些解调方法？

3.16　一种解调方法可用来对多种已调波进行解调，试回答相干法能用于哪些已调波的解调？

3.17　何谓调制电路和解调电路？无线收/发芯片调制解调电路的识读有什么要求？

3.18　试简述包络线检波的原理和应用。

阅读材料二

第 4 章

无线信号接收电路

学习要求

掌握无线信号接收电路的功能和组成框图；掌握信噪比、接收灵敏度等主要指标的含义；掌握无线接收电路的分类和超外差接收电路的组成框图；了解变频电路、各种中频放大电路的工作原理和主要特性；了解 AGC 和 AFC 电路的作用；读懂典型中波调幅收音机、调频收音机高频头和点频超外差接收机电路；掌握无线收/发芯片的主要技术指标和分类方法；读懂收发芯片内部电路框图。

4.1　无线信号接收电路的功能及分类

4.1.1　无线信号接收电路的功能

无线信号接收电路（以下简称“接收电路”）的作用是接收发射电路所发送的无线电波，进行解调并从中还原出基带信号。初看起来，接收电路比较简单，只要天线、放大电路和解调电路就可以了。实际上无线电波在传播过程中会衰减，会混入各种干扰，有时干扰信号会大于有用的信号，这种情况下接收电路还必须具有抗干扰的能力。因此，接收电路应该具有以下四方面的功能。

(1) 选频作用

由于无线电技术的广泛应用，空中随时都有各种无线电波在传播，其中只有某些特定的信号是我们所需要的。接收电路必须具有从众多的无线电波中选择所需要的无线电波的能力。为达到这一目的，通常的做法是利用无关信号与有用信号在频率上的差异，选择性地接收频率在已调信号中心频率附近的无线电波，这种选择特定频率信号的功能称为接收电路的选频作用。

(2) 抑制干扰信号的作用

来自发射电路的无线电波在传输过程中会混入各种干扰，接收电路要具备抑制各种干扰的能力。例如，无线遥控系统中发射电路的无线电波除了直接传播之外，还会经附近大楼等建筑物反射传播，这样一来，接收电路所接收到的将是经过各种路径传播而来的电波。由于这些电波传播时所经过的路径不同，到达时间也就不同，于是就形成了干扰。这种干扰称为多径干扰。短波信号可以经电离层反射传播，也可以以地表波的形式直接传播，其路径相差很大，多径干扰也较厉害。

除了多径传播引起的干扰以外，还存在同频干扰、邻频道干扰、带外干扰等，接收电路应具有抑制各种干扰的能力。

（3）放大作用

经传播过程的衰减，发射电路发出的无线电波到达接收电路时常常都比较微弱。用无线电波的功率来表示，被接收无线电波的功率电平可小到-120dBm左右（转换为绝对功率，约10^{-12}mW）。要将这样微弱的信号放大到解调电路所需要的电平，电路的放大能力要达到100～200dB，这就是接收电路应具有的放大作用。

（4）解调作用

无线电通信的目的是通过无线电的方式将基带信号从发射方传输给接收方，因此接收电路还必须具有从接收到的无线信号中还原出基带信号的功能，这就是解调作用。

4.1.2 无线信号接收电路的主要技术指标

根据上述各项功能，接收电路的主要技术性能指标如下。

（1）信噪比

接收电路输出信号中的有用信号功率电平与噪声信号功率电平的比值，称为接收机的信噪比，用符号SNR（signal-noise ratio）表示。信噪比是衡量接收机输出信号质量的重要指标

$$\mathrm{SNR}=\frac{S}{N}=\frac{\text{有用信号功率电平}}{\text{噪声信号功率电平}} \tag{4.1}$$

信噪比也可以用分贝数（dB）表示，

$$\text{信噪比分贝}=10\lg\frac{S}{N}$$

不同类型的接收机对于接收电路的信噪比有不同的要求。用于信号检测、识别的通信机，对于信噪比的要求较低，接收莫尔斯码的接收机要求$S/N>3$dB即可，SSB通信机要求$S/N>10$dB，雷达的输出信号信噪比如能达到16dB，其检测概率可达到99.99%。对于语言音乐类接收机，要求则较高，移动电话要求$S/N>15$dB，电视要求$S/N>40$dB，高保真音乐播放器要求$S/N>60$dB。如用功率电平比表示，15dB的信噪比意味着$S/N>31.6$，即有用信号功率电平要高于31.6倍的噪声信号功率电平。

（2）接收灵敏度

在一定测试条件下能正常工作的最低输入信号强度即为接收电路的灵敏度。例如，无线收发芯片nRF401在负载为400Ω，数据传输速率为20kb/s，误码率BER$<10^{-3}$的测试条件下能正常工作的最低输入信号强度是-105dBm，我们就说该接收芯片在上述测试条件下的接收灵敏度为-105dBm；又如一台调频收音机在输出信号信噪比为15dB，输出功率不小于音频额定功率50%的条件下正常工作所需的最小信号是50μV，就说该收音机在上述测试条件下的接收灵敏度为50μV。

接收电路增益与灵敏度是两个不同的概念，提高增益并不能增加灵敏度。

举个例子来说明，上述调频收音机，增加一级放大电路，使接收机的增益增加10倍，接收灵敏度是否能够提高到5μV？答案是否定的。

接收电路增益提高10倍后，输入信号等于5μV时，输出信号中有用信号功率电平

仍等于 S（增益提高前输入信号为 50μV 时的输出信号电平），但这时电路噪声信号在原来基础上被放大 10 倍。式（4.1）中分母噪声信号功率电平 N 增为 $10N$，而分子仍为 S，因此输出信号信噪比降为 $S/10N$。接收电路灵敏度是在一定的信噪比下定义的，为使信噪比恢复到 S/N，输入信号必须提高 10 倍，即提高到 50μV，因此收音机的灵敏度仍然是 50μV。

接收电路的灵敏度也可以用输入信号的电场强度来表示，单位是毫伏/米（mV/m）。

超外差式调幅收音机的灵敏度，在使用磁性天线时用电场强度表示，一般为 1～6mV/m；在使用拉杆式天线时用电平表示，一般为 100μV～1mV。超外差调频收音机，灵敏度为 10～500μV。

（3）选择性

定性地说，选择性是接收电路选择有用信号、抑制其他信号和干扰信号的能力。有用信号常常和其他发射电路所发出的相近频率的无线信号、工业干扰信号及自然干扰信号混杂在一起，如果选择性不好，多个信号同时进入接收机，就会出现串台现象，收音机的声音会失真，无线遥控器错误译码会导致控制失误。因此，接收电路从各种无关信号、干扰信号中有选择地接收有用信号的能力也是接收机的一个重要指标。

选择性用分贝（dB）表示。以收音机为例，假如所接收电台的频率为 650kHz，其选择性用该收音机接收频率 650±10kHz 的信号的抑制能力来表示。一般要求选择性最低不能小于 20dB，即比 650kHz 高或低 10kHz 的邻频信号至少被抑制到原值的 1/10 以下，习惯上将选择性表示为 20dB/±10kHz。接收机选择性的分贝值越高，说明其选择性越好。

除了上述接收电路性能要求以外，各种不同用途的无线电接收机还会有一些特定的要求，例如便携式的收音机、通信机，还会有重量、体积、供电方式等要求。

4.1.3 无线信号接收电路的分类

接收电路的种类很多，可按用途、灵敏度高低、解调方式或电路结构等多种方法进行分类。下面根据电路结构的不同，讨论接收电路的分类。不同结构的接收电路，其接收无线信号并从中检出基带信号的原理也有所不同，分析各种接收电路的组成、工作原理和特性，将有助于深入了解各种常用的无线电接收机。

常用的接收电路可分为直接放大式接收电路、超外差式接收电路、二次变频接收电路和放大器顺序混合型接收电路等四类。

1. 直接放大式接收电路

这类接收电路的特点是对天线接收到的无线信号直接进行高频放大后即进行解调，解调前不改变高频信号的频率，当接收天线输入的信号较强时，也可以不经放大而直接解调。直接放大式接收电路又可分为以下几种。

（1）直接检波式接收电路

直接检波式接收电路由接收天线、输入调谐电路、检波器电路和低频放大电路组成，如图 4.1 所示。输入调谐电路用来选择所要接收的信号，将调谐回路的谐振频率调整到与待接收的信号频率相等，则只有该频率的信号才在输入回路中形成较大的电压，然后进行检波和低放。其特点是没有高频放大环节，是一种最简单的无线接收电路。这种电路适用于输入信号较强的情况，例如接收本市无线调幅广播时，就可以采用这种接收方案。

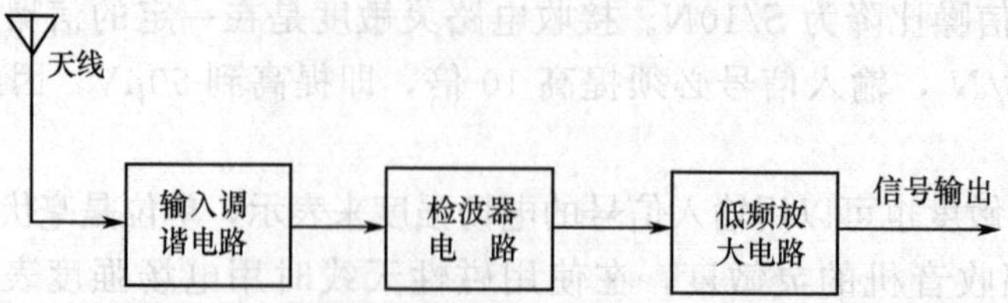

图 4.1　直接检波式接收电路

图 4.2 是用集成功率放大电路 LM386 组成调幅广播收音机的实际电路图。图中 C_1 和 L_1 组成调谐回路，回路的谐振频率通过可变电容器 C_1 调节，调节范围为中频广播的频率范围，即 525～1605kHz，B_1 是磁棒，电感 L_1、L_2 的线圈绕制在磁棒上。调节电容器 C_1，使回路谐振于当地电台的频率，则该频率的调幅波信号被耦合至 L_2。图中检波二极管 VD_1、电容 C_2、电阻 R_2 组成包络线检波电路（参见图 3.60），L_2 输出的调幅波信号经上述电路检波后，在 R_1 两端得到解调后的基带（音频）信号，这一音频信号还比较微弱，为此经电容 C_3 耦合至 LM386 做进一步放大，放大后的音频信号由电容 C_8 耦合驱动扬声器发声，电位器 R_{P1} 用以调节音量。图中电容 C_6、C_9 为电源滤波电容，C_3 为音频信号耦合电容，C_5 是集成功放要求外接的滤波电容，C_4、R_2 用于改善音质，LM386 的 1、8 脚是放大倍数调节引脚，这两脚间接 10μF 电容时，放大倍数等于 200。

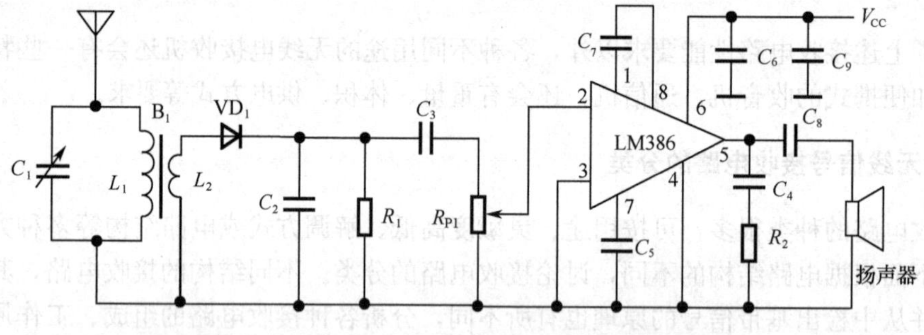

图 4.2　由 LM386 组成的直接检波式调幅收音机

图 4.2 中各元器件型号、数值如下：C_1 型号为 CBM-223P，这是一只双联可变电容，图 4.2 仅使用其中的一联，VD_1 为 2AP9，$C_2=100\text{pF}$，$C_3=10\mu\text{F}$，$C_4=0.047\mu\text{F}$，$C_5=10\mu\text{F}$，$C_6=100\mu\text{F}$，$C_7=0.1\mu\text{F}$，$C_8=220\mu\text{F}$，$C_9=0.1\mu\text{F}$，$R_1=470\text{k}\Omega$，$R_2=10\Omega$，$R_{P1}=470\text{k}\Omega$，扬声器阻抗为 8Ω。

（2）高放式接收电路

高放式接收电路的组成框图如图 4.3 所示，其由天线、输入调谐电路、高频放大电路、检波器电路和低频放大电路组成。与直接检波式电路相比，增加了高频放大电路，因此适用于输入信号相对较弱的场合。例如用于近距离无线遥控时，为减少发射功率，可选用这类高放式接收电路。来自接收天线的信号经调谐回路选择，选出特定频率的已调信号，经高频放大电路放大，达到检波电路所要求的幅度，经检波电路检出基带信号，最后经低频放大后输出。

一种由集成电路组成的直接放大式收音机电路如图 4.4 所示，其中电感 L_1 的线圈绕制在磁棒 B 上，C_1 为可变电容，型号为 CBM-223P（使用其中的一联），R_L 为耳机，A_1 为收音机集成电路 MK484。

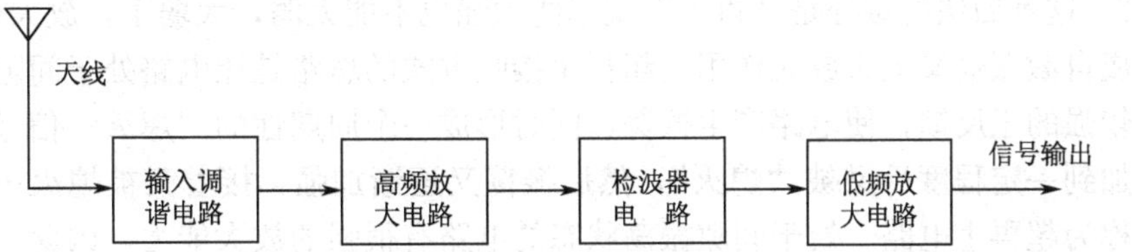

图 4.3　高放式接收电路框图

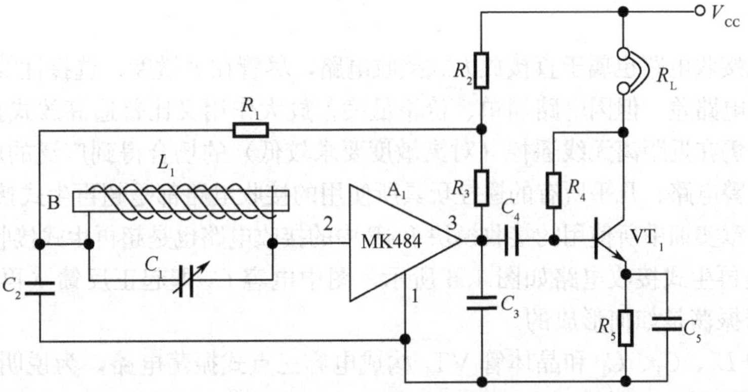

图 4.4　直接放大式收音机

MK484 是采用 TO-92 封装（一种常用的晶体管封装）的收音机集成电路，其内部包括高频放大电路、包络线检波电路和自动增益控制（automatic gain control，AGC）电路，集成电路外形和引脚如图 4.5 所示。1 脚接地，待放大的高频信号从 2 脚输入，放大后的信号从 3 脚输出，主要技术指标如下：

电源电压	1.1～1.8V
频率范围	150～3000kHz
输入电阻	4MΩ
功率增益	70dB
工作电流	0.3mA

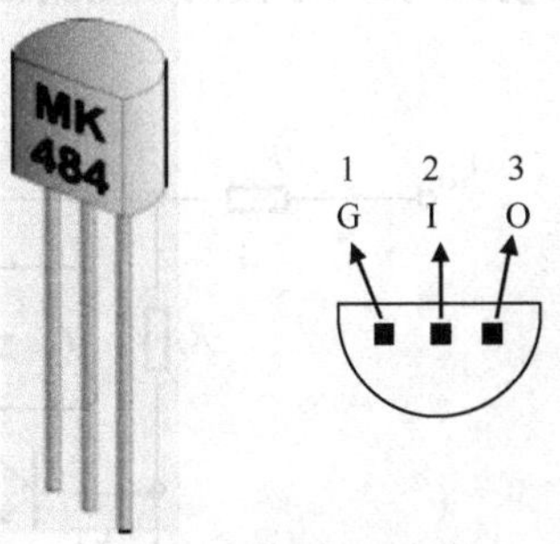

图 4.5　MK484 封装和引脚功能

其他元器件型号参数如下：$C_2=0.01\mu F$，$C_3=0.1\mu F$，$C_4=0.1\mu F$，$C_5=47\mu F$，$R_1=100k\Omega$，$R_2=1k\Omega$，$R_3=1k\Omega$，$R_4=100k\Omega$，$R_5=270\Omega$，晶体管 VT_1 的型号为 9014，电源电压 $V_{CC}=1.5V$。耳机的内阻为 32Ω。

图 4.4 中 L_1 和 C_1 组成频率可调的谐振回路，频率调节范围即为中波广播范围。接收到的高频已调信号从 MK484 的 2 脚输入，经高频放大并检波，从 3 脚输出的即为音频基带信号，这一音频信号经 VT_1 组成的共射极放大电路放大，驱动耳机发声。为改善共射极放大电路性能，加了电压并联负反馈，R_4 为反馈电阻，同时提供静态偏置电流。

图 4.4 所示接收电路的特点是低电压、低功耗，可用电池供电。

(3) 超再生式接收电路

为了提高高频放大的放大倍数，一个简单的办法便是引入正反馈，在无线电电路中称为“再生”。这种做法的难处是“再生”既不能太强也不能太弱，太弱了，放大效果不好，太强了形成自激振荡又失去放大作用。超再生接收方式的思路是让电路处于间隙振荡的状态，引入较强的正反馈，使电路产生振荡，同时形成一个周期性的“熄灭”信号，使电路的振荡增加到一定程度后又被“熄灭”，然后振荡又逐渐加强，接着又被熄灭……，这样的电路就称为超再生电路。处于间隙振荡状态的电路有很强的放大能力，因此，超再生电路与前面讲述的电路相比有更强的高频信号放大能力。由于这种电路包含有产生熄灭电压的环节，在进行高频放大的同时还能完成检波的任务，因此也称为自熄灭式再生检波电路。

超再生式接收电路也属于直接放大式接收电路，尽管在灵敏度、选择性等重要性能上比超外差式接收电路差，但因电路简单、价格低廉，放大作用又比普通高放式接收电路更好，这种电路至今仍在近距离无线遥控（对灵敏度要求较低）的场合得到广泛的应用。实际上，大多数防盗报警电路、几乎所有的遥控玩具所使用的接收电路都是超再生式接收电路，第一章实训和第三章实训中所使用的接收模块 J04P 中的接收电路也是超再生式接收电路。

典型的超再生式接收电路如图 4.6 所示，图中电容 C_2 即起正反馈（再生）作用。首先讨论电路的振荡是如何形成的。

图 4.6 中 L_1、C_1、C_2 和晶体管 VT_1 构成电容三点式振荡电路，为说明这一点，画出交流等效电路如图 4.7 所示。图 4.7 中 L 是 L_1、C_1 回路的等效电感，C_T 是晶体管的极间电容，电感接在 b、c 极之间，两个电容的中心点接发射极，可见的确是电容三点式振荡电路。如果不接高频扼流圈 L_2、电阻 R_3 和电容 C_4，这个电路将产生持续的正弦振荡。

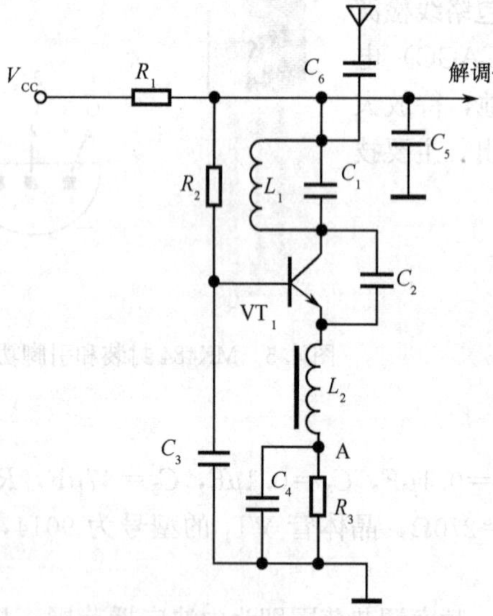

图 4.6 超再生式接收电路

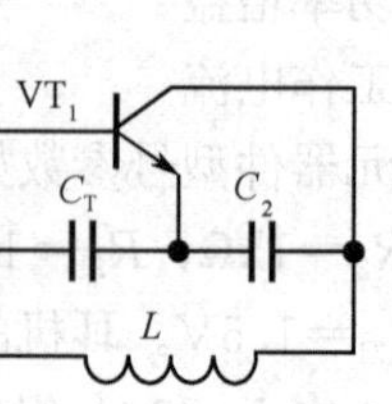

图 4.7 电容三点式振荡电路

接入上述三个元件以后情况就不同了。产生振荡后，高频电流即对电容 C_4 充电，从而使 A 点电压升高，VT_1 发射极电压也随之升高，这一电压的升高导致 be 极间电压减小，使 VT_1 趋于截止，减小到一定的程度，振荡停止。停止后，C_4 向电阻 R_3 放电，使A点电压下降，VT_1 发射极电压下降，VT_1 进入放大区，电路又恢复振荡，因此，电路将处于间歇振荡状态。

这种间歇振荡电路的特点是高频振荡的幅度对于从天线接收到的高频信号的幅度十分敏感，无信号输入时，电路的噪声产生间歇振荡，振荡波形如图4.8（a）所示。图4.8（a）中 t_1 是高频振荡的周期，其大小决定于图4.7所示的谐振回路，所对应的频率为几十兆至几百兆赫兹。T_1 是间歇振荡周期，其大小决定于 R_3、C_4，所对应的频率为几十千赫兹左右。超再生电路应用于短距离无线遥控时，接收电路高频振荡的谐振频率必须调整到和发射载波频率相同，因此，天线接收到来自发射电路的信号时，就在 L_1、C_1 回路中形成较强的高频信号，遥控时一般使用ASK调制，因此输入信号如图4.8（b）所示。T_2 是基带信号周期，在这一接收信号影响下，间歇振荡所形成的波形如图4.8（c）所示。接收信号振幅很大时，高频间歇振荡信号幅度也很大，噪声被抑制；接收信号趋于零时，高频间歇振荡幅度很小。电路检波后信号从集电极电阻 R_1 和 L_1、C_1 回路连接点处输出，电容 C_5 用来滤去信号中的高频成分，因此输出信号如图4.8（d）所示，可见即为解调后的基带信号。

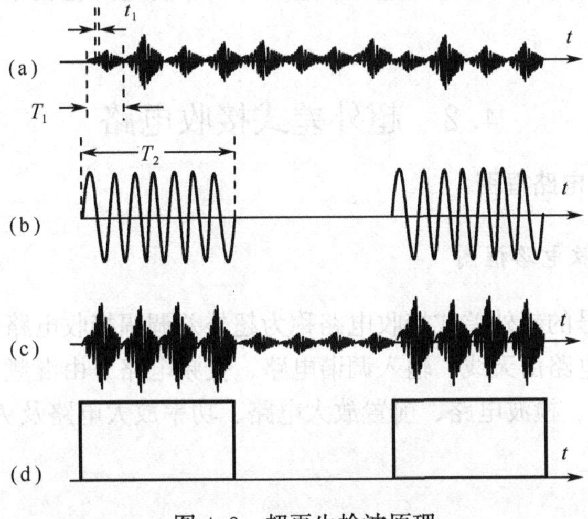

图4.8　超再生检波原理

2. 超外差式接收电路

直接放大式接收电路存在以下几个缺点。

（1）灵敏度低

高频电路的放大倍数不能调得太高，否则输出信号串入输入端调谐回路引起自激振荡，接收电路就无法正常工作。

（2）选择性差

除了有用信号之外，还存在频率与有用信号相近的无线信号，上述电路消除相近频率干扰信号的能力很差。

（3）缺少AGC能力

一个理想的接收电路应具备这样的能力，无论输入信号是强还是弱，其输出信号幅度应基本保持不变。例如，一台好的收音机，接收强电台和弱电台时所播放的音量应大致相同。为此，接收电路就应该具有 AGC 能力，在输入信号强时增益降低一些，在输入信号弱时增益升高一些。

(4) 不适宜接收不同频率的电台

为了接收中波直至短波范围内各种不同频率电台（包括广播电台）的信号，接收电路对于各种频率的信号应具有较为均匀的放大倍数，上述直接放大式接收电路做不到这一点。

针对上述缺点，研发了超外差式接收电路。与直接放大式接收电路相比，超外差式接收电路具有温度适应性强，接收灵敏度更高，工作稳定可靠，抗干扰能力强，产品的一致性好，接收机本振辐射低，无二次辐射，符合工业使用规范等优点。因此，无线接收芯片（集成电路）大多采用超外差式接收电路。按理说，这种性能优良的接收电路完全可以取代直接放大式接收电路，但由于价格上的原因，在无线遥控和短距离数据无线传输领域，超再生式接收电路仍占半壁江山。超再生式接收电路比较成熟和定型，也没有继续的发展，因此我们以介绍超外差式接收电路为主。

按照调制解调方式的不同，超外差式接收电路又分为超外差调幅接收电路和超外差调频接收电路。

4.2 超外差式接收电路

4.2.1 超外差式接收电路框图

1. 超外差调幅接收电路框图

用于接收调幅信号的超外差式接收电路称为超外差调幅接收电路。

超外差调幅接收电路由天线、输入调谐电路、变频电路（由混频电路和本地振荡电路组成）、中频放大电路、检波电路、前置放大电路、功率放大电路及 AGC 电路等组成，其框图如图 4.9 所示。

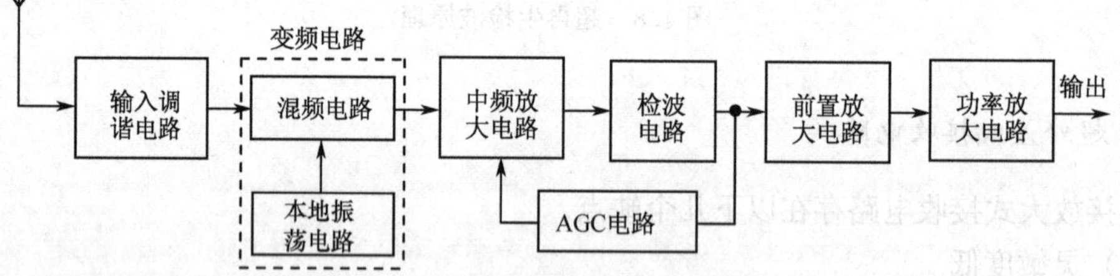

图 4.9 超外差调幅接收电路框图

经天线和输入调谐电路输入的高频信号十分微弱，需要放大才能进行检波。与直接放大式接收电路不同，超外差式接收电路不是直接对高频信号进行放大，而是使其经过变频电路成为中频信号，然后对中频信号进行放大、检波，再进行前置放大和功放。变频电路的功能是，不管输入信号的频率多高，其输出信号的频率都等于中频，一般取 465kHz，而且该中频信号保留了原输入信号的调幅性质。也就是说，中频信号仍然是调幅波，变频电路的作用只是将载波频率转换为中频，该中频信号包含了高频输入信号所携带的全部基带信号信息。因此，接下来只要对中频信号进行放大、解调，就能复原基带信号。

2. 超外差调频接收电路框图

用于接收调频信号的超外差式接收电路称为超外差调频接收电路。

超外差调频接收电路框图如图 4.10 所示。与图 4.9 相比，有以下三方面差异。第一，解调电路不同。在幅度调制时，基带信号包含在调幅波的幅度变化之中，为了从中复原基带信号，调幅接收电路需采用幅度检波电路。在频率调制时，基带信号包含在调频波的频率变化之中，为了从中检出基带信号，则需采用鉴频电路。第二，调频接收电路可使用限幅电路消除幅度干扰，调幅接收电路则不能。调频波的幅度不包含基带信号的任何信息，因此可以在鉴频电路之前加入限幅电路来消除幅度干扰；与此相反，调幅波的幅度变化包含了基带信号的全部信息，就不能使用限幅电路来消除幅度干扰。第三，调幅接收机一般都附加 AGC 电路，调频接收机除附加了 AGC 电路外，还附加了自动频率控制（automatic frequency control，AFC）电路。

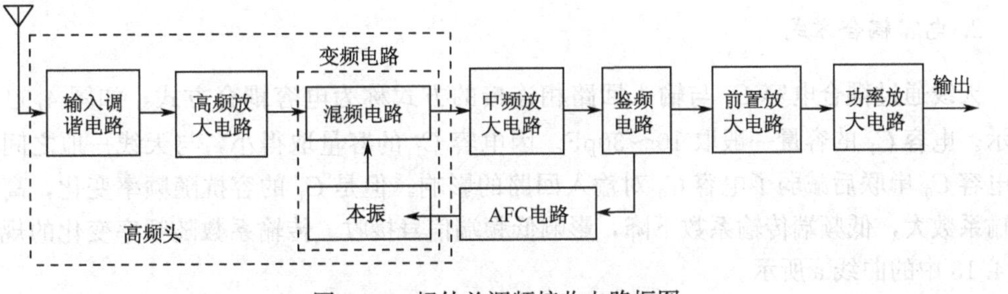

图 4.10　超外差调频接收电路框图

无论是调幅式还是调频式，超外差式接收机都将接收到的高频信号转换为中频信号，然后进行放大、解调，这样做的好处是：

1）对一个固定频率进行放大，容易获得较大且稳定的放大倍数，因而能提高接收电路的灵敏度。

2）中频的频率是固定的，采用陶瓷滤波器、声表面波滤波器等性能优良的器件，能显著提高接收电路的选择性。

3）增加 AGC 电路，使电路能用于接收各种不同强度的信号。

超外差式接收电路的缺点是电路复杂，且存在一种特有的干扰——镜像干扰。在讨论变频原理和电路时，我们将详细介绍什么是镜像干扰。

下面依次讨论图 4.9 和图 4.10 所示各单元电路的工作原理和电路结构。

4.2.2　外接天线与输入调谐电路的连接

输入调谐电路也称为输入选择电路，由电感 L 和可变电容 C 组成，改变电容 C，可以调节电路的谐振频率，从而达到选择有用信号的目的（见图 4.11）。无线信号需要通过天线来接收，天线与调谐回路之间的耦合方式对接收机性能有重要影响，因此需要研究外接天线与输入调谐电路的各种连接方式及其传输特性。外接天线与输入调谐电路之间的常用耦合方式有以下四种。

1. 直接耦合方式

天线直接连接到输入回路的耦合方式称为直接耦合方式，如图 4.11（a）左图所示。由于天线与地之间形成的电容 C_0 与 LC 回路相并联［见图 4.11（a）右图］，使回路 Q 值下降并导致失谐，因此在实际接收电路中很少使用。

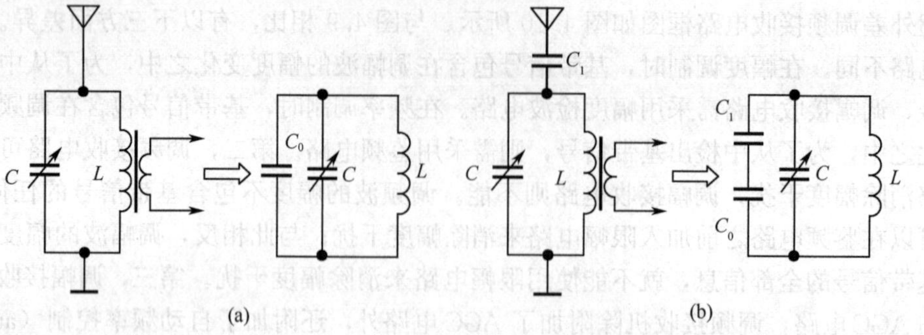

图 4.11　直接耦合和电容耦合方式

2. 电容耦合方式

天线通过耦合电容 C_1 与输入回路相连接的方式称为电容耦合方式，如图 4.11（b）所示。电容 C_1 的容量一般取 10～30pF。因电容 C_1 的容量取得小，与天线—地之间形成的电容 C_0 串联后减弱了电容 C_0 对输入回路的影响。但是 C_1 的容抗随频率变化，高频端传输系数大，低频端传输系数下降，影响低频端信号接收。传输系数随频率变化的规律如图 4.13 中的曲线 a 所示。

3. 电感耦合方式

电感耦合方式利用绕在磁棒上的电感线圈 L_1 将无线信号耦合给调谐回路，如图 4.12（a）所示。

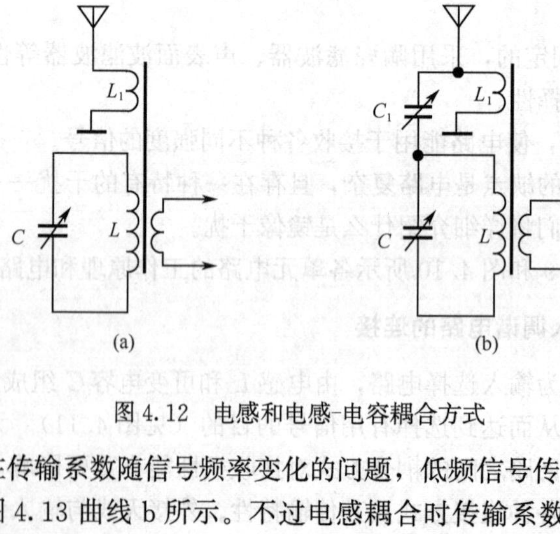

图 4.12　电感和电感-电容耦合方式

电感耦合也存在传输系数随信号频率变化的问题，低频信号传输系数较大，传输系数随频率变化情况如图 4.13 曲线 b 所示。不过电感耦合时传输系数随频率变化比较缓慢，因此这种耦合方式用得比较多。

4. 电感-电容耦合方式

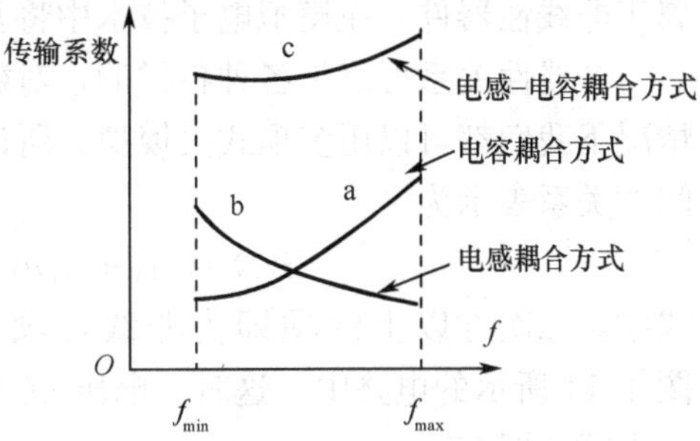

图 4.13 各种耦合方式的传输系数

在电感耦合的同时再通过电容 C_1 实现无线信号耦合，所形成的耦合方式称为电感-电容耦合方式，如图 4.12（b）所示。这时，天线与调谐回路之间既有电容耦合，又有电感耦合，电感耦合对低端信号传输有利，电容耦合对高端信号有利，综合的结果，可以在整个接收范围内得到比较均匀的传输系数。图 4.13 中的 c 是电感-电容耦合时传输系数随频率变化的曲线，可见三种耦合方式比较，电感-电容耦合时传输系数变化最为平稳。因此，在一些高性能的接收机中都采用这种耦合方式。

4.2.3 变频电路

1. 变频电路功能与原理

变频电路的作用是将高频已调信号的载波频率转换为较低的中频，同时保持原有的调制规律不变。设正弦波基带信号为

$$u_{\Omega}(t)=U_{\Omega m}\cos\Omega t \tag{4.2}$$

幅度调制后所形成的已调波为

$$u_{AM}(t)=U_{cm}(1+m_a\cos\Omega t)\cos\omega_c t \tag{4.3}$$

变频电路的作用是将原载波角频率 ω_c 转换为中频角频率 ω_i（相应的频率为 f_i），即将调幅波转换为

$$u_{AM}(t)=AU_{cm}(1+m_a\cos\Omega t)\cos\omega_i t$$

式中，A 为转换过程中引入的比例系数。

变频电路的做法是由本地振荡电路产生一个角频率为 ω_o 的正弦振荡

$$u_o(t)=U_{om}\cos\omega_o t \tag{4.4}$$

然后将已调波 $u_{AM}(t)$ 和本振 $u_o(t)$ 一起加到非线性元件上，用以形成多种频率成分的复合波，再通过滤波器取出中频信号，这一信号即为符合要求的调制规律和已调波相同的中频信号，整个过程如图 4.14 所示。已调波 $u_{AM}(t)$ 和本振 $u_o(t)$ 信号一起加到非线性器件上产生电流 $i(t)$，LC 回路谐振于中频 ω_i，电流 $i(t)$ 在 LC 回路中形成的即为中频信号

$$u_o(t)=AU_{cm}(1+m_a\cos\Omega t)\cos\omega_i t \tag{4.5}$$

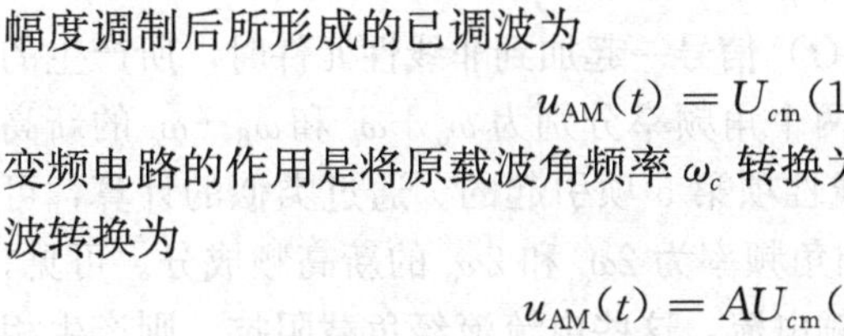

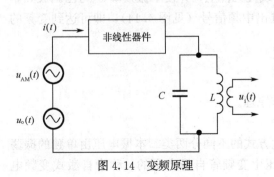

图 4.14 变频原理

下面说明为什么非线性的器件能实现变频的功能。

将电压加到电阻、电容等元件两端时，所产生的电流与电压成正比，这种元件称为线性元件。如果将电压加到某个器件上所产生的电流与电压之间有非线性关系，这样的器件即称为非线性器件。二极管和晶体管的伏安特性曲线都不是直线，严格地说两者都

属于非线性器件，在模拟电子技术中将其作为线性器件处理是小信号情况下所做的近似。

非线性关系可以是各种各样的，对数、正弦、指数关系等都是。不管什么关系，一般情况下我们都可以用多项式去模拟。所谓多项式模拟，就是将非线性器件的电流与电压之间的关系表示为

$$i(t)=a_0+a_1u(t)+a_2u^2(t)+a_3u^3(t)+\cdots \tag{4.6}$$

式中，二次方以上的项即为非线性项。我们近似地取前三项，并将这一关系应用到图 4.14 所示的电路中。这时，电压 $u(t)$ 等于已调波 $u_{AM}(t)$ 和本振 $u_o(t)$ 信号之和，代入上式，即有

$$\begin{aligned}i(t)&=a_0+a_1[u_{AM}(t)+u_o(t)]+a_2[u_{AM}(t)+u_o(t)]^2\\&=a_0+a_1[u_{AM}(t)+u_o(t)]+a_2u_{AM}^2(t)+a_2u_o^2(t)\\&\quad+2a_2u_{AM}(t)u_o(t)\end{aligned} \tag{4.7}$$

式中，$i(t)$ 即为电压 $u(t)=u_{AM}(t)+u_o(t)$ 加到非线性元件后在该元件中所产生的电流。上式右边前两项为线性项，后三项为非线性（二次方）项。首先分析最后一项，将表达式（4.3）、式（4.4）代入最后一项，可得

$$\begin{aligned}2a_2u_{AM}(t)u_o(t)&=2a_2U_{cm}(1+m_a\cos\Omega t)\cos\omega_c t\cdot U_{om}\cos\omega_o t\\&=a_2U_{cm}U_{om}(1+m_a\cos\Omega t)[\cos(\omega_o+\omega_c)t+\cos(\omega_o-\omega_c)t]\end{aligned} \tag{4.8}$$

上式推导时使用了三角函数公式

$$2\cos\alpha\cdot\cos\beta=\cos(\alpha+\beta)+\cos(\alpha-\beta)$$

式（4.8）表明，已调波 $u_{AM}(t)$ 和本振 $u_o(t)$ 信号一起加到非线性元件时，所产生的电流除线性项所包含的原频率成分外，增加了两个角频率分别为 $\omega_o+\omega_c$ 和 $\omega_o-\omega_c$ 的新高频成分，这两个频率成分是式（4.7）右边非线性项第 5 项引起的。通过类似的计算，可以证明第 3、4 两个非线性项所起的作用是增加角频率为 $2\omega_c$ 和 $2\omega_o$ 的新高频成分。可见，非线性器件的作用是产生多种新频率成分的高频电流，这些电流流经负载阻抗，则产生相应的高频电压。

如果调节本振的频率，使其与已调信号载波频率之差等于中频 ω_i，即

$$\omega_o-\omega_c=\omega_i \tag{4.9}$$

然后选择 LC 的谐振频率等于 ω_i，则图 4.14 所示电路的输出信号只保留频率为 $\omega_o-\omega_c=\omega_i$ 的一项，其余各项均被滤除，因此变频电路输出信号等于

$$a_2ZU_{cm}U_{om}(1+m_a\cos\Omega t)\cos(\omega_o-\omega_c)t=AU_{cm}(1+m_a\cos\Omega t)\cos\omega_i t \tag{4.10}$$

比较式（4.10）和式（4.3），除了比例系数之外，两者的差别是将载波频率 ω_c 换为中频 ω_i，可见只要将已调波和本振信号一起加到非线性元件上，并使本振频率 ω_o与已调波频率 ω_c之差等于 ω_i，然后通过 LC 谐振回路从中选出中频信号（见图 4.14），即可达到变频的目的。

2. **典型变频电路识读**

下面通过实例说明变频电路的组成和工作原理。

（1）自激式共射极变频电路

晶体管组成的变频电路按照本振电压产生方式的不同分两类。本振电压由单独的振荡电路产生的，称为它激式变频电路；本振电压由变频管自身产生的，称为自激式变频电

路。按照变频管组态的不同，又分为共射极变频电路和共基极变频电路。图 4.15 所示的是自激式共射极变频电路，用于中波收音机。

图 4.15 中 R_1、R_2 是基极静态偏置电阻，C_3 为高频信号旁路电容，B_1 为磁棒。L_1、C_{1a}、C_2 组成输入谐振回路，天线与该回路间采用电感耦合方式，调节电容 C_{1a}，可选择中波范围内的各个频率，接收到的已调信号 $u_{AM}(t)$ 经 L_2 耦合输入 VT_1 的发射结回路。

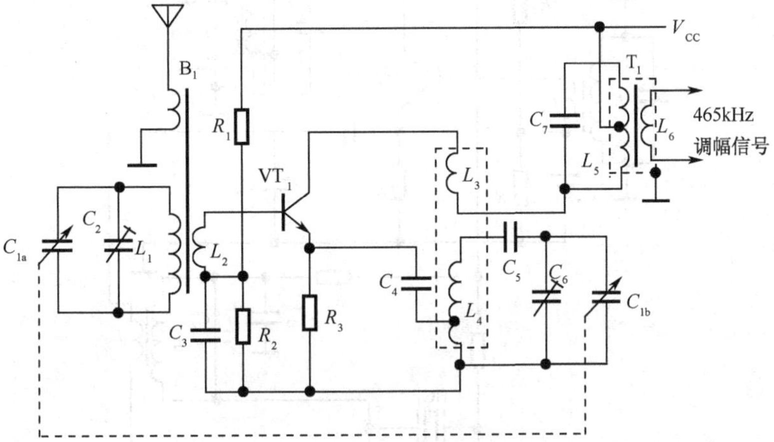

图 4.15　自激式共射极变频电路

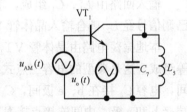

本机振荡电路由 VT_1、L_4、C_5、C_{1b}、C_6 和 L_3 组成，是一种变压器反馈式振荡电路，振荡频率不高，适合于中波段收音机。图中 L_4、C_5、C_{1b}、C_6 组成谐振回路决定本振频率，L_3 为反馈线圈。所形成的本地振荡电压 $u_o(t)$ 输入 VT_1 发射极与基极之间，与已调信号 $u_{AM}(t)$ 相串联。因此，可画出变频等效电路如图 4.16 所示，已调信号 $u_{AM}(t)$ 和本地振荡电压 $u_o(t)$ 被加到非线性器件 VT_1 的发射结回路。在这两个信号的共同作用下，集电极回路产生多种频率的信号，其中包括角频率为 $\omega_o-\omega_c$ 的信号。调节本地振荡电路参数，使 $\omega_o-\omega_c=\omega_i$（中频），选择 L_5、C_7 参数，使回路的谐振频率等于中频 ω_i(465kHz)，则只有中频信号从 L_6 输出，该中频信号调幅的规律和已调信号 $u_{AM}(t)$ 相同，于是就达到了变频的目的。电感 L_5、L_6 的线圈绕制在一个骨架上，内有磁芯穿过，调节磁芯的位置，可对回路的电感量进行微调。线圈外加金属屏蔽壳，使用时需接地，这样组成的元件称为中频变压器（也称中周），图中用 T_1 表示。

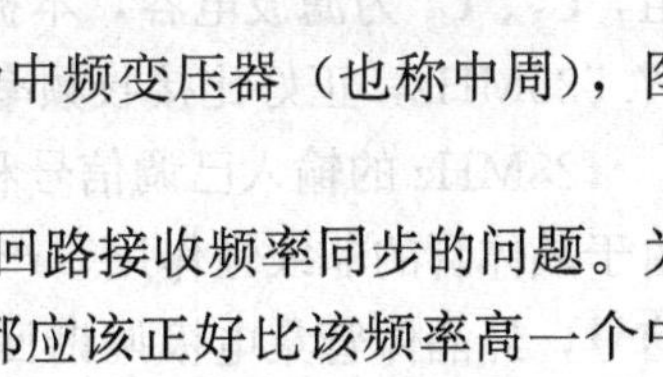

图 4.16　变频等效电路

此外，还需要解决接收不同频率电台时本振频率与输入回路接收频率同步的问题。为保证接收质量，无论输入回路调谐到哪个频率，本振频率都应该正好比该频率高一个中频。为此，C_{1a}、C_{1b} 应使用双联可变电容器。为了同步得更好，输入和本振回路都并联了一个微调电容器。调节范围是 5～20pF。

(2) 本振由晶体振荡电路产生的变频电路

与收音机电路不同，用于遥控的接收电路常常只需要接收固定频率的信号，在这种情况下，变频电路的本机振荡可由晶体振荡电路产生。图 4.17 所示的是用于接收 28MHz 调幅信号的变频电路，这种变频电路的本地振荡由独立的晶体管 VT_2 产生，因此属它激式变频电路。

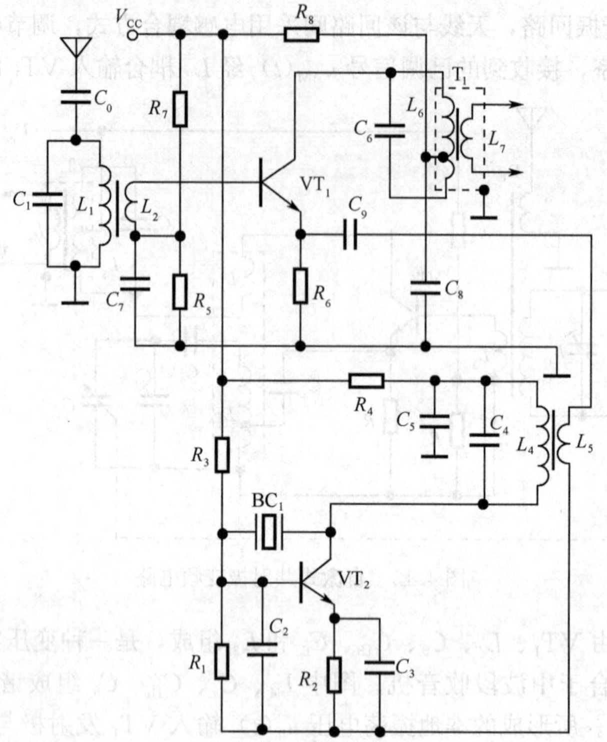

图 4.17 晶振为本振的变频电路

输入回路由 L_1、C_1 组成，输入回路与天线之间采用电容耦合方式，所接收的 28MHz 已调信号经 L_2 耦合输入晶体管 VT_1 基极。

本地振荡电路由晶体管 VT_2、晶振 BC_1、电容 C_2（容量 12pF）、C_4（容量 30pF）、L_4 等组成，这是典型的电容三点式振荡电路，晶振 BC_1 等效于一个电感，跨接在 b、c 极之间，电容 C_2 接在 b、e 极间，C_4、L_4 等效于一个电容，接在 c、e 极间，两个串联电容两端接 b 和 c 极，中间连接点接发射极 e，从而形成三点式结构。电阻 R_3、R_1 为静态偏置电阻，C_3、C_5 为滤波电容，本振信号经 L_5、C_9 耦合至晶体管 VT_1 的发射极。晶振频率选 27.535MHz，正好比接收频率 28MHz 低 465kHz。

28MHz 的输入已调信号和 27.535MHz 的本振信号加到晶体管 VT_1 的基极和发射极，由于晶体管的非线性作用，产生包括 28MHz－27.535MHz＝465kHz 中频在内的多种高频信号，经晶体管集电极调谐回路 C_6、L_6 的选频作用，从中选出中频信号，最后从 L_7 输出，这一中频信号保留了与原基带信号的调幅关系，于是可以达到变频的目的。电感 L_6、L_7 组成中频变压器 T_1。与图 4.15 的情况不同，本机振荡不是由变频管产生的，而是由独立的晶体管 VT_2 组成的振荡电路产生的，在这种情况下，VT_2 等组成的产生本机振荡的电路称为本地振荡电路，VT_1 及外围元件组成的电路称为混频电路，两者合称变频电路。

由晶体振荡电路产生本振信号的优点是振荡频率稳定性较好。

3. 中频的选择

变频时，本地振荡频率应取多大，决定于中频，而中频的选择与中频放大电路相关。由于各种频率的中频放大电路已经规格化并形成产品，因此设计制造超外差式接收电路时，中频的选择应该尽可能符合规范，以便选用通用的中频放大电路。常用的接收各种不同无线信号时所使用的中频频率如表4.1所示。

表4.1　中频频率

无线信号名称	调幅广播	调频广播	电视图像信号	电视伴音信号
频率范围	525～1605kHz 3.5～29.7MHz	88～108MHz	49.75～951.25MHz	
中频频率	465kHz	10.7MHz	38MHz	6.5MHz

无线收/发芯片采用超外差式接收方式时，不存在选用规范中频放大电路的问题，所使用的中频频率没有统一规定，究竟使用怎样规格的中频，一般会在说明书中标明。例如，无线收发芯片nRF401所使用的中频频率为400kHz；超外差式接收芯片MAX7033所使用的中频频率为10.7MHz；一些超外差式收音机集成电路还使用75kHz或更低的频率作为中频，我们将在第7章讨论。

4. 镜像干扰

根据前面关于变频原理的讨论，本振频率为f_0时，如果输入信号频率比本振频率低465kHz，即$f_c=f_0-465\text{kHz}$，经变频后即可得到频率为465kHz的中频信号输出。但是要注意，频率比本振频率高465kHz的信号$f_{c1}=f_0+465\text{kHz}$进入变频电路后与本振频率f_0之差也是465kHz，也能产生465kHz的中频信号输出。f_0信号是我们希望接收的信号，而f_{c1}并不是我们希望接收的信号，后者就成为干扰。这种干扰就称为镜像干扰，它是超外差式接收电路特有的干扰。

镜像干扰与输入回路的选择性有关，选择性好，镜像干扰信号在输入回路受到抑制，就难以进入变频电路形成干扰。但是，假如频率f_{c1}处正好有另一个电台，其信号也很强，镜像干扰就很难消除。

4.2.4　中频放大电路

1. 中频放大电路的主要性能指标

中频放大电路的功能可以通过其主要性能指标来表述。

(1) 中频放大增益

检波时，输入信号应有0.5～1V左右的幅度，因此中频放大电路需要有较高的增益。用于接收广播信号的收音机，中放电路增益需要50～60dB；用于遥控的接收机，增益常在70dB以上。一级中频放大电路的增益一般只能达到35dB左右，因此常由两级电路组成。

（2）选择性

为提高接收电路的选择性，中频放大电路也应具有抑制邻频干扰信号的能力，这一能力即为中频放大电路的选择性。中频放大电路的选择性是接收电路整机选择性的重要组成部分之一，和放大电路增益指标一样，一级中频放大电路的选择性常达不到要求，为了获得较好的选择性，也需要采用多级中频放大。

（3）通频带

通频带是指中频放大电路能有效放大的信号频率宽度。中频放大电路的通频带是一个反映电路频率特性的重要指标。为保证接收质量，中频放大电路的通频带一定要稍宽于已调信号的带宽。根据第3章，列出各种调幅波的频带宽度如表4.2所示。由表4.2可知，不同类型调幅波的带宽各有不同。因此，对于不同的调幅波，中频通频带的要求也有所不同。

表4.2　各种调幅波的频带宽度

普通调幅（AM）波	抑制载波的双边带调幅（DSB）波	抑制载波的单边带调幅（SSB）波
$2F_{max}$	$2F_{max}$	$\sim F_{min}$

2. 调谐式中频放大电路

常用的中频放大电路有调谐式和集中选频式放大电路两大类。调谐式中频放大电路又分单调谐和双调谐中频放大电路。首先介绍单调谐中频放大电路。

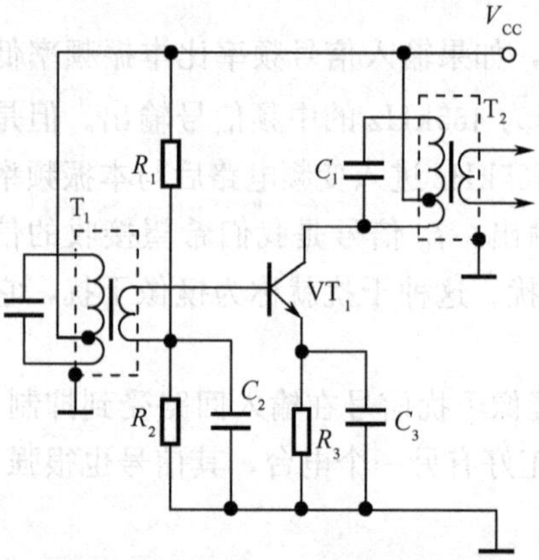

图4.18　典型的单调谐中频放大电路

典型的单调谐中频放大电路如图4.18所示。晶体管VT_1被接成共射极放大电路，基极偏置电阻R_1、R_2和发射极电阻R_3共同决定电路的静态工作点，C_2、C_3的容量较大，对中频信号来说可视为短路，起中频信号旁路作用，因此R_3只对直流信号有反馈，起稳定工作点的作用。图4.18中T_1即为变频电路的中频变压器（见图4.15和图4.17），来自变频电路的中频调幅信号经T_1次级线圈输入VT_1的基极和发射极之间进行放大，中频变压器T_2是VT_1的集电极负载，放大后的信号由T_2次级输出。这种电路的特点是中频变压器T_1和T_2的初级由LC谐振回路组成，次级则不含，如果次级也由LC谐振回路组成，所构成的调谐放大电路则称为双调谐中频放大电路。

单调谐中频放大电路的主要特性指标如下。

（1）增益

单调谐中频放大电路增益为

$$A_u = -\frac{n_1 n_2 Y_{fe}}{g_\Sigma} \tag{4.11}$$

式中，n_1、n_2为中频变压器T_2初次级绕组匝数比（见图4.19），称为接入系数，分别为

$$n_1 = \frac{N_{12}}{N_{13}} \quad n_2 = \frac{N_{45}}{N_{13}} \tag{4.12}$$

式（4.11）中，Y_{fe}是晶体管 VT_1 的导纳，定义为晶体管输出端在短路情况下单位输入电压变化引起的集电极输出电流变化，即为

$$Y_{fe}=\frac{I_c}{U_{be}}\bigg|_{U_{ce}=0} \tag{4.13}$$

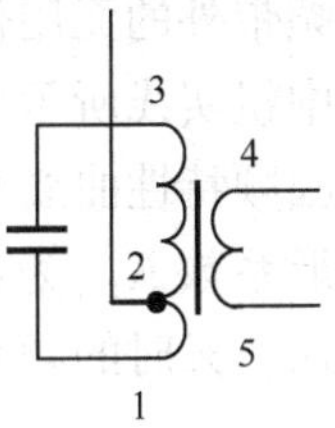

图 4.19　中频变压器线圈匝数

导纳 Y_{fe}反映了输入电压对于输出电流的调控能力。式（4.11）分母 g_{Σ} 等于

$$g_{\Sigma}=n_1^2 g_{oc}+n_2^2 g_L+g_0 \tag{4.14}$$

式中，g_{oc}、g_L、g_0 分别为晶体管集电极输出电导、经 T_2 反馈入集电极回路的负载电导和 LC 回路空载等效电导。可以这样理解增益表达式（4.11）：假如中频变压器不作抽头，中频变压器初次级匝数比等于 1，即 $N_{12}=N_{13}$，$N_{45}=N_{13}$，则式（4.11）和式（4.14）简化为

$$A_u=-\frac{Y_{fe}}{g_{\Sigma}}\quad g_{\Sigma}=g_{oc}+g_L+g_0$$

在这种情况下，增益公式就容易理解：电压增益等于导纳 Y_{fe}除以集电极等效电导 g_{Σ}，其中集电极等效电导 g_{Σ} 是晶体管集电极输出电导、负载电导和 LC 回路空载等效电导之和。集电极等效电导的倒数为集电极等效电阻，因此，电压增益也可以表述为导纳与集电极等效电阻的乘积，这种表述就和模电中共射极放大电路增益的表达式相同。中频变压器抽头的目的是实现阻抗匹配，集电极输出电阻与中频变压器输入电阻匹配，中频变压器输出电阻与中频变压器负载匹配，于是就有式（4.12）和式（4.14）的关系，增益公式也就修改为式（4.11）所示。

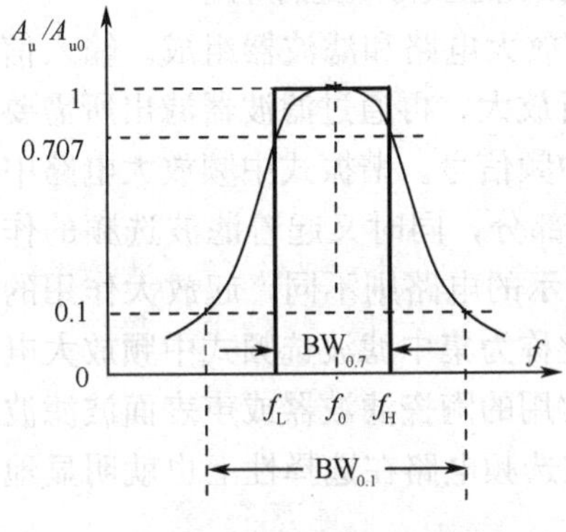

图 4.20　谐振放大电路通频带和矩形系数

（2）通频带

调谐放大电路通频带定义为电压放大倍数下降到其最大值 70.7%时所对应的频带宽度，用符号 $BW_{0.7}$ 表示，如图 4.20 所示。图 4.20 中纵坐标为某一频率时的电压增益 A_u 与谐振频率时的电压增益 A_{u0} 的比值，横坐标为频率，谐振频率时的电压增益最大，因此谐振频率处曲线有一峰值。偏离该频率时增益下降，增益下降到其最大值 70.7%时上下频率之差即为通频带。这一通频带是按增益下降到其最大值 70.7%（即下降 3dB）来规定的，因此表示为 $BW_{0.7}$。

单调谐放大电路通频带的公式为

$$BW_{0.7}=\frac{f_0}{Q_L} \tag{4.15}$$

式中，f_0 为谐振回路的谐振频率；Q_L 为回路等效品质因数。可见通频带与回路的等效品质因数有关，品质因数高时幅频曲线尖锐，通频带变窄。

（3）矩形系数

中频放大电路的选择性常用矩形系数来表示。理想的中频放大电路应该只对信号频带内的所用频率成分进行均匀的放大（对不同的频率成分都有相同的放大倍数），而对信号

频带外的无用信号一概不予放大，即其幅频特性应为宽度等于 $BW_{0.7}$ 的矩形（如图 4.20 中粗实线所示），但实际上中频放大电路的幅频特性如图 4.20 细实线所示。为了描述实际幅频特性曲线与理想幅频特性曲线的差异，引入矩形系数的概念。定义中频放大电路的矩形系数 $K_{0.1}$ 为：电压增益下降到其最大值 10%时的频带宽度 $BW_{0.1}$ 与增益下降到其最大值 70.7%时的频带宽度 $BW_{0.7}$ 的比值，即

$$K_{0.1}=\frac{BW_{0.1}}{BW_{0.7}} \tag{4.16}$$

按照这一定义，理想幅频特性曲线的矩形系数 $K_{0.1}=1$，用放大电路增益公式可以求出一级调谐放大电路的矩形系数 $K_{0.1}=9.96$，可见与理想的矩形要求相去甚远，因此这种中频放大电路的选择性较差。为了改善选择性，可以采用双调谐或多级单调谐放大方式。双调谐电路的矩形系数可达到 3.16，六级单调谐放大，可使矩形系数降至 3.1。

3. 集中滤波选频式中频放大电路

除了选择性较差之外，调谐式中频放大电路还存在电路元器件多、调整麻烦等缺点，因此不宜集成化。采用集中放大和滤波的集中滤波选频式中频放大电路则可以克服这些缺点，能在获得高增益的同时有良好的选择性。这种电路容易集成化，因此已获得广泛的应用。

这类中频放大电路的结构如图 4.21 所示，它由宽带放大电路和滤波器组成。输入信号（混频或变频电路输出信号）首先经宽带放大电路进行放大，再通过滤波器滤出所需要的中频信号，然后再继续放大，于是就能得到放大了的中频信号。谐振式中频放大电路中谐振回路是放大电路的集电极负载，是放大电路的组成部分，同时又起着滤波选频的作用，放大和滤波选频被综合到一个电路中去。图 4.21 所示的电路则不同，起放大作用的放大电路和起滤波选频作用的滤波器是相互分离的，因此称为集中滤波选频式中频放大电路。这类电路的选频特性决定于所使用的滤波器，由于常用的陶瓷滤波器或声表面波滤波器与 LC 回路相比具有优良的选频特性，因此集中式滤波选频电路在选择性上也就明显地优于谐振式中频放大电路。

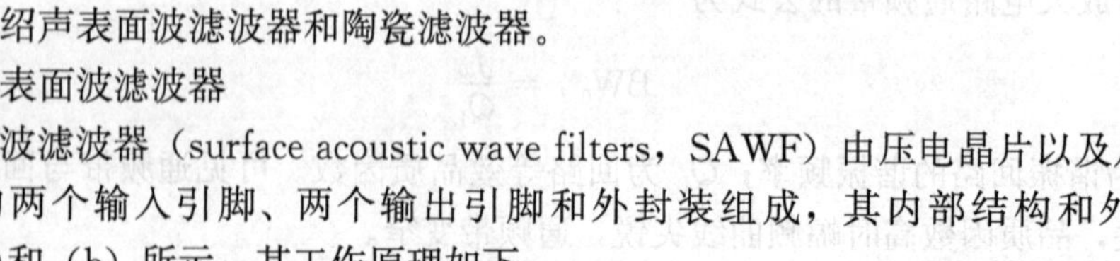

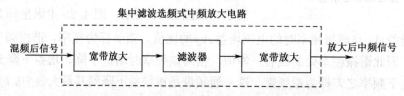

图 4.21 集中滤波选频式中频放大电路组成框图

首先介绍声表面波滤波器和陶瓷滤波器。

(1) 声表面波滤波器

声表面波滤波器（surface acoustic wave filters，SAWF）由压电晶片以及从压电晶片两端引出的两个输入引脚、两个输出引脚和外封装组成，其内部结构和外形分别如图 4.22 (a)和 (b) 所示。其工作原理如下。

当交变电信号从输入端输入时，输入换能器将其转换为声表面波，这一声表面波沿压电晶片传播，到达输出端后，经输出换能器重新将声波转换为交变电压输出。由于特殊设

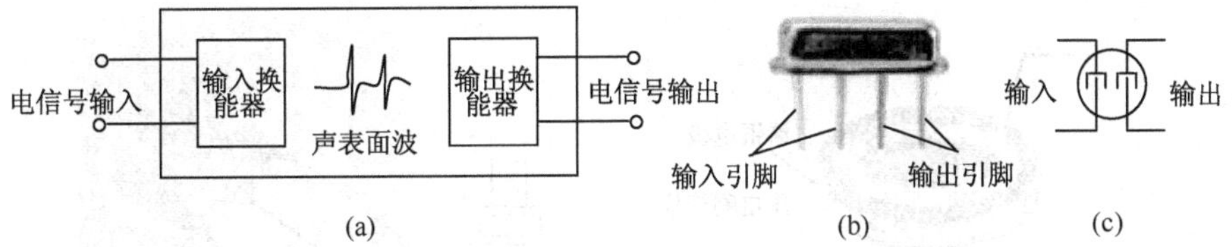

图 4.22　声表面波滤波器结构、外形图和电路符号

计的压电晶片只允许一定频率范围的声表面波通过，于是就只有该频率范围的输入电信号才能在输入端转换为声波，经压电晶体传播并在输出端重新转换为电信号，因此就使这样的器件具有滤波特性，即只允许一定频率范围的信号通过。

典型的声表面波滤波器频率特性曲线如图 4.23 所示，这是一种用于电视图像信号中频放大的专用滤波器。图 4.23 中横坐标为频率，纵坐标为输出信号与输入信号幅度之比，用对数坐标表示，0dB 对应于幅度比的峰值。由图 4.23 可知，这一频率特性十分接近矩形，它允许频率在 31.5～38MHz 范围内的信号顺利通过（残留边带调制的电视图像信号正好在这一范围），此范围以外的信号则被大幅度地衰减，因此具有良好的选频特性。声表面波滤波器的电路符号如图 4.22（c）所示。

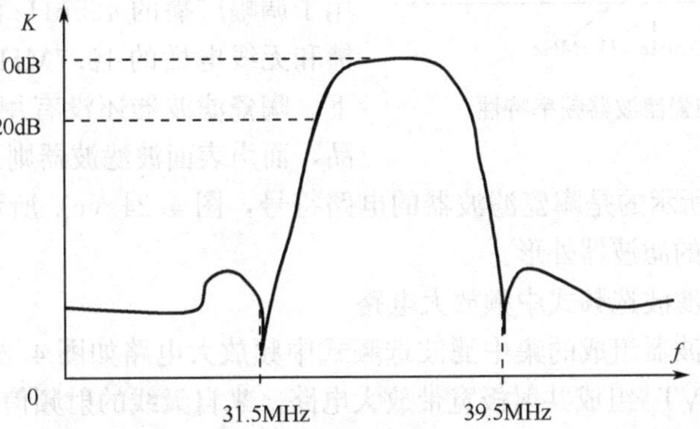

图 4.23　声表面波滤波器频率特性

（2）陶瓷滤波器

另一类常用的滤波器是陶瓷滤波器，它由压电陶瓷片制成，其结构如图 4.24（a）所示。压电陶瓷片两面涂银层形成电极，底面的电极 3 是公共地电极，正面的 1 为输入极，2 为输出极，信号从 1、3 极之间输入，从 2、3 极之间输出。

工作原理如下：1、3 脚间输入交变信号时，该电压在输入端被转换为压电陶瓷的机械振动并传播至输出端；在输出端，这一机械振动重新转换为交变电压，从 2、3 脚之间输出。当输入信号的频率等于压电陶瓷片的谐振频率时，由输入电压引起的机械振动最强，从输出端重新转换出来的输出电压也最大；输入信号电压频率偏离谐振频率时，所引起的机械振动减弱，输出电压也随之减小，频率的偏离越厉害，输出电压就越小，于是就得到如图 4.25 所示的频率特性曲线。图中所画的是用于调频广播中频放大电路的 10.7MHz 陶瓷滤波器，其－3dB 通频带宽度大于 40kHz（即输出衰减 3dB 时的通频带宽度）。

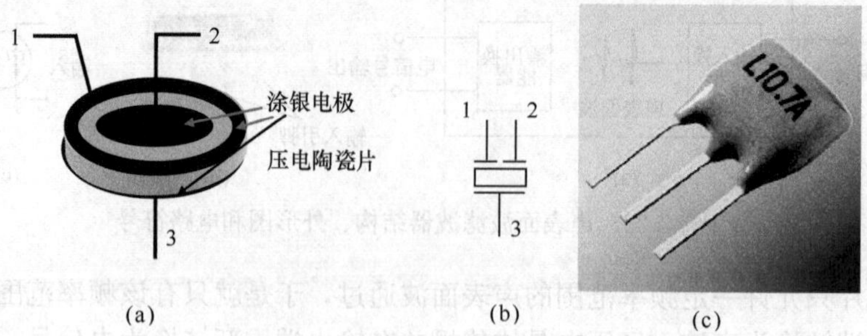

图 4.24 陶瓷滤波器结构、电路符号和产品外形

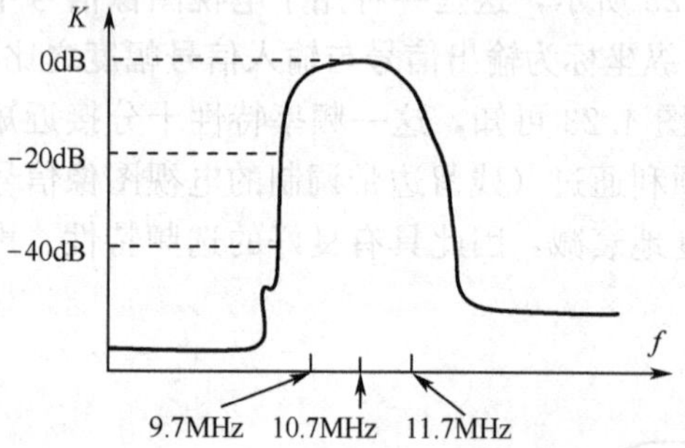

图 4.25 陶瓷滤波器频率特性

陶瓷滤波器和声表面波滤波器一样都具有体积小、成本低、品质因数高、滤波特性和选择性好、性能稳定、无须调谐、寿命长和不受周围电磁场等优点，因此在各个领域得到广泛的应用。根据不同的用途已形成一系列产品，包括用于电视机的 38MHz、6.5MHz 滤波器，用于调幅广播的 465kHz 滤波器，用于调频广播和无线电话的 10.7MHz 滤波器等。相比之下，陶瓷滤波器还没有用于 50MHz 以上的产品，而声表面波滤波器则可用于很高的频率。

图 4.24（b）所示的是陶瓷滤波器的电路符号，图 4.24（c）所示的是用于调频广播收音机和无线电话的滤波器外形。

（3）典型集中滤波选频式中频放大电路

由声表面波滤波器组成的集中滤波选频式中频放大电路如图 4.26 所示，图中 ZF_1 为声表面波滤波器，VT_1 组成共射极宽带放大电路。来自天线的射频信号与本振信号混频后从基极输入，集电极输出，经电容耦合至声表面波滤波器 ZF_1，选频滤波后输出放大了的中频信号。

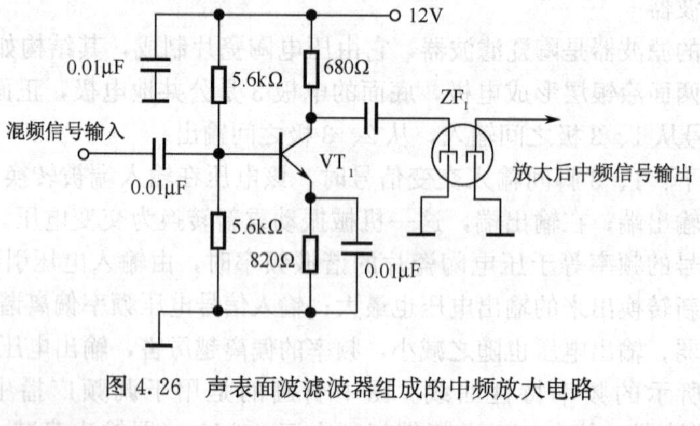

图 4.26 声表面波滤波器组成的中频放大电路

由陶瓷滤波器组成的中频放大电路如图 4.27 所示，VT_1 和 VT_2 是两级共射极放大电

路，均采用分压式偏置方式；R_1 和 R_2 分压确定 VT_1 静态基极电压；R_{e1} 为发射极电阻，由于电容 C_1 的旁路作用，R_{e1} 不构成交流反馈，只起直流负反馈的作用并用来调节静态集电极电流，R_3 和 R_4 分压确定 VT_2 静态基极电压；因 C_2 的旁路作用，R_{e2} 同样不构成交流反馈，只起直流负反馈作用并用来调节 VT_2 的静态集电极电流；R_{c1} 和 R_{c2} 各为 VT_1 及 VT_2 的集电极电阻。混频后的信号经电容 C_3 耦合从 VT_1 基极输入，经 VT_1 放大后从集电极输出至陶瓷滤波器 CF_1 的输入端。经过滤波器 CF_1 的滤波选频，其输出端输出的是中频信号，这一中频信号输入 VT_2 基极做进一步放大，VT_2 集电极输出的即为进一步放大后的中频信号。图中陶瓷滤波器的型号为 3L465，其频率为 465kHz，－3dB 带宽 4kHz，用于调幅广播收音机。

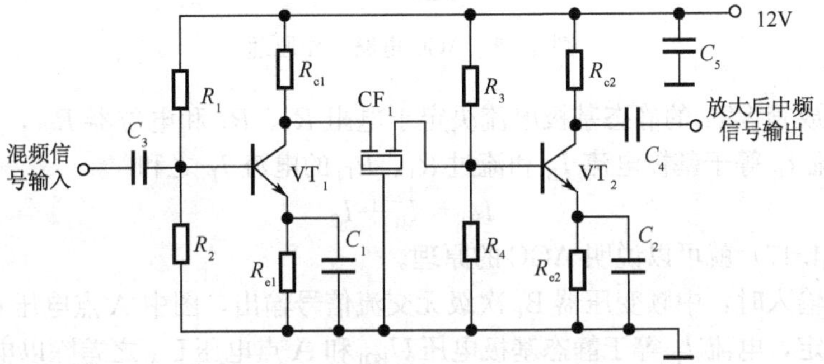

图 4.27　由陶瓷滤波器组成的中频放大电路

4.2.5　AGC 和 AFC 电路

1. AGC 电路

在接收机工作时，由于不同频率电台的发射功率大小不等、接收机与电台之间的距离各异等原因，天线所接收到的不同电台的信号强弱在很大范围内变化，信号微弱时只有几微伏至几十微伏，信号强时可达几百毫伏。为了获得稳定的音量，需要让中频放大电路的放大倍数随输入信号的强弱而自动变化，在输入信号强时放大倍数下降，在输入信号弱时放大倍数上升，用来实现这一功能的电路即为 AGC 电路。由于最终的目的是达到音量的稳定输出，有些生产厂家也将自动增益控制称为自动音量控制（automatic volume control，AVC）。

一种常用的 AGC 电路如图 4.28 所示，这种电路控制增益的思路是利用检波电路的输出来控制第一中放电路的增益。

晶体管的电流放大倍数 β 与静态基极电流有关，基极电流逐渐增大，开始的时候 β 随基极电流的增加而增加，基极电流增大到一定程度后，继续增加将导致 β 下降。因此，中频放大电路增益与静态基极电流的关系是：基极电流逐渐增大时，在电流较小的范围内，增益随基极电流的增大而增大，超过一定范围后，基极电流继续增加将导致增益下降。中频放大第一级常工作于基极电流较小的范围，在这种情况下，放大电路的增益随基极电流增加，控制中频放大管的静态基极电流就可以控制中频放大电路的增益。图 4.28 所示 AGC 电路工作原理如下。

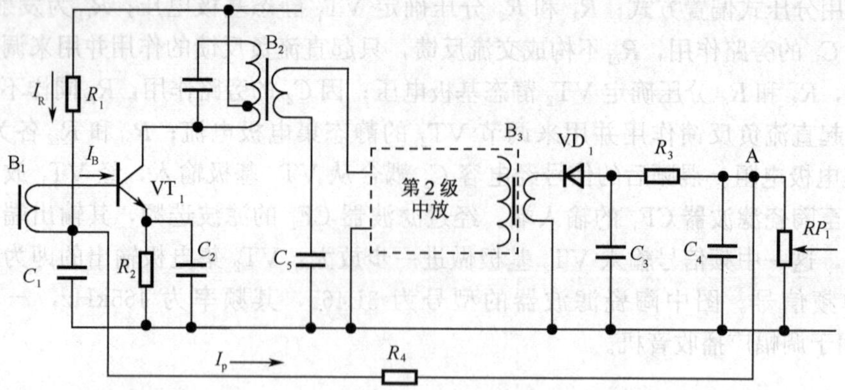

图 4.28　AGC电路工作原理

第一级中放管 VT_1 的静态基极电流决定于电阻 R_1、R_4 和电位器 R_{P1}，容易看出流过电阻 R_1 的电流 I_R 等于基极电流 I_B 和流过 R_4、R_{P1} 的电流 I_P 之和

$$I_R = I_B + I_P \tag{4.17}$$

利用式（4.17）就可以说明AGC的原理。

没有信号输入时，中频变压器 B_3 次级无交流信号输出，图中A点电压 U_A 由流过 R_{P1} 的静态电流确定，电流 I_P 等于静态基极电压 U_{BQ1} 和A点电压 U_A 之差除以电阻 R_4，即

$$I_P = \frac{U_{BQ1} - U_A}{R_4}$$

有了信号输入，B_3 次级即有交流信号输出，这一信号经二极管 VD_1 检波，所形成的直流电流方向是由下向上，在这一电流作用下，A点电压 U_A 下降（为负值），根据上式，电流 I_P 即随之上升。电流 I_R 是不变的，根据式（4.17），I_P 的上升必然引起 I_B 下降，于是使 VT_1 电流放大倍数下降，放大电路增益下降。输入信号越强，I_P 上升越多，放大倍数下降就越厉害。这样，就做到了中放的放大倍数随输入信号变化，信号弱时放大倍数高，信号强时放大倍数低，于是就实现了AGC。这种通过减小晶体管工作电流来降低放大倍数的控制方式，称为反向AGC。

2. AFC电路

超外差式接收机能否稳定地接收到某一个调频信号，主要决定于本地振荡的频率能否跟踪该输入信号，即能否始终保持与输入信号差一个中频信号。假设某个时刻已经收到某个调频台的信号，这时，本地振荡的频率却因温度升高等原因发生了漂移，本振频率与输入信号频率之差偏离中频，接收信号质量就会下降，严重时甚至会丢失。为了解决这个问题，除了尽可能地保持本地振荡频率稳定之外，一个行之有效的办法便是引入AFC电路。通过AFC电路的自动控制作用，能使本地振荡频率始终跟随输入信号频率变化，从而使两者之差始终等于或接近于中频。

实现自动频率控制的做法是从鉴频器的输出信号中检出其直流成分，利用该直流电压调节本地振荡的频率，其工作原理如图4.29所示。L_1、C_1 是本地振荡电路的谐振回路，变容二极管 C_j 经电容 C_2 耦合与 C_1 相并联。变容二极管接入的结果，使本地振荡的频率决定于 L_1 及 C_1、C_j 的并联值，调节变容二极管 C_j 的电容量，就可以控制本振频率的变

化。接入 C_2 的目的是避免变容二极管 C_j 接入降低谐振回路的 Q 值，其容量远大于 C_j，因此可以认为 C_j 直接与 C_1 相并联。来自鉴频器的信号经电阻 R_2 和电容 C_3 组成的低通滤波电路滤波后加在变容二极管 C_j 两端，这一电压起着调节 C_j 容量的作用，因而也就控制了本振频率的变化。

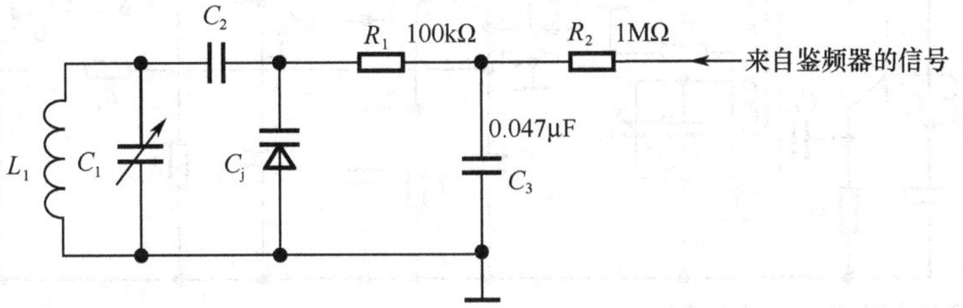

图 4.29　AFC 原理

以调频收音机为例，其中频为 10.7MHz。当收音机正确调谐时，变频后信号的中心频率应正好等于中频 10.7MHz，这时，鉴频器输出的低频（基带）信号没有直流成分。如果温度变化等原因使本振频率升高，变频后的中心频率也相应地会高于 10.7MHz，于是来自鉴频器输出信号的直流成分为负，变容二极管两端偏压减小，容量增加，本振频率就会降低，于是温度变化引起的本振频率的变化就受到抑制。

图 4.29 中 R_1 起隔离作用，避免高频振荡被低通滤波电路所旁路。

4.3　超外差式接收电路识读

4.3.1　中波段超外差式调幅收音机电路

一种典型的中波段超外差式调幅收音机电路如图 4.30 所示，其主要技术指标如下。

接收频率范围：中波 525～1605kHz。

中频频率：465kHz。

电源：直流 3V。

扬声器：8Ω。

输出功率：50mW。

根据前面关于输入电路、变频电路和中放电路的讨论，对图 4.30 所示的电路识读如下。

（1）输入电路

输入回路由 C_1、C_2、L_1、L_2 和磁棒 B_1 组成，C_1 和 C_5 组成双联电容器，调节这一电容器选择电台的同时，本振频率随之相应变化。C_2 为微调电容，和 C_5 一起调节保证输入回路与本振回路谐振频率之差在整个中波段内都等于中频。由于使用了磁性天线，收听中波台时不必再外接天线。

（2）变频电路

由 VT_1、R_{10}、R_1、R_2、C_3、C_4、C_5、C_6 和中频变压器 B_2、B_3 组成，属自激式共射极变频电路。与图 4.15 相比较，将分压式偏置改为 R_{10} 固定偏置，这是由于使用了硅管（9018），穿透电流很小，采用固定偏置即可获得稳定的工作点。固定偏置的优点是减去了流过分压电阻的电流，因而能起节电的作用。

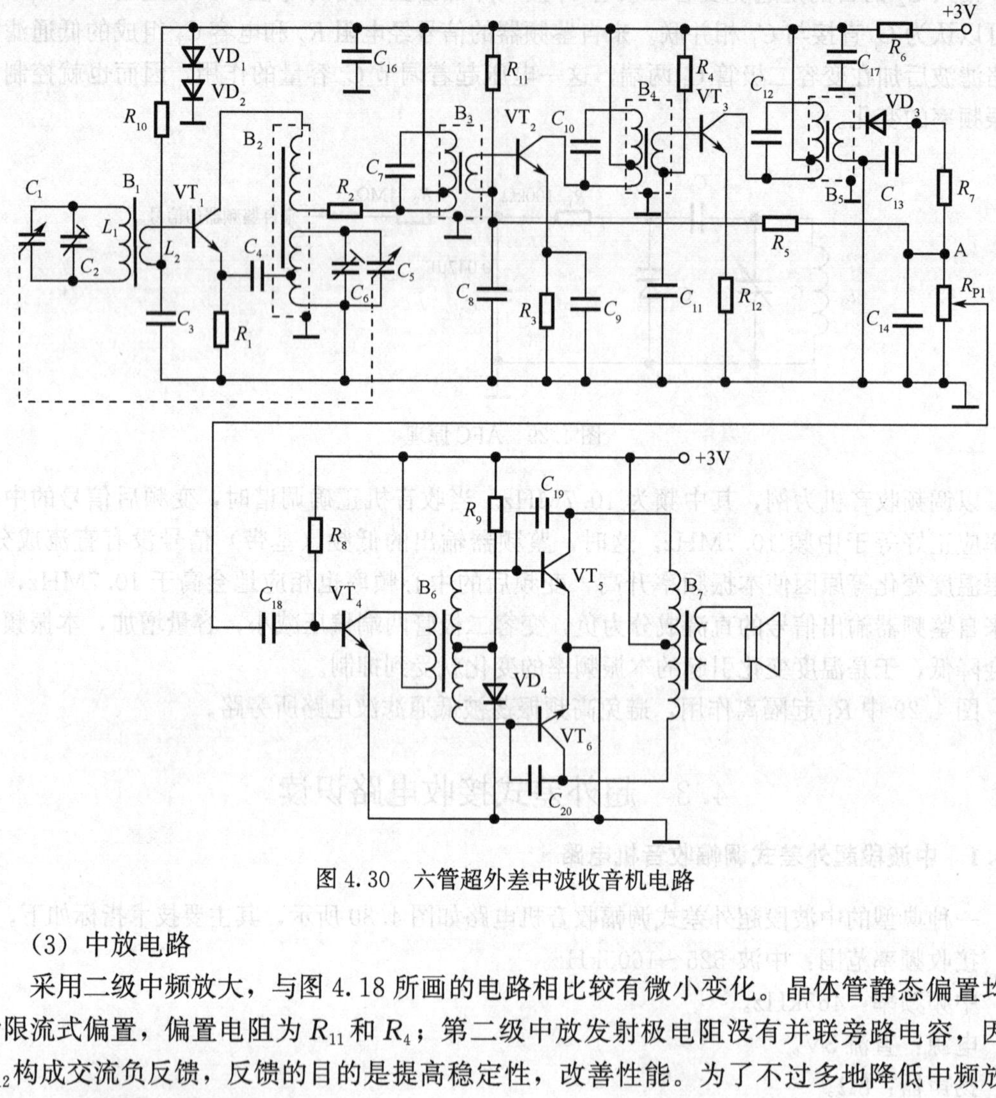

图 4.30 六管超外差中波收音机电路

(3) 中放电路

采用二级中频放大，与图 4.18 所画的电路相比较有微小变化。晶体管静态偏置均改为限流式偏置，偏置电阻为 R_{11} 和 R_4；第二级中放发射极电阻没有并联旁路电容，因此 R_{12} 构成交流负反馈，反馈的目的是提高稳定性，改善性能。为了不过多地降低中频放大倍数，R_{12} 阻值较低，取 51Ω。

(4) 检波电路

检波电路由二极管 VD_3，低通滤波电路 C_{13}、C_{14}、R_7 组成，属包络线检波电路。由中频变压器 B_5 输出的是调幅的中频信号，经检波电路检波后，在电位器 R_{P1} 两端得到解调后的播音信号，电位器活动端接低频放大电路，接入电位器的作用是调节音量。

(5) AGC 电路

图 4.30 所示的 AGC 电路与图 4.28 相同。根据检波二极管 VD_3 的极性，可以看出检波后直流成分的方向是从下向上的，因此 A 点直流电平为负。假设所接收的信号变强，检波后输出信号也变大，A 点电压变得更负，A 点电压变负的结果是增大自 VT_2 基极经 R_2 流向 A 点的电流，因此导致基极静态电流下降。基极电流的下降引起 VT_2 电流放大倍数 β_2 下降，从而使第一级中频放大电路的增益下降，检波输出电压下降，因此收音机的音量也就得到了控制。

（6）低放和功放

VT_4 组成共射极低频放大电路，VT_5、VT_6 组成推挽式功率放大电路。输入信号正半周时 VT_5 导通，VT_6 截止，音频电流经变压器 B_7 初级上半个绕组，耦合至次级，在负载（扬声器）上形成正半周输出；输入信号负半周时 VT_6 导通，VT_5 截止，音频电流经变压器 B_7 初级下半个绕组，耦合至次级，在负载上形成信号的负半周。于是，在负载上得到完整的经过功率放大的信号。

（7）直流供电

变频和中放电路的电源采用稳压方式供电，稳压电路由电阻 R_6 和二极管 VD_1、VD_2 组成（见图 4.31）。3V 的电源经电阻 R_6（220Ω）流经正向串联的二极管 VD_1、VD_2 后入地，二极管导通时正向压降 0.6V，两只二极管串联的压降为 1.2V，因此变频、中放电路工作电压被稳定为 1.2V。流过电阻 R_6 的电流为

$$(3-1.2)/0.22 \approx 8.2\text{mA}$$

变频、中放电路与二极管 VD_1、VD_2 相并联，由图 4.31 可知，只要变频、中放电路工作电流小于 7.2mA，流过二极管的电流仍然大于 1mA，变频、中放电路工作电压就维持 1.2V 不变。实际上，变频、中放电路的电流为 1.6～3mA，因此图 4.31 所示电路的稳压效果是很好的。

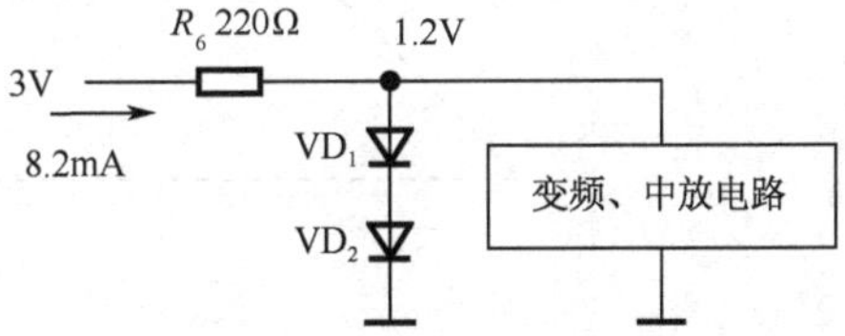

图 4.31　二极管组成的稳压电路

低放和功放电路无须稳压，由 3V 电池直接供电。

4.3.2　调频收音机的高频头电路

典型的调频收音机的高频头电路如图 4.32 所示，它由输入电路、高频放大电路和变频电路组成。完整的调频收音机电路还应该包括中放、鉴频、低放和功率放大电路。中放电路形式上和调幅收音机的相同，只不过调频收音机的中频是 10.7MHz，因此中频变压器应调谐在 10.7MHz。低放和功率放大电路和调幅收音机的完全相同，鉴频电路已在上一章介绍过，因此限于识读高频头电路。

1. 输入电路

输入电路如图 4.32 中虚线标出的（a）所示，其中 L_1、C_2 组成谐振回路，谐振于调频广播频段 88～108MHz，这一谐振回路能抑制调频广播频段外的干扰。天线与谐振回路之间采用电容耦合方式，C_1 为耦合电容，取 $C_1=10\text{pF}$。

2. 高频放大电路

高频放大电路如图 4.32 中虚线标出的（b）所示，由晶体管 VT_1，电阻 R_1、R_2、R_3，并联谐振回路 L_2、C_5、C_6 等组成，VT_1 选小功率高频晶体管，型号为 9018。

首先进行静态分析。电路采用 6V 的负电源供电，因此“地”对应于直流电源正极，为高电平。静态时 VT_1 集电极经电感 L_2 接高电平“地”，即与电源正极相连接，发射极

经电阻 R_1 和高频扼流圈 L_6 接电源负极，扼流圈 L_6 和电容 C_{11} 起退耦作用，避免高频信号经电源内阻形成自激振荡。基极静态电压决定于电阻 R_2 和 R_3 的分压，调节电阻 R_2 可使晶体管获得合适的静态偏置。

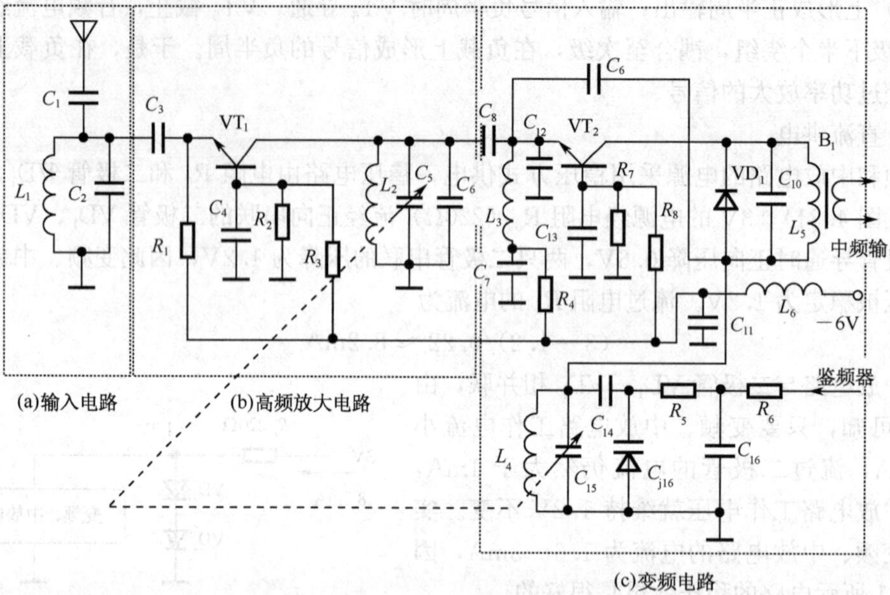

图 4.32 调频收音机的高频头电路

动态时，由于 C_4 的容量为 0.01μF，对高频信号来说阻抗趋于零，因此基极交流接地。调频信号经电容 C_3 耦合，从基极和发射极之间输入，集电极负载为 L_2、C_5、C_6 组成的谐振回路，放大后的信号从集电极（经电容 C_8 耦合）和基极之间输出，可见 VT_1 组成的是共基极放大电路。与共射极放大电路相比，共基极放大电路的高频特性要好，调频广播的高频放大电路所要放大的是 88～108MHz 的高频信号，为了在高频情况下仍能得到高的放大倍数，高频放大电路一般都采用共基极接法。在谐振回路中，C_6 为微调电容，其调节范围为 3～19pF。

高频放大电路以 LC 谐振回路为负载，因此具有选频放大的特性。谐振频率决定于 L_2、C_5、和 C_6，C_5 为可变电容，调节 C_5 可使回路在 88～108MHz 范围内谐振。

3. 变频电路

变频电路如图 4.32（c）所示，晶体管 VT_2 兼作本地振荡和混频管，因此属自激式变频电路，但与图 4.15 所示的共射极组态的自激式变频电路不同，下面分析其工作原理。

首先分析 VT_2 静态工作情况。VT_2 发射极经电感 L_3、电阻 R_4 接电源负极，基极静态电压决定于电阻 R_7、R_8 的分压，调节 R_7 可以改变 VT_2 的静态工作点，电源正极经电感 L_5、L_4 为 VT_2 提供集电极电流。

进行交流分析时，首先讨论 L_3、C_7 的作用，L_3 和 C_7 组成串联谐振回路，谐振频率等于中频 10.7MHz，因此就成为中频陷波器，接了这一陷波器可避免中频信号在发射极电阻 R_4 形成负反馈。本振信号频率（98.7～118.7MHz）远高于中频，因此对本振信号来说，中频变压器可视为短路，又因电容 $C_{13}=0.01\mu F$ 对高频信号可视为短路，基极交流接地，因此 VT_2 组成的本地振荡电路的交流等效电路如图 4.33 所示。图 4.33 中 C_{be}、C_{ce} 分别为基极与发射极、集电极与发射极之间的电容，它们各与 C_{12} 及 C_6 并联。由图可知，L_4、C_{15} 回路所形成的等效电感跨接在晶体管 b、c 极之间，C_{12} 和 C_{be} 并联形成的电容接在 b、e 极之间，C_6 和 C_{ce} 并联形成的电容接在 e、c 极之间，这是一个典型的电容三点式振荡电路，可见本地振荡电路为电容三点式振荡电路，振荡频率决定于 L_4、C_{15} 回路的谐振频率。

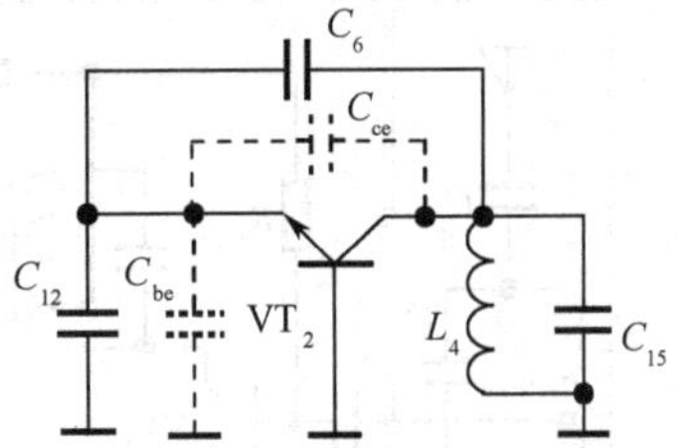

图 4.33　本地振荡交流等效电路

调频输入信号经高频放大后经电容 C_8 耦合输入 VT_2 发射极与基极之间，这一信号与集电极和基极间的本地振荡信号混频，经中频变压器选频，即可输出中频（10.7MHz）信号。

C_5 和 C_{15} 是双联电容器的两个电容，调节电容器转轴时两个电容同步变化，因此输入回路谐振频率在 98.7～118.7MHz 范围内变化时，本振频率与输入信号频率之差能始终等于中频。

图 4.32 中并联在中频谐振回路（L_5、C_{10}）上的二极管 VD_1 起阻尼作用，当信号很强时，变频器输出的中频电压幅度很大，这时中频电压的负半周会将变频管的集电极电压压得很低，使晶体管进入饱和状态，振荡电路就会停振。接上二极管以后，当中频电压过大时二极管导通，使回路 Q 值下降，放大倍数就会下降，避免了晶体管进入饱和区，二极管的这种作用称为阻尼作用。由于 VD_1 的阻尼作用，输入端特别大的强干扰就受到了抑制。

4. AFC 电路

图 4.32 中 R_6、R_5、C_{j16}、C_{16} 等组成 AFC 电路，其工作原理如第 4.2.5 节所述。

4.3.3　点频超外差式接收电路

前面讨论的超外差式接收电路都用于接收在一定范围内变化的多种频率信号的已调波，例如中波收音机电路用来接收 525～1605kHz 范围内的调幅波信号，超外差调频接收电路用来接收 88～108MHz 范围内的调频波。所谓点频接收电路，是指只能接收某一特定频率信号的接收电路，在无线遥控系统中常遇到这种接收电路。图 4.34 所示的是一种用于遥控的 28MHz 超外差调幅接收电路（略去其中的低放电路），它由输入电路、本地振荡电路、混频电路、中频放大电路和检波电路组成，分别识读如下。

1. 输入电路

输入电路的结构和图 4.32 相同，由于接收的信号属短波频段，天线与输入谐振回路之间采用电容耦合方式。L_1、C_1 的谐振频率应等于 28MHz。为实现输入回路与混频电路之间的阻抗匹配，电感 L_1 通过抽头与耦合电容 C_3 相连接。

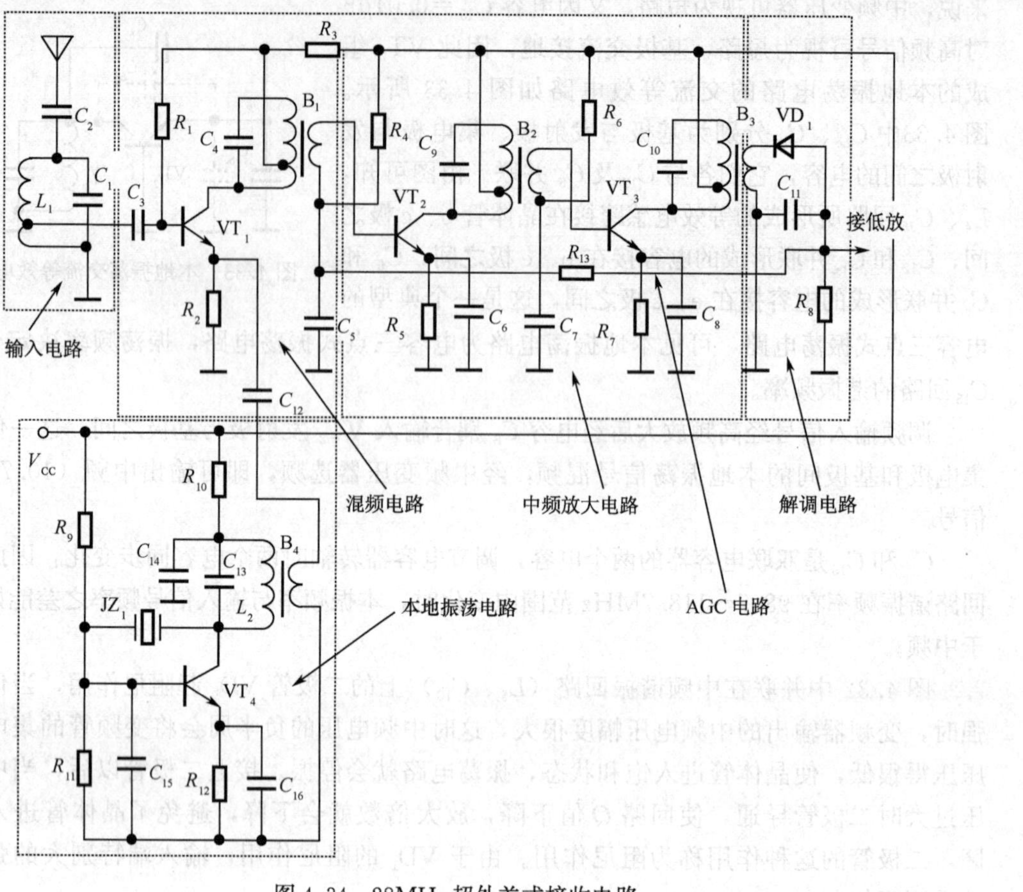

图 4.34　28MHz 超外差式接收电路

2. 本地振荡电路

本地振荡电路由晶体管 VT_4、石英晶体谐振器 JZ_1 及其他外围元件组成。画出这一电路的交流等效电路如图 4.35 所示，晶体 JZ_1 等效于一电感，接在晶体管 b、c 极之间，电容 C_{15}（容量 12pF）和晶体管 c、e 极间电容 C_{ce} 分别接在 b、e 极和 c、e 极之间，可见这是一个典型的共射极电容三点式晶体振荡电路，振荡的频率决定于晶体的谐振频率。由于所接收的调幅波载波频率等于 28MHz，中频为 465kHz，取本地振荡频率比载波频率低 465kHz，因此应选用谐振频率等于 27.535MHz 的晶体，晶体选定以后，本振的频率即等于 27.535MHz。由于采用了晶体振荡电路作为本地振荡电路，接收电路的频率稳定性较高。

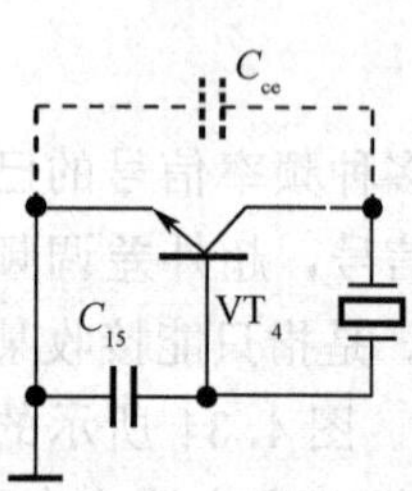

图 4.35　本地振荡电路的交流等效电路

本地振荡经高频变压器 B_4 耦合，送入混频管 VT_1 的发射极，电容 C_{12} 的容量为 0.01μF，对高频信号来说可视为短路。

3. 混频电路

混频电路由晶体管 VT_1、中频变压器 B_1 及电阻 R_1、R_2 等组成。R_1、R_2 决定晶体管的静态工作点，高频调幅信号经电容 C_3 耦合从基极输入，本振信号经 C_{12} 耦合从发射极输入，混频后由中频变压器 B_1 选频，从次级输出 465kHz 的中频调幅信号。

4. 中频放大电路

中频放大电路选用单调谐放大电路，共两级，由晶体管 VT_2、VT_3，中频变压器 B_2、B_3，电阻 R_4、R_5、R_6、R_7，电容 C_5、C_6、C_8 等组成。两级中放的静态工作点由电阻 R_4、R_5、R_6、R_7 确定，发射极电阻 R_5、R_7 均并联旁路电容，容量为 0.047μF，对中频信号可视为短路，因此 R_5、R_7 起稳定工作点的作用，对中频信号不构成负反馈。二级放大后的调幅的中频信号从变压器 B_3 次级输出。

5. 检波电路和 AGC 电路

检波电路由二极管 VD_1 和低通滤波电路 C_{11}、R_8 组成，AGC 电路由 R_{13} 等组成，检波电路和 AGC 电路的工作原理都和调幅广播接收电路相同。

4.4　无线收/发芯片和模块

第 2 章已经简单介绍过无线发射芯片的内部结构、工作原理及主要特性，下面继续介绍无线接收、无线收发芯片及无线接收、无线收发模块。讨论的重点仍然是芯片的内部结构、工作原理和主要特性指标。

4.4.1　无线收/发芯片的主要特性

无线收/发芯片的种类和型号很多，而且不断有新的更完善的芯片被推出。无线收/发芯片的正确选择是无线收发系统设计成功与否的关键。为了正确选择无线收/发芯片，就需要了解芯片的主要特性指标。

由于无线收/发芯片分为发射芯片、接收芯片和收发芯片三大类，我们将芯片所涉及的主要特性指标也分为三类：第一类是这三类芯片都使用的性能指标，称为共有指标；第二类是描述发射特性的指标，称为发射模式指标；第三类是描述接收特性的指标，称为接收模式指标。无线发射芯片只涉及共有指标和发射模式指标，无线接收芯片只涉及共有指标和接收模式指标，无线收发芯片则涉及所有上述指标。

第 2 章讨论无线发射芯片时已经简单介绍过 6 项技术指标，其中既有共有指标，也有发射模式指标。为完整起见，下面将详细介绍共有指标、接收模式指标和发射模式指标，并根据第 3 章调制与解调的知识对相关指标做必要的补充。

1. 共有指标

(1) 电源电压

无线收/发芯片都使用低压直流电源，一般都指定电源电压范围。

（2）工作温度

一般标明两个温度范围：工作温度范围，是指正常工作所需的环境温度范围，例如无线收发芯片 nRF401 的工作温度范围是－25～＋85℃；存储温度，是指存储芯片所需的环境温度，nRF401 的存储温度范围是－40～＋125℃。

（3）芯片封装形式和尺寸

无线芯片可应用于许多便携式设备，因此选用时芯片的封装方式和尺寸也是一个重要的指标。常见的封装方式有 TSOP（薄型小尺寸封装）、SSOP（缩小型小尺寸封装）、TSSOP（薄型小间距小尺寸封装）、SOIC（小外形集成电路）等。其中，TSOP、SSOP 和 TSSOP 都由 SOP（small outline package）变化而来。例如，收发芯片 nRF401 采用的就是 SOIC 封装。

（4）外接元件数目

从设计制作实用无线收发装置的角度看，在保证各项参数满足设计要求之外，芯片外接元件的数量和品种也是一个重要的指标，同样的电气性能，不同型号的芯片所需外接的元件数量常常不同，在这种情况下应尽量选用外接元件最少的芯片。收音机集成电路 MK484 就是突出的例子，它采用晶体管封装，无须外接任何元件，使用时就非常方便。

（5）天线尺寸

芯片工作频率在 300MHz 以上时，都可以使用印制板天线，天线的尺寸无疑也是决定收发系统实际尺寸的重要参数。无线芯片的使用说明书上都标有天线的形状和具体尺寸，天线尺寸的大小决定于无线电波的波长，波长越短（频率越高），天线尺寸越小，为了使便携式无线收发系统有更小的尺寸，应该选用频率较高的芯片。

（6）低功耗模式电流

低功耗模式电流也称睡眠模式电流，是指芯片处于待机状态，即没有收发无线信号时的维持电流。这一指标直接关系到无线收发系统的功耗（电池供电时无线收发系统的功耗决定于电池的使用时间），也是无线收发系统设计时需要考虑的一个重要指标。在许多场合，例如报警系统、电表无线抄表系统等，无线收发电路传输数据的时间很短，芯片绝大部分时间处于待机状态，因此芯片平均功耗实际上决定于这一低功耗模式电流。

无线芯片的低功耗模式电流一般都设计得很小，例如 nRF401 的低功耗模式电流等于 8μA。

2. 发射模式指标

（1）发射频率

发射频率是指无线发射时载波的频率，芯片说明书上也称工作频率，除调幅广播以外，应用于数据传输、控制和通信的无线收发芯片，多数工作于 VHF（30～300MHz）或 UHF（300～3000MHz）频段。

芯片的工作频率决定于外接的晶体谐振器频率，同样的芯片，由于谐振器频率的差异，工作频率会在一定范围内变化。例如，表 2.4 所列的发射芯片 nRF902 外接晶体的谐振频率取 13.469～13.595MHz 不同数值时，其工作频率在 868～870MHz 变化。因此，标明某个无线收发芯片工作频率时，一般都给出一定的范围。

此外，有些芯片在保持外接晶体谐振器不变的情况下，通过不同的设置，可以在两个或更多个不同的频率上工作。例如，收发芯片 nRF403 在外接 4.0MHz 晶体谐振器的情况下，将通道选择端（12 脚）置零，其发射频率为 433.93MHz；将通道选择端置 1，其发射频率为 315.16MHz。

（2）晶振频率

为了获得高稳定度的 VHF/UHF 振荡，芯片所采用办法是由晶振产生几兆至十几兆赫兹的高稳定度的振荡，然后通过片内锁相环倍频电路获得高频率的振荡，因此无线收发芯片都需要外接晶体谐振器，在标明工作频率的同时都标出外接晶体谐振器的频率，即晶振频率。使用时必须按要求正确外接晶振才能获得规定的工作频率。

（3）调制方式

调制方式也称调制类型，常用的无线发射所采用的调制方式有 AM、FM，ASK 调制、FSK 调制和 PSK 调制等，其中 AM、FM 为模拟信号调制，其余属数字信号调制。在数字信号调制方式中，除 ASK 调制、FSK 调制、PSK 调制以外，有些芯片还用到 OOK 调制和 GFSK 调制。

（4）数据速率

数据速率也称数据传输速率，一般标明的是最大传输速率。传输速率可以用比特率表示，也可以用波特率表示。前一章已经介绍过比特率和波特率之间的差异和联系，下面通过一个实例的分析进一步说明比特率和波特率之间的关系。

图 4.36（a）画出了二进制基带信号“10101”对载波进行 ASK 调制时的情况，上面部分给出的是基带信号，在 1ms 时间内（由横坐标标明）共传输了 5 位二进制数，因此其比特率等于 5kb/s。图（a）的下面部分给出的是调制波的波形，可以看出在 1ms 时间内载波调制状态也改变了 5 次，因此波特率是 5kBaud/s，比特率和波特率数值相等。

图 4.36（b）所示的是四进制基带信号“31203”，用二进制数表示是“1101100011”（参见第 3 章第 3.4.1 节中数字信号调制的主要性能指标），由基带信号波形可以看出，同样在 1ms 时间内，改用四进制数后，共传输了 10 位二进制数，所传输的比特率等于 10kb/s。再看图（b）下部的 ASK 调制波图，在 1ms 时间内，所传输的符号个数仍然是 5 个［差别是每个符号的规格与（a）不同］，因此已调波的波特率仍然为 5kBaud/s。可见采用不同进制时，比特率和波特率会有不同的数值。

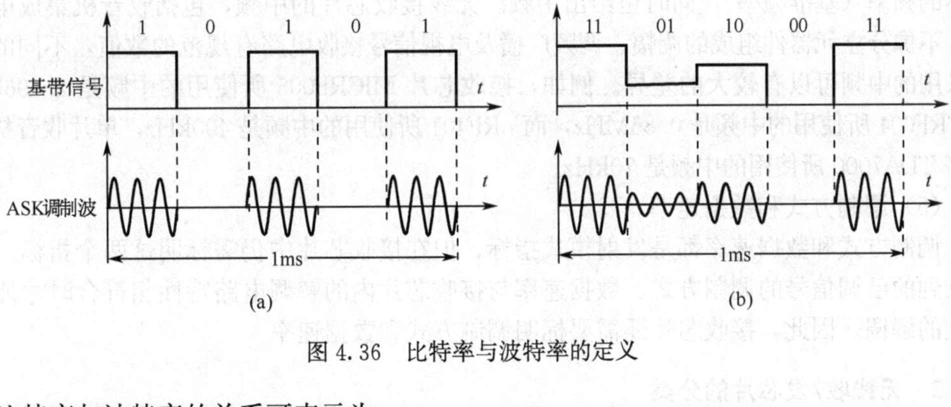

图 4.36　比特率与波特率的定义

比特率与波特率的关系可表示为

$$比特率=波特率\times 单个调制状态对应的二进制位数$$

常用于描述数据传输速率的是比特率，但是，如果指明进制以后，波特率也可以用来描述芯片数据传输速率。

（5）最大输出功率

最大输出功率是指发射芯片或收发芯片的射频输出功率，有些芯片称为发射功率、最大输出电平。

（6）发射模式电流

发射模式电流是指芯片处于发射模式时流过芯片的电流，对于发射芯片，常标为工作电流或消耗电流等；对于收发芯片，标为发射模式工作电流。

3. 接收模式指标

（1）输入频率

输入频率也称射频输入范围，是指接收芯片或收发芯片在接收模式时对于射频输入信号频率的要求，一般给出频率的最大值和最小值。例如，无线接收芯片 RX3310 输入信号频率范围是 250～450MHz。对于收发芯片，由于既具有发射能力，又具有接收能力，其接收电路对于输入信号频率的要求应和发射电路所发射的无线信号频率范围相同，因此，对于收发芯片，只要标明频率范围即可。

（2）接收灵敏度

接收灵敏度也称输入灵敏度，按照第 4.1.1 节的定义，接收机的灵敏度与输入信号的调制方式有关，输入信号为 ASK、FSK 调制时，误码率达到 10^{-3} 所需的平均输入信号功率电平即为接收机的接收灵敏度。例如，nRF401 信号传输速率 20kb/s，输入阻抗 400Ω 时的接收灵敏度为－105dBm，根据输入阻抗和信号功率电平，可以换算出输入信号电压幅度。

（3）接收模式电流

接收模式电流是指接收芯片的工作电流或收发芯片工作于接收模式时的电流。例如，收发芯片 nRF401 接收模式工作电流为 250μA。

（4）基准频率和中频

接收芯片大都采用超外差接收方式，为此需外接晶体谐振器产生几兆至几十兆赫兹的振荡，然后经片内锁相环倍频电路倍频，形成稳定的高频本地振荡，因此接收芯片一般都标明晶体的频率（基准频率），同时也给出中频。无线接收芯片的中频，包括收音机集成电路在内，不像分立元器件组成的调幅、调频广播及电视信号接收电路有规范的数值，不同的芯片所采用的中频可以有较大的差异。例如，接收芯片 MICRF005 所使用的中频是 2.496MHz，MICRF004 所使用的中频是 0.86MHz，而 nRF401 所使用的中频是 400kHz，单片收音机集成电路 TDA7000 所使用的中频是 70kHz。

（5）调制方式和数据速率

调制方式和数据速率都是发射模式指标，但在接收芯片中仍需标明这两个指标。只有接收到的已调信号的调制方式、数据速率与接收芯片内的解调电路特性相符合时才能进行有效的解调。因此，接收芯片还需要标明调制方式和数据速率。

4.4.2 无线收/发芯片的分类

由于无线收/发芯片品种规格繁多，进行分类讨论将有助于对各种芯片的全面了解和合理应用。前面已经指出，无线收/发芯片可分为发射芯片、接收芯片和收发芯片，除此之外还有多种分类的方法，不同的分类方法可以帮助我们从各个侧面掌握无线芯片的特性。

按频段划分，可分为工作于 VHF（30～300MHz）和 UHF（300～3000MHz）频段的两大类芯片。针对 UHF 频段，又可分为工作于 2400～1000MHz、915MHz、868MHz、433MHz 等的收/发芯片；针对 VHF 频段，又可分为工作于 315MHz 和 27MHz 的收/发芯片。由于工作频率上的差异，各类芯片与频率相关特性也各有差异。

按照实现智能化的方式来划分，无线收/发芯片可分为智能型芯片和非智能型芯片。所谓智能型芯片，是指已嵌入微处理器（单片机）的无线收发芯片，例如 nRF9E5、nRF24E1 和 nRF24E2 都内嵌 8051 为核心的微处理器，这类芯片也称系统级无线芯片或片上系统（system on chip，SoC）。有了智能型芯片，并不是说非智能型芯片就不能实现无线通信的智能化。非智能型芯片可以通过外接微处理器（单片机）的方式来实现智能化，实际上无线收发芯片应用于抄表系统、门禁系统时常通过外接单片机来实现智能化。

无线收/发芯片还可以按调制方式分类，按数据传输速率分类，按功率分类等。下面着重讨论如何按用途来进行分类，学习这种分类方法将有助于无线通信系统的合理设计和推广应用。

从简化的角度看，最好能开发一种或少数几种适用于各种用途的通用无线收发芯片，这将使无线收发芯片的学习和使用变得十分简单。由于无线通信的应用领域十分广泛，不同的应用领域对于芯片的要求有很大的差异，这种“理想”的通用芯片所需要具备的功能就十分复杂，开发和生产所需的成本将十分昂贵。例如，中波段调幅收音机芯片只需具备中波接收和调幅波解调能力，它不需要数字信号接收和解调功能，不需要 UHF 频段信号接收放大功能，开发生产专用于中波收音机的芯片显然可以避免为许多无关功能开发付出不必要的开支。

但过于专用化也会带来生产成本的问题，例如开发生产一种专用于遥控玩具汽车的芯片，显然不如开发一种既适用玩具汽车又适用于玩具遥控飞机、遥控轮船、遥控电灯等具有多种遥控功能的芯片来得合理。因为用途多了，生产批量可以上去，成本就可以下来。因此，无线收/发芯片的开发和生产势必是专、通用相结合，这样做的好处是能最大限度地提高芯片的性能价格比。于是就形成了适合于不同应用领域芯片的分类。根据目前常见的无线收/发芯片，按照不同的用途，可以将其分为图 4.37 所示的 5 大类。

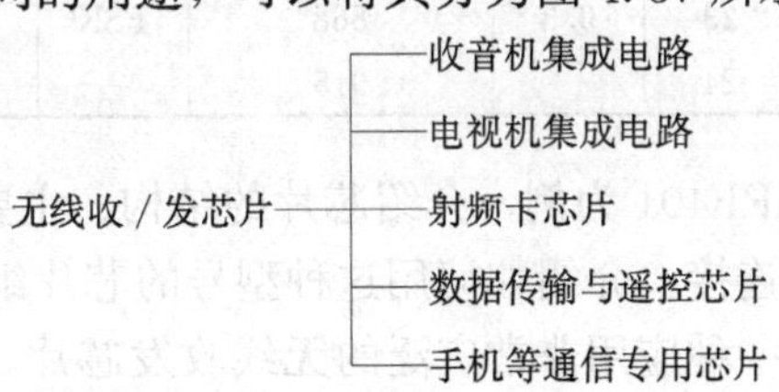

图 4.37　无线收发芯片分类

在众多的无线收发芯片中，型号规格最多、应用范围最广的是适用于数据传输和遥控的芯片。表 4.3 列出了部分典型无线接收芯片的型号和主要参数，表 4.4 列出了部分典型无线收发芯片的型号和主要参数。

表 4.3 典型无线接收芯片主要技术指标

芯片型号	接收模式电流/mA	待机电流/μA	接收灵敏度/dBm	中频/MHz	输入频率/MHz	最大速率/(kb/s)	电源电压/V	工作温度/℃	调制方式
MICRF005	10	11	−84	2.496	800～1000	115	4.75～5.5	−40～+85	OOK
MICRF007	3	0.5	−96	0.86	300～440	2.1	4.75～5.5	−40～+85	ASK OOK
RX3310A	3	25	−102		250～450	2～6		−40～85	ASK
RX3400	2.3		−103		290～460		4.75～7	−10～60	ASK
TDA5211	5.7 5.0	0.05 0.05	−102 −110	10.4～11 5～23	310～350 310～350	100	4.5～5.5	−40～ +105	FSK ASK
RX6501	1.65 1.65 4.25	0.75 0.75 0.75	−98 −95 −98		868	19.2	2.7～3.5	−40～ +85	OOK OOK ASK
MAX7033	5.2 5.7	2.6 3.5	−120	10.7	315 433	33	3.0～3.6	−40～105	ASK

表 4.4 典型无线收发芯片主要技术指标

芯片型号	电源电压/v	电流			收发频率/MHz	调制方式	最大输出功率/dBm	接收灵敏度/dBm	数据速率/(kb/s)
		接收/mA	发射/mA	待机/μA					
nRF401	2.7～5.25	8	8	8	433.93/434.33	FSK	10	−105	20
nRF903	2.7～3.3	18.5 22.5 22.5	12.5 12.5 15.5	600	433.05～434.87 868～870 902～928	GFSK	10	−104	76.8
CC1100	2.1～3.6	7.4 9.6	14.8 25.4	80	433 868	FSK	10 5	−110 −107	76.8
MICRF500	2.5～3.4	12	50	<1	700～1100	FSK	10	−104	19.2
MICRF501	2.5～3.4	8	45	<1	300～600	FSK	12	−105	2.4
RF12B	2.2～3.8	11 12 13	22 23 24	0.3	433 868 915	FSK	7 5 5	−109	115.2

下面以无线收发芯片 nRF401 为例，介绍芯片的结构、主要特性、封装以及外接元件的连接，介绍如何用这种型号的芯片组成无线收发系统。nRF401 是一种应用非常广泛的无线收发芯片，通过这种芯片的讨论有助于对于收发系统组成、工作原理及主要功能的了解。

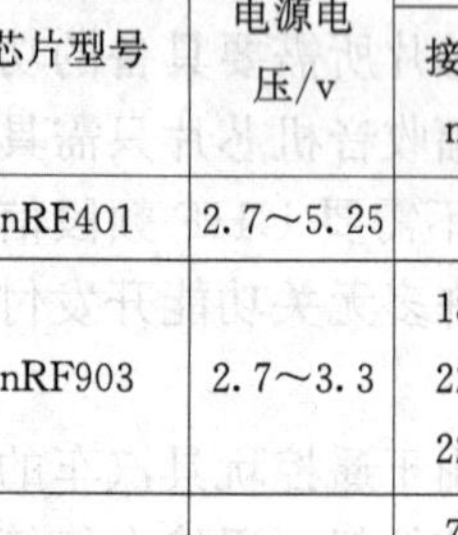

图 4.38 nRF401 封装

（1）nRF401 封装和外形

无线收发芯片 nRF401 为 20 脚 SSOIC 封装，如图 4.38所示。芯片大小为 7.4mm×5mm，比 DIP 封装小一半，厚度 2mm 也比 DIP 封装薄。

(2) nRF401引脚功能和工作原理

芯片内部电路框图如图 4.39 所示，各引脚功能如表 4.5 所示。2、8、13 脚接电源正极，电源电压为 2.7～5.25V，3、7、17 脚接地。

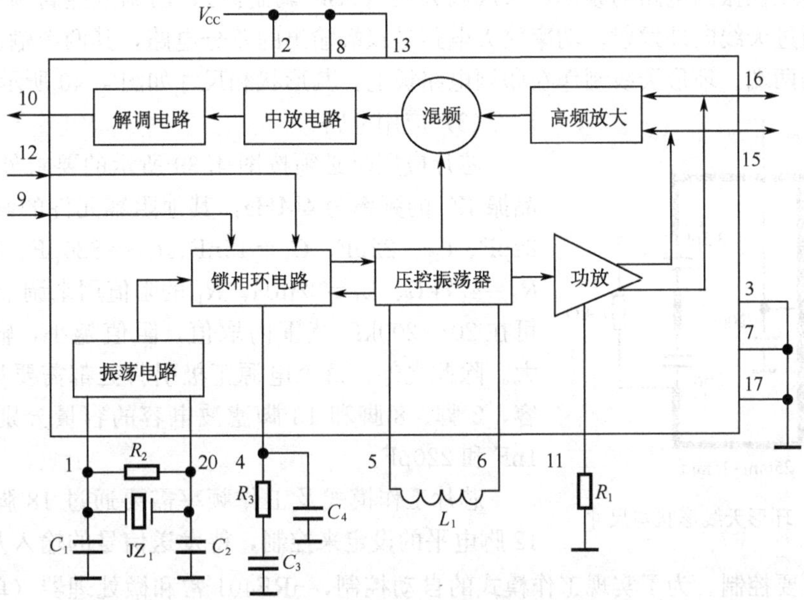

图 4.39　nRF401 电路框图

表 4.5　收发芯片 nRF401 引脚功能

引脚	功能	引脚	功能
1	外接晶体端	11	外接发射功率设定电阻端
2	电源正极	12	工作频率选择端，置 0 时为 433.39MHz，置 1 时为 434.33MHz
3	地	13	电源正极
4	外接锁相环回路滤波电路	14	地
5	压控振荡电路外接电感	15	接天线
6	压控振荡电路外接电感	16	接天线
7	地	17	地
8	电源正极	18	节电控制端，置 1 时正常工作，置 0 时进入待机状态
9	待发射数据输入端	19	芯片工作状态设置端，置 1 时进入发射状态，置 0 时进入接收状态
10	接收数据输出端	20	外接晶体端，振荡信号输出端

无线信号接收：18 脚置 1、19 脚置 0 时芯片处于接收状态，无线信号经天线进入高频放大电路（低噪声放大电路），放大后与本机振荡混频，输出中频信号，进一步放大后解调，从 10 脚输出解调后的信号。芯片工作频率为 433.93/434.33MHz，中频 0.4MHz，高

频的本地振荡由锁相环倍频电路提供，晶体振荡电路产生 4MHz 的稳定振荡，倍频后形成 434.33MHz 和 434.73MHz 的本地振荡。

无线信号发射：18 脚置 1、19 脚置 1 时芯片处于发射状态，待发射的基带信号从 9 脚输入，控制压控振荡电路的频率，形成调频波（FSK 调制波），已调波经高频功率放大电路放大后通过天线向外发射。功率放大电路是双端输出的差分电路，其两个输出端分别接环形天线的两端。环形天线制作在印制电路板上，其形状和尺寸如图 4.40 所示。

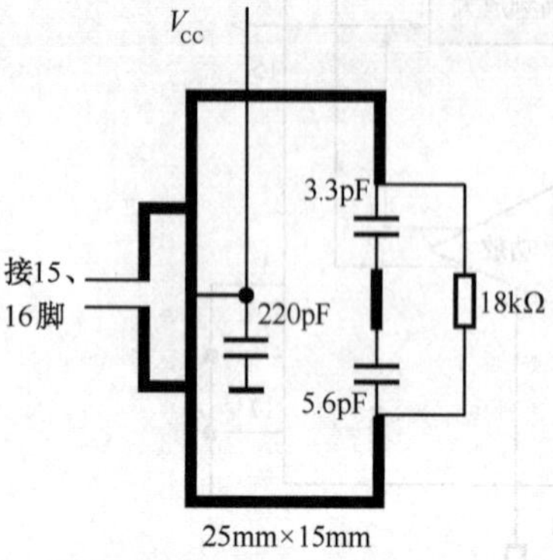

图 4.40　环形天线形状与尺寸

（3）应用电路

芯片应用时必须按图 4.39 所示的要求外接各元件，晶振 JZ_1 的频率为 4MHz，其他阻容元件的参数为 $C_1=22pF$、$C_2=22pF$、$C_3=15nF$、$C_4=820pF$、$R_2=1M\Omega$、$R_3=4.7k\Omega$、$L_1=22mH$。R_1 的阻值用来调节发射功率，可在 20～200kΩ 范围内取值，阻值越小，输出功率越大。除此之外，每个电源正极引脚处都需要加接滤波电容，2 脚、8 脚和 13 脚滤波电容的容量分别为 100nF、1nF 和 220pF。

芯片工作模式及工作频率需要通过 18 脚、19 脚和 12 脚电平的设定来控制，待发送信号的输入及接收信号的输出也需要控制。为了实现工作模式的自动控制，nRF401 常和微处理器（单片机）连接起来使用，在这种情况下可将 18、19、12、9 和 10 脚接微处理器的输入/输出（I/O）口，由微处理器芯片发送控制信号，接收或发送经无线电波传输的信号。

4.4.3　无线收/发模块简介

根据组成、技术指标和应用领域的不同，无线收/发模块可以分为以下 4 类。

1. 声表面波-超再生型无线收发模块

这类模块结构上的特点是发射电路的载波由声表面波谐振器振荡电路产生，采用 ASK 或 OOK 调制方式，接收电路为超再生电路。由于发射电路用声表面波器件稳频，接收电路为超再生式，因此称其为声表面波—超再生型无线收发模块。模块的优点是结构简单、成本低，缺点是抗干扰能力差，频率稳定性比 LC 振荡电路好，但仍低于工业控制所要求的 10^{-8}，一般只能达到 10^{-6}，因此适用于遥控玩具和其他低挡遥控产品。

典型收/发模块的主要特性指标如表 4.6 所示。由表 4.6 可以看出，常用声表面波—超再生型无线收发模块的工作频率为 315MHz 和 433MHz。此外，模块数据传输的速率也较低，都在 10kb/s 以下。

表 4.6　声表面波—超再生型无线收/发模块

模块型号	接收或发射	工作频率/MHz	数据速率/(kb/s)	接收或发射电流/mA	发射功率/dBm	接收灵敏度/μV	调制方式	频率稳定度
F05A	发	315	≤10	0.2～10	10		ASK/OOK	10^{-5}
F05B	发	315	≤10	0.2～10	10		ASK/OOK	10^{-5}

续表

模块型号	接收或发射	工作频率/MHz	数据速率/(kb/s)	接收或发射电流/mA	发射功率/dBm	接收灵敏度/μV	调制方式	频率稳定度
F05E	发	433	≤10	0.2～10	10		ASK	10^{-5}
F05P	发	315/433	≤10	2～10	10		ASK	10^{-5}
J04E	收	315	≤10	0.2～0.3		5μV	ASK/OOK	
J04P	收	315/433	≤10	0.2～0.3		5μV	ASK/OOK	
J06A	收	315/433	≤10	0.25～0.3		5μV	ASK	

2. 声表面波—超外差型无线接收模块

这类模块的发射电路仍采用声表面波谐振器产生高频振荡，接收电路改用超外差式，故称其为声表面波—超外差型无线接收模块。表 4.7列出了几种典型的接收模块，这些模块都由超外差式无线接收芯片加上外围元件组成。第 1 章的图 1.23 已给出无线接收模块 RX 3310A 的外形图，所使用的是树脂封装的芯片 RX 3310A。图 3.50 所示的是无线接收模块 3400 的外形图，这种模块由 SSOP 封装的芯片 RX 3400 加上外围元件构成。这两种接收模块的本地振荡均由晶振产生。J05C 也由无线接收芯片 RX 3310A 组成，所不同的是本地振荡由 LC 电路产生。

表 4.7 声表面波—超外差型无线接收模块

接收模块型号	工作频率/MHz	工作电流/mA	接收灵敏度/dBm	数据速率/(kb/s)	调制方式	所使用的芯片型号	工作电压/V
J05C	315/433.92	4.5 2.5	−105	4.8～20	ASK	RX 3310A	5 3
3310A	315/433.92	2.5～4.5	−90	4.8	ASK	RX 3310A	2.5～6
3400	315/433.92	2.4	−102	4.8	ASK	RX 3400	4.75～5.25

比较表 4.7 和表 4.6 中的接收模块，−105dBm 的接收灵敏度相当于 1.5μV，可见超外差型的接收灵敏度有所提高。此外，超外差型抗干扰能力也较强。

上述模块对外连接的引脚都很少，除两个电源引脚外，只有数据输入或输出脚（有些还留有天线引脚、测试引脚等），因此使用十分方便。

3. 收发芯片为核心组成的无线收发模块

为便于用户使用，许多厂家以常用无线收发芯片为核心，加上必需的外接元件，用印制板制成实用的收发系统，即成为以收发芯片为核心的无线收发模块。表 4.8 给出了三种典型的模块，其中 PTR2000 和 JOV-2 以收发芯片 nRF401 为核心制成，PTR8000 以收发芯片 nRF905 为核心制成。这些模块的使用十分简单，也无须调试，在这类模块的基础上还可以进行二次开发，因此给设计人员带来很大的方便。与前两类模块相比较，这类模块有以下优点：

1）兼有接收和发射功能。

2）多频道时，频道选择方便。

3）可方便地与单片机串行口连接。

4）由于所选用的芯片采用晶体振荡和锁相环技术，频率稳定性好。

5）通过有限的几个引脚与外界连接，接线简单。以模块 PTR2000 为例，其外形如图 4.41 所示，共有 7 个引脚：1、5 是电源引脚；3、4 为数据输出和输入引脚；2 脚用于选择频道，置 0 时工作频率为 433.93MHz，置 1 时工作频率为 434.33MHz；6 脚为节电控制端，置 0 时模块处于待机状态，置 1 时正常工作；7 脚用于选择收发模式，置 0 时工作于接收模式，置 1 时工作于发射模式。

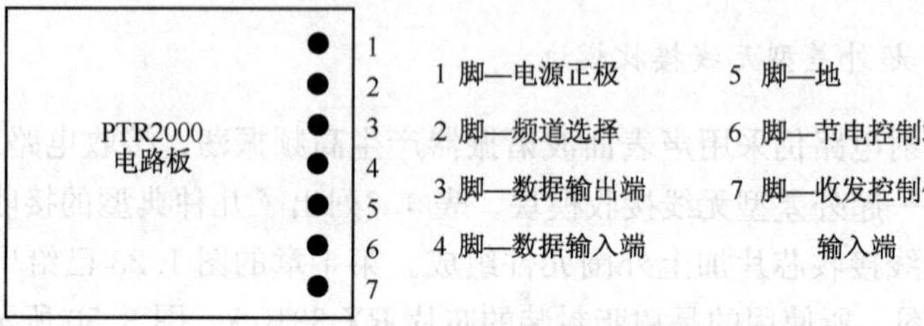

图 4.41 收发模块 PTR2000 外形及引脚功能

表 4.8 收发芯片为核心组成的无线收发模块

收发模块型号	工作频率/Hz	调制方式	发射功率/dBm	接收灵敏度/dBm	数据速率/(kb/s)	发射模式电流/mA	接收模式电流/mA	待机电流/μA
PTR2000	433.93/434.33M	FSK	10	−105	20	20～30	10	8
PTR8000	430/868/915M	GFSK	10	−100	100	11	12.5	2.5
JVO-2	433.93/434.33M	FSK	10	−105	20	8.6	0.25	8

4. 智能型无线收发模块

无线芯片配上微处理器（单片机）所组成的收发系统具有智能特性，称其为智能型无线收发模块。表 4.9 列出了典型的 4 种智能型无线收发模块的型号和主要特性指标。智能型无线收发模块主要用于各种场合的数据传输，因而也称无线数传模块，表中所列模块有一系列优点，介绍如下。

表 4.9 智能型无线收发模块

模块型号	频率范围/MHz	可选信道数	调制方式	接口标准	发射工作电流/mA	接收工作电流/mA	待机电流/μA	发射功率/dBm	接收灵敏度/dBm
SC-1	420～460	8/16/32	FSK	RS232 RS485	≤40	≤20	≤20	10	−105
SC-105	429～438	8/16/32	FSK	RS232 RS485	≤180	≤40	≤20	100	−105
SC-106	429～438	8/16/32	FSK	RS232 RS485	≤300	≤40	≤20	200	−105
SC-107	429～438	8/16/32	FSK	RS232 RS485	≤500	≤40	≤20	500	−105

(1) 多信道，多速率

可提供 8/16 个信道，根据用户需要，可扩展到 32 信道，满足用户多种通信组合方式的需求，可提供 1200b/s、2400b/s、4800b/s、9600b/s 和 19 200b/s 等多种通信比特率。

(2) 抗干扰能力强、误码率低

基于 FSK 调制方式，采用高效的通信协议，传输误码率可达到 10^{-5}～10^{-6}。

(3) 提供两个串口，三种接口方式

为了与微机连接，每个模块都有两个串行口可供选择，一个是 TTL 电平 UART 接口，另一个是用户自定义 RS232/RS485 接口。

模块 SC-1 外形如图 4.42 所示。

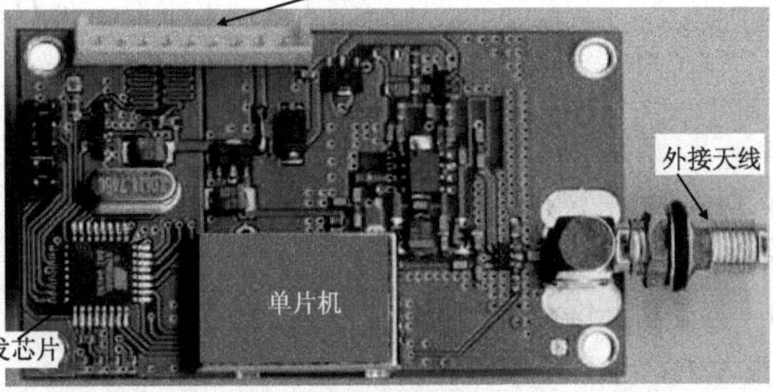

图 4.42 无线模块 SC-1 外形

♦ 实训

直接放大式中波调幅收音机

1. 实训目的

掌握直接放大式无线接收电路工作原理；掌握收音机集成电路 MK484 的功能，了解其主要特性；学会用电路 MK484 组装中波收音机。

2. 实训内容

1) 焊接安装以 MK484 为核心的中波收音机电路。

2) 进行收音效果检验。

3. 仪器设备

1) 收音机集成电路 MK484（或 YS414 等其他型号）一只，晶体管 9014B 一只，长 100mm 直径 10mm 的中波磁棒一根，双联可变电容器 CBM-223P 一只，内阻 32Ω 耳机一只，0.01μF、0.1μF、0.1μF、47μF 电容各一只，100kΩ、1kΩ 金属膜电阻各两只，1kΩ、270Ω 金属膜电阻各一只，5 号干电池一只，电池夹一个。

2) 数字万用表一只。

3) 通用印制电路板一块，电烙铁、镊子、剪刀等焊接安装工具一套。

4. 实训电路

需组装的收音机电路如图 4.43 所示（即为图 4.4），各元器件参数如下。

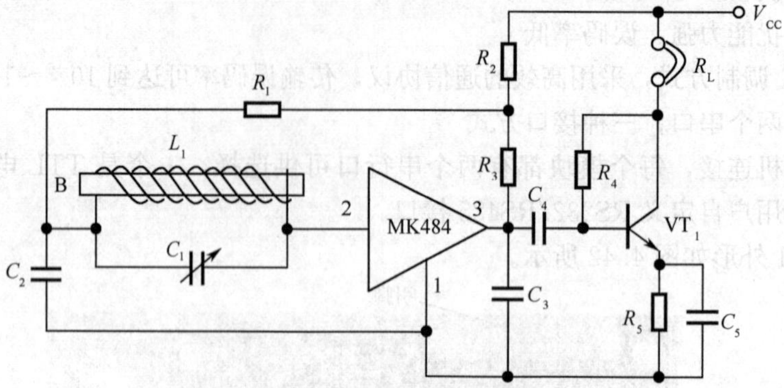

图 4.43　直接放大式收音机

B：选用直径 10mm 的中波磁棒，长度 100mm 左右。

L_1：用 7 股纱包线在磁棒上绕 80 圈左右。

VT_1：9014B（电流放大倍数大于 100）。

耳机 R_L：内阻 32Ω，型号不限。

可变电容器 C_1：选用型号为 CBM-223P 的双联可变电容，实训时使用其中任意一联。

其余元件参数如下：$C_2=0.01\mu F$，$C_3=0.1\mu F$，$C_4=0.1\mu F$，$C_5=47\mu F$，$R_1=100k\Omega$，$R_2=1k\Omega$，$R_3=1k\Omega$，$R_5=270\Omega$。R_4 选 100kΩ 左右，调试时确定。

收音机由一节 5 号电池供电，$V_{CC}=1.5V$。

5. 实训步骤

（1）元器件检测

对照电路图，检查元器件是否齐备，用万用表检测晶体管和电阻，检查放大倍数和电阻值是否符合要求。

（2）电路安装焊接

对照电路图安装焊接各元器件，注意元器件在印制板上的位置需大致与电路图所示的相同。

（3）调试测试

对照电路图，检查安装焊接是否正确，经检查无误后接上电源。若发现冒烟、发出焦味等情况，应立即断开电源，检查安装焊接是否正确，直至找出错误并加以纠正。通电正常后，用万用电表测量 R_5 两端电压，检查电压值是否为 0.17～2.5V，如过大或过小，应调换电阻 R_4。

戴上耳机，由小到大缓慢转动电位器，检查能否听到广播声，收到广播声后水平转动磁棒，使接收到的广播声最大。

6. 实训报告

记录安装调试过程、所遇到的问题及解决办法；记录所能收听到的电台名称和数目，与同班同学进行比较。

思考与练习

4.1　无线接收电路主要功能有哪些？

4.2　什么是接收电路的信噪比？增加放大电路的增益能提高接收电路的信噪比吗，为什么？

4.3　按照电路的结构和工作原理，接收电路分为哪几类？直接检波式接收电路和直接放大式接收电路有什么区别？画出电路框图并加以说明。

4.4　与直接放大式接收电路相比较，超外差式接收电路有哪些优点？

4.5　什么是镜像干扰？超再生式接收电路会出现镜像干扰吗？为什么？

4.6　画出超外差调频和超外差调幅接收电路的框图，比较两者之间的异同点。

4.7　在无线接收电路中，输入调谐电路起什么作用？输入调谐电路与天线之间有哪几种连接方式？各有哪些优缺点？

4.8　在超外差式接收电路中，本地振荡电路的振荡频率为什么要稳定？不稳定会发生什么问题？如何产生稳定的正弦波振荡？

4.9　变频电路可分为自激式和它激式变频电路两类，这两类电路有什么差别？

4.10　中频放大电路有哪些主要指标，是如何定义的？

4.11　常用的中频放大电路有哪几类？各有什么优缺点？

4.12　何谓 AGC 和 AFC 电路？这两个电路在接收电路中起什么作用？

4.13　超外差式调频接收机的高频头由哪几部分组成，画出框图并说明各组成部分的作用。

4.14　无线收发芯片有哪些技术指标？哪些是用来说明接收功能的？哪些是用来说明发射功能的？

4.15　比特率和波特率是如何定义的，彼此有什么差异？两个量的单位各是什么？

4.16　无线收发芯片按用途划分，可分为哪几类？

4.17　无线收发模块与无线收发芯片有什么联系和差别？为使用方便起见，首选的应该是无线收发芯片还是无线收发模块？

第 5 章

高频电子技术在遥控电路中的应用

学习要求

掌握无线遥控电路的组成和分类方法；掌握编解码芯片的分类；掌握固定编码/解码芯片 PT2272/PT2262 和学习型编解码芯片 eV1527/TDH6300 的主要性能和使用方法；了解滚动码编解码芯片的原理和主要特性；掌握用固定编解码芯片组成单路和多路遥控装置的方法；学会识读滚动码编解码芯片组成的遥控电路。

5.1 玩具汽车无线遥控电路剖析

在前面的章节中，我们已经介绍了无线收发系统的组成、电路结构、工作原理和主要特性，接下来的几章将介绍高频电子技术的应用。本章首先介绍高频电子技术在遥控电路中的应用。

5.1.1 玩具汽车无线遥控电路剖析

遥控玩具汽车由手持遥控器和玩具汽车组成，遥控器上有四个按键，分别用来控制汽车左转、右转、前进和后退。下面分析汽车运动的控制是如何实现的。

典型的玩具汽车无线遥控电路如图 5.1 和图 5.2 所示。图 5.1 是发射方电路，安装在手持遥控器上；图 5.2 是接收方电路，安装在汽车上。

发射方电路可以分为控制指令电路、编码电路和无线发射电路三大块，如图 5.1 的三个虚线框所示。控制指令电路用来产生控制汽车马达转动的指令，四个按键 K_1～K_4 分别用来控制汽车的四种运动：右转、后退、前进或左转。按下 K_1 键时，汽车右转运动；按下 K_2 键时，汽车后退；按下 K_3 键时，汽车前进；按下 K_4 键时，汽车左转。控制指令经编码电路编码后，再经电容 C_1 输入发射电路对载波进行调制并向外发射。TX-2 为编码集成电路，它的作用是将控制指令转换为相应的指令编码，按下 K_1 键，TX-2 的“1”脚经二极管接地，呈低电平，这时“8”脚即输出与 K_1（右转）键指令相对应的编码脉冲，类似地，按下 K_2、K_3 和 K_4 键，“4”“5”“14”脚依次呈低电平，“8”就输出与 K_2（后退）、K_3（前进）和 K_4（左转）键指令相对应的编码脉冲。无线发射电路用来发射经编码脉冲调制的无线电波。与第 1 章所分析的遥控门铃电路相比，图 5.1 多了一块专用的编码芯片 TX-2，即在发射电路之前加入“编码”的环节，类似地接收方电路也多了“解码”的环

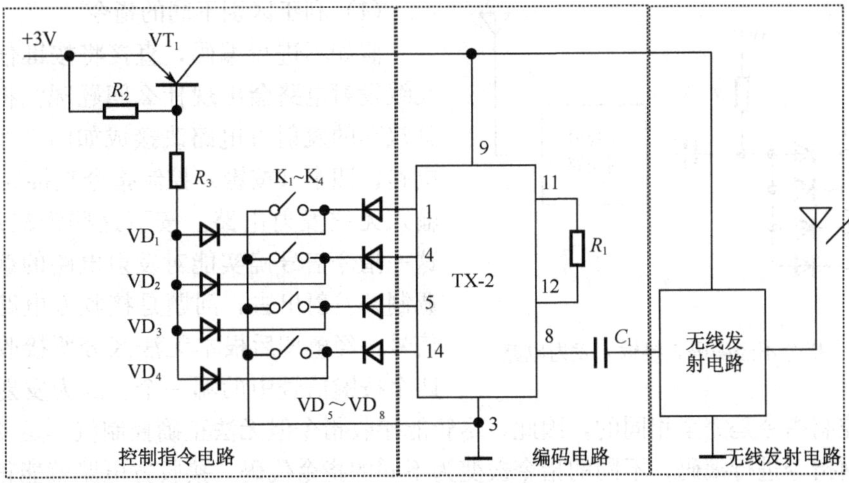

图 5.1　发射方电路

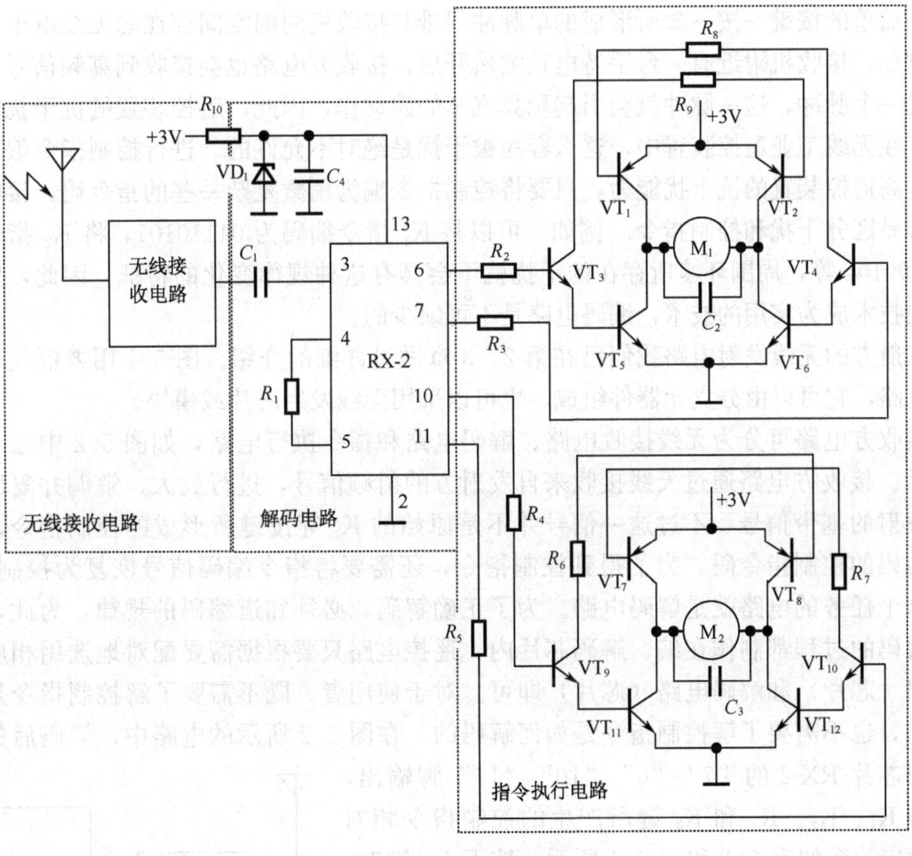

图 5.2　接收方电路

节。控制指令为什么不直接输入无线发射电路对载波进行调制，而要经过编码后才用来对载波进行调制呢？这主要有以下两点理由。

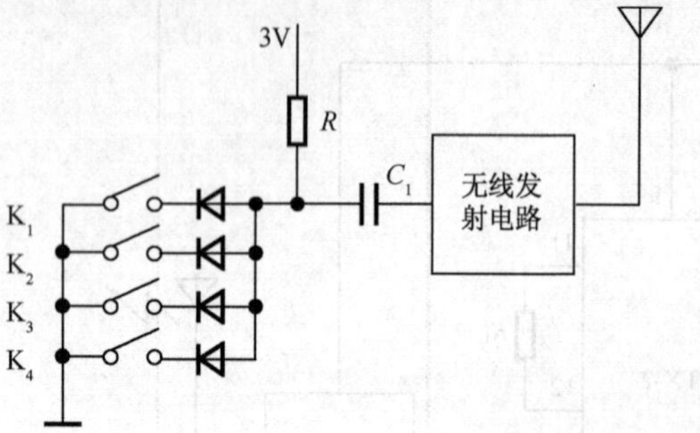

图 5.3 指令不经编码直接输入发射电路

（1）利于区别不同的指令

假如不进行编码，直接将按键信号输入无线发射电路会出现什么问题呢？将遥控玩具汽车的发射方电路改接成如图 5.3 所示的电路，四个（按键）控制指令直接经电容 C_1 输入无线发射电路。按下这些键然后释放，这一指令信号确实能对发射电路的载波进行调制并发射出去，问题是接收方电路接收到信号，经解调后根本无法区分所接收到的是四个按键信号中的哪一个。因为发射方所发射的四个控制指令是完全相同的，因此，尽管能接收指令但无法正确控制汽车运动。相反地，对控制指令进行编码，不同的指令被变为不同的指令代码，接收方电路就能正确判断所接收到的是什么指令。

（2）提高抗干扰能力

用简单的按键一按一放所形成的单脉冲很难与接收机周围空间存在的无线电干扰相区分。例如，接收机附近有一台手持电钻突然开启，接收方电路也会接收到高频信号，解调后也是一个脉冲，这一脉冲就会引起玩具汽车的误动作，因此，遥控装置的抗干扰能力就很差。在无线工业遥控装置中，这么容易被干扰是绝对不允许的。进行控制指令编码则可大大提高遥控装置的抗干扰能力，只要将控制指令编为稍微复杂一些的指令码，接收方电路就容易区分干扰和控制指令。例如，可以将 K_1 指令编码为 01110101，将 K_2 指令编码为 01100101 等，周围环境所存在的干扰就不会具有这种规律变化的特征。因此，要使无线遥控技术成为实用的技术，编码电路是不可缺少的。

发射方的无线发射电路我们已在第 2、3 章做过详细的介绍。图 5.1 用方框代表无线发射电路，它可以由分立元器件组成，也可以采用无线发射芯片或模块。

接收方电路可分为无线接收电路、解码电路和指令执行电路，如图 5.2 中三个虚线框所示。接收方电路通过天线接收来自发射方的射频信号，进行放大、解调并复原发射方所发射的基带信号，不过这一信号并不是原始的 K_1 等按键所形成的控制指令，而是经过编码的控制指令码。为了得到控制指令，还需要将指令编码信号恢复为控制指令，承担这个任务的电路就是解码电路。为了正确解码，必须知道编码的规律，为此，将编码和解码的过程都制作在编、解码芯片内，遥控电路只要根据需要配对地选用相应的编码电路（芯片）和解码电路（芯片）即可。对于使用者，既不需要了解控制指令是如何编码的，也不需要了解控制指令是如何解码的。在图 5.2 所示的电路中，解码后的信号从解码芯片 RX-2 的“7”“6”“10”“11”脚输出，分别与 K_1、K_2、K_3 和 K_4 键所产生的控制指令相对应，对应关系如表 5.1 和图 5.4 所示。按下 K_1 键时，“6”脚输出高电平（2.0V），其余各引脚输出低电平；按下 K_2 键时，“10”脚输出高电平（2.0V），其余各引脚输出低电平；按下 K_3 键时，“11”脚输出高电平（2.0V），其余各引脚输出低电平；按下 K_4 键时，“7”

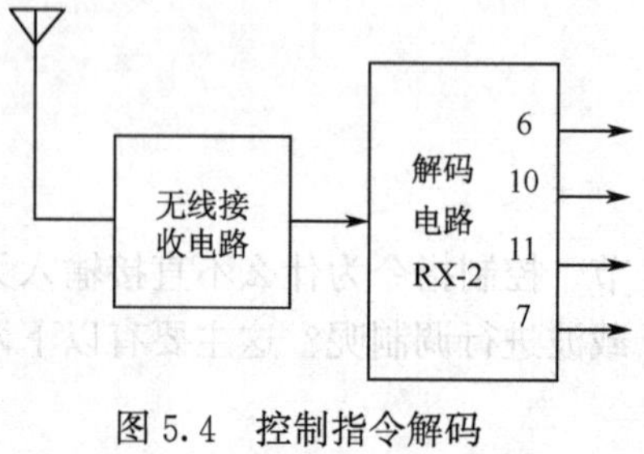

图 5.4 控制指令解码

脚输出高电平（2.0V），其余各引脚输出低电平，如图 5.4 所示。

下面分析执行电路工作情况。

图 5.2 中电机 M_1 驱动汽车左转或右转，M_2 驱动汽车前进或后退。由表 5.1 可知，按下 K_1 键时，RX-2“6”脚输出高电平（2.0V），其余各引脚输出低电平，从图 5.2 所示的电路可以看出，这时 VT_3、VT_5 和 VT_2 饱和导通，电机 M_1 右边接 3V 电源，左边接地，汽车右转；按下 K_2 键时，RX-2“10”脚输出高电平（2.0V），其余各引脚输出低电平，从图 5.2 所示的电路可以看出，这时 VT_9、VT_{11} 和 VT_8 饱和导通，电机 M_2 右边接 3V 电源，左边接地，汽车后退；类似地，按下 K_3 键时，RX-2“11”脚输出高电平（2.0V），VT_{10}、VT_{12} 和 VT_7 饱和导通，电机 M_2 左边接 3V 电源，右边接地，汽车前进；按下 K_4 键时，RX-2“7”脚输出高电平（2.0V），VT_4、VT_6 和 VT_1 饱和导通，电机 M_1 左边接 3V 电源，右边接地，汽车左转。可见，按 K_1～K_4 键能有效地实现对于汽车的遥控。

表 5.1 解码输出电压

按键	各相关引脚电压/V			
	7 脚	6 脚	10 脚	11 脚
按 K_1 键	0	2.0	0	0
按 K_2 键	0	0	2.0	0
按 K_3 键	0	0	0	2.0
按 K_4 键	2.0	0	0	0

5.1.2 一般无线遥控装置的电路组成

实现无线遥控的整套设备称为遥控系统或遥控装置，本章所涉及的都属遥控距离较近、设备相对比较简单的情况，因而称为遥控装置。遥控装置除了电路以外，还包括受控的电机、灯泡、汽车、机器人等机械部件，我们的讨论仅限于电路，为简化起见，也将遥控装置称为遥控电路。根据前面的讨论，可以用图 5.5 所示的框图来表示遥控玩具汽车电路，它由控制指令电路、指令编码电路、无线发射电路、无线接收电路、解码电路和执行电路等 6 部分组成。有些较为复杂的遥控电路还需要在解码电路和执行电路之间加入译码电路，我们来说明为什么要加入译码电路，它在遥控电路中起什么作用。

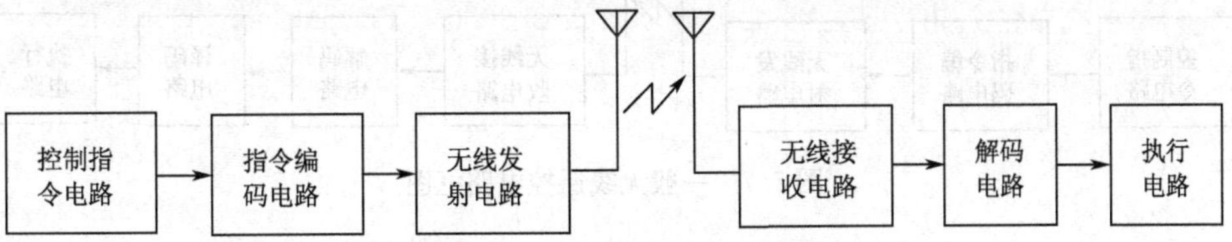

图 5.5 遥控玩具汽车电路框图

还是以遥控玩具汽车为例，按下 K_1、K_2、K_3 和 K_4 键可以使汽车右转、后退、前进或左转。现在希望增加一个功能，即同时按下 K_1、K_3 键时，汽车在前进的同时还可以鸣笛，如何做到这一点呢？

常用的办法是在解码之后增加一个译码电路，同时在执行电路中增加蜂鸣器电路如图 5.6 所示。译码器的 4 个输入信号即为按键 K_1、K_2、K_3 和 K_4 所形成的信号，译码器的输出信号为 a1、a2、a3、a4 和 a5。其中，a1、a2、a3 和 a4 接原执行电路，即分别接电阻 R_2、R_4、R_5 和 R_3，a5 经电阻 R_{11} 接晶体管 VT_{11} 基极，用来驱动 VT_{11} 使蜂鸣器发声。译码器功能如表 5.2 所示，K_1、K_2、K_3 和 K_4 键分别按下时依次使 a1、a2、a3 和 a4 输出高电平，用来控制汽车右转、后退、前进或左转。而当 K_1、K_3 键同时按下时，由表 5.2 可以看出，这时译码器输出端 a3、a5 为高电平，其余各输出端为低电平，a3 使汽车前进，a5 使 VT_{11} 饱和导通，蜂鸣器发声，于是做到了在前进的同时鸣笛。

增加了译码电路之后，一般的无线遥控电路框图如图 5.7 所示。

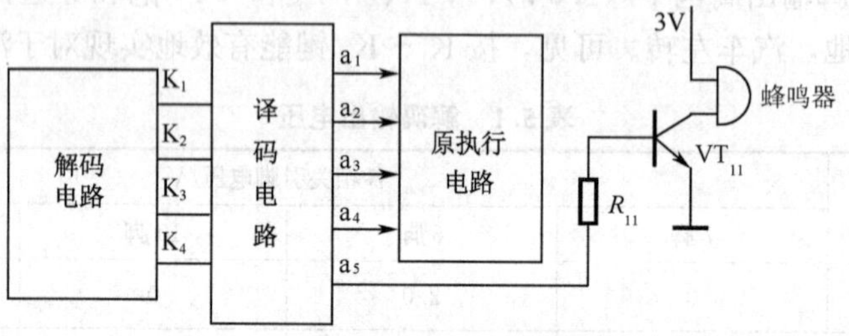

图 5.6 增加译码器和蜂鸣器电路

表 5.2 译码器功能表

输入信号				输出信号				
K_1	K_2	K_3	K_4	a1	a2	a3	a4	a5
1	0	0	0	1	0	0	0	0
0	1	0	0	0	1	0	0	0
0	0	1	0	0	0	1	0	0
0	0	0	1	0	0	0	1	0
1	0	1	0	0	0	1	0	1

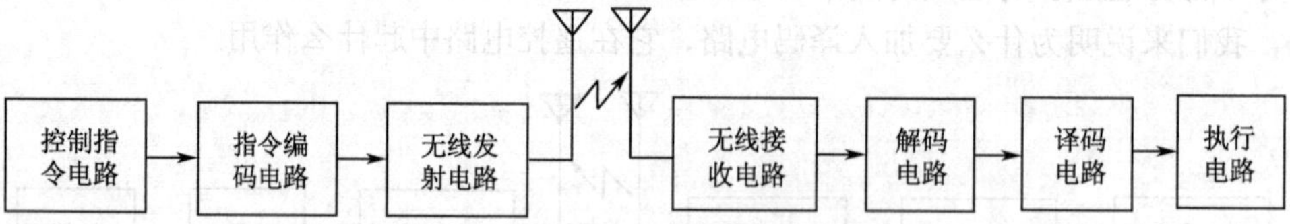

图 5.7 一般无线遥控电路框图

在图 5.7 所示的电路中，我们已经学习过无线发射和接收电路，执行电路随受控对象变化，不同的受控对象，其执行电路有很大差异。本章重点介绍常用的编码/解码电路和控制指令电路，在此基础上介绍几类常用的遥控电路。

5.2　无线遥控电路的分类

5.2.1　遥控电路中通路和通道的概念

在无线遥控装置中，控制指令是通过高频无线电波传播的，我们将高频无线电波所经过的路径称为“通路”，简称“路”；将控制信号传播所经过的路径称为“通道”。高频无线电波只在发射和接收电路之间传播，因此遥控装置的“通路”只存在于无线发射电路和接收电路之间。控制指令则不同，在无线发射电路和接收电路之间，控制指令由高频信号携带着传输，控制信号与高频无线电波沿着相同的路径传播，但从控制指令产生以后直至输入发射电路前，以及接收电路解调出指令编码以后直至执行电路，控制信号并没有与高频信号混在一起。可见，遥控电路中控制指令所经过的“通道”与高频无线电波传播的“通路”是两个不同的概念，两者既有联系，又可以明确地区分。

图5.8画出了遥控玩具汽车高频信号的通路和控制指令的通道。高频信号的传输路径由点线表示，控制指令的通道由虚线表示，由图5.8可知高频通路只有1路，通道则有4道。

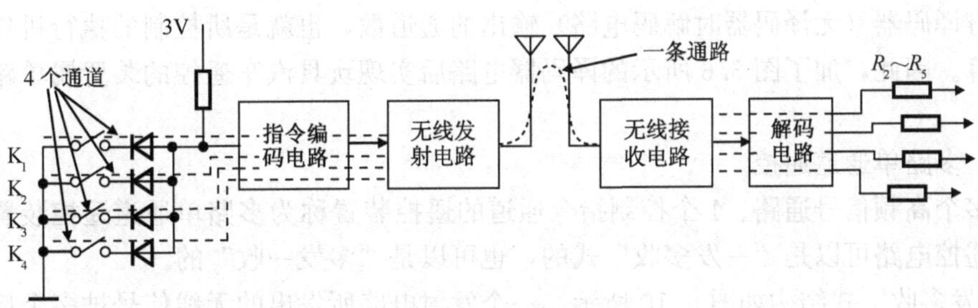

图5.8　遥控玩具汽车电路的“通路”和“通道”

5.2.2　无线遥控电路的分类

1. 按通路和通道数分类

无线遥控电路的结构和功能在很大程度上取决于该装置所包含的通路和通道数，不同通路和通道数的遥控电路，其功能常有较大的差异，通路和通道数越多，其功能也越完善，通路和通道数较少的电路其功能则较单一。另一方面，相同通路和通道的遥控装置往往具有许多相同的特征，例如用一个遥控器控制两台电灯的开闭和控制两台电机转动和停止，都采用单路2通道结构，除了执行电路外，两种遥控电路几乎没有差别。因此，按照通路和通道数对遥控装置进行分类显然是一种合理的分类方法。

按通路和通道数，遥控电路分为以下4类。

(1) 单路单通道遥控

有一个高频信号通路和一个控制指令通道的遥控装置称为单路单通道遥控装置，例如第1章所剖析的无线遥控门铃就属于单路单通道遥控装置。图5.9画出了遥控门铃的通路和通道，点线所示的是高频信号通路，控制指令的通道从按键经无线发射电路、无线接收电路至音乐芯片。这种遥控装置只有一个高频通路，称其为单路，只有一个指令通道，称其为单通道，因此称为单路单通道遥控装置。

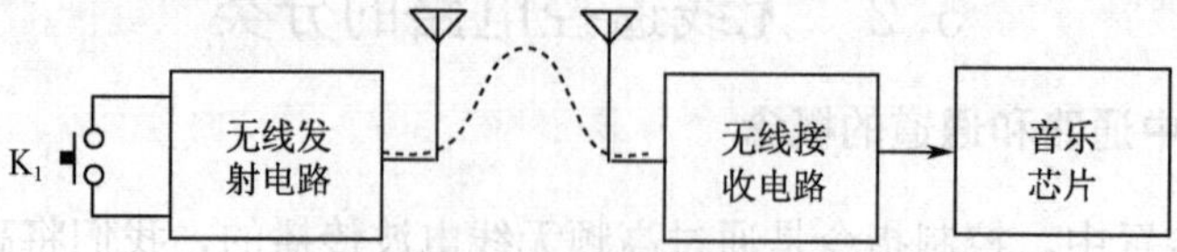

图 5.9 无线遥控门铃的通路和通道

（2）单路多通道遥控

有一个高频信号通路、多个控制指令通道的遥控装置称为单路多通道遥控装置。前面讨论的无线遥控玩具汽车即属于单路多通道遥控装置。图 5.8 已经画出了高频信号的通路和控制指令的通道，通路只有 1 个，而通道有 4 个，因此这种遥控装置属于单路 4 通道遥控装置。

图 5.8 所示的装置，通道数就等于用于产生控制指令的按键数，4 个按键产生 4 个控制指令，通道数就等于 4。但有时候产生控制指令的按键数并不等于控制指令数，例如图 5.6所示的加入译码电路后的遥控装置，同时按下 K_1、K_3 键会产生另一个控制指令（使蜂鸣器发声），因此 4 个按键产生 5 个控制指令。在这种情况下，遥控装置的通道数常按接收方译码器（无译码器时解码电路）输出的通道数，也就是所控制的执行机构的件数进行计算。因此，加了图 5.6 所示的译码器电路后实现玩具汽车遥控的装置属单路 5 通道装置。

（3）多路单通道遥控

有多个高频信号通路、1 个控制指令通道的遥控装置称为多路单通道遥控装置。多路单通道遥控电路可以是“一发多收”式的，也可以是“多发一收”的。

“一发多收”式结构如图 5.10 所示。一个发射电路所发出的无线信号被多个接收电路所接收，高频信号存在多个通路，每个接收电路只产生一个控制指令，即只有一个通道，因此属多路单通道遥控。

图 5.10 所示遥控电路的一个实例是家用照明灯遥控装置，若遥控器有 4 个按键，则可分别控制四盏灯，如客厅照明灯、卧室照明灯、书房照明灯和卫生间照明灯等。按一下某个键，相对应的电灯被点亮，再按则被关闭。

图 5.10 所示的结构可以简化地用图 5.11 所示的框图表示，这一框图简洁地表达了一发多收多路单通道的遥控电路结构。

图 5.12 所示的是多发一收多路单通道遥控电路结构，即有多个发射器，一个接收器，接收器只有一个控制指令信号通道。家用无线报警装置就属多发一收的多路单通道遥控的一个实例。家用无线报警装置安装了多个传感器，用于对各种异常情况进行报警，例如室内有人活动即报警的热释红外传感器、窗玻璃被击破时报警的振动传感器、门被异常打开时报警的传感器等，这些传感器的报警信号都通过各自的无线发射电路向外发射，由一个接收电路接收，该接收电路控制一个音响报警器。任何一个传感器发出报警信号后报警器都发声报警，这样的多发一收无线遥控装置也属多路单通道遥控，即高频信号有多个传播通路，而控制音响报警的控制信号只有一个通道。

（4）多路多通道遥控

有多个高频信号通路、多个控制指令通道的遥控装置称为多路多通道遥控装置，也可

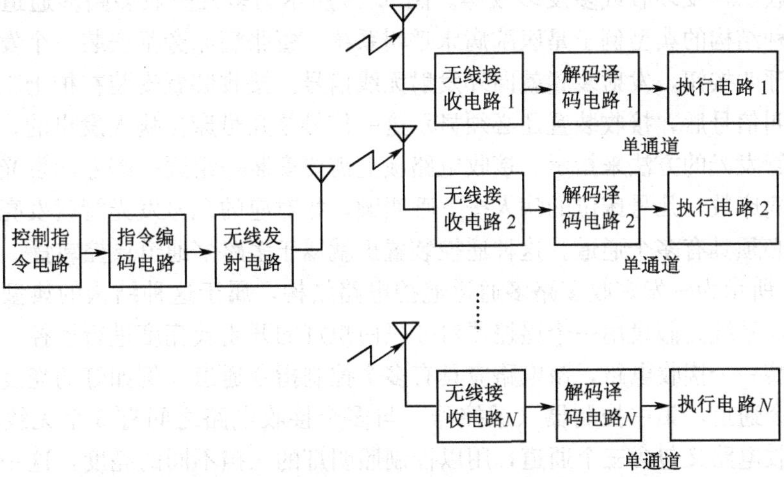

图5.10　多路单通道遥控电路的构成

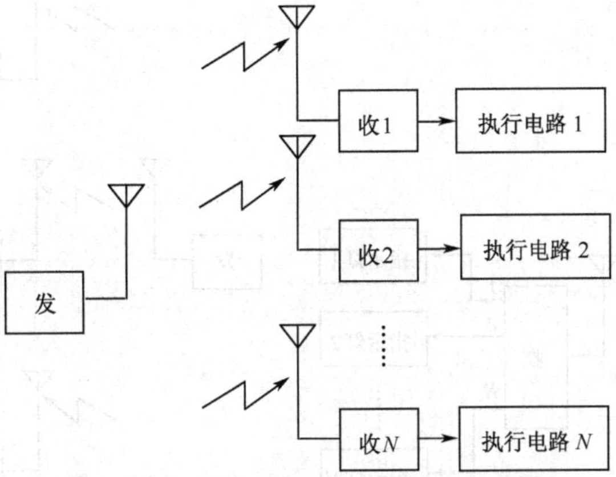

图5.11　一发多收多路单通道遥控电路结构

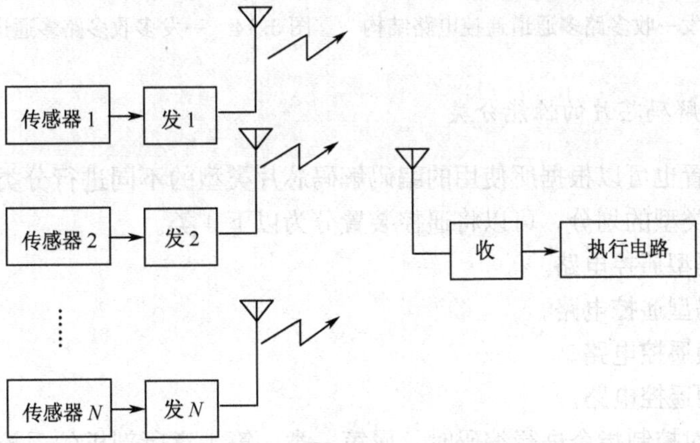

图5.12　多发一收多路单通道遥控电路结构

分为多发一收、一发多收或多发多收等。图 5.13 所示为多发一收多路多通道遥控电路结构，属于这种结构的典型例子是医院病床呼叫系统。每张病床旁都安装一个发射装置，按下该装置的呼叫按钮，发射装置就向外发射无线信号。接收装置安装在护士工作站，接收到病人的呼叫信号后，接收装置还必须显示这一信号是几号床位病人发出的，为此，可以用驱动发光管发光的方法来指示。接收电路板上需要安装一组逐一编号的发光管，发光管个数即等于病床数，几号床位的病人按下呼叫键，相对应的几号发光管就发亮，这样一种接收电路就必须具有多个通道。这种遥控装置也就属于多路多通道遥控装置。

图 5.14 所示为一发多收多路多通道遥控电路结构，属于这种结构的典型例子是家电设备集中管理系统。假设用一个遥控器对 6 只白炽灯的开闭及亮度进行遥控，每只白炽灯旁都需要安装一个接收电路，该电路应具有多个控制指令通道，例如灯的亮度分三挡，可安排三个指令通道，集中控制器（遥控器）与多个接收电路之间有 6 个无线高频信号通路，每个接收电路又包含三个通道，用以控制照明灯的三挡不同的亮度，这一遥控装置就属于多路多通道遥控装置。

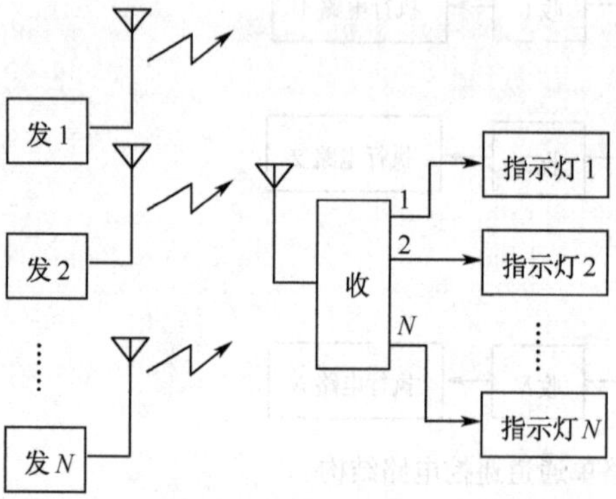

图 5.13 多发一收多路多通道遥控电路结构

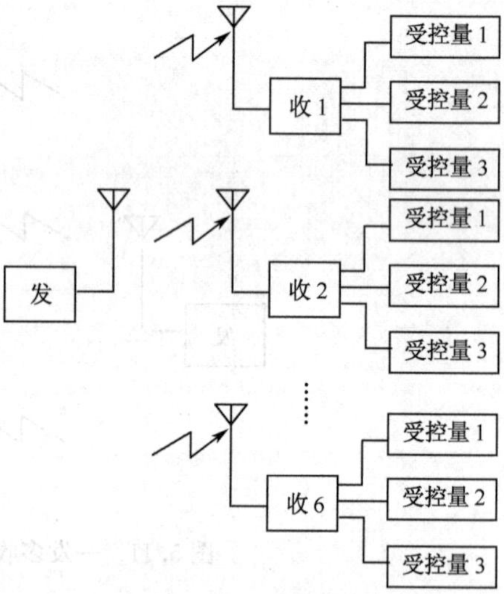

图 5.14 一发多收多路多通道遥控电路结构

2. 按照编码解码芯片的性能分类

无线遥控装置也可以根据所使用的编码解码芯片类型的不同进行分类。根据目前所使用的编解码芯片类型的划分，可以将遥控装置分为以下 4 类。

1）无地址码型遥控电路。

2）固定编码型遥控电路。

3）学习码型遥控电路。

4）滚动码型遥控电路。

编码芯片只对控制指令进行编码时，属第一类。第 1 章所剖析的遥控门铃及本章前面讨论的遥控玩具汽车都属于无地址码型遥控。在遥控门铃装置中，按下门铃按钮时 6 反相器电路 CD4069 输出连续方波，在这里，CD4069 起着编码电路的作用，它将按钮（控制指令）信号转换为一串方波。遥控玩具汽车电路中 TX-2 为编码电路，它将左转、右转、前进和后退等 4 个按键的信号转换为指令脉冲，RX-2 为解码电路，它将指令脉冲还原为控制指令。在这两个例子中都只涉及控制指令的编码和解码，没有另外设置地址码，因此属无地址码遥控电路。

遥控装置中设置地址码的，则属第二、三、四类遥控。第二章实训中所使用的编解码芯片 SC2262/2272 即属固定型编解码芯片，其特点是通过相关引脚与电源正极连接、与电源地连接或悬空等硬件连接方式进行地址码编码解码，由固定型编解码芯片组成的遥控装置称为固定型编解码遥控电路。

除了上述两类编解码芯片以外，近几年还发展了学习型编解码芯片和滚动码芯片，其保密性能明显超过固定型编解码芯片，已经得到广泛的应用。由这两类编解码芯片组成的遥控电路分别称为学习型编解码遥控电路和滚动码型遥控电路。

5.3　固定编码芯片组成的遥控电路

5.3.1　无地址码型遥控电路的缺点

遥控门铃和遥控玩具汽车都对按键产生的控制指令进行了编码，解决了不同指令的区分问题，提高了抗干扰的能力，但仍然存在严重的缺点，这就是同类型遥控装置安装在一起（附近）时，相互之间会产生严重的干扰。下面以遥控门铃为例来进行说明。

一幢 10 层大楼，每层 4 户，假设大楼所有的住户都安装由同一家工厂生产的与第 1 章所介绍的型号相同的无线门铃（其调制方式、工作频率都相同），我们考察这些门铃工作情况。假如有人按了 4 层一家住户门铃的按钮，由于射频信号有很强的穿透能力，按下按钮后所发射的无线信号将同时被 3、4、5 层共 12 户的门铃接收电路所接收，这 12 户门铃对接收到的信号进行放大、解调和解码后，都驱动扬声器发声，结果一户按门铃按键，12 户门铃全响，从而造成混乱。这一问题的存在，严重影响了这种简单无线门铃的应用。实际上，门铃误响还算小事，如果按一下手中的车门遥控器，附近所有汽车的车门全部打开，麻烦就大了。问题出在每个门铃的接收电路无法区分按钮所发出的遥控指令是给谁的。为了解决这个问题，引入地址码的概念，并对每个门铃进行地址编码。

以甲乙两对门铃为例，将甲的地址码设为 01ff011，乙的地址码设为 01ff001。甲门铃按下按钮后，在发射控制指令编码之前加发地址码 01ff011 的编码，甲乙门铃接收电路接收到地址码和控制指令码组成的编码信号并解码后，首先对地址码进行识别，同时与自己的地址码进行对比，只有接收到的地址码与自己的地址码相同时才对指令码进行解读并用以驱动门铃发声。这样乙门铃就不会发声，因为其自身地址码与接收到的地址码不相同。

加了地址编码后，遥控电路即可用于门禁等对于安全性能要求较高的场合。开门者按下所携带的遥控器后，接收电路只有检测到与自己地址码相符的编码后才开门，因此，可以将地址码理解为密码。给遥控电路增加地址编码，不仅有提高抗干扰能力的作用，也使遥控装置具有保密特性。

5.3.2 常用固定型编解码芯片简介

1. 常用固定型编解码芯片简介

第2章已经介绍过的编码/解码芯片SC2262/2272即为典型的固定型编解码芯片。除了这一对编解码芯片之外，表5.3列出了其他一些常用的固定型编解码芯片。

表5.3 常用固定型编解码芯片主要参数

编码芯片型号	解码芯片型号	地址位数	每位地址可选状态数	最大数据位数	芯片引脚总数	工作电压/V
SC2262	SC2272	6	3	6	18	4～15
PT2262	PT2272	6	3	6	18	4～15
YHH26	YHH28	8	4	4	18	2～6
YN5103	YN5203	8	4	4	18	≤16
MX5326	MX5327/MX5328	8	3	4	18	1.3～3.5
MC145026	MC145027	5	3	4	16	≤10
QCG417	QCG418	7	4	45	18	5

表5.3中列出了各种编解码芯片的主要技术参数。编解码芯片的数据引脚常常既可以作数据线使用，也可以作地址线使用，例如PT2262/2272最大数据位数是6，这时地址只有6位，如数据线全部作为地址线使用，地址线可以增加到12位。地址位数越多，地址码总数就越多，遥控通信的保密性能就越好。例如，用于门禁时，地址码总组数越多，闯入者对密码进行解密所需的时间就越长，门禁就越安全。从安全的角度看，地址位数越多越好，但地址位数多了，数据位数就少了，通常的做法是在数据位数满足要求的情况下尽可能增加地址位数。表5.3所给出的芯片的数据位数是最大数据位数，所给出的地址位数是数据位数取最大值时的地址位数。

为了提高地址码总数，另外一个办法是提高每一位地址线所能选择的状态数。芯片PT2262/2272每位地址线可以取三种状态：地电平、正电源电平和悬空，6条地址线所能形成的地址码总数为$3^6=729$，如果全部数据线也用作地址线，则地址码总数升高至$3^{12}=531\,441$，可见密码的安全性得到了很大的提高。

为了进一步增加地址码总数，有些芯片的地址线可取4种状态：地电平、正电源电平、悬空和接A_0（即取与第一条地址线相同的电平）。在相同地址线数的情况下，4态芯片的总地址线数要高得多。不过要注意所有地址线中A_0线只能取三种状态。

2. 编解码芯片MX5326/5327/5328

我们从表5.3中选择另一种常用的固定型编解码芯片MX5326/5327/5328做比较详细的介绍。

图5.15给出了编解码芯片MX5236/5237/5238的引脚功能。MX5326为编码芯片，其余为解码芯片。图中V_{CC}为正电源引脚；OSC1和OSC2用来外接电阻，和PT2262/2272芯片一样，该电阻的阻值决定片内振荡电路的频率，当外接电阻为80kΩ时，振荡频

率为 200kHz。MX5326 的 14 脚（TE）为编码启动端，该端为低电平时启动编码，编码信号从 17 脚（OUT）串行输出，输出时地址码在前，数据码在后，启动后重复输出 4 次，若保持 14 脚低电平将连续输出。解码芯片 MX5327/5328 的 14 脚（DIN）是编码信号输入端，待解码的信号从此串行输入，17 脚（VT）为接收有效指示，解码芯片将接收到的地址码与自己的地址码进行比较，两次检验符合后即却认为解码成功，17 脚输出高电平，同时将解码后的数据信号送数据输出端（MX5327 的 $D_0 \sim D_3$）。上述三个芯片的地址线及数据线功能如下。

编码芯片 MX5326 与解码芯片 MX5327 配合使用时：MX5326 的 $A_0 \sim A_7$ 用来输入地址码，除 A_0 以外，其他各输入端都有 4 种状态可选择，0（接地）、1（接电源正极）、悬空或接 A_0；$D_0 \sim D_3$ 用来输出数据。MX5327 接收到编码信号后，前 8 位作地址码处理，与自己的地址码进行对照，后 4 位被认为是数据码，经检验与自己的地址码相符后，对接收到的数据码进行解码，送输出端 $D_0 \sim D_3$ 输出。

编码芯片 MX5326 与解码芯片 MX5328 配合使用时：MX5326 的 $A_0 \sim A_7$ 及 $D_0 \sim D_3$［即图 5.15（a）中的 $A_8 \sim A_{11}$］均为地址线，MX5328 也没有数据线，编解码芯片都只进行地址编码。没有数据线，如何传输控制指令呢？解决的办法是使用指示接收成功的 17 脚输出信号。接收电路接收到地址编码信号后，将接收到的地址码与自身设置的地址码进行核对，确认两者相符，即判为接收成功，17 脚输出高电平，这一信号即可用于驱动执行电路，这样就实现了控制指令的传输。

图 5.15 所示的芯片与 SC2262/2272 相比较，可用数据线少了两条，因此只能对 4 位数据进行编码。

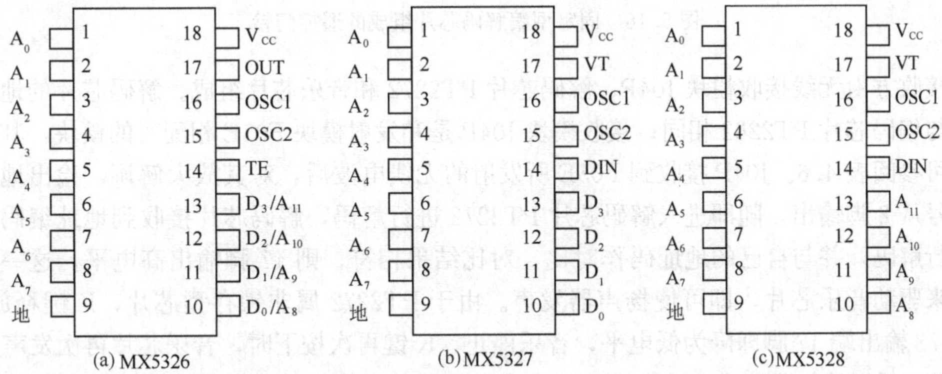

图 5.15　编解码芯片 MX5326/5327/5328 引脚功能

5.3.3　高性能遥控门铃

用固定编码芯片代替无地址码的电路 CD4069 进行控制指令和地址的编码，可以避免门铃误响，提高门铃抗干扰的能力。由固定型编解码电路 PT2262/2272 所组成的遥控门铃如图 5.16 所示，PT2272 是一种无数据线的解码芯片（注意 PT2272-L4 是有 4 位数据线的输出锁存型解码芯片，PT2272 是类似于 MX5328 的无数据线解码芯片，有 12 条地址线），因此编码芯片 PT2262 的 6 条数据线全部作为地址线使用，使其总地址线数也是 12。

图 5.16 中发射方由门铃按钮 K、编码芯片 PT2262 和无线发射模块 F05E 组成，芯片 PT2262 的 6 条地址引脚（1～6）和 6 条数据引脚（7、8、10～13）都用作地址线编码，每只引脚可设置为三种状态“0”、“1”和“f”（悬空），图中所画出的地址码为 01ff100f1101。芯片编码启动端 14 脚接地，只要加上电源电压，芯片即开始编码，并从 17 脚输出编码信号，电源 9V 电压经按钮 K 接芯片正电源引脚 18。可见，只要按下按钮 K 不放，芯片即不断从 17 脚输出地址编码信号。这一编码信号输入发射模块 F05E，用来对载波进行调制，调制后的无线信号经天线向外发射。

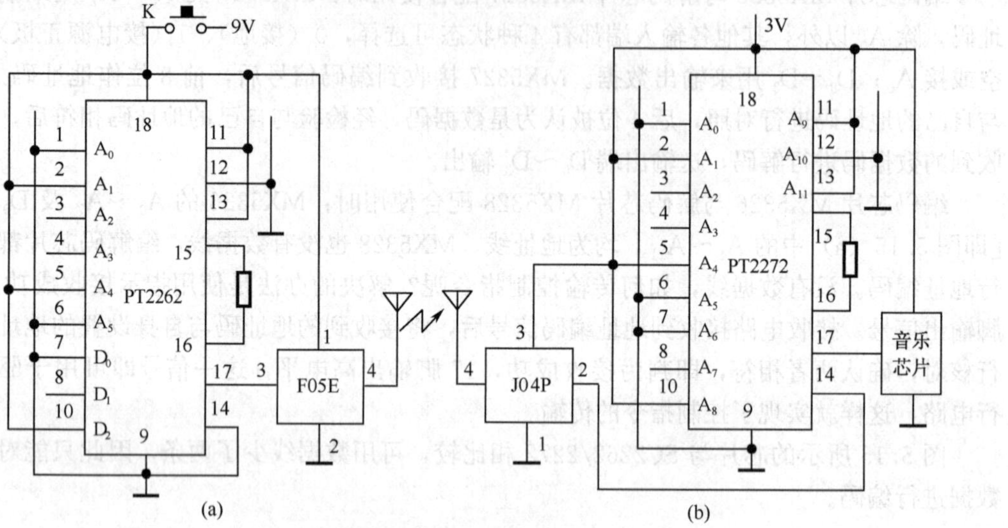

图 5.16 固定型编解码芯片组成的遥控门铃

接收方由无线接收模块 J04P、解码芯片 PT2272 和音乐芯片组成。解码芯片的地址码设置与编码芯片 PT2262 相同；接收模块 J04P 是和发射模块 F05E 相配对的模块，其主要参数可参阅表 4.6。J04P 接收到 F05E 所发射的无线电波后，对其放大解调，检出地址编码信号从 2 脚输出，随即进入解码芯片 PT2272 进行解码，解码芯片接收到地址编码信号后进行解码，并与自己的地址码作对比，对比结果相符，则 17 脚输出高电平，这一高电平用来驱动音乐芯片，即可使扬声器发声。由于 PT2272 属非锁存型芯片，K 键释放后，PT2272 输出端 17 脚即降为低电平，音乐停止，K 键再次按下时，音乐芯片再次发声。

用于设置编解码芯片地址的共 12 位，每位可取三个状态（0、1 和 f），因此，可有 $3^{12}=531\,441$个不同的编码方式，门铃地址编码重复概率为 1/531 441，即 53 万分之一。与无地址码的遥控门铃相比，在同一幢楼内使用同型号门铃一般不易出现相互干扰的问题。

图 5.16 的电路属单路单通道遥控型，这种电路也可用于门禁、密码电子锁等。由于编码重复率可以达到 53 万分之一，在一些要求不高的场合，这种遥控电路还是有效的。

上述高性能遥控门铃属单路单通道遥控。

5.3.4 抗干扰无线遥控玩具汽车

图 5.1 和图 5.2 所示的遥控玩具汽车电路改用编解码芯片 PT2262/2272-M4 后，增加地址编码，可以大大改善相同型号遥控玩具汽车之间相互干扰的问题。由编解码芯片

PT2262/2272-M4 组成的遥控电路如图 5.17 所示。PT2262/2272 与第 2 章实训中所介绍的 SC2272/2262 完全兼容，特性相同，可互换使用。

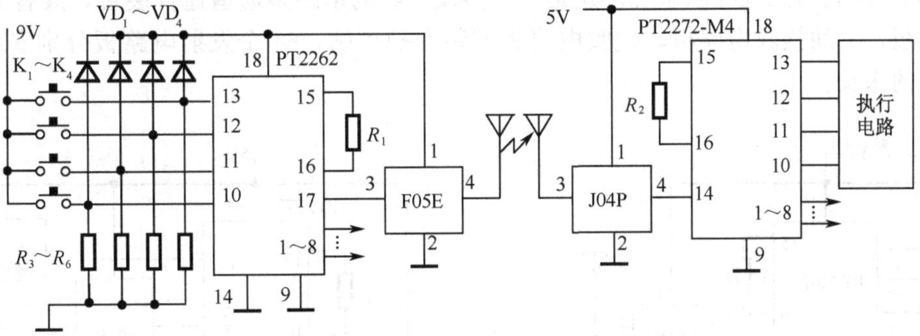

图 5.17　抗干扰无线遥控玩具汽车

图 5.17 中编解码芯片 1～8 脚用作地址编码，10～13 脚用作控制指令编码（PT2272-M4 型号后缀中的“M”表示输出为非锁存型，“4”表示有 4 条数据线，即 10～13 脚为数据线），引脚中的 7、8 脚用作地址编码。发射电路由编码芯片 PT2262 和发射模块 F05E 组成，接收电路由接收模块 J04P、解码芯片 PT2272-M4 和执行电路组成。执行电路和图 5.2所示的相同，由晶体管 $VT_1 \sim VT_{12}$、电阻 $R_2 \sim R_5$ 和电机 M_1、M_2 组成，解码芯片 PT2272-M4 的 13、12、11 和 10 脚依次接电阻 R_2、R_3、R_4 和 R_5。图中编解码芯片只画出了数据线的连接关系，地址码的设置是任意的，但必须保证编码和解码芯片地址的设置相同。按键 $K_1 \sim K_4$ 分别对应于右转、左转、后退和前进，工作原理如下。

4 个键都没有按下时，电源正极断开，发射电路没有工作，不耗电。按下 K_1 键，9V 电压经 K_1 键加到 13 脚（D_0 引脚）使该引脚呈高电平，同时电源电压经二极管 VD_4 加到编码芯片 18 脚和发射模块 1 脚，电路开始工作。由于 14 脚接地，编码芯片立即开始编码，并从 17 脚输出地址码和控制指令码，这时的控制指令是 0001（即 $K_4 \sim K_2$ 为 0，K_1 为 1）。17 脚输出的地址码和控制码从发射模块 3 脚输入，对载波进行调制后经天线向外发射。接收电路接收到该信号后解调、解码，由于编、解码芯片地址设置相同，经检查地址码相符后对指令码解码并将结果送 PT2272-M4 的 13、12、11 和 10 脚，13 脚高电平，其余为低电平。根据前面关于图 5.2 的分析可知，这时汽车右转，由于解码芯片属非锁存型，K_1 键按住时汽车右转行驶，按键释放即停驶。对 $K_2 \sim K_4$ 键可作类似的分析，可见图 5.17 所示的电路能实现图 5.1、图 5.2 所示遥控电路相同的功能。由于加入了地址码，图 5.17 所示电路具有较强的抗干扰性，在多组遥控汽车同时工作的情况下也不会彼此干扰。所使用的地址线共 8 根，每条地址线可取三种状态，因此地址码总数等于 $3^8=6561$，即地址编码重复率为 1/6561。这个重复率虽然仍然较大，但对于遥控玩具汽车来说，已经可以了。

前面讨论的无线玩具遥控汽车属单路多通道遥控。

5.3.5　64 路无线病房呼叫系统

在医院里，每张病床的床头都有一个按钮，需要时病人按下床头的按钮，护理站即通过声光报警的方式显示哪一张床位的病人在呼叫，这就是所谓的病房呼叫系统。病房呼叫系统可以用有线连接的方式实现，缺点是布线复杂，维修麻烦。无线病房呼叫系统则具有安装方便、无须布线等优点。图 5.18 和图 5.19 所示的是由编解码芯片 PT2262/2272-L6 组成的 64 路病房无线呼叫系统。这是一个多发一收的多路多通道遥控装置，共有 64 个发射电路板，一块接收电路板，接收电路板安装在护理站，64 个发射电路板分别安装在 64 张病床的床头。

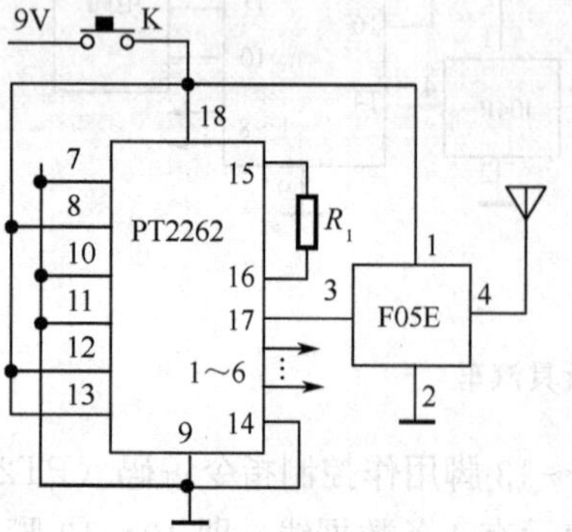

图 5.18　无线病房呼叫系统发射电路

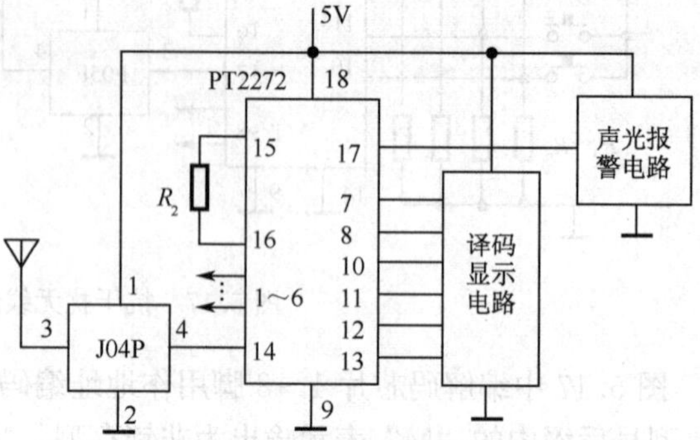

图 5.19　无线病房呼叫系统接收电路

图 5.18 所示的是发射电路，整个系统共有 64 块发射电路板，图中画出了其中的一个。发射电路由按键 K、编码芯片 PT2262 和无线发射模块 F05E 组成，R_1 为编码芯片振荡电路需要外接的电阻。编码芯片 1～6 脚用于地址编码，为使发射电路所发射的数据码能被接收电路接收到，这一地址编码必须和接收电路的地址码相同，因此所有 64 路发射电路的地址码也应该相同，图中没有具体画出各地址线的设置。编码芯片 PT2262 的 6 条数据线用来对发射电路进行编号，每条数据线可以取两个状态“0”或“1”，6 条数据线共可形成 $2^6=64$ 个不同的编号，图中所给出的编号是 010011，其他 63 个发射电路各具有不同的地址编号，这一编号也代表病床的编号，根据这一编号，护士可以很快确定发出呼叫的病人。

接收电路如图 5.19 所示，它由无线接收模块 J04P、解码芯片 PT2272-L6（L6 表示输出锁存且有 6 位数据线）、译码显示电路和声光报警电路组成，R_2 为编码芯片振荡电路需要外接的电阻。解码芯片 1～6 脚设置的地址码与发射电路的相同，数据线 7～8、10～13 用于输出接收到的数据。接收有效信号输出脚用于驱动声光报警电路，6 个数据输出端用来驱动译码显示电路。

无线病房呼叫系统工作原理如下。

某一病床的病人按下按键 K，由图 5.18 可知，由于编码芯片的 14 脚（编码启动端）接地，编码过程立即启动，并通过无线发射模块向外发射无线信号。该信号包括地址编码及数据信号编码，数据信号即为病床的编号（例如图 5.18 所画的编号是 010011，即十进制 19）。接收电路接收到无线信号后由接收模块 J04P 解调出地址及床号编码，送入解码芯片 PT2272-L6 进行解码，解码后将解码所得地址与接收电路的地址进行对照，两者相符，即将随后的数据送数据输出端 7～8、10～13 脚。接收信号确实来自上述 64 个发射电路之一，地址码检验结果必定相符，输出端 7～8、10～13 脚所锁存的即为发射电路板的编号（由数据线设置形成的病床编号）。如果无线信号来自楼上或楼下另一个病区（假设这些病区也安装了无线病房呼叫系统），由于地址设置不同，接收电路检验地址码不相符后就不会接收随后的数据信号。

输出端 7～8、10～13 脚锁存的病床号送入译码显示电路转换为十进制数显示，护士根据这一显示即可知道是哪张病床发出的呼叫。为了提醒有新的呼叫被接收到，利用接收有效信号输出端 17 脚的信号驱动声光报警电路，有了声光报警，护士站就能及时发现病人的呼叫。

无线病房呼叫系统是一种典型的多路多通道遥控装置。

5.4　学习型编解码芯片组成的遥控电路

由固定型编解码芯片组成的遥控电路的缺点是线路复杂，保密性较差。这些芯片用于加密的地址码是通过地址线的连接来设置的，只要打开遥控装置的外壳，根据线路板的连线即可读出地址码。同时，6～12 条地址线所能形成的地址码总数也不够大，如果使用一种被称为“编码扫描器”的设备，通过单片机自动将全部的编码依次编出，并通过无线电发射出去，一直到接收电路响应为止，对于 PT2262 所形成的编码，破解的时间不会超过 2 小时。

为了克服上述缺点，近年来研发了学习型编解码芯片，它采用软件编码的方式，电路简单，地址码总数也有明显的提高，价格与固定型编解码芯片差不多。因此，有人认为其可以成为固定型编解码芯片的替代产品。

5.4.1　学习型编解码芯片简介

我们以学习型编码芯片 eV1527 和解码芯片 TDH6300 为例，介绍学习型编解码芯片的封装、引脚功能、特性和使用方法。与学习型编码芯片 eV1527 类似的芯片还有 SC1527、SC2240 等，和学习型解码芯片 TDH6300 类似的芯片还有 HK6300、HK6301 等。

1. eV1527 和 TDH6300 芯片封装和引脚功能

编码芯片 eV1527 的封装外形如图 5.20 所示，为 8 脚小尺寸贴片封装，各引脚功能如表 5.4 所示。其中，2、3 脚为电源引脚；1 脚外接电阻，用来调节芯片工作所需的振荡电路的频率；5～8 脚为数据输入端，用以输入待传输的控制指令；4 脚为同步信号、芯片密码及控制指令编码信号输出端，用串行方式输出同步指令、编码后的芯片密码及编码后的控制指令，组成遥控装置时接无线发射电路输入端，用来对载波进行调制。

图 5.20　eV1527 封装外形

表 5.4　编码芯片 eV1527 引脚功能

引脚	功能	引脚	功能
1	振荡电路输入端	5	数据输入端 0 内含接地电阻
2	电源正极	6	数据输入端 1 内含接地电阻
3	电源地	7	数据输入端 2 内含接地电阻
4	串行输出端	8	数据输入端 3 内含接地电阻

图 5.21 SOP 封装外形

与固定型编码芯片 PT2262 相比，编码芯片 eV1527 振荡电路外接电阻改成一端接“1”脚，另一端接正电源，数据线只有 4 条，地址线一条也没有。下面将说明在没有地址线的情况下如何设置地址码（密码）。

解码芯片 TDH6300 的封装外形如图 5.21 所示，为 14 脚 DIP 或 SOP 封装，各引脚功能如表 5.5 所示。

表 5.5 解码芯片 TDH6300 引脚功能

引脚	功能	引脚	功能
1	电源正极	8	数据输出端 3
2	外接学习启动按键端	9	数据输出端 2
3	学习结果显示端，外接发光二极管正极	10	数据输出端 1
4	复位输出	11	数据输出端 0
5	输出锁存/暂存选择，接高电平时为锁存方式，接低电平时为暂存方式	12	接收有效指示信号输出端，接收有效时输出高电平
6	空脚	13	编码信号输入端
7	空脚	14	电源地

解码芯片 TDH6300 的 1、14 为电源引脚；13 脚为编码信号输入端，接无线接收芯片输出端；11～8 脚为解码后控制指令信号输出端，与 eV1527 的 5～8 脚相对应；2 脚接解码学习按键，用以启动学习；3 脚接发光二极管，用来显示学习成功与否；4 脚为复位输出端；5 脚为数据输出方式（锁存或暂存）选择信号输入端，5 脚高电平时为锁存方式输出，即解码后数据一直保存直至新的数据来替换，5 脚低电平时为暂存式输出，无线信号停止发射后，数据输出端复位为零；12 脚为接收有效（解码成功）指示信号输出端，接收有效时输出高电平。

与固定型解码芯片 PT2272 相比，解码芯片 TDH6300 有几点改变。其一，PT2272 的输出方式分锁存和暂存（非锁存）两类，后缀为 L 的为锁存输出芯片，后缀为 M 的为非锁存输出芯片。TDH6300 由引脚 5 的电平来选择输出锁存或非锁存，经电阻上拉至高电平时锁存，下拉至地时非锁存。其二，没有地址线。其三，多了“外接学习启动按键端”、“学习结果显示端”和“复位输出”三个引脚。下面将说明在没有地址线的情况下如何设置地址码，并说明新增的几个引脚起什么作用。

2. *芯片功能说明*

编码芯片 eV1527 内部有 20 个位单元专门用来预烧地址码（密码），密码的预烧由生产厂家完成，20 个二进制位所形成的组合有 $2^{20}=1048576$（即 1Mbit）个，因此这种芯片密码重复率为 100 万分之一，编码芯片 eV1527 因此也称为 100 万组编码芯片。与固定型编码芯片 PT2262 相比，编码芯片 eV1527 取消了地址线，改为片内预烧编码，增加了保密性，同时编码重复率也下降到 100 万分之一。关于数据线的使用，编码芯片 eV1527 则和 PT2262 没有什么差别。

与固定型解码芯片 PT2272 相比，解码芯片 TDH6300 增加了编码学习功能。

加密遥控装置的特点是接收电路选择性地只接收具有特定密码（地址码和接收电路的密码相同）的发射电路所发射的信号，在固定编码的情况下，密码（地址码）是通过硬件的不同连接来实现的，用户只要做到接收电路和发射电路的地址线连接方式彼此相同，就能组成加密遥控装置。现在情况不同了，学习型编码芯片的密码是片内预烧的，用户无法知道某一编码芯片的密码是什么，即使知道了也无从设置解码芯片的地址码与其相同，在这种情况下如何做到选择性接收呢?

学习型编解码芯片采用的办法是在使用前先由接收电路进行“编码学习”，让解码芯片处于学习状态，然后启动发射电路发射编码芯片的密码，接收电路接收后由解码芯片识别密码并将其存入解码芯片 TDH6300 内部的 E^2PROM 中，“编码学习”即告完成。经过编码学习后，接收电路接收到编码信号后，即与学习时所存储的密码相对照，只要内部的 E^2PROM 中所存的密码有一个与接收到的相同，即认为密码相符，于是就能实现选择性接收。编码学习时，需要使用解码芯片的“外接学习启动按键端”、“学习结果显示端”和“复位输出”三个引脚，这也就是为什么要增加这些引脚的理由。学习完成后，在编解码正式使用时，这些引脚就不起作用了，除非需要再次学习。

解码芯片 TDH6300 可以学习存储 7 个密码，也就是说可以接收来自 7 个不同密码的发射电路的信号并对其做出响应。这一特性使得学习型编解码芯片可以用于多发一收的遥控装置，例如住宅门禁，一户住宅有 7 把钥匙（不同密码的遥控器）可以打开宅门。

解码芯片 TDH6300 还可以多次重复学习，重复学习时，以前存储的密码会更新为新学的密码。由于具有这一特性，某个发射器丢失后，可以用新的发射器代替，只要重新学习一遍，新的发射器即可使用，同时遗失的发射器密码会自动作废。

3. 芯片主要电学指标

编码芯片 eV1527 的主要电学参数如下。

工作电压：3～13V。

待机电流：1μA。

工作电流：0.5mA。

芯片工作频率：80kHz。

解码芯片 TDH6300 主要电学参数如下。

工作电压：2～5.5V。

待机电流：＜3μA。

5.4.2　编码学习的电路和操作步骤

1. 编码学习的电路

编码芯片 eV1527 和解码芯片 TDH6300 组成的遥控电路如图 5.22 和图 5.23 所示，图 5.22 是发射方电路，图 5.23 是接收方电路。这些电路既是编码学习电路，也是正常工作时的遥控电路。在编码学习时，需使用接收电路中的编码学习控制按键 K_5 及学习结果显示电路 R_2、VD_{10}（发光二极管）；在正常工作时，上述元件则不被使用。

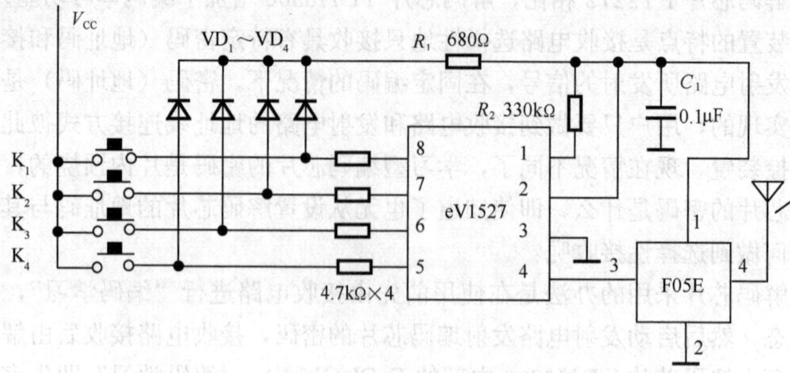

图 5.22　编码学习电路发射方电路

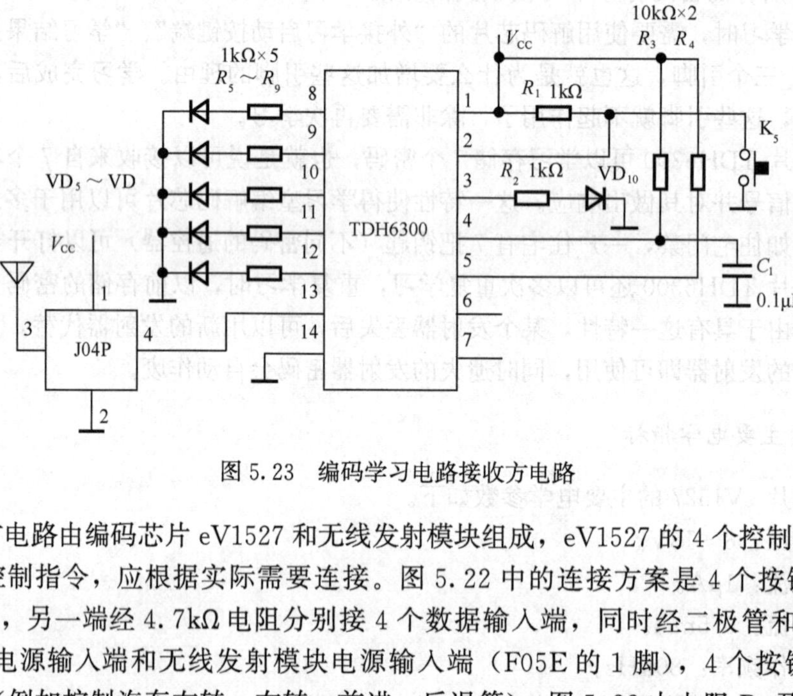

图 5.23　编码学习电路接收方电路

发射方电路由编码芯片 eV1527 和无线发射模块组成，eV1527 的 4 个控制指令输入端用以输入控制指令，应根据实际需要连接。图 5.22 中的连接方案是 4 个按键的一端接正电源 V_{CC}，另一端经 4.7kΩ 电阻分别接 4 个数据输入端，同时经二极管和电阻 R_1 接 eV1527 正电源输入端和无线发射模块电源输入端（F05E 的 1 脚），4 个按键用来发出控制指令（例如控制汽车左转、右转、前进、后退等）。图 5.22 中电阻 R_1 及电容 C_1 用于电源滤波。电阻 R_2 的大小决定芯片内振荡电路的频率，电源电压 9V，$R_2=330\text{k}\Omega$ 时，振荡周期为 1.48ms。编码后的密码及控制指令编码由 4 脚输出，接无线发射模块 F05E 的输入端。

4 个键都没有按下时，编码芯片和发射模块都没有电压，因此发射电路无功耗。按下 $K_1 \sim K_4$ 中任一键按下后，所对应的输入端升至高电平，其余三个键所对应的输入端为低电平（输入端 5～8 有内部接地电阻），同时电源电压经二极管及电阻 R_1 加到编码芯片电源输入端 2 脚及发射模块的电源输入端 1 脚，eV1527 开始编码并从 4 脚输出编码后的密码和键入的控制指令编码，这一编码信号输入无线发射模块，无线发射模块对载波进行调制后通过天线向外发射已调波。

接收方电路由无线接收模块 J04P 和解码芯片 TDH3600 组成，无线接收模块解调后的信号从 4 脚输出，经 TDH6300 的 13 脚进入解码芯片进行密码识别并对控制指令进行解码。编码学习时，解码所得密码将被存入 TDH6300 片内的 E^2PROM 存储器内。学习成功后，解码后的控制指令从 8～11 脚输出，12 脚在学习（解码）有效时输出高电平。5 脚经电阻 R_4 接正电源，选择输出为锁存方式，3 脚经电阻 R_2 和发光二极管接地，2 脚与地之间接入编码学习控制按键 K_5。

2. 编码学习操作步骤

编码学习的操作步骤如下。

第一步：按图 5.22 所示连接发射电路，使其随时可以进入编码发射状态。

第二步：按图 5.23 所示连接接收电路，并打开电源。

第三步：按下接收电路的按键 K_5，学习指示灯 VD_{10} 应闪亮一下然后熄灭，表示 TDH6300 已进入学习状态。继续按住 K_5 不放，同时按下发射电路中的 K_1 键（或K_2～K_3 中的任一键）发送编码信号，若学习指示灯 VD_{10}亮 1s 后自动熄灭，则表示学习成功，编码芯片的密码已被读出并存储于 TDH6300 内的 E^2PROM 内。若学习指示灯 VD_{10} 快闪（5 次/秒），则表示学习失败，可能是电路故障，需在排除故障后重新学习。

TDH6300 内的存储器可以存储 7 个密码，因此可以接收 7 个不同密码的发射电路的信号，为此，需对所有的发射电路逐一进行学习。编码学习器溢出（即超出 7 个遥控器）时，解码芯片会自动覆盖最早存入的密码。

学习成功后，不要按 K_5，按下发射方电路的 K_1 键，接收方解码后将接收到的密码与片内存储器所存的密码逐一对照，只要找到一个密码与接收到的密码相符，即认为密码相符，立即对随后而来的控制指令编码信号进行解码，并将所得的数据输出至引脚8～11 脚，同时 12 脚输出高电平，表示接收成功。TDH6300 的 11～8 脚的输出与 eV1527 的 5～8 脚电平相对应，即 K_1 键按下时 eV1527 的 8 脚为高电平，解码后 TDH6300 的 8 脚也为高电平，K_4 键按下时 eV1527 的 5 脚为高电平，解码后 TDH6300 的 11 脚也为高电平。

5.4.3　由 eV1527 和 TDH6300 组成的卷帘门遥控电路

1. 电路组成

由 eV1527 和 TDH6300 组成的卷帘门遥控电路如图 5.24 和图 5.25 所示，其中图 5.24 所示为发射电路，图 5.25 所示为接收电路。

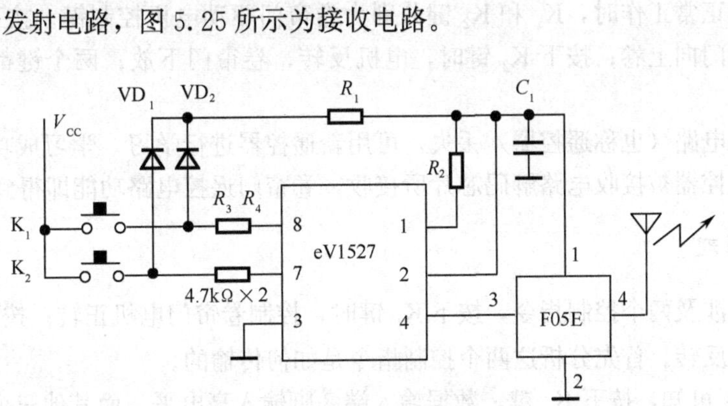

图 5.24　遥控卷帘门发射电路

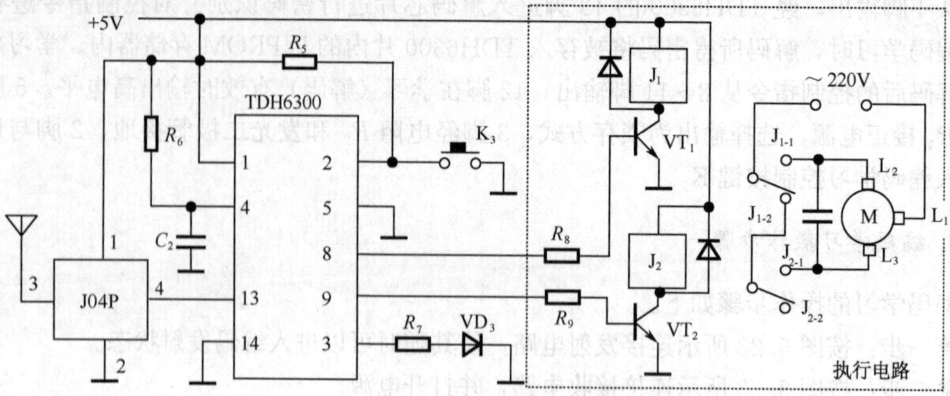

图 5.25 遥控卷帘门接收电路

发射电路由控制指令按键 K_1、K_2，二极管 VD_1、VD_2，编码芯片 eV1527 和无线发射模块 F05E 组成。电阻 $R_1=680\Omega$，电容 $C_1=0.1\mu F$，R_1 和 C_1 组成电源滤波电路。R_2 为芯片振荡电路外接电阻，电源为 $V_{CC}=9V$ 的电池。

接收电路由无线接收模块 J04P、解码芯片 TDH6300、学习按键 K_3 和执行电路组成。图 5.25 中虚线框内的即为执行电路，它由继电器 J_1、J_2，用于驱动继电器的晶体管 VT_1、VT_2，发光二极管 VD_3 及单相交流电机组成。J_1、J_2 均为一常开一常闭触点的继电器，图 5.25中 J_{1-1} 和 J_{1-2} 分别为继电器 J_1 的常开及常闭触点，J_{2-1} 和 J_{2-2} 分别为继电器 J_2 的常开及常闭触点。图 5.25 中接入晶体管集电极回路的是继电器的线圈，并联在继电器线圈两端的二极管用来保护晶体管，以免晶体管从饱和导通转入截止状态的瞬间被线圈的反向电动势所击穿。

M 为单相交流电机，有三根引出线，220V 交流电加在 L_1 和 L_2 之间时，电机正转，加在 L_1 和 L_3 之间时，电机反转。

2. 电路功能

遥控电路安装完毕后，首先要完成编码学习程序，否则不能正常工作。用于学习的元器件为按键 K_3、显示电路 R_7 和发光二极管 VD_3。学习完成后，卷帘门在使用时上述元器件不起作用。

遥控装置正常工作时，K_1 和 K_2 键分别为卷帘门驱动电机控制键。按下 K_1 键时，电机正转，卷帘门向上卷；按下 K_2 键时，电机反转，卷帘门下放；两个键都释放时，卷帘门停止卷动。

万一发射电路（也称遥控器）丢失，可用新遥控器进行学习，学习成功后旧遥控器密码失效，新遥控器被接收电路解码芯片所接收，卷帘门遥控电路功能即得到恢复。

3. 工作原理

遥控电路涉及两个控制指令，按下 K_1 键时，控制卷帘门电机正转；按下 K_2 键时，控制卷帘门电机反转。首先分析这两个控制指令是如何传输的。

由图 5.24 可知，按下 K_1 键，数据输入端 8 脚输入高电平，而其他三个输入端均为零电平。因此，编码芯片 eV1527 的输入数据为 1000，即 D_3、D_2、D_1、D_0 依次为 1、0、0、0。在图 5.24 所示的电路中，D_1、D_0 没有使用（空脚），以后将不再讨论这两个信号。按下 K_1 键的同时，正电源经二极管、滤波电阻 R_1 加到 eV1527 和发射模块 F05E 的电源输入端，因此，编码芯片即输出同步信号、编码的密码信号及编码的控制信号，这一串信号输出至发射芯片 F05E，对载波调制后即向外发射由同步信号、编码的密码信号、编码的控制信号调制的高频无线电波。

J04P 接收到所发送的信号后进行放大、解调，解调后的编码信号从 4 脚经 13 脚输入解码芯片 TDH6300 解码，TDH6300 将接收到的密码与存储器内的密码进行核对，因为已经介绍过编码学习，TDH6300 内部存储器存有 eV1527 的密码，核对结果相符，于是解码芯片将解码后的控制指令送 TDH6300 的数据输出端 8～11 脚，8、9 脚电平依次为“1”和“0”，10 及 11 脚没有使用。可见，控制指令成功地通过无线收发电路从 eV1527 的 8、7 脚传输到 TDH6300 的 8、9 脚。

类似地，若按下 K_2 键，则传输到 TDH6300 输出端 8、9 脚的信号为“0”和“1”。

接下来再分析经无线传输的控制指令如何控制卷帘门电机的运动。

按下 K_1 键时，TDH6300 输出引脚 8、9 的电压为“1”和“0”，在 8 脚高电平作用下晶体管 VT_1 饱和导通，继电器 J_1 吸合，常开触点 J_{1-1} 接通，220V 交流电压加到电机的 L_1、L_2 之间，电机正转，卷帘门向上卷。这时如果释放 K_1 键，由于 TDH6300 的输出被设置为非锁存方式（暂存方式），K_1 键释放，发射电路断电，接收电路接收不到信号，TDH6300 的 8 脚回到零电平，VT_1 回到截止状态，因此电机停止转动，卷帘门停止上卷。

按下 K_2 键时，TDH6300 输出引脚 8、9 的电压为“0”和“1”，在 9 脚高电平作用下晶体管 VT_2 饱和导通，继电器 J_2 吸合，常开触点 J_{2-1} 接通，220V 交流电压加到电机的 L_1、L_3 之间，电机反转，卷帘门向下卷。这时如果释放 K_2 键，发射电路断电，接收电路接收不到信号，TDH6300 的 9 脚回到零电平，VT_2 回到截止状态，因此电机停止转动，卷帘门停止下卷。

按、放 K_1 和 K_2 键，可实现卷帘门的遥控开启和关闭，需要的话，也可以使卷帘门停留在任意位置。

4. 优缺点

与固定型编解码芯片相比，使用学习型编解码芯片有以下好处：

1）由 PT2262/2272 组成遥控装置时，需要在线路板上手工编码，编解码地址设置要一一对应，费时费力。采用 eV1527 和 TDH6300 时则不存在这些问题，因为密码是厂家通过软件设置的，不同密码的发射电路在线路板焊接上并无差别，因此可以自动焊接。

2）由 PT2262/2272 组成遥控装置时，设输入数据为 4 位，则地址线有 8 条，其地址码总数等于 $3^8=6561$。eV1527 同样有 4 个数据位，但地址码总数等于 $2^{20}\approx 100$ 万，大大高于固定型编码芯片。

3）PT2262 为 18 脚 PID 封装，eV1527 为小尺寸 8 脚贴片封装，体积小得多，便于制成便携式小型遥控器。

4）对于 eV1527 的编码，既可以采用专用芯片 TDH6300 解码（称为硬件解码），也可以通过单片机解码（称为软件解码）。

由于有上述优点，由学习型编解码芯片组成的遥控电路特别适用于保密性要求较高的场合，例如卷帘门遥控、汽车车门遥控、家庭门禁、电子锁等。

但学习型编解码方式仍有明显的缺点，这就是在使用时，其密码容易从空中被截获，只要在发射芯片附近（一般为十几米范围内）安置一个具有存储功能的无线接收装置，盗窃者即可轻易地获得密码，使用这一密码就能顺利打开车门、电子锁等。进一步提高保密性的编解码技术是滚动码技术，这种技术已广泛应用于汽车中控系统、家庭门禁和车库门禁、电子锁等许多场合，是目前最先进的编解码技术。

5.5 滚动码芯片组成的遥控电路

针对固定型编解码芯片和学习型编解码芯片存在的问题，研发了滚动码技术，生产出了多种滚动码编解码芯片。滚动码技术的出现，很好地解决了遥控安全性的问题。

5.5.1 滚动码编解码芯片简介

1. 编解码芯片 HCS300 和 NT2174/NT2175 的封装和引脚功能

和其他编解码芯片一样，滚动码编码解码芯片也是配对使用的。常用的滚动码编码芯片是美国微芯公司生产的 HCS300/301，与其配套使用的解码芯片有 HCS500/512/515 和 NT2174/2184/2175/2185 等。下面以编码芯片 HCS300 和解码芯片 NT2174/2175 为例介绍滚动码编解码芯片的封装和引脚功能。

图 5.26 编码芯片 HCS300 封装

编码芯片 HCS300 有 PDIP 和 SOIC 两种封装，图 5.26 所示的是 PDIP 封装形式，其宽度约 7.5mm；SOIC 封装时，宽度只有 3.75mm。HCS300 引脚功能如表 5.6 所示。8 只引脚中 5、8 脚为电源引脚，7 脚外接发光二极管，编程模式时用来显示编程效果。和学习型编码芯片一样，滚动码编码芯片没有地址引脚，HCS300 有 4 根数据线，引脚为 1、2、3 和 4。编码信号输出引脚为 6 脚。3、6 是复用引脚，编程模式时 3 脚用作时钟引脚，6 脚用作数据引脚。

表 5.6 编码芯片 HCS300 的引脚功能

引脚	功能	引脚	功能
1	数据输入端 0	5	地
2	数据输入端 1	6	脉宽调制输出端 / 编程模式时的数据引脚
3	数据输入端 2 / 编程模式时的时钟引脚	7	外接发光二极管负极
4	数据输入端 3	8	电源正极

解码芯片 NT2174 和 NT2175 的区别是输出方式。NT2175 为锁存方式，芯片对接收到的信号成功解码后即将接收到的控制指令送输出端并加以保持，直至接收到新的信号后，用新接收的信号取代原信号。NT2174 为暂存方式，接收到的编码信号解码后送输出端，输出信号电平保持一段时间后回到低电平。

解码芯片 NT2174/2175 也有两种封装方式，14 脚 PDIP 封装和 14 脚 SOIC 封装，如图 5.27 所示，后者是小尺寸的贴片封装。

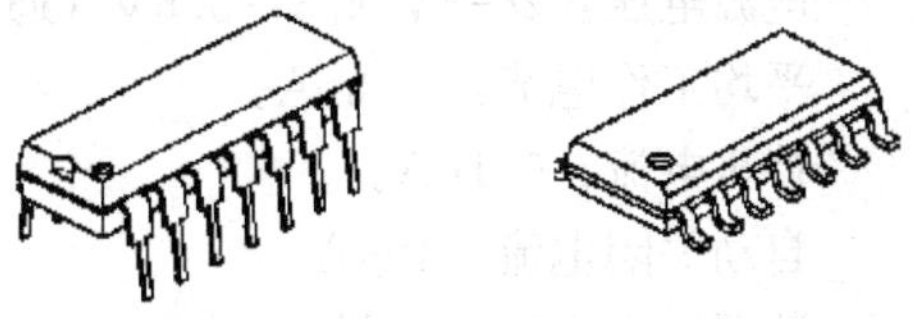

图 5.27　解码芯片 NT2174/2175 封装形式

解码芯片 NT2174/2175 引脚功能如表 5.7 所示。在 14 只引脚中，4～7 脚为空脚，实际使用的只有 10 只。其中，1、14 脚为电源引脚；8～11 脚为解码数据输出端，输出信号与 HCS300 的 1～4 脚信号一一对应；12 脚为接收（解码）有效指示信号输出端，接收有效时输出高电平；13 脚为编码信号输入端，接无线接收模块输出端；2、3 脚用于编码器学习，其功能与解码芯片 TDH6300 的 3、4 脚类似。

表 5.7　解码芯片 NT2174/2175 的引脚功能

引脚	功能	引脚	功能
1	电源正极	8	数据输出端 0
2	外接学习启动按键端	9	数据输出端 1
3	学习结果显示端，外接发光二极管正极	10	数据输出端 2
4	空脚	11	数据输出端 3
5	空脚	12	接收（解码）有效指示信号输出端
6	空脚	13	编码信号输入端
7	空脚	14	地

2. 芯片功能说明

滚动码编解码芯片有以下功能。

(1) 加密通信

和固定型或学习型编解码芯片一样，滚动码编解码芯片最基本的功能是进行加密通信。和上述编解码芯片不同的是，滚动码编解码芯片所使用的密码是滚动式变化的，下面将进一步说明什么是滚动式，如何滚动。

(2) 低电压指示功能

当电源电压低于设定值时，发光管会发出频率为 5Hz 的闪光，提示用户及时更换电池。

(3) 自动关闭功能

将遥控器放在口袋里时，按键多次被无意识地按下，会影响电池的使用寿命。HCS300 具有自动关闭功能，检测到连续按键时会启动自动关闭功能，以免电池被耗尽，因此滚动型编解码芯片适用于汽车门锁。

3. 芯片主要电学性能指标

编码芯片 HCS300 的主要电学指标如下。

电源电压：2～3V 或 3～3.6V（通过芯片配置设置选择其中的一种供电电压）。

平均工作电流：0.2mA。

待机电流：0.1μA。

自动关闭电流：40μA。

数据输入端下拉电阻：60kΩ。

解码芯片 NT2174/2175 的主要电学指标如下。

电源电压：2～5.5V。

5.5.2 滚动编解码发生原理和接收器学习步骤

1. 滚动编解码发生原理

（1）密码的生成

编码芯片 HCS300 内部有一个 192 位的 E^2PROM 存储器，存入一系列重要数据，它们是 64 位的加密密钥、16 位的同步计数值、28 位的器件序列号、16 位的配置字等（见图 5.28）。这些数据在芯片生产过程中形成并被存入，它们是编码器形成密码的依据。

编码芯片 HCS300 在使用时需要组成图 5.31 所示的发射电路，下面根据这一电路说明密码产生的过程。

在图 5.31 所示的电路中，芯片 HCS300 检测到有键被按下，就会读入按键信息（例如 K_1 键被按下，按键信息为 0001）并使同步计数值加 1，然后通过图 5.29 所示的流程生成 66 位的编码数据输出。这 66 位编码数据由 32 位加密数据、28 位芯片序列号、4 位按键状态和 2 位状态位（其中一位用于选择低电压跳变点，在电源为 2～3V 和 3～3.6V 时跳变点不同）组成。其中，32 位加密数据是由 64 位的加密密钥和 16 位的同步计数值通过 KEELOQ 算法形成的。KEELOQ 算法是一项专利技术，其算法的特征是，同步计数值加 1，只改变了一位，但 64 位加密密钥经过 KEELOQ 算法所形成的 32 位密码却有 50% 的位发生了变化（1 变为 0 或 0 变为 1）。

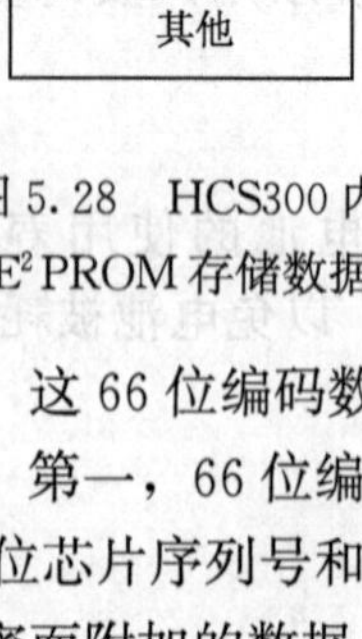

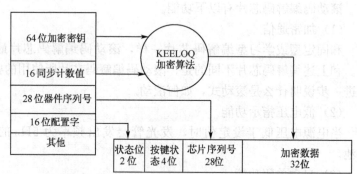

图 5.28 HCS300 内部 E^2PROM 存储数据

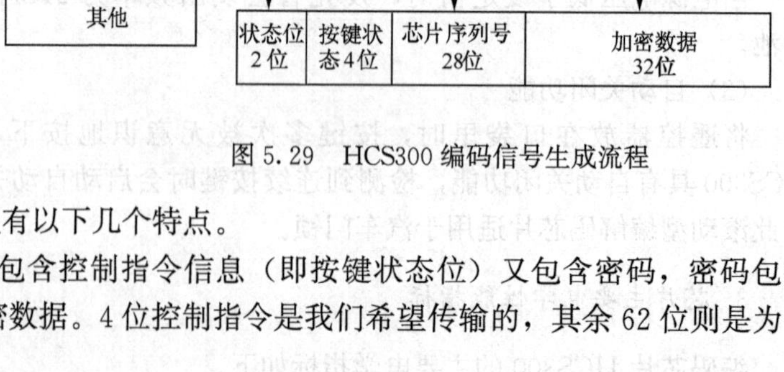

图 5.29 HCS300 编码信号生成流程

这 66 位编码数据的产生有以下几个特点。

第一，66 位编码数据既包含控制指令信息（即按键状态位）又包含密码，密码包括 28 位芯片序列号和 32 位加密数据。4 位控制指令是我们希望传输的，其余 62 位则是为了保密而附加的数据。

第二，32 位加密数据由 16 位同步计数值和 64 位加密密钥经过 KEELOQ 算法形成，每按一次指令键，同步计数值加 1，同步计数值变了，KEELOQ 算法所生成的 32 位加密数据就不一样。密码的变化是由同步计数值的自动加 1 引起的。

第三，66 位编码数据是自动产生的，即在芯片内的软件的控制下自动形成的，无须人为干预。

（2）解码原理

接收电路接收到上述 66 位编码信号后，按照图 5.30 所示的流程进行解码，最后获取控制指令（按键状态）信号，并将该信号送解码芯片 NT2174/2175 的数据输出端。

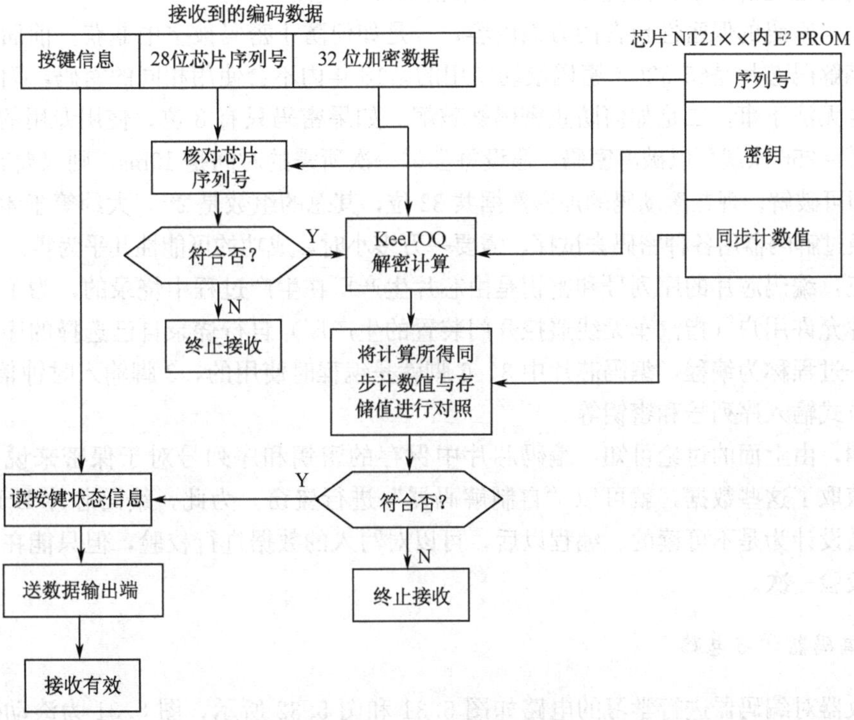

图 5.30　编码数据解码流程

解码过程如下：接收到的编码信号送入解码芯片的输入端后，首先取出接收数据中的 28 位芯片序列号与解码芯片 E^2PROM 中所存储的序列号进行核对，经核对不相符，则终止接收。相符，则取出 32 位加密数据与解码芯片 E^2PROM 中所存储的密钥，用 KEELOQ 算法算出同步计数值，从解码芯片 E^2PROM 中读出所存储的同步计数值加 1，与解码后的同步计数值进行核对，不符，则终止接收，符合，则读按键状态信息并送解码芯片的数据输出端，解码即告结束。

（3）接收器的“学习”

从上述解码过程可知，正确解码的前提是解码芯片内部 E^2PROM 中事先存有芯片序列号、密钥和同步计数值。但是从市场购得的解码芯片内部并没有这些数据，因此需进行必要的操作，将所需的数据写入接收芯片，这一操作过程即为接收电路的“学习”。

（4）滚动码的保密性

由于下面的一些特点，滚动码技术具有特别高的保密性。

第一，编码芯片发送密码后，下一次发射前同步计数值自动加 1，由于使用了 KEELOQ 算法，同步计数值加 1 时所生成的 32 位密码有 50% 被做了更改。可见，编码电路生成新密码的方法很简单，只要使同步计数值加 1 就行了，但所产生的新密码与旧密码有很大的差异，好像这两个密码都是随机产生的。同步计数值是一个 16 位数，共有 $2^{16}=$ 65 536个不同的组态，这表明连续发射 65 536 次也不会出现相同的密码。按每天使用 10 次计算，18 年后才会出现与 18 年前相同的密码。由于这一特征，即使“盗窃者”从空中截获了密码也无济于事，因为 18 年内每个密码都只使用一次。

第二，密码的保密性包含两方面内容，一是如何防止密码被空中截获。前面已经说过滚动码编解码芯片是65 536个密码滚动使用的，18 年内不会使用相同的密码，因此即使被截获，也无济于事。二是如何防止密码被破解。如果密码只有 8 位，使用专用的解码器只要尝试 $2^8=256$ 次就可以破解密码，假设每尝试一次所需的时间是 10ms，则只要花费 2.56s 的时间即可破解。现在滚动码的加密数据共 32 位，其总的组数是 2^{32}，大约等于 40 亿。“盗窃者”通过解码器用各种密码去试探，需要一万多小时，成功的可能性几乎为零。

第三，编码芯片的序列号和密钥是由芯片生产厂在生产过程中烧录的，为了提高安全性，芯片允许用户（指汽车无线遥控开门装置的生产厂）自行烧录自己选择的序列号和密钥，这一过程称为编程，编码芯片中 3、6 脚就是编程时使用的，3 脚输入时钟信号，6 脚以串行方式输入序列号和密钥等。

第四，由上面的讨论可知，编码芯片中保存的密钥和序列号对于保密来说是至关重要，如获取了这些数据，就可以“自制解码器”进行盗窃。为此，编码芯片 E^2PROM 中的数据被设计为是不可读的。编程以后，可以对写入的数据进行校验，但只能在紧接着编程之后校验一次。

2. 编码器学习电路

接收器对编码器进行学习的电路如图 5.31 和图 5.32 所示，图 5.31 为滚动码发射电路，图 5.32 为滚动码接收电路。

发射电路由控制指令输入按键 K_1～K_4、编码芯片 HCS300 和无线发射模块 F05E 组成。图 5.31 中 C_1 为电源滤波电容，发光二极管 VD_1 用来指示电压是否过低。任一按键按下时，编码芯片即被激活，延时 10ms 等待按键抖动结束后读入按键信息，同步计数值加 1 后由芯片序列号、同步计数值及密钥经 KEELOQ 算法形成加密的 66 位编码信号，该信号输入无线发射模块，无线发射模块对载波进行调制后通过天线向外发射已调波。

图 5.32 所示的滚动码接收电路由无线接收模块 J04P、解码芯片 NT2174、学习启动按键 K_0、发光二极管 VD_2、VD_3 及限流电阻 R_2、R_3 等组成。发光管 VD_2 用来指示学习是否成功，VD_3 用来显示接收是否成功。接收模块 J04P 接收到已调信号后经放大、解调，从 4 脚输出解调后的编码信号，该信号送入解码芯片 13 脚进行解码。

3. 编码器学习操作步骤

图 5.31 和图 5.32 用于编码器学习时操作步骤如下。

1）按下接收电路中的学习按键 K_0，发光管 VD_2 亮一下以后熄灭，表示接收电路已处于接收状态。

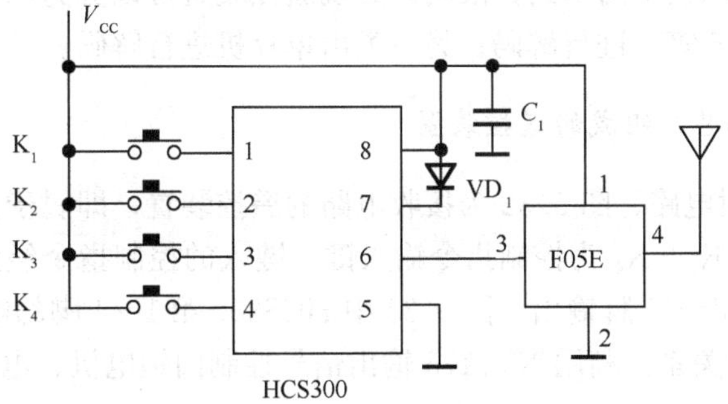

图 5.31　滚动码发射电路

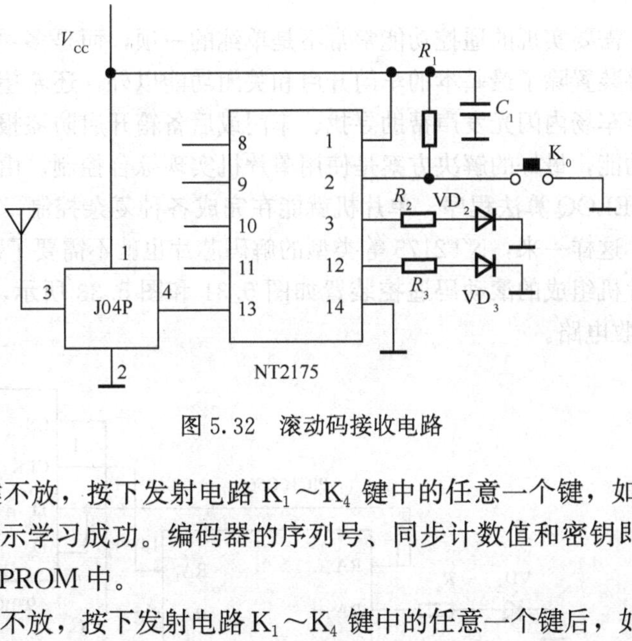

图 5.32　滚动码接收电路

2）按住 K_0 键不放，按下发射电路 K_1～K_4 键中的任意一个键，如果发光管 VD_2 亮 0.5s 后熄灭，则表示学习成功。编码器的序列号、同步计数值和密钥即被写入解码芯片 NT2174 内部的 E^2PROM 中。

3）按住 K_0 键不放，按下发射电路 K_1～K_4 键中的任意一个键后，如果发光管 VD_2 快速闪亮，频率大于 5 次/秒，表示学习失败，应检查硬件连接，排除故障后再进行学习。

NT2175/2174 最多支持 15 个编码器，按上述程序依次对这 15 个编码器进行学习后，接收器即可接收来自这些编码器的信号，并能正确译码。编码器学习溢出时（例如对第 16 个编码器进行学习），解码器会自动覆盖最先学习的编码器，即用第 16 个编码器的芯片序列号、同步计数值和密钥取代第 1 次学习时保存的数值。如果将这一编解码芯片组合用于门禁，最多有 15 把“钥匙”可用来开门。

长按学习键 8s，解码芯片将自动清除所有已存的编码器信息。

5.5.3　滚动码编解码芯片组成的遥控电路识读

滚动码编解码芯片可以应用于无线遥控的各种场合，由于价格明显高于固定型及学习型编解码芯片，因此在一些安全性要求不高的场合，例如玩具、门铃和一般的防盗报警等无线遥控装置中仍大量使用固定型编解码芯片和学习型编解码芯片。目前，滚动码编解码芯片应用最为广泛的是汽车车门控制以及车库、卷帘门门禁等。

根据所使用的解码技术的不同，滚动码无线遥控装置可以分为两类：一类由配对的解码芯片（例如 NT2175 等）进行解码；另一类由单片机进行解码。

1. 滚动码编解码芯片组成的遥控装置

以图 5.31 为发射电路、图 5.32 为接收电路的遥控装置，即属于滚动码编解码芯片组成的遥控装置。按键 K_1～K_4 为控制指令输入键，键入的控制指令经无线加密传输，由接收电路中 NT2175 的 8～11 脚输出，图 5.33 中 HCS300 第 1～4 脚的电平与 NT2175 的8～11 脚电平有一一对应关系。利用 NT2175 输出信号控制门锁电机、电磁铁就可以实现车门的遥控。

2. 用单片机解码的滚动码遥控装置

在许多场合，需要实现的遥控功能常常不是单纯的一项，而是多项的综合，例如汽车无线遥控防盗报警装置除了最基本的车门开启和关闭功能以外，还希望增加各种功能，如冬天提前启动、停车场内闪光发声帮助寻找、车门或后备箱开启防盗报警、提前启动空调等。要实现这些功能，最好的解决方案是使用单片机实现综合控制。由于单片机的强大功能，只要装入 KEELOQ 算法程序，单片机就能在完成各种复杂控制、报警工作的同时完成滚动码的解码，这样一来，NT2175 等类型的解码芯片也就不需要了。

典型的由单片机组成的滚动码遥控装置如图 5.31 和图 5.33 所示，图 5.31 为发射电路，图 5.33 为接收电路。

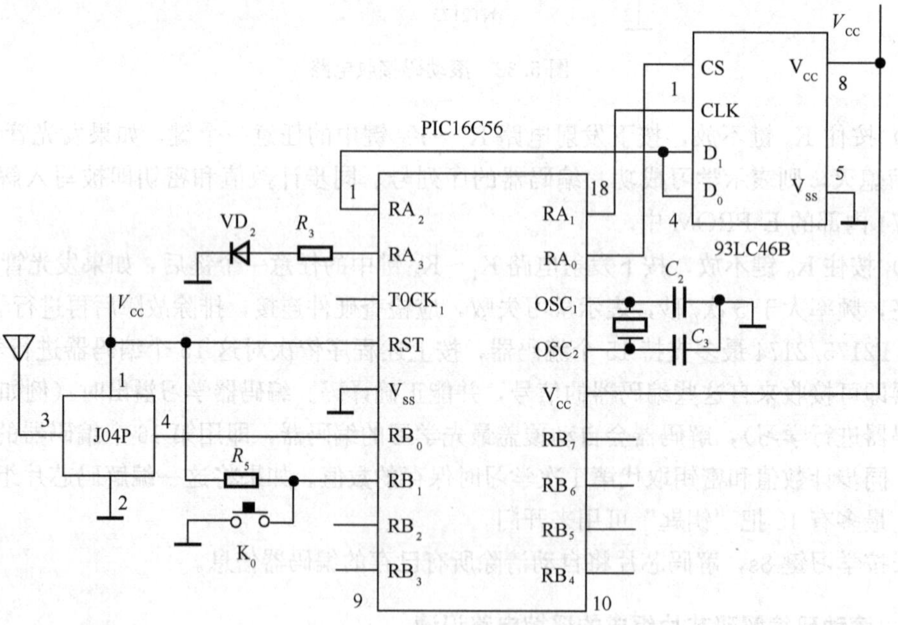

图 5.33　滚动码接收电路

◆ 实训

学习型编解码芯片组成的遥控电路

1. 实训目的

掌握学习型编解码芯片 eV1527/TDH6300 的主要特性和使用方法；学会用这两个芯片组成简单的遥控装置；学会编码学习操作。

2. 实训内容

1）焊接安装由编解码芯片 eV1527、无线发射模块 F05E、解码芯片 TDH6300 和无线接收模块 J054P 组成的遥控电路。

2）进行该装置的学习操作。

3）检测遥控效果。

3. 仪器设备

1）编码芯片 eV1527、解码芯片 TDH6300 各一片，无线发射模块 F05E 一块，无线接收模块 J054P 一块。

2）按钮开关 5 只，Φ5 发光二极管 5 只（其中，白转红、白转绿、白转黄各一只，红色 2 只），4001 型二极管 4 只，330kΩ、680Ω 电阻各 1 只，10kΩ 电阻 2 只，4.7kΩ 电阻 4 只，1kΩ 电阻 7 只，0.1μF 电容 2 只，9V 电池 1 只。

3）数字万用表一只，5V 稳压电源一合。

4）通用印制电路板两块，电烙铁、镊子、剪刀等焊接安装工具一套。

4. 实训电路

实训电路如图 5.34 和图 5.35 所示，图 5.34 为发射电路，图 5.35 为接收电路。两图中除芯片以外的各元器件型号规格如下。

二极管 $VD_1 \sim VD_4$：4001。

发光二极管 VD_5：白转红管。

发光二极管 VD_6：白转绿管。

发光二极管 VD_7：白转黄管。

发光二极管 VD_8：红色管。

发光二极管 VD_{10}：红色管。

电容 C_1、C_2：0.1μF。

电阻 R_1：680Ω。

电阻 R_2：330kΩ。

电阻 $R_3 \sim R_9$：1kΩ。

电阻 R_{10}、R_{11}：10kΩ。

5. 实训步骤

（1）安装电路

对照图 5.34 和图 5.35 所示，分别在两块电路板上安装发射和接收电路。安装前应检

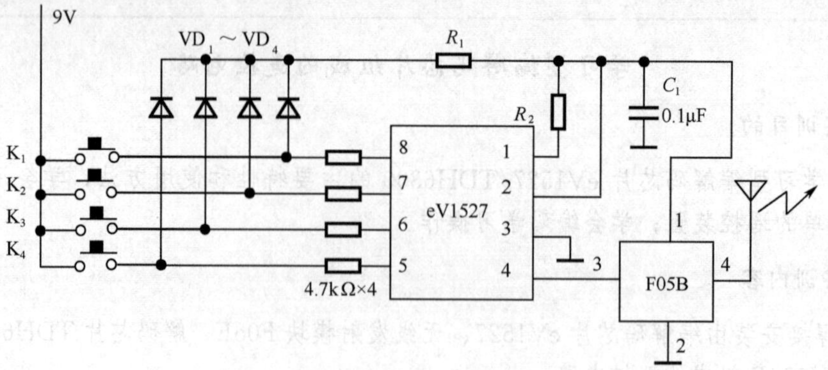

图 5.34 实训发射电路

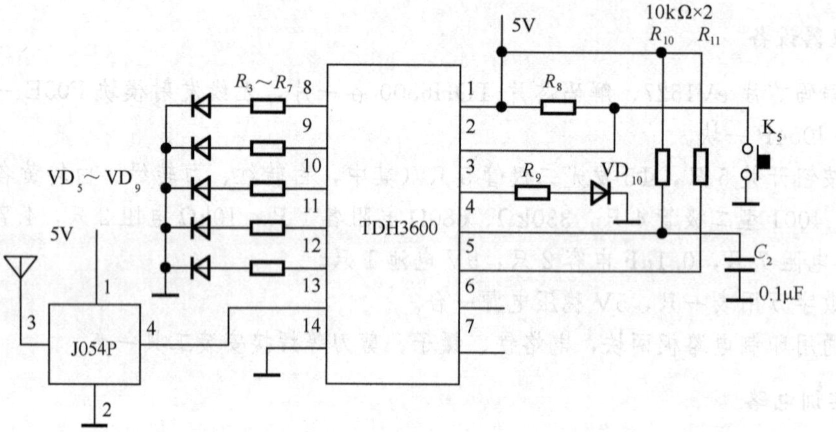

图 5.35 实训接收电路

查元器件是否齐备。

(2) 通电检查

安装完毕后，核对一次，确定无误后，先后接上发射电路和接收电路的电源，观察有无冒烟或发出焦味等情况。如有发现，应立即关闭电源，重新对照电路图核对元器件安装焊接是否正确，找出错误后再进行通电试验。

(3) 编码器学习

按 5.4.2 节所述的步骤进行编码学习操作，将学习结果登入表 5.8 中。

表 5.8 编码器其学习结果记录

按键名称	做出响应的发光二极管名称	发光规律	结论
K_5			
K_1			

(4) 遥控效果测试

完成学习后，进行遥控效果测试。打开发射和接收电路电源，使其进入待机状态。

按下 K_1 键，维持 2s 后释放，观察接收电路发光管发光情况；按下 K_2 键，维持 2s 后释放，观察接收电路发光管发光情况；同时按下 K_2、K_3 键，观察接收电路发光管发光情况，将上述观察结果登入表 5.9 中。

将 TDH6300 第 5 脚改为接地，重复上述实训，将观察到的结果登入表 5.9 中。

表 5.9　遥控效果测试

TDH6300 电平	输出方式		发射电路按下的键号	接收电路发光的发光二极管名称	发光情况	结论
	锁存	暂存				
接正电源			K_1			
接正电源			K_2			
接正电源			K_2、K_3			
接正电源			（自拟）			
接地			K_1			
接地			K_2			
接地			K_2、K_3			
接地			（自拟）			

6. 实训报告

记录安装测试的过程和结果，对表 5.8 和表 5.9 记录的结果进行分析。

思考与练习

5.1　在无线遥控装置中，被传输的控制指令为什么要编码？举例说明不编码的遥控装置在使用时会存在的问题。

5.2　无线遥控装置由哪几部分组成？画出组成框图，简要说明各部分的功能及各部分相互之间的关系。

5.3　何谓“通路”？何谓“通道”？两者有什么联系？有何差别？

5.4　按通路和通道的不同，无线遥控装置可分为哪些类型？

5.5　举出单路多通道、单路单通道遥控装置的例子，画出其组成框图。

5.6　举出多路单通道、多路多通道遥控装置的例子，画出其组成框图。

5.7　按照性能的不同，编解码芯片可分为哪几类？各类芯片之间主要差异是什么？

5.8　解码芯片 PT2272-M6 和 PT2272-L6 有什么差别？在图 5.17 中，将芯片 PT2272-M4 更换为 PT2272-L4，会出现什么问题？

5.9　仿照 5.3.5 节所述，用编解码芯片 MX5326/5328 组成 64 路病房呼叫系统，画出电路图并与 PT2262/2272 组成的遥控装置进行比较。

5.10　试用 PT2262/2272 组成 14 路家庭照明遥控装置，画出电路图，简要说明其工作原理。

5.11　与固定型编解码芯片相比，使用学习型编解码芯片组成的无线遥控装置有什么优点？

5.12 学习型编解码芯片组成的无线遥控装置在使用前为什么要进行学习？通过学习达到什么目的？

5.13 试用PE2262/2272组成能遥控卷帘门升降的无线遥控电路，画出电路图并简要说明工作原理。

5.14 简述滚动码编码原理，画出编码流程图。

5.15 使用滚动码实现无线遥控，为什么不怕密码被“盗窃者”从空中截获？为什么“盗窃者”截获密码后仍不能控制接收电路？

5.16 滚动码为什么也要有一个学习过程？这一学习过程与学习型编解码芯片有什么不同？

阅读材料三

第 6 章

高频电子技术在数据传输中的应用

学习要求

掌握无线数据传输系统的组成框图及各组成部分的作用；掌握无线数据传输系统的分类；掌握普通无线收发芯片组成的数据传输系统的结构框图；了解智能型收发芯片组成的数据传输系统的结构框图；掌握无线收发模块组成的数据传输系统的结构框图；读懂上述数据传输系统硬件连接关系和工作原理。

6.1 无线数据传输概述

6.1.1 远程和近程无线数据传输

本章讨论无线收发芯片和模块在无线数据传输中的应用。

根据传输距离的不同，无线数据传输可以分为两大类。一类是接收方和发射方距离较远时的数据传输，称为远程无线数据传输。例如，地面与空间、一个城市到另一个城市、一家工厂到另一家工厂以及一幢大楼到另一幢大楼之间的数据传输都属于远程无线数据传输。另一类是接收方与发射方距离较近时的无线数据传输，属近程无线数据传输。例如，一个住宅小区内安防数据的传输、大楼内消防系统传感器与监控中心之间的无线数据传输、大楼门禁系统出入口身份识别装置与监控中心之间、射频卡与读卡机之间的数据传输等都属于近程无线数据传输。

实现远程无线数据传输所依靠的技术包括计算机（无线）网络、移动通信、卫星通信等。近程无线数据传输装置则由无线收发芯片和模块组成。

初看起来，无线收发芯片和收发模块则仅限于近程无线数据传输，与远程无线数据传输无关，其实不然。以无线抄表系统为例，相关部门要实现全市用电量的智能化管理，可以采取多种方案。一种方案是给每只电度表安装一块 GPRS 模块，由该模块将用电量的相关数据直接发送到用电管理中心，如图 6.1 所示。第二种方案是每个住宅小区建立一个中继站，安装一块 GPRS 模块向用电管理中心发送整个小区的用电数据，每个住宅小区内每只电度表的用电量数据则通过无线收发芯片（或模块）发送给中继站，如图 6.2 所示。

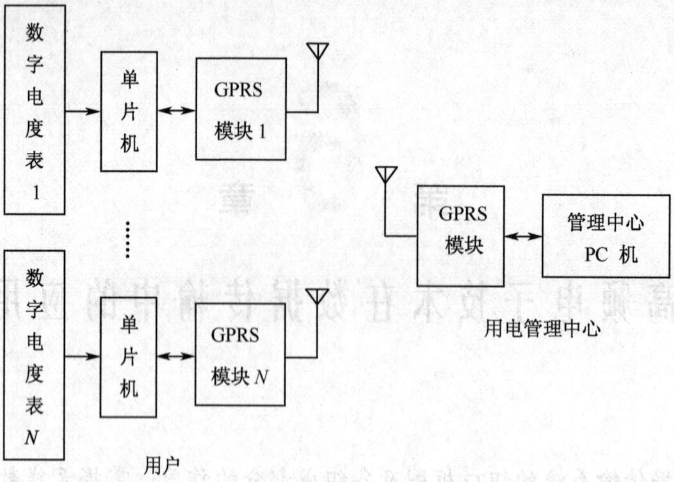

图 6.1　电度表无线抄表系统方案一

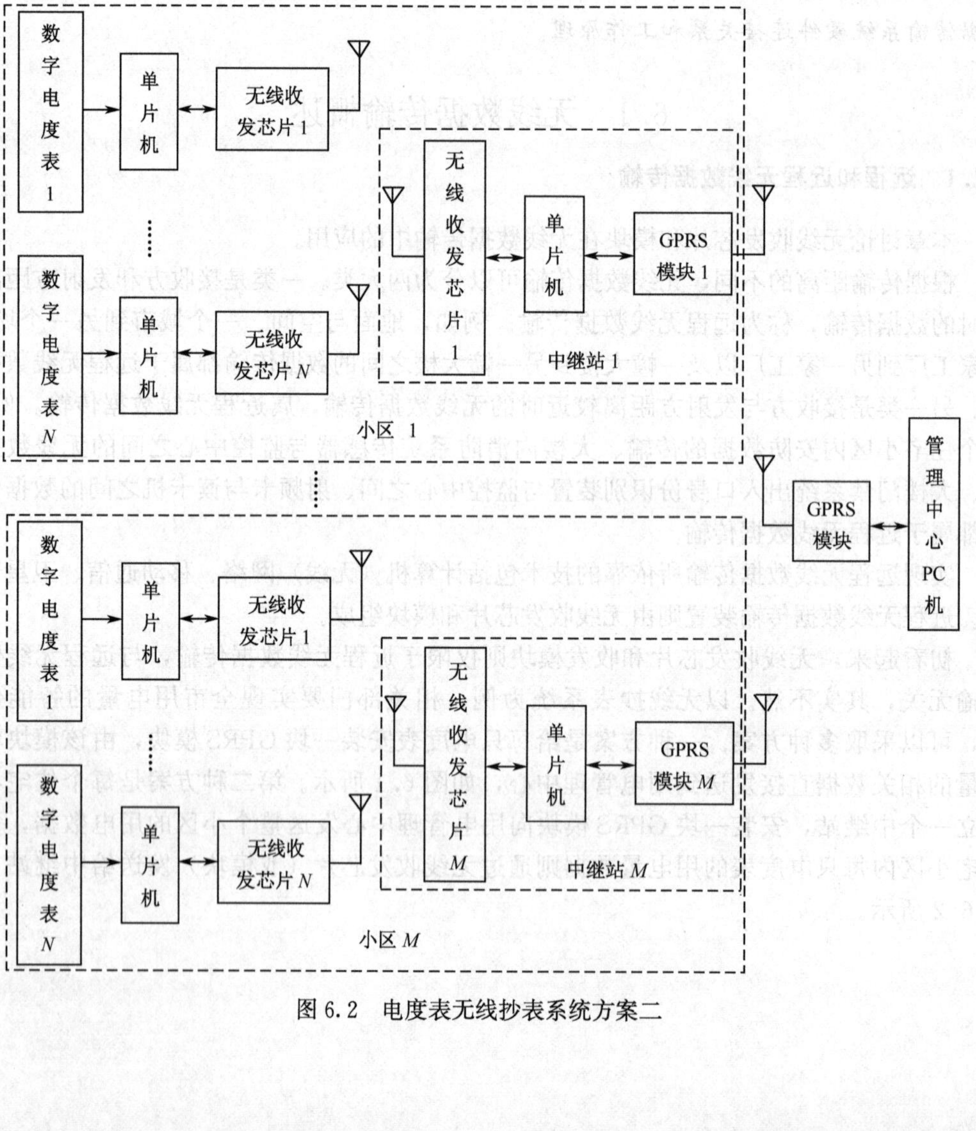

图 6.2　电度表无线抄表系统方案二

上述两个方案比较，方案 1 所使用的 GPRS 模块要多得多，如果平均一个小区的住户是 100 户，方案 1 所使用的 GPRS 模块数量是方案 2 的 100 倍。GPRS 模块多了，不仅一次性投资费用增加，而且运行费用也大大增加（使用 GPRS 模块需向移动公司缴纳使用费，而无线收发芯片之间通信则不需付费），相比之下，方案 1 是不可取的。这个例子说明，在通过 GPRS 等实现远程无线数据传输的情况下，其前端往往还是需要由无线收发芯片组成近程无线数据传输的子系统。

因此，无论对于近程无线数据传输还是远程无线数据传输，都需要由无线收发芯片或模块组成无线数据传输的系统或子系统。

本章讨论如何使用前面几章已经介绍过的几种常用的无线收发芯片和模块来组成无线数据传输系统，重点介绍芯片 nRF401、nRF905、nRF9E5 和模块 PTR2000 等组成的无线数据传输系统的结构、工作原理和主要特性。

6.1.2　无线数据传输系统的组成和分类

1. 无线数据传输系统的组成

无论远程或近程的无线数据传输系统，一般都嵌入单片机，这是因为系统许多功能需要单片机才能实现。以住宅小区的无线抄表系统为例，需要具有定时或接收指令后传输的能力，即每个住户的电度表都是定时的，接收到中继站的指令后才向中继站发送数据；需要具有用电量数据存储的能力，即每个用户的用电量必须随时存储下来，以便突然停电时，以前的用电量数据不会丢失；需要具有简单的运算能力，即能进行用电量累加、相减等运算；还要具有欠费报警等功能，这些功能的实现离不开单片机。

有了单片机以后，一个系统的组成就包括硬件和软件两个方面，和 PC 机一样，只有硬件而没有操作系统的计算机是运行不起来的。在无线数据传输系统中，软件和硬件都是系统必不可少的组成部分。因此，当我们分析一个无线数据传输系统的组成时，除了电路的组成（硬件）之外，还必须讨论软件的组成。由于高频电子技术研究的是无线收发系统的组成、电路结构、工作原理、主要特性和应用，因此我们讨论的重点是硬件。

无线数据传输系统的硬件一般包含以下几个组成部分。

(1) 数据源

数据源即产生待传输数据的信号源，例如无线抄表系统中的电度表，无线消防报警系统中的烟雾、温度传感器，无线门禁系统中入口处检测到的卡号、指纹数据等。

(2) A/D 转换电路

数据源所发出的可能是数字信号，也可能是模拟信号，由于数字信号传输时具有抗干扰能力强等优点，在无线数据传输时，如果被传输的是模拟量，则需要将其转换为数字量后再传输。我们前面学习过的无线收发芯片，除了收音机芯片之外，绝大部分芯片所能接收的都是数字信号，所进行的调制方式都属于数字信号调制，如 FSK、ASK、OOK 调制等。因此，在无线数据传输系统发送电路中还需要包含将模拟量转换为数字量的 A/D 转换电路。

(3) 单片机

无线收发系统需要用单片机管理数据的传输，因此无线数据传输系统都包含某种型号的单片机。由于单片机的嵌入，无线数据传输系统都属于智能化的系统。常用的单片机有51系列单片机 AT89C51、AT89C52、AT89LV52、AT89C2051 以及 PIC 系列单片机 PIC18F252 等。

(4) 无线收发芯片或模块

在一般情况下，无论数据接收方还是发送方，所使用的都必须是无线收发两用的收发芯片，因为发送方除了发送数据之外，还需要接收来自管理中心（即接收方）的控制指令，因此需要具有接收能力。同样的道理，发送方除了能接收来自数据源的数据之外，还需要向发送方发出各种指令，包括在数据传输过程中出现误码时需要向发送方发出重发的指令等，因此也必须使用收发两用的芯片。

(5) 存储器

发送方数据源所产生的数据常常需要暂时存储起来，单片机内存可以存储数据，但断电以后这些数据也会随之丢失，因此无线数据传输系统常常需要安装 E^2PROM 存储器，这种存储器断电后仍能保留所存储的数据。例如，抄表系统发送方就需要这样的存储器将用户的累计用电量及时地存储起来。接收方接收到数据以后，一般都将其存入 PC 机外存储器（硬盘），因此不必再加入 E^2PROM 芯片。

(6) 接口电路

接收方常常也通过单片机实现数据传输的控制和管理，最后将接收到的数据送入管理中心的 PC 机。要将单片机暂存的数据送入 PC 机，需要建立单片机与 PC 机之间的通信，为此，就需要有一个接口电路进行对接和通信，常用的接口电路是 MAX232。

(7) PC 机

接收方除了接收发送方所传输过来的数据之外，还需要承担数据存储、处理和数据传输管理等任务，在数据总量较大的情况下，单片机已不能适应数据存储、处理和传输管理的需要。因此，许多无线数据传输系统的接收方都包含 PC 机。

无线数据传输系统的软件包括单片机之间、单片机与 PC 机之间通信的协议，单片机运行的程序，PC 机与单片机之间通信的程序等。在下面的讨论中，我们将给出程序的流程图，根据流程图，再运用在单片机原理课程学习过的编程知识，就可以编制程序了。

根据上述分析，可以画出完整的无线数据传输系统组成框图，如图 6.3 所示。数据源所产生的数据经 A/D 转换后成为数字信号，经单片机处理后存入存储器，在接收到接收方发来的传输指令后（或按照协议规定），由单片机取出并经无线收发芯片发送出去。数据被接收方接收后经单片机暂存或初步处理并送入 PC 机。PC 机所发出的指令经接收方单片机送到收发芯片向外发射，发送方接收到指令后输入单片机，由单片机做出响应，按指令要求传输数据。

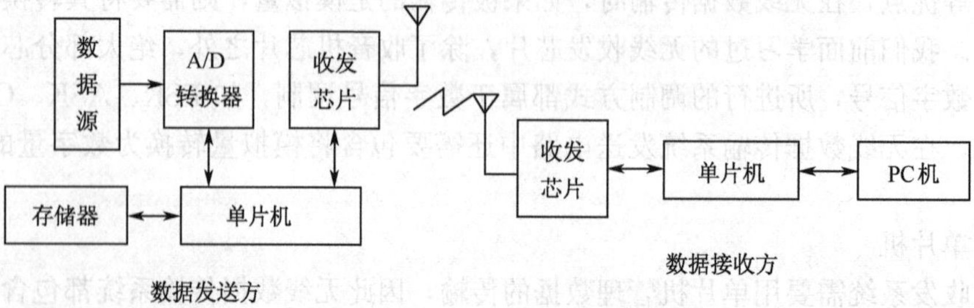

图 6.3 无线数据传输系统组成框图

无线数据传输系统的通信协议，是指数据传输收发双方为实现数据传输而制定的一系列规则，主要包括以下一些内容：

1）确定调制方式。

2）选定单片机串行口的通信方式（包括数据格式、校验方法等），即从单片机的多种串行通信方式中选择一种。

3）选定通信比特率。

4）当系统包括多个发送方时，确定接收方与发送方的联络方式。

2. 无线数据传输系统的分类

无线收发系统既可以由分立元器件组成，也可以由无线收发芯片或无线收发模块组成。无线收发芯片按照其内部是否嵌入微处理器，又可分为普通无线收发芯片和智能型收发芯片。原则上，上述各种结构的无线收发系统都可以用来组成无线数据传输系统。

实际上，由分立元器件组成无线收发系统时，由于高频电路的工艺比较复杂，小批量生产时成本较高，已经很少使用，实用的无线数据传输系统几乎都不用分立元器件来组成。因此，按照结构上的不同，无线数据传输系统可以分为三类：

1）由普通无线收发芯片组成的数据传输系统。

2）由智能型收发芯片组成的数据传输系统。

3）由无线数据传输模块组成的数据传输系统。

本章将分别讨论如何识读上述三类数据传输系统。

6.1.3　单片机串行通信方式简介

由于无线数据传输系统涉及单片机的串行通信，下面以 51 系列单片机 AT89C51 为例复习有关单片机串行通信的知识。

1. 单片机的串行通信

单片机 CPU 和外界的信息交换称为通信，通常有并行通信和串行通信两种方式。各数据位同时传送的方式称为并行通信，这时用于数据传输的引脚数即等于二进制数据的位数；数据逐位串行地顺序传送的方式称为串行通信。在无线数据传输系统中，单片机一般都通过串行方式进行通信。

单片机串行通信需要使用输入/输出口资源，串行通信所需要的通信口线只要 2 条。下面介绍几种常用单片机的串行通信口。

AT89C51 和 AT89C2051 的引脚功能如图 6.4（a）为 AT89C51 的引脚功能，40 脚和 20 脚为外接电源引脚，32～39 脚为双向输入/输出口 P0 的引脚，1～8 脚为准双向输入/输出口 P1 的引脚，21～28 脚为准双向输入/输出口 P2 的引脚，18、19 脚接晶振。单片机还有 P3 口，引脚为 10～17 脚，是一个双功能的输入/输出口，既可以和 P1 口一样作为输入/输出口使用（第一功能），也可以每一位独立定义为第二功能。作为第二功能使用时，P3.0（10 脚）、P3.1（11 脚）为串行输入/输出口，其中 10 脚为串行输入口 RXD，11 脚为串行输出口 TXD。在无线数据传输系统中，还常用 AT89LV51 或

AT89LV52，这两种单片机和AT89C51一样都以单片机8051为核心，都属于51系列单片机；差别是AT89LV51或AT89LV52的电源电压较低，在2.7～6V范围都可以使用。一些无线收发模块的电源电压不得高于3.6V，正好与之匹配。

图6.4（b）是AT89C2051的引脚功能图，20脚和10脚为电源引脚，4、5脚外接晶振，12～19脚是输入/输出口P1的引脚，P3口的P3.0（2脚）、P3.1（3脚）为串行输入/输出口，其中2脚RXD为数据输入端，3脚TXD为数据输出端。

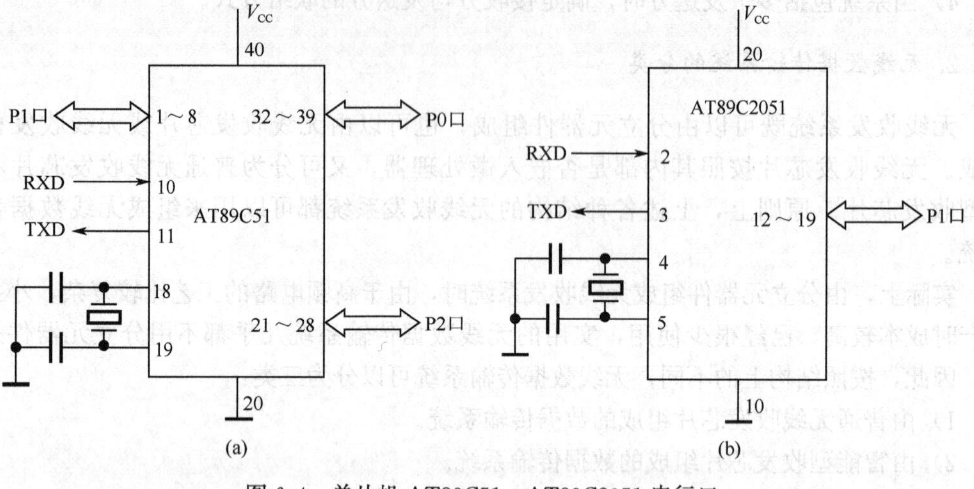

图6.4　单片机AT89C51、AT89C2051串行口

2. 串行口工作方式的选择

AT89C51（AT89LV51）或AT89C2051串行通信有4种方式，分别介绍如下。

方式0：移位寄存器工作方式，工作时RXD线用于串行地输入或输出数据，TXD线输出移位脉冲，波特率固定为振荡器频率的1/12。

方式1：8位异步通信，一帧10位，1位起始位，8位数据位，1位停止位，数据格式如图6.5所示。波特率可变，由软件设定。

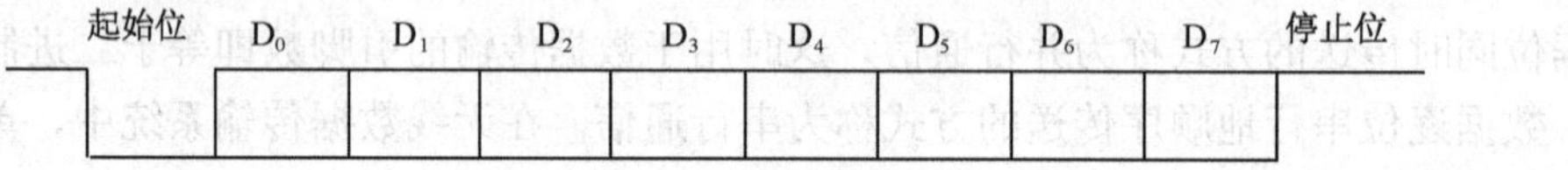

图6.5　方式1数据格式

方式2：9位异步通信，一帧为11位，1位起始位，8位数据位，第10位是可编程位，第11位是停止位。与方式1相比，增加了一个可编程位，这一位可以用作奇偶校验位，或在多机通信时用作地址/数据标志位。波特率固定为振荡器频率的1/32或1/64。

方式3：和方式2一样是9位异步通信，一帧为11位，1位起始位，8位数据位，第10位是可编程位，第11位是停止位。差别是波特率可变，由软件设定。

在无线数据传输系统中，常选用方式1、2或3。单片机究竟工作于哪种串行通信方式，决定于串行口控制寄存器SCON中第8位（SM_0）和第7位（SM_1）的取值，该取值由软件设定，串行口工作方式选择位SM_0、SM_1和通信方式对应关系如表6.1所示。

表 6.1 串行口工作方式设定对照表

SM_0 取值	SM_1 取值	串行通信方式	功能
0	0	0	移位寄存器方式，用于输入/输出口扩展
0	1	1	8位异步通信，波特率可变
1	0	2	9位异步通信，波特率固定为振荡频率的1/32或1/64
1	1	3	9位异步通信，波特率可变

6.1.4 单片机与PC机的接口

1. PC机的9芯串行接口

PC机都安装有9芯串行接口，与单片机通信时使用的就是这个接口。9芯接口引脚功能如图6.6所示，各引脚的定义如表6.2所示。与单片机通信时，只使用其中的三个引脚：2脚RXD（接收数据）、3脚TXD（发送数据）和5脚GND（信号地）。

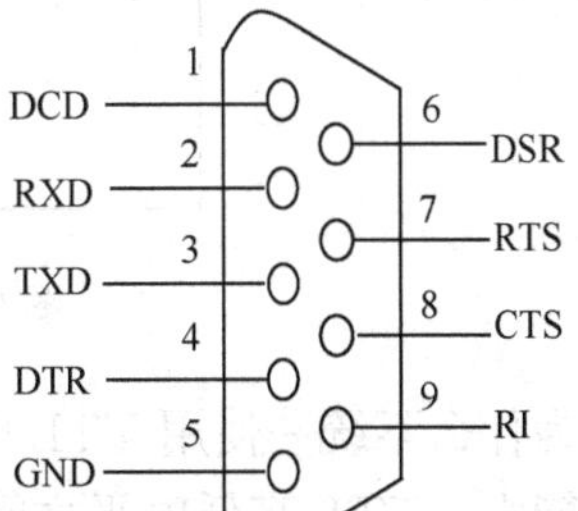

图6.6 PC机9芯串行接口引脚分布

表 6.2 PC机9芯串行接口引脚信号说明

引脚号	符号缩写	功能	引脚号	符号缩写	功能
1	DCD	数据载波检出	6	DSR	数据装置准备就绪
2	RXD	接收数据	7	RTS	请求发送
3	TXD	发送数据	8	CTS	允许发送
4	DTR	数据终端准备就绪	9	RI	振铃提示
5	GND	信号地			

2. TTL和EIA电平

为了实现单片机与PC机之间的通信，初看起来只要将单片机的串行口线RXD、TXD和PC机相对应的串行口引脚TXD、RXD连接起来就行了，其实不然，原因是信号电平不同。

单片机输入/输出信号使用的是TTL电平，信号电压在2～5V时代表数字“1”，信号电压低于0.8V时代表数字“0”，单片机串行通信口10、11脚（RXD、TXD）输入/输出的是TTL电平信号。PC机串行口使用的是EIA电平，规定信号电压在−15～−3V时代表数字“1”，信号电压在+3～+15V时代表数字“0”，−3～3V的电压将被认为是无效的电压。输入/输出9芯串行接口2、3脚的应为EIA电平信号，PC机才认识。如果将TTL电平信号直接加到PC机的串行口2、3脚，设输入电压为2.8V，按照TTL电平标准，这个电压代表的是数字“1”，但PC机认为是无效（干扰）信号因而无法识别。反过来，将9芯串行接口3脚的信号电压直接加到单片机上，这个电压可在−15～+15V变化，不仅单片机不认识，这个过高的电压还可能会造成单片机电路的永久性损坏。

为了解决这个问题，需要在单片机和PC机之间加入电平转换电路，它将来自单片机的 TTL 电平信号转换为 EIA 电平信号后传输给 PC 机，将来自 PC 机的 EIA 电平信号转换为 TTL 电平信号后再送给单片机，如图 6.7 所示。只有加了电平转换电路之后，单片机才能与 PC 机实现通信。

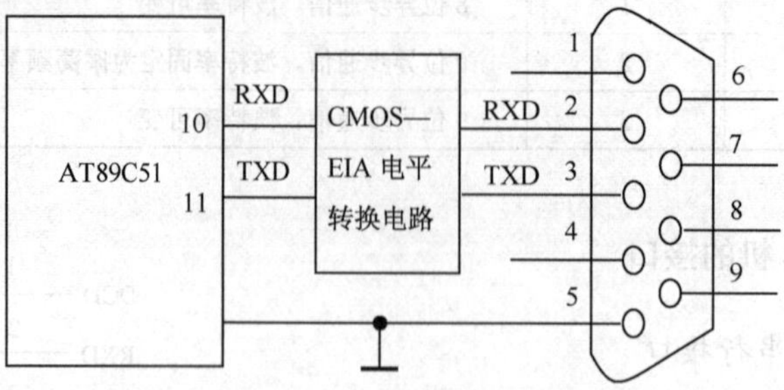

图 6.7 单片机与 PC 机通信时的连接关系

为什么不统一使用 TTL 电平而省去电平转换电路呢？理由很简单，是为了提高抗干扰的能力。TTL 高低电平之间的差异很小，低电平信号“0”的最高电压为 0.8V，高电平信号“1”的最低电压为 2.0V，两者相差 1.2V，在信号传输过程中，只要有 0.5V 左右的干扰，信号就变得不可辨认。例如，原来 0.8V 的低电平，叠加 0.5V 的干扰信号后，电压升至 1.3V，这个电压既不能认定为高电平“1”，也不能认定为低电平“0”，如果干扰电压达到 1.2V，原 0.8V 的信号增高为 2.0V，因而会被误认为是高电平。实践表明，假如统一使用 TTL 电平进行传输，在传输速率较高时，两个单片机之间传输距离还不到 1m，这样差的抗干扰性能用来与 PC 机实现通信显然没有实用价值。

采用 EIA 电平进行传输时则不同，其高电平“1”的电压是－15～－3V，信号电压为－12V 时，为逻辑“1”（高电平），受到 1.2V 左右干扰，其变化范围是－13.2～－10.8V，仍可以判别为“1”，这种强度的干扰不会对传输造成影响，可见 EIA 电平信号在长距离传输时抗干扰性能较好。利用这一特性，在单片机和 PC 机之间加入电平转换电路，让转换电路靠近单片机安装，电平转换电路与 PC 机之间的连接线可以拉长，于是就能实现单片机与 PC 机之间的通信。采用 EIA 电平，单片机与 PC 机之间的通信距离可以达到几十米或更远。

常用于实现 TTL 电平和 EIA 电平相互转换的集成电路有 MAX232、TSC232 等。

3. 电平转换芯片 MAX232 简介

下面以 MAX232 芯片为例介绍 TTL/EIA 电平转换集成电路。MAX232 是常用的专为 PC 机 RS-232 标准串行口设计的接口电路，用以实现 TTL 电平和 EIA 电平的相互转换，16 脚 DIP 封装，各引脚功能如图 6.8 所示。

按照功能的不同，可以将其引脚分为三部分。

第一部分：芯片电源引脚，16 脚接＋5V，15 脚接地，MAX232 的工作电源电压为 4.5～5.5V，常用 5V。

第二部分：电荷泵电路引脚，这部分引脚用来外接电解电容，与芯片内电路配合形成电荷泵电路，其作用是在 5V 电源驱动下产生＋12V 和－12V 的电源。其中，1、3 脚之间，4、5 脚之间，2 脚与正电源之间，6 脚与地之间需各接一只电解电容。有了±12V的

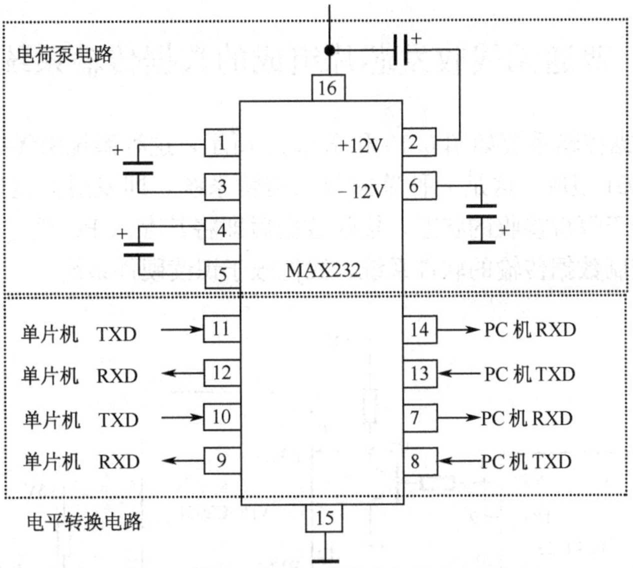

图 6.8　接口芯片 MAX232 引脚功能

电源，才能实现从 TTL 电平到 EIA 电平的转换。

第三部分：电平转换电路引脚，分为独立的两组，7～10 脚为一组，其中 9、10 脚接单片机，7、8 脚接 PC 机；11～14 脚为另一组，其中 11、12 脚接单片机，13、14 脚接 PC 机。单片机与 PC 机一个串行口通信时可以使用其中任何一组。

4. 单片机与 PC 机串行口之间的连接

用电平转换芯片 MAX232 实现单片机与 PC 机通信时，信号线的连接关系如图 6.9 所示。为了突出信号传输方向及信号线的连接关系，略去了电源及外接电容等元件的连接。图 6.9 中使用了两组电平转换电路中的一组。在串行通信时，从单片机串行输出线 TXD 输出的 TTL 电平信号进入 MAX232 的 11 脚，转换为 EIA 电平信号后从 14 脚输出，接 PC 机串行口的数据接收端 2 脚（RXD）。从 PC 机数据输出端 3 脚（TXD）输出的 EIA 电平信号进入 MAX232 电路的 13 脚，转换为 TTL 电平信号后从 12 脚输出，接单片机的串行数据输入端 10 脚（RXD），于是就实现了两机之间的串行通信。

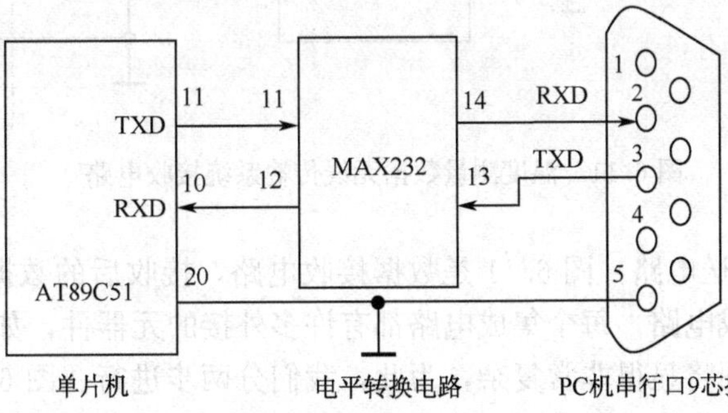

图 6.9　单片机与 PC 机通信时信号线连接关系

6.2 普通无线收发芯片组成的数据传输系统识读

一种典型的数据传输系统如图 6.10 和图 6.11 所示，这种系统由无线收发芯片 nRF401 和单片机 AT89C2051 组成。这是一种单向数据传输系统，即发射方定时地将数据发送出去，接收方时刻处于等待接收的状态，接收数据后即将其存入 PC 机。这一系统既包括硬件系统，也包含控制数据传输的软件系统，我们限于识读硬件系统。

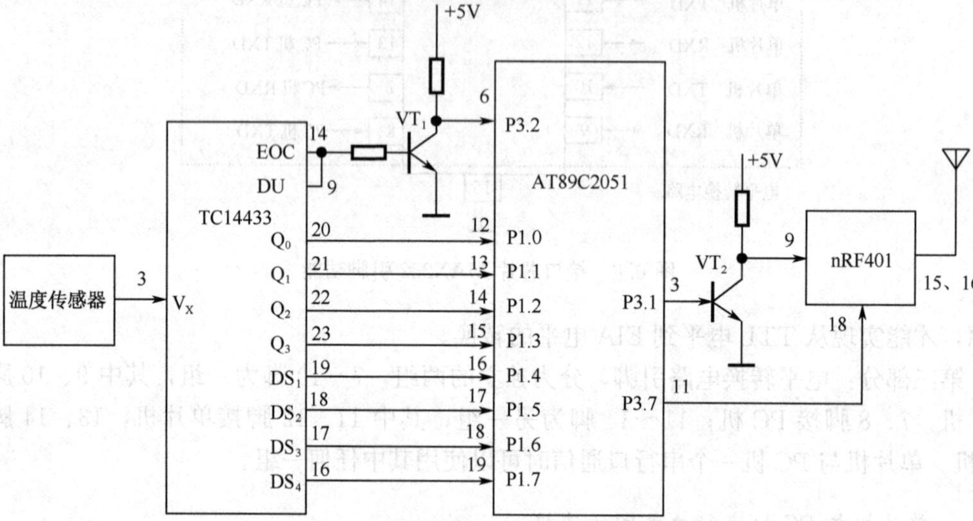

图 6.10 温度测量数据无线传输系统发送电路

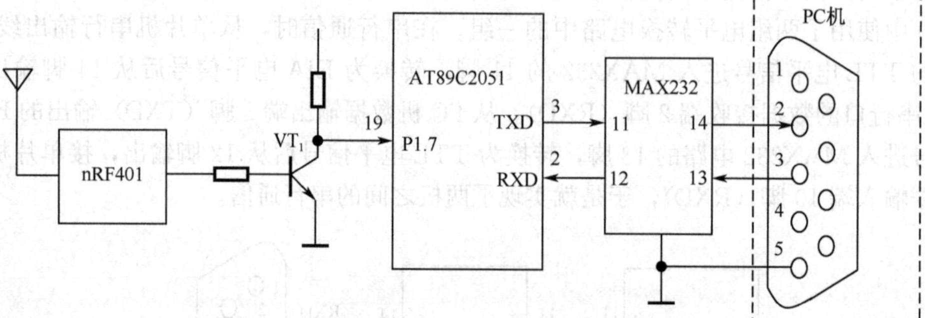

图 6.11 温度测量数据无线传输系统接收电路

图 6.10 是数据发送电路，图 6.11 是数据接收电路，接收后的数据被存入 PC 机。这两个图都包含多个集成电路，每个集成电路都有许多外接的元器件，如果将这些元器件都画出来，这两幅电路图将显得非常复杂，为此，我们分两步进行。图 6.10 和图 6.11 只画出与信号流程相关的连接线，忽略了外接元器件和电源连接线，这样的电路图显得十分简洁而又能说明问题。接下来再分别画出每块集成电路所需要外接的元器件，这些元器件都

是集成电路使用说明书规定需要连接的，只要了解其作用就行，不存在要回答“为什么”的问题。将复杂的电路图分为两步来分析，将有助于我们对于电路工作原理的理解，这是一种识读由多种集成电路组成的复杂电路的常用方法。

1. 发送电路

图 6.10 所示的数据发送电路由温度传感器、A/D 转换集成电路 TC14433、单片机 AT89C2051 和无线收发芯片 nRF401 组成。

温度传感器产生与被测温度成正比的电压信号，这一信号是模拟量，将其输入 TC14433 转换为数字信号输出。TC14433 是十进制 4 位 A/D 转换电路，温度被转换为 4 位 BCD 码十进制数输出，输出的千位数只能取 1 或 0，百位数、十位数和个位数则可以取 0～9 的任意数。因此，所转换的温度为 0～1999℃。如果加上小数点，可以显示 0～1.999℃、0～19.99℃等温度。用 BCD 码表示十进制数，一位十进制数需要 4 位二进制数表示，4 位十进制数就需要 16 根数据线，为了减少数据线数，这一电路采用分时显示的办法。DS_1～DS_4 线的信号被用来进行分时。DS_1 高电平时，Q_0～Q_3 输出的是千位数的 BCD 码（这时 Q_3、Q_2 等于零），DS_1 信号被同时输给单片机 P1.4，以便单片机知道这时 Q_0～Q_3 所显示的是千位数。DS_2、DS_3 及 DS_4 依次为高电平时，Q_0～Q_3 分别输出百位、十位和个位数的 BCD 码，DS_2、DS_3 及 DS_4 同时输入单片机 P1.5～P1.7，以便单片机正确判别所接收到的 Q_0～Q_3 代表哪一位数。14 脚 EOC 是 TC14433 转换周期结束标志信号输出端，每位转换结束即输出正脉冲，表明这时候从 Q_0～Q_3 读出的即为各相应位的 BCD 码。9 脚 DU 是 TC14433 输出数据更新信号输入端，输入正脉冲后，Q_0～Q_3 的信号更新一次。图 6.10 中将 14 脚和 9 脚接在一起，每当一位的数据转换结束时，14 脚发出的脉冲直接进入 9 脚使 Q_0～Q_3 的信号更新，因此每转换一位，立即将转换结果从 Q_0～Q_3 输出。

TC14433 输出的信号经 P1.0 口送入单片机，A/D 转换的数据在 Q_0～Q_3 的输出是一瞬即逝的，为了让单片机及时读取数据，14 脚 EOC 信号同时经晶体管 VT_1 组成的共射极放大电路倒相后加到单片机的中断信号输入端 P3.2，用来触发单片机。在中断信号作用下，单片机发生中断，执行中断服务程序，及时读取 Q_0～Q_3 线上的数据。

单片机获得的温度数据定时地（例如每隔 1min 发送一次）以串行方式由 P3.1 输出，经晶体管 VT_2 组成的放大电路放大后加到收发芯片 nRF401 的数据收入端，对载波进行调制后通过天线发射出去。在这种单向传输数据的系统中，无线收发芯片只作发射电路使用。

2. 接收电路

图 6.11 所示的接收电路由无线收发芯片 nRF401、单片机 AT89C2051、电平转换电路 MAX232 和 PC 机组成。

单片机 P1.7 被设置为输入口，P3.0（RXD）和 P3.1（TXD）被设置为串行输入/输出口。nRF401 接收到发射电路所发送的数据后经放大、解调，还原为温度信号，这一信号经晶体管 VT_1 组成的放大电路放大倒相后经 P1.7 输入单片机 AT89C2051，并暂时存放在单片机内存中。单片机串行通信口经电平转换电路 MAX232 与 PC 机的 9 芯串口相连接，暂存于内存中的温度数据经电平转换电路 MAX232 送入 PC 机。

图 6.10 和图 6.11 所示的数据传输电路是单向传送的，即温度数据定时地由发送方向接收方发送，接收方并没有对发射方的发射时间等进行控制，因此接收电路中无线收发芯片 nRF401 只作为接收芯片使用。

3. A/D 转换电路 TC14433 的外接元器件

为完整起见，还需要给出各集成电路的全部外接元器件，介绍各电路的主要功能及外接元件在电路中所起的作用。首先介绍 A/D 转换电路 TC14433。

TC14433 外接元件如图 6.12 所示，该电路需要±5V 双电源供电，24 脚和 12 脚分别用以接入正负电源，13、1 脚都是接地脚，两个 0.1μF 的电容是电源滤波电容。

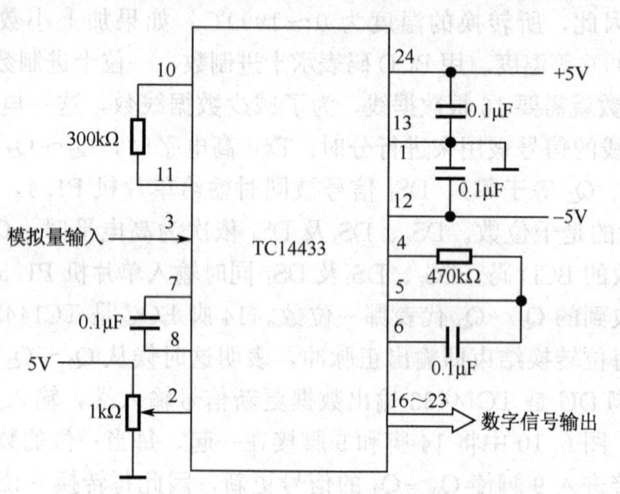

图 6.12　A/D 转换电路 TC14433 外接元件图

TC14433 是双积分型 A/D 转换电路，工作时需外接积分电阻和电容，图 6.12 中 4、5 脚之间所接的 470kΩ 电阻，5、6 脚之间所接的 0.01μF 电容即为积分电阻和积分电容。

电路工作时所需的时钟信号由内部振荡电路产生，10、11 脚之间所接的 300kΩ 电阻是内部振荡电路要求外接的，电阻的大小可以在一定范围内调节振荡电路的频率，电阻值增加时，频率下降。

7、8 脚之间连接的是失调补偿电容，典型值是 0.1μF。

A/D 转换器电路工作时需要有一个基准电压，芯片内部不能产生，需要从 2 脚输入。基准电压有两种规格，可以取 200mV 或 2V。基准电压等于 200mV 时，模拟输入电压范围为 0～199.9mV；基准电压等于 2V 时，模拟输入电压范围为 0～1.999V。图 6.12 中选择基准电压为 2V，由 5V 的稳定电压经 1kΩ 电位器分压产生。

4. 单片机 AT89C2051 外接元件

发射电路和接收电路中 AT89C2051 外接元件分别如图 6.13 和图 6.14 所示。这两个电路图中外接元件彼此相同，1 脚是复位端，与其相连的 10μF 电容、10kΩ 电阻用来上电时产生复位信号使单片机复位。接在 4、5 脚的晶振和两个 30pF 的电容用来与芯片内的电路一起产生振荡，为单片机提供时钟信号，振荡频率为 12MHz。差别是发射电路中 P1 口用来接收温度数字信号；P3.2（中断 0）用来接收 A/D 转换结束信号，以便及时启动读温度数据程序；P3.1 用来以串行方式将温度数据送无线发射芯片 nRF401。

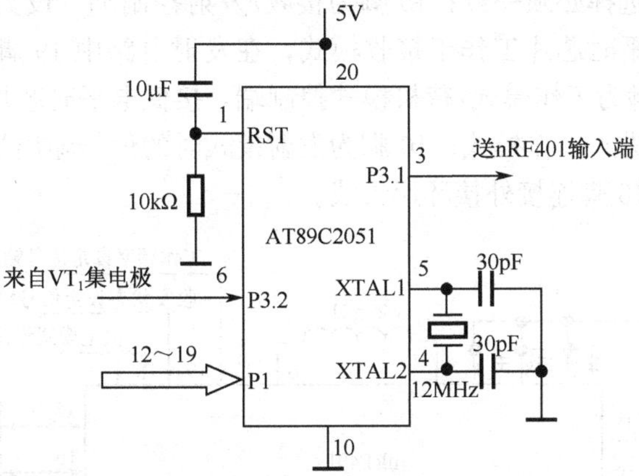

图 6.13　发射电路中单片机 AT89C2051 外接元件

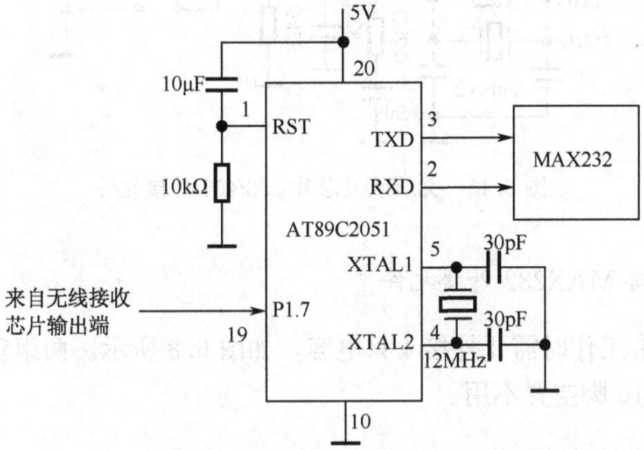

图 6.14　接收电路中单片机 AT89C2051 外接元件

在接收电路中，单片机的 P1.7 用来接收无线收发芯片 nRF401 接收到的温度数据，经处理后从串行通信口输出，经电平转换电路 MAX232 电平转换后与 PC 机通信，按 PC 机的要求将无线传输过来的温度数据输入 PC 机。

5. 芯片 nRF401 外接元件

数据传输系统的接收和发射方都使用无线收发芯片 nRF401，其外接元件如图 6.15 所示。在图 6.15 中，2、8、13 脚为＋5V 电源引脚，每个引脚旁边都需要焊接一只滤波电容，电容量分别为 100nF、1nF 和 220nF，这些电容尽管属并联关系，但不能相互代替，且需靠近相应的引脚安装焊接；3、7、14、17 脚为接地脚；1、20 脚间所连接的电阻、晶振和两只电容为芯片内振荡电路的外接元件；4 脚连接的一只电阻和两只电容是芯片内锁相环电路的外接滤波电路；5、6 脚之间连接的为芯片内压控振荡电路的外接电感，这个电感十分关键，不仅 Q 值要高，精度也要达到 2%；11 脚外接电阻用来调节发射功率，阻值取 22kΩ，可获得 10dBm 的发射功率；12 脚用来设定芯片所使用的频率，该脚接地时工作频率为 433.93MHz，该脚接正电源时工作频率为 434.33MHz，发射电路和接收电路中的收发芯片工作频率选择必须一致；19 脚为接收/发射控制端，设为高电平时芯片工作于发射模式，设为低电平时芯片工作于接收模式，在发射电路中 19 脚接正电源，在接收电路中 19 脚接地；18 脚为工作模式/待机模式控制端，接低电平时芯片进入低功耗的待机模式，接高电平时芯片进入工作模式；10 脚为发射模式时的信号输出端；9 脚为接收模式时的信号输入端；15、16 脚连接外接环形天线。

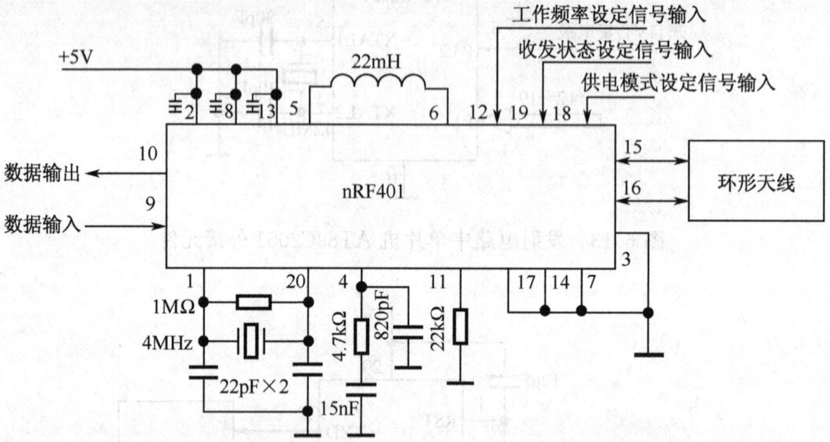

图 6.15　无线收发芯片 nRF401 外接元件

6. 电平转换电路 MAX232 外接元件

MAX232 在正常工作时需要外接 4 只电容，如图 6.8 所示。两组独立的转换连接线只需要其中一组，7～10 脚空置不用。

6.3　智能型无线收发芯片组成的数据传输系统识读

智能型无线收发芯片是内嵌单片机的无线收发芯片，由智能型无线收发芯片组成的数据传输系统，电路更简单，性能更优良。下面以常用的 nRF9E5 为例，讨论如何识读由智能型无线收发芯片组成的数据传输系统。

6.3.1　智能型无线收发芯片 nRF9E5 简介

首先介绍智能型无线收发芯片 nRF9E5 的内部结构框图、主要功能和引脚。

1. 封装及外形

智能型无线收发芯片 nRF9E5 的外形如图 6.16 所示，图 6.16（a）为实物外形图，图 6.16（b）为芯片背面引脚图。芯片为 32 脚 QFN（quad flat no-lead，四边无引线扁平）封装，只有 5mm×5mm 大小，0.9mm 厚，属微小型封装，可用于便携式设备，安装时需采用表面焊接技术。

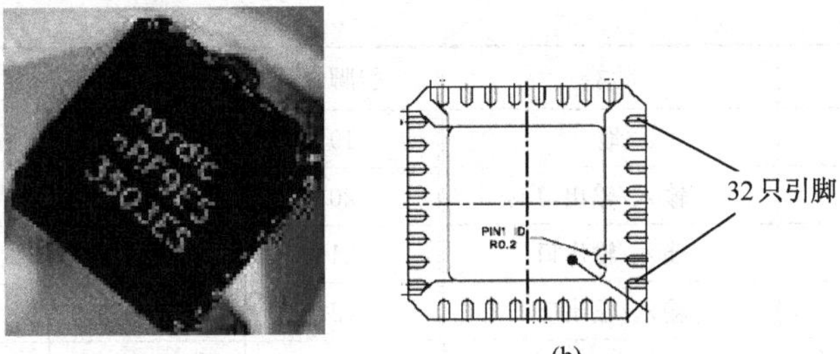

(a)　　(b)

图 6.16　芯片 nRF9E5 外形

2. 结构框图和引脚

芯片内部结构框图如图 6.17 所示，芯片引脚名称及功能描述如表 6.3 所示。芯片 nRF9E5 内部电路分为 9 部分。

1）以 8051 为内核的单片机，包括 CPU、存储器、各种寄存器等。

2）10 位 A/D 转换器。

3）无线收发器，其功能与收发芯片 nRF905 相当。

4）电源管理模块。

5）振荡器。

6）输入/输出口。

7）PWM（可编程脉宽调制输出）。

8）SPI（串行可编程接口）控制电路。

9）可编程唤醒、看门狗电路等。

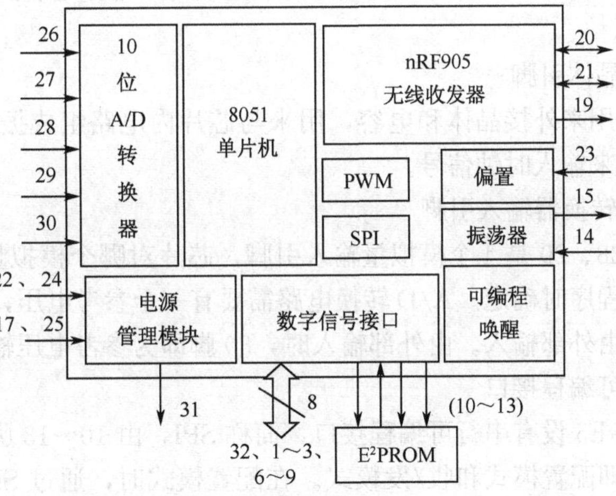

图 6.17　智能芯片 nRF9E5 结构框图

表 6.3　智能芯片 nRF9E5 引脚名称与功能

引脚号	符号	功能	引脚号	符号	功能
1	P0.1	输入/输出口	3	P0.3	输入/输出口
2	P0.2	输入/输出口	4	V_{CC}	正电源（3V）

续表

引脚号	符号	功能	引脚号	符号	功能
5	地	地	19	V_{CC}-PA	电源输出
6	P0.4	输入/输出口	20	ANT1	天线接口 1
7	P0.5	输入/输出口	21	ANT2	天线接口 2
8	P0.6	输入/输出口	22	地	地
9	P0.7	输入/输出口	23	IREF	参考电流输入
10	MOSI	SPI 输出	24	地	地
11	MISO	SPI 输入	25	V_{CC}	正电源（3V）
12	SCK	SPI 时钟	26	AIN3	模拟电压输入 3
13	EECSN	SPI 使能	27	AIN2	模拟电压输入 2
14	XC1	晶振 1/外时钟输入	28	AIN1	模拟电压输入 1
15	XC2	晶振 2	29	AIN0	模拟电压输入 0
16	地	地	30	AREF	参考电压输入
17	V_{CC}	正电源（3V）	31	DVDD-1V2	外接数字电源去耦电容
18	地	地	32	P0.0	输入/输出口

芯片各引脚功能如下。

（1）电源引脚

共有 9 只电源引脚，其中 4、17、25 为正电源引脚，5、16、18、22、24 为接地引脚，19 为 1.8V 电源输出引脚。芯片安排较多电源引脚的原因是高频电路需要就近接地或接电源。使用时，各正电源引脚的滤波电容需就近接地，这些电容从电路上看是并联关系，但不能相互代替。

（2）外接晶体引脚

14、15 脚用来外接晶体和电容，用来与芯片内电路组成振荡电路。使用外部时钟输入时，14 脚用来输入时钟信号。

（3）A/D 转换器输入引脚

26、27、28、29 是 4 个模拟量输入引脚，芯片对哪个模拟量进行 A/D 变换由软件设定，即在编制程序时确定。A/D 转换电路需要有一个参考电压，这个电压可以由芯片内部提供，也可以由外部输入。由外部输入时，30 脚即为参考电压输入端。

（4）串行可编程接口

芯片 nRF9E5 设有串行可编程接口，简称 SPI，由 10～13 脚 4 条口线组成。SPI 有两种工作模式，即配置模式和收/发模式。在配置模式时，通过 SPI 配置 nRF9E5 的工作频率、发射功率等参数；在收/发模式时，用来实现数据的发射和接收。

（5）数字信号接口

数字信号接口包括 P0 口的 8 条引脚和 P1 口的 4 条引脚。在默认配置时，这 12 条口线作为输入/输出线使用，但其中 P1.2 只能用作输入。此外，这些口线还具有第二功能，通过设置，不同的口线可以具有不同的功能。

P0 口由引脚 32、1～3、6～9 组成，P0 口的第一功能是用来传输数字数据，被传输的是数字数据时不必进行 A/D 转换，这时信号通过 P0 口输入或输出。发射方，信号从 P0 口输入，接收方，信号从 P0 口输出。通过软件设置，也可以使用 P0 口的第二功能，P0.1、P0.2 的第二功能是串行通信口，P0.1 为 RXD 线，P0.2 为 TXD 线；P0.3、P0.4 可作为外部中断信号输入口，P0.5、P0.6 可作为定时器输入口，P0.7 可作为脉冲宽度调制信号输出口。

P1 口（包括 P1.0～P1.3）由 10～13 脚组成，其第二功能是作为 SPI 使用。

（6）天线引脚

芯片 20、21 脚用来连接天线。

（7）其他引脚

A/D 转换可使用内部基准电压，也可以使用外接基准电压。在使用外接基准电压时，电压从 30 脚输入，31 脚外接去耦电容，容量 10nF，安装时应贴近芯片，23 脚使用时接地。

3. 主要特性

工作电压：1.9～3.6V。

掉电模式时电流：2.5μA。

发射模式时电流（功率－10dBm）：11mA。

接收模式时电流：12.5mA。

待机模式时电流：12μA。

工作频率：433/868/915MHz。

温度范围：－40～85℃。

最大输出功率：10dBm。

传输速率：100kb/s。

接收灵敏度：－100dBm。

A/D 转换器：4 输入 10 位。

调制方式：GFSK。

6.3.2　智能型无线收发芯片组成的数据传输系统

数据传输系统包括硬件和相应的软件系统，下面主要介绍硬件系统。

由智能型无线收发芯片 nRF9E5 组成的无线数据传输系统如图 6.18 和图 6.19 所示，其中图 6.18 是数据发送电路，图 6.19 是数据接收电路。这也是一种温度数据传输系统，数据源是温度传感器。

数据发送电路由温度传感器、无线收发芯片 nRF9E5 和 E^2PROM 存储器芯片 25AA320 组成，接收电路由无线收发芯片 nRF9E5、E^2PROM 存储器芯片 25AA320、电平转换电路 MAX232 及 PC 机组成。与普通无线收发芯片组成的数据传输系统（见图 6.10 和图 6.11）相比，智能型无线收发芯片组成的系统少了 A/D 转换电路 TC14433 和单片机 AT89C2051。与 nRF401 相比，芯片 nRF9E5 的外接元件也比图 6.15 所示的少，除了晶振电路以外，只要外接几个滤波电容即可，特别是省去了要求较高的压控振荡电路的外接电感，使工艺变得简单。此外，尽管图 6.18 中 nRF9E5 的框图画得很大，其实际尺

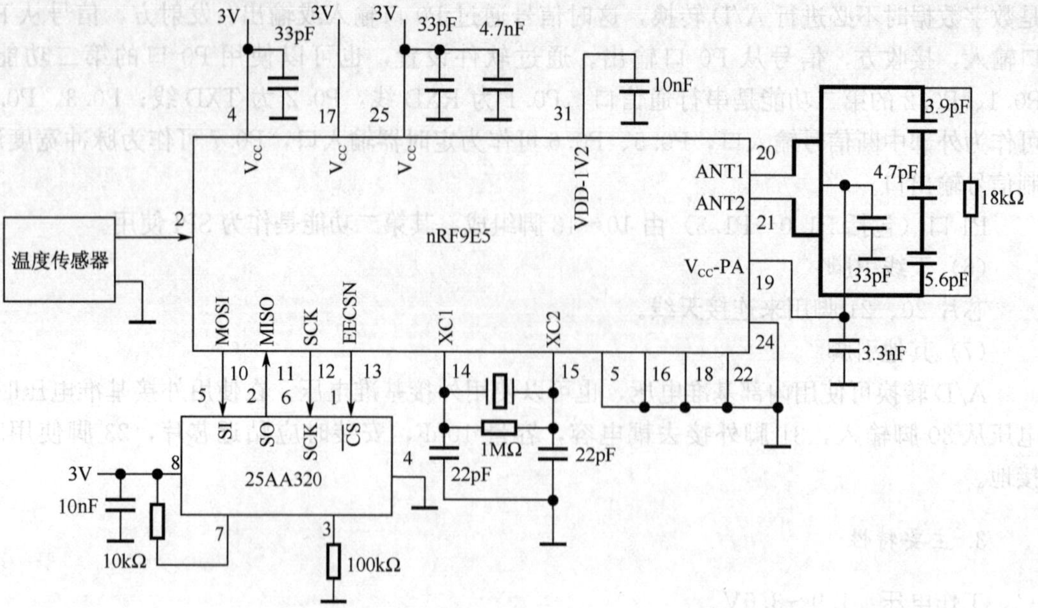

图 6.18 智能型无线收发芯片组成的数据传输系统发送电路

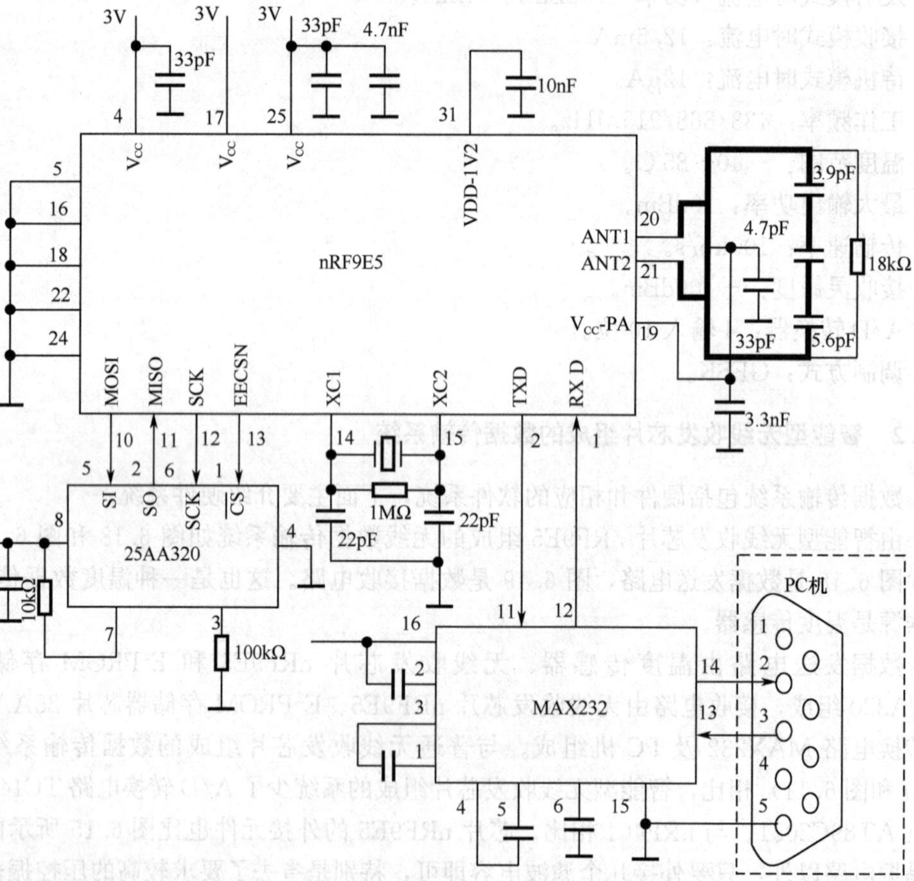

图 6.19 智能型无线收发芯片组成的数据传输系统接收电路

寸只有 5mm×5mm，也比 nRF401 小（7.5mm×8.2mm）。从图 6.20 可以看出由 nRF9E5 组成的数据传输系统实物的大小，图 6.20（a）是接收电路板，图 6.20（b）是外接天线，图 6.22（c）是作为比较用的 1 元硬币的大小。可见从电路结构来看，采用智能型无线收发芯片后，数据传输系统得到了简化。

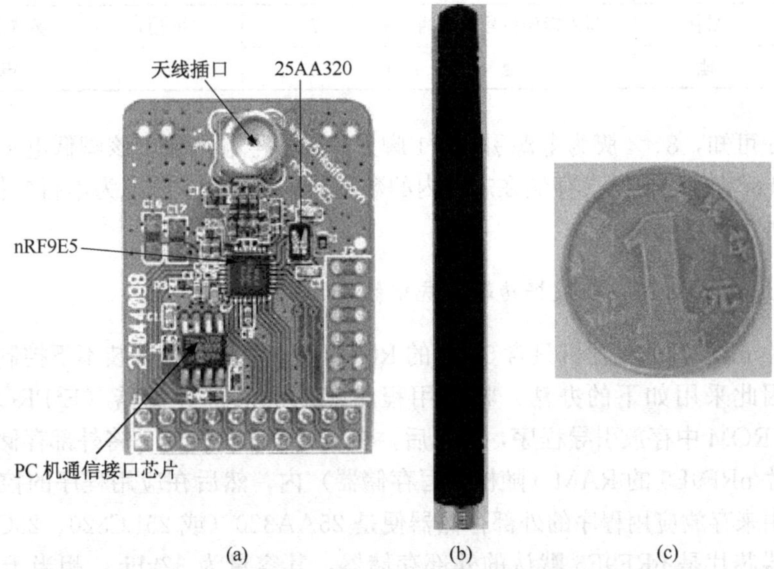

图 6.20　智能型无线收发芯片组成的数据接收电路实物

无论发送电路还是接收电路，都包含 E^2PROM 存储器芯片 25AA320，为了读懂接收电路和发送电路，首先要介绍这一芯片的特性和功能。

1. E^2PROM 芯片简介

25××320 系列串行 E^2PROM 芯片包括 25AA320、25LC320 和 25C320 三种型号，彼此间的差别是电源电压、时钟频率和适用的温度范围，如表 6.4 所示。前面讨论的 25AA320 的电源电压范围为 1.8～5.5V，时钟频率为 1MHz。

表 6.4　25××320 系列串行 E^2PROM 芯片选用

型号	工作电压范围/V	时钟频率/MHz	适用温度范围/℃
25AA320	1.8～5.5	1	−40～85
25LC320	2.5～5.5	2	−40～85 −40～125
25C320	4.5～5.5	3	−40～85 −40～125

25××320 系列串行 E^2PROM 芯片有 8 脚 PDIP、TSSOP、SOIC 封装和 14 脚 TSSOP 封装等多种形式，14 脚 TSSOP 封装实际使用的引脚也只有 8 只，其余 6 只为空置引脚。8 只引脚的名称和功能如表 6.5 所示。表 6.5 中所给出的引脚号是 8 脚 PDIP 和 8 脚 SOIC 封装的引脚。14 脚 TSSOP 封装时，引脚编号与表 6.5 所给的不同。

表 6.5 串行 E^2PROM 芯片引脚功能

引脚	符号	功能	引脚	符号	功能
1	$\overline{CS}$	片选信号输入端	5	SI	串行数据输入端
2	SO	串行数据输出端	6	SCK	串行时钟信号输入端
3	$\overline{WP}$	写入操作信号输入端	7	$\overline{HOLD}$	保持信号输入端
4	地	地	8	V_{CC}	电源正极

由表 6.5 可知，8、4 脚为电源引脚；1 脚为片选信号输入端，该脚低电平时芯片被选中；2 脚为串行数据输出端，存储在芯片内的数据从该脚读出；5 脚为串行数据输入端；6 脚为串行时钟信号输入端。

2. 串行 E^2PROM 芯片在数据传输系统中的作用

嵌入芯片 nRF9E 的单片机只含 512B 的 ROM（程序存储器），装不下控制数据传输的应用程序，因此采用如下的办法：将应用程序存放到外部存储器（E^2PROM）中，在 512B 的片内 ROM 中存放引导程序，开机后，在引导程序的控制下将外部存储器中的应用程序读入芯片 nRF9E5 的 RAM（随机读写存储器）内，然后在应用程序的控制下进行数据的传输。用来存放应用程序的外部存储器便是 25AA320（或 25LC320、25C320），这一系列的存储器芯片是 nRF9E5 默认的外部存储器，其容量为 32kbit，相当于 4kB（1B=8bit），芯片 nRF9E5 内部 RAM 的容量也是 4kB，正好用来存入 25AA320 内的全部程序。芯片 nRF9E5 内部的引导程序也被设置成与 25AA320 相配套，开机后应用程序的读取会自动完成。原则上其他型号的E^2PROM存储器也可以用来存放用户程序并和 nRF9E 组成传输系统，但引导程序不“认识”这些存储器芯片时，程序的读入需另行编程。

25AA320 是串行读写的 E^2PROM 芯片，与 nRF9E5 连接时只涉及 4 条线：数据输入线 SI、数据输出线 SO、片选信号线$\overline{CS}$和时钟信号输入线 SCK（见图 6.19）。数据输入/输出线用来传输程序代码及代码的存放地址；片选信号线$\overline{CS}$用来选中 25AA320，使其脱离待机进入工作状态；时钟信号输入线 SCK 提供程序代码传输所必需的时钟信号。

nRF9E5 装载应用程序是通过 SPI 来完成的，SPI 的 MOSI、MISO 和 SCK 口线分别与芯片 25AA320 的 SI、SO 和 SCK 引脚相连接，EECSN 线送出片选信号，利用 SPI 能自动实现应用程序的装载。

3. 系统开发平台

nRF9E5 内嵌的是以 8051 为核心的单片机，因此其指令系统与 AT89C51 等大致相同，编写程序所使用的即为 51 系列单片机所使用的汇编语言。

单片机应用程序的开发一般都需要有一个调试和修改的过程，用于数据传输系统的程序也需要经过调试以后才能写入 25AA320。因此，与单片机应用系统类似，25AA320 中的应用程序需要在一个被称为开发平台的装置上调试通过以后才能正式写入。也就是说，nRF9E5 芯片的应用需要有一个开发的过程。图 6.21 所示的即为 nRF9E5 应用系统的开发装置，开发板右边插入待开发的数据传输系统的电路板，左边通过 USB 接口与 PC 机通信，应用程序在 PC 机上进行编辑和调试，通过调试后写入 25AA320 芯片。

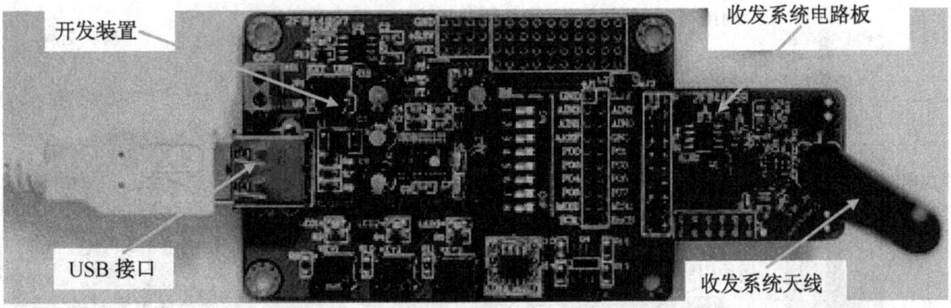

图 6.21　智能型无线收发芯片 nRF9E5 应用系统开发装置

6.4　无线收发模块 PTR2000 组成的数据传输系统识读

在声表面波一超再生型模块、声表面波一超外差型模块、以收发芯片为核心的模块和以智能型无线收发芯片为核心的收发模块这 4 类模块中，后两类常用于组成无线数据传输系统，也称为“无线收发模块”。常用的收发模块有 PTR2000、PTR4000、PTR4500、PTR8000、PTR8500、SC-1 和 SC-105 等。下面将介绍无线收发模块 PTR2000 组成的数据传输系统的识读。

1. 无线收发模块 PTR2000 简介

(1) 模块的外形

无线收发模块 PTR2000（参阅第 4.4 节）是由无线收发芯片 nRF401、所需的全部外接元件（如图 6.15 所示）和天线组成，其外形如图 6.22 所示。模块的天线有两种形成，既可以采用外接鞭状天线，也可以在印制电路板上印制环形天线。图 6.22（a）是使用外接鞭状天线时的模块外形图，竖立的是鞭状天线，模块电路板在图的下方。图 6.22（b）是放大了的电路板部分，处于电路板中心位置的是芯片 nRF401，其实际大小为 7mm×5mm，整个电路板的大小约为 4cm×3cm。图 6.22（b）下方 7 个焊接点是模块的 7 个引脚。图 6.22（c）所示的是采用环状天线时模块的外形，环状天线与电路板一起制作在一块印制电路板上，由图可知环形天线的大小与模块其他电路部分的大小差不多。所谓模块，实际上就是厂家按照芯片使用说明书的要求，对芯片、全部外接元件及天线的布局进行设计，然后制作而成的电路板。为方便使用，无线收发芯片所有需要与外部相连接的引脚都从印制电路板边缘引出，称为模块引脚。一块电路板，其实就是一种无线收发芯片的应用电路，用户使用购得的模块可直接组成各种无线收发系统，而无须进行芯片电路板的设计和安装。

(2) 模块的组成和引脚功能

芯片 nRF401 的 20 只引脚，除电源引脚、外接元件引脚和天线引脚外，用来与外部连接的输入/输出引脚只有 5 个，分别介绍如下。

9 脚——信号输入端，芯片工作于发射模式时输入待发射的信号。

10 脚——信号输出端，芯片工作于接收模式时输出接收到的信号。

12 脚——工作频率选择信号输入端。芯片可工作于两个频率，该脚为高电平时工作

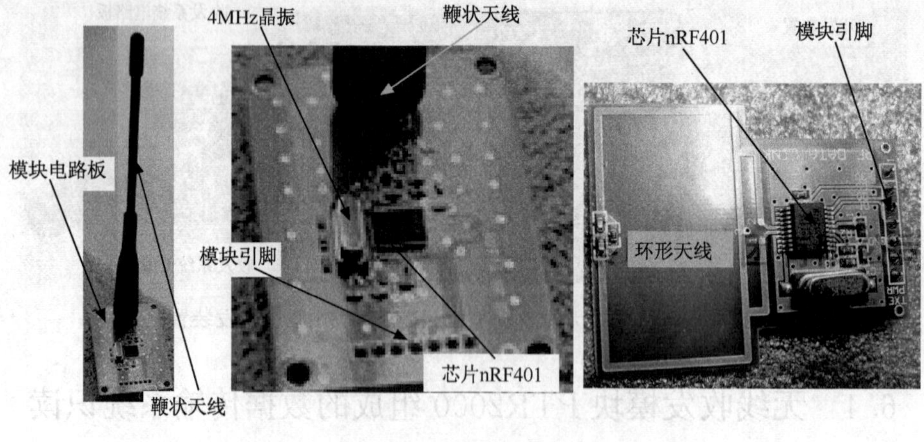

图 6.22 无线收发模块 PTR2000

频率为 434.33MHz，该脚为低电平时工作频率为 433.93MHz。

18 脚——节电控制信号输入端。该脚为低电平时芯片处于低功耗的待机状态，该脚为高电平时芯片进入正常工作状态。

19 脚——收发模式控制信号输入端。该脚为高电平时芯片工作于发射状态，该脚为低电平时芯片工作于接收状态。

模块 PTR2000 的结构如图 6.23 所示，芯片 nRF401 接上全部外接元件及天线（可以是印制电路板上的环形天线，也可以是外接鞭状天线），然后将上述 5 只引脚加上 2 只电源引脚从印制电路板右边引出，由此组成的即为无线收发模块 PTR2000。模块 PTR2000 引脚功能及其与内部 nRF401 芯片相关引脚之间的对应关系如表 6.6 所示。

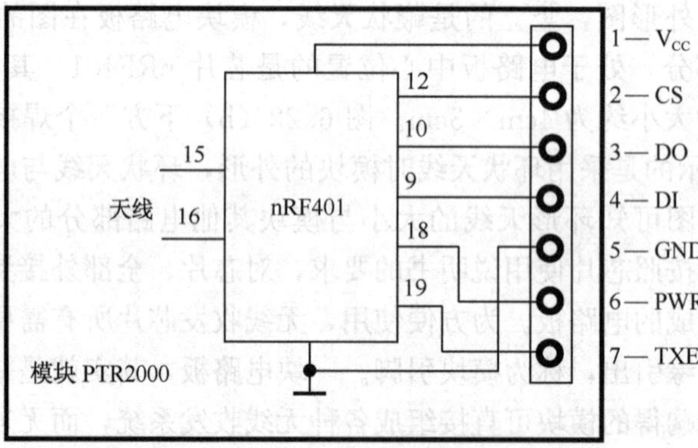

图 6.23 模块 PTR2000 组成和引脚功能

表 6.6 模块 PTR2000 引脚功能

PTR2000 引脚序号	符号	与其相连的模块内芯片 nRF401 的引脚号	功能
1	V_{CC}	2、8、13	正电源输入端
2	CS	12	工作频率选择信号输入端，输入高电平时工作频率为 434.33MHz，低电平时为 433.93MHz

续表

PTR2000 引脚序号	符号	与其相连的模块内芯片 nRF401 的引脚号	功能
3	DO	10	信号输出端，工作于接收方式时输出接收到的信号
4	DI	9	信号输入端，工作于发射模式时输入待发射的信号
5	GND	3、7、14、17	接地端
6	PWR	18	节电控制信号输入端，低电平时芯片处于低功耗的待机状态，高电平时进入正常工作状态
7	TXEN	19	收发模式控制信号输入端，高电平时芯片工作于发射状态，低电平时芯片工作于接收状态

(3) 主要特性指标

模块的特性指标其实就是芯片 nRF401 的特性指标，分别如下。

工作频率：433.93MHz 或 434.33MHz。

调制方式：FSK。

最大发射功率：<10dBm。

接收灵敏度：−105dBm。

最高传输速率：20kb/s。

工作电压：2.7～5.5V。

发射模式时工作电流：20～30mA。

接收模式时工作电流：10mA。

待机电流：8μA。

2. 系统硬件

由收发模块 PTR2000 组成的数据传输系统如图 6.24 和图 6.25 所示，图 6.24 是发射电路，图 6.25 是接收电路。

发送电路由传感器、A/D 转换器、单片机 AT89C2051 和收发模块 PTR2000 组成。单片机输入/输出口线资源分配如下。

P3.0、P3.1（2、3 脚）：作为串行通信口（这两个口线的第二功能）与 PTR2000 的数据输出端 3 脚、数据输入端 4 脚相连接。

P1.0（12 脚）：与 PTR2000 的 2 脚相连接，为其提供工作频率选择信号。

P1.1（13 脚）：与 PTR2000 的 6 脚相连接，为其提供节电控制信号。

P1.2（14 脚）：与 PTR2000 的 7 脚相连接，为其收发工作模式的选择提供控制信号。

P1.3（15 脚）：与 A/D 转换器输出端相连接，用来读取已转换为数字信号的待传输数据。其他各输入/输出口线空置不用。

传感器是数据源，可以是温度传感器、压力传感器等。A/D 转换器电路用以将传感器输出的模拟电信号转换为数字信号，这一信号由单片机 P1.3 口（15 脚）读入，经必要的处理（例如求时间平均值、去除干扰等）后通过串行通信口 P3.0（2 脚，RXD）、P3.1（3 脚，TXD）送入模块 PTR2000 向外发射。PTR2000 与单片机之间经串行口建立的是双向的通信关系，既可以让数据经 PTR2000 发射出去，也可以将 PTR2000 接收到的来自接收方的应答信号、控制指令等输入单片机。

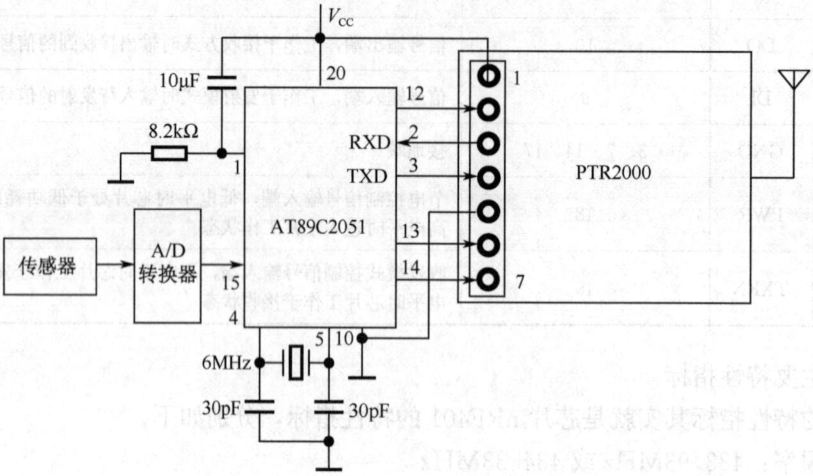

图 6.24　模块 PTR2000 组成的数据传输系统发送电路

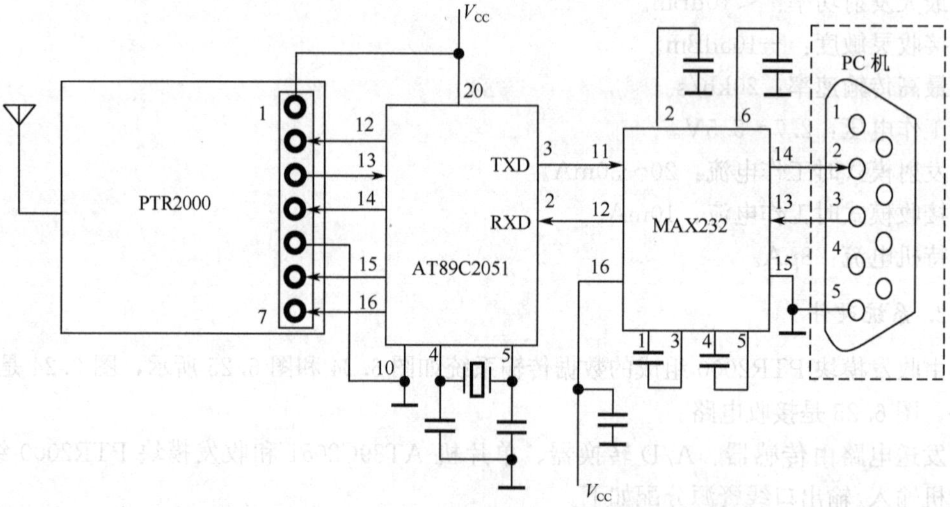

图 6.25　模块 PTR2000 组成的数据传输系统接收电路

接收电路由模块 PTR2000、单片机 AT89C2051、电平转换电路 MAX232 及 PC 机组成。单片机输入/输出口线资源分配如下。

P1.0（12 脚）：与 PTR2000 的 2 脚相连接，为其提供工作频率选择信号。工作频率的选择必须和发射电路的工作频率相一致。

P1.1（13 脚）：与 PTR2000 的 3 脚相连接，用来将接收到的数据或联络信号输入单片机。

P1.2（14 脚）：与 PTR2000 的 4 脚相连接，用来将应答信号、控制指令送入 PTR2000 后向发射方发送。

P1.3（15 脚）：与 PTR2000 的 6 脚相连接，为接收方的模块提供节电控制信号。

P1.4（16 脚）：与 PTR2000 的 7 脚相连接，为接收方的模块提供收发工作模式选择的控制信号。

P3.0、P3.1（2、3 脚）：作为串行通信口使用，经 MAX232 与 PC 机串行口相连接，实现单片机与 PC 机之间的通信，将接收到的数据输入 PC 机，将 PC 机发出的应答信号、控制指令传入单片机。

3. 系统软件

由图 6.24 和图 6.25 可知，模块 PTR2000 组成的数据传输系统由单片机 AT89C2051 驱动，因此需要编制相应的程序。数据发送方程序流程如图 6.26 所示，收据接收方程序流程如图 6.27 所示。

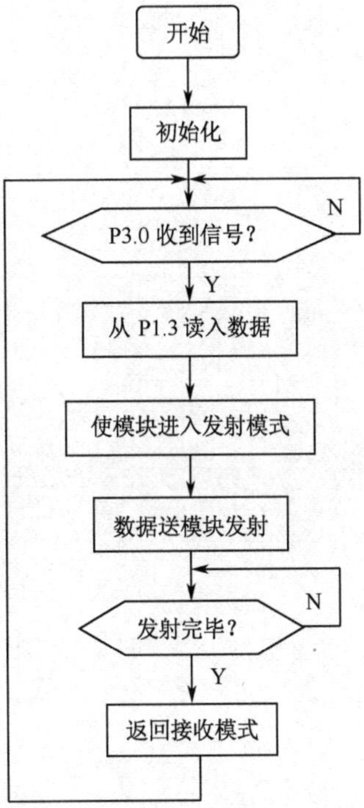

图 6.26　PTR2000 数据传输系统发送方程序流程图

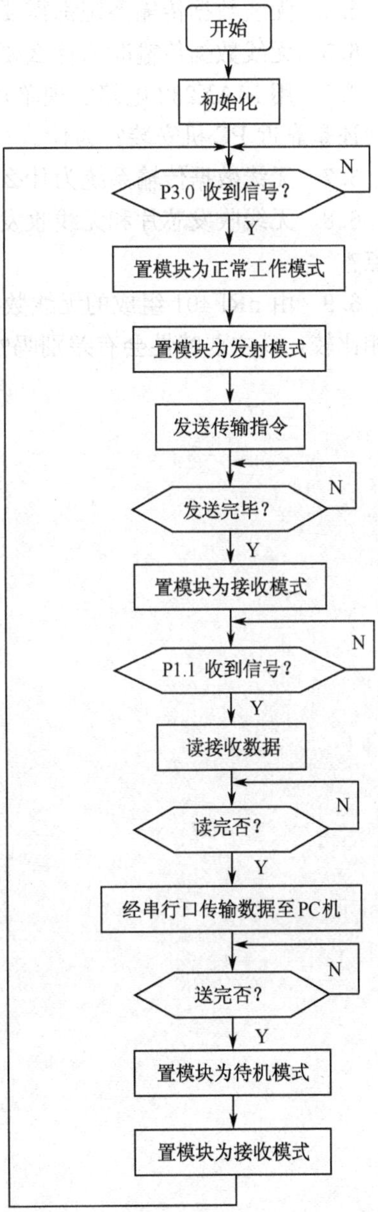

图 6.27　PTR2000 数据传输系统接收方程序流程图

思考与练习

6.1 论及无线数据传输系统组成时，为什么需要包括系统软件？系统软件在无线数据传输系统中起什么作用？

6.2 无线数据传输系统的硬件由哪几部分组成？各部分分别起什么作用？

6.3 组成无线数据传输系统时，为什么数据发送方一般也使用无线收发芯片而不是无线发射芯片？

6.4 无线数据传输系统都需要建立通信协议，通信协议一般应包括哪些内容？

6.5 无线数据传输时为什么要进行校验？

6.6 用 MAX232 电路实现单片机与 PC 机之间通信时，电路 MAX232 应靠近单片机安装还是靠近 PC 机安装？为什么？

6.7 无线数据传输系统为什么很少由分立元器件组成？

6.8 无线收发芯片和无线收发模块都可以组成数据传输系统，两者相比各有什么优缺点？

6.9 由 nRF401 组成的无线数据传输系统，与模块 PTR2000 组成的无线数据传输系统相比较，其主要特性会有差别吗？为什么？

阅读材料四

第 7 章

高频电子技术在声音信号传输中的应用

学习要求

了解收音机集成电路的组成和分类；掌握导频制立体声广播的原理；读懂 CXA1600 组成的调幅收音机电路；了解集成电路 TDA7088T 的主要性能、特点和应用。掌握无线话筒系统组成框图和分类、无线话筒所使用的频段；读懂分立元器件组成的无线话筒电路；读懂由发射芯片 MC2833 和 BA1404 组成的无线话筒电路。了解无线耳机系统的组成和分类；读懂由 TDA2822T 和 TDA7021T 组成的无线耳机电路。

7.1 收音机集成电路

无线电广播信号的发送和接收也是应用最为广泛的无线通信系统之一，下面以无线电广播接收机——收音机为例，讨论高频电子技术在这一领域的应用。

7.1.1 收音机集成电路概述

1. 收音机电路的特点

第 4 章已经介绍过无线接收电路的分类和电路组成，收音机电路也属无线接收电路，因此具有一般无线接收电路的共性。例如，收音机电路也分直接放大式收音机电路和超外差式收音机电路；超外差式收音机电路又分超外差式调幅收音机电路和超外差式调频收音机电路等。

另一方面，收音机电路又有区别于一般接收电路的一些特点。例如，收音机所接收的是语音信号，对输出信号的信噪比的要求比较高，而且有单声道收音机和立体声收音机之分。收音机有特定的频率范围和调制方式，中波广播信号频率为 525～1605kHz，短波信号频率为 3.5～29.7MHz，这两种广播都采用幅度调制方式，88～108MHz 频段的广播则采用频率调制方式。在无线遥控和数据传输系统中，用得比较多的是点频接收电路，接收电路所接收的射频信号频率与发射电路的相同。与此不同，收音机电路则需要接收规定范围内的各个频率的信号，例如中波收音机应能接收 525～1605kHz 范围内的任意频率的电台。由于这些差异，在学习了一般的无线接收电路之后，仍然需要专门讨论收音机电路。

2. 收音机集成电路的发展

收音机电路从20世纪60年代开始集成化，1966年制成世界上第一台集成电路收音机，1972年开始制定集成电路收音机标准。从60年代至今，收音机集成电路的发展大致可以分为以下两个阶段。

第一阶段：20世纪60～80年代，主要实现收音机各个单元电路的集成化，例如高频放大电路、本地振荡电路、混频电路、中频放大电路、检波电路、鉴频电路、低频放大电路等都被集成化。但用于调谐的双联电容器、中频变压器、高频振荡电路的电感等仍需外接，单元电路集成化后收音机体积仍很大，收音机的微型化问题还没有得到进一步解决。

第二阶段：20世纪90年代至今，收音机集成电路在以下几个方面取得了突破性的进展。

1）用变容二极管取代双联电容器，不仅大大缩小了收音机的体积，而且实现了电调谐。

2）采用了静音技术，在电调谐过程中未收到电台或电台声音很弱时，电路自动切断音频信号输出，使收音机处于静音的状态。

3）采用55kHz或70kHz等极低的中频，并采用RC中频放大电路，省略了中频变压器，进一步缩小了体积。

4）引入数字调谐系统，实现自动选台、自动锁定电台、频率存储等功能。

由于上述技术突破，20世纪90年代以来，收音机电路的集成化、微型化已经达到相当完善的程度。

3. 常用收音机集成电路简介

表7.1给出了常用的单片收音机集成电路的主要特性指标。其中，MK484和UTC7642是直接放大式收音机，适用于中波调幅波的接收；TA7641为超外差式中波段调幅广播接收电路；TA7613为超外差调幅/调频广播接收电路，用于接收中波调幅广播和88～108MHz调频广播；KA2293内含立体声解码电路，除中波段调幅广播外，还能接收88～108MHz调频立体声广播；CXA1600、TDA7000、TDA7010T、TDA7021T和TDA7088T采用低频中频接收，采用RC中频放大电路，无须外接中频变压器，可用片内变容二极管实现电调谐，无须外接双联可变电容器。

下面选择有代表性的集成电路CXA1600和TDA7088T，介绍如何利用这些集成电路组成收音机电路。

表7.1 常用收音机集成电路的主要特性

电路型号	电源电压/V	接收信号频率	灵敏度	调制方式	输出信号	中频	封装
MK484	1.1～1.8	150～3000kHz	功率增益70dB	AM			TO-92
UTC7642	1.2～1.6	1～1000kHz	600μV	AM			TO-92
TA7641	2～5	525～1605kHz	＞200mV/ms	AM	输出功率100mW	465kHz	16脚DIP或贴片封装

续表

电路型号	电源电压/V	接收信号频率	灵敏度	调制方式	输出信号	中频	封装
TA7613	3～13	525～1605kHz 88～108MHz	20dB	AM/FM	输出功率 280mW	465kHz 10.7MHz	16 脚 DIP 封装
KA2293	1.8～7	525～1605kHz 88～108MHz	9μV	AM/FM		465kHz 10.7MHz	
CXA1600	1.8～4.5	525～1605kHz		AM	输出功率 100mW	55kHz	8 脚 SOP 和 DIP 封装
TDA7021T	1.8～6	1.5～110MHz	4μV	FM	输出音频信号 90mV	76kHz	16 脚贴片封装
TDA7010T	2.7～10	1.5～110MHz	1.5μV	FM	输出音频信号 75mV	70kHz	16 脚贴片封装
TDA7000	2.7～10	1.5～110MHz	1.5μV	FM	输出音频信号 75mV	70kHz	18 脚 DIP 封装
TDA7088T	1.8～5	0.5～110MHz	3μV	FM	输出音频信号 85mV	70kHz	16 脚 SO 封装

7.1.2　CXA1600 组成的调幅收音机电路

1. 集成电路 CXA1600 简介

CXA1600 是内含音频功放的单片调幅收音机电路，有 8 脚 DIP 和 SOP 两种封装，如图 7.1 所示，图 7.1（a）为 SOP 封装，图 7.1（b）为 DIP 封装。

CXA1600 内部电路框图如图 7.2 所示，各引脚功能如表 7.2 所示。射频信号由 8 脚输入，经高频放大电路放大后输入混频电路，与本地振荡电路产生的本振信号进行混频，本地振荡电路外接 LC 元件通过 6 脚接入。混频后的信号经带通滤波电路滤出中频信号送中频放大电路进行中频放大，电路选用极低的 55kHz 中频，并采用 RC 中频放大电路，因此无须外接 465kHz 的中频变压器。中频放大后的信号通过检波电路检出音频信号，送音频功放电路做功率放大后从 4 脚输出。

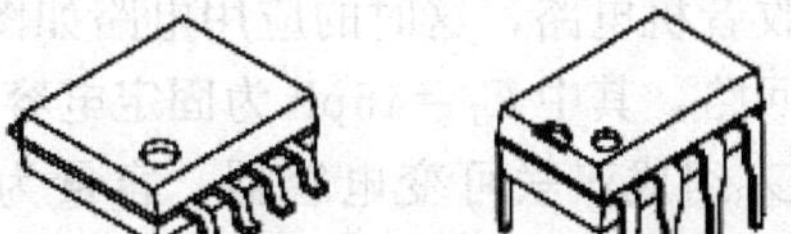
(a)　(b)

图 7.1　收音机电路 CXA1600 封装

表 7.2　CXA1600 引脚功能

引脚号	功能	引脚号	功能
1	AGC 电路外接电容端	5	正电源
2	音量控制电压输入端	6	本地振荡电路 LC 回路连接端
3	地	7	过载 AGC 电路外接电容端
4	音频信号输出端	8	射频信号输入端，接天线

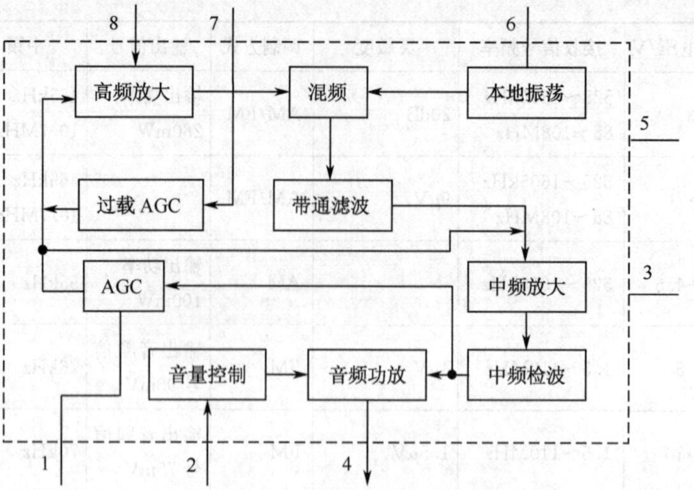

图 7.2　电路 CXA1600 内部电路框图

CXA1600 还集成了音量控制电路，通过 2 脚外接用以控制音量的电位器。此外，还有两路 AGC 电路，一路称为过载 AGC，用于控制高频放大电路的增益，电路过载时该信号能起到抑制高频放大电路增益的作用。另一路为 AGC，通过高频和中频增益的控制使音量不随输入射频信号的强度而变化。1 脚用来连接 AGC 电路的外接电容。

CXA1600 的主要特性指标如表 7.1 所示。

2. 由 CXA1600 组成的收音机电路

（1）机械调谐式调幅收音机

CXA1600 可按多种方式组成收音机电路，首先讨论用双联可变电容器进行调谐的收音机电路，这时的应用电路如图 7.3 所示。图 7.3 中 L_1、C_1、C_2 和 C_{3A} 组成高频输入回路，其中 $C_1=15\text{pF}$ 为固定电容，C_2 为微调电容，容量 10pF 左右，C_{3A} 和本振回路的 C_{3B} 组成双联可变电容器，容量为 335～18pF 可调。L_1 绕在磁棒上组成磁性天线，如图 7.4（a）所示，①～②的电感量为 140μH，②～③的电感量为 420μH。L_2、C_5、C_6 和 C_{3B} 组成本地振荡电路的谐振回路，电感线圈绕在可调的磁芯上，如图 7.4（b）所示，①～②的电感量为 97.5μH，②～③的电感量为 32.4μH。上述两个 LC 回路都通过线圈的抽头输入电路，目的是实现阻抗匹配。两个 LC 回路都包含微调电容，其作用是尽可能在 525～1605kHz 频率范围内保证输入回路谐振频率和本振频率同步变化。

由 L_1 等组成的输入回路对高频信号起选频作用，选出待接收的电台（频率）后经 8 脚送入高频放大电路放大，然后送入混频器。本地振荡电路的谐振回路由 L_2、C_5、C_6 和 C_{3B} 组成，回路的谐振频率即为本振频率。本地振荡信号和来自高频放大电路的信号混频后，经带通滤波电路滤除中频以外的其他频率成分后进行中频放大、检波、音频功放，最后从 4 脚输出。图 7.3 中 $C_{10}=0.47\mu\text{F}$，$R_1=2.2\Omega$，用于改善输出信号音质，$C_{11}=100\mu\text{F}$ 是音频信号的耦合电容。

AGC 电路通过 1 脚外接电容 $C_9=22\mu\text{F}$，并从 1 脚输出 AGC 信号供自动搜索调谐时使用。过载 AGC 电路通过 7 脚外接电容 $C_4=0.47\mu\text{F}$ 和两只二极管。$C_7=0.1\mu\text{F}$，$C_8=$

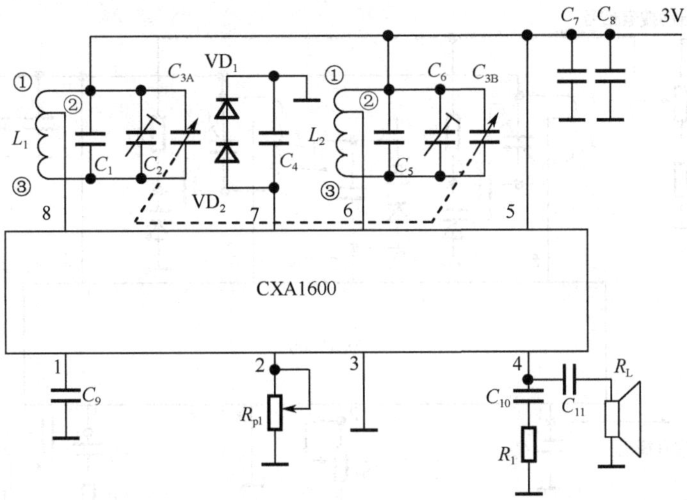

图 7.3　用 LC 回路调谐的收音机电路

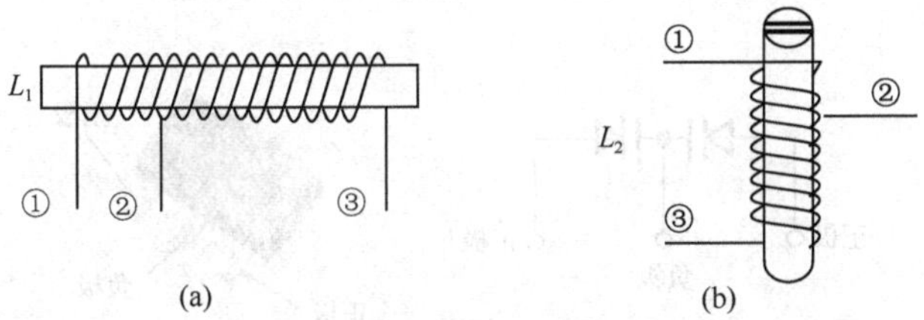

图 7.4　磁性天线和振荡线圈结构

100μF，为电源滤波电容。用于音量控制的电位器 $R_{p1}=100k\Omega$。

由双联可变电容组成的收音机，通过机械装置转动双联电容器的转动轴进行电台的选择和调节，称为机械调谐式 AM 收音机。

(2) 电调谐式调幅收音机

CXA1600 还可以用来组成电调谐式调幅收音机。这时，需用变容二极管取代双联电容器 C_{3A}、C_{3B}，具体电路如图 7.5 所示。

图 7.5 中所使用的变容二极管的型号为 SVC341，这是一种调幅电调谐专用的变容二极管，内含两只共阴极二极管，内部结构和封装如图 7.6 (a) 为内部结构图，图 7.6 (b) 封装图，属 SOT-89 封装。中间引脚为负极，两边为两只变容二极管的正极。

SVC341 主要特性如下。

反向击穿电压：16V。

反向漏电流：0.1μA。

C_{1V}（反向电压 1V 时电容）：423～503pF。

C_{9V}（反向电压 9V 时电容）：17.5～23.5pF。

Q 值：200。

变容二极管电容量随反向电压变化情况如图 7.7 所示。图 7.7 中横坐标是加在变容二

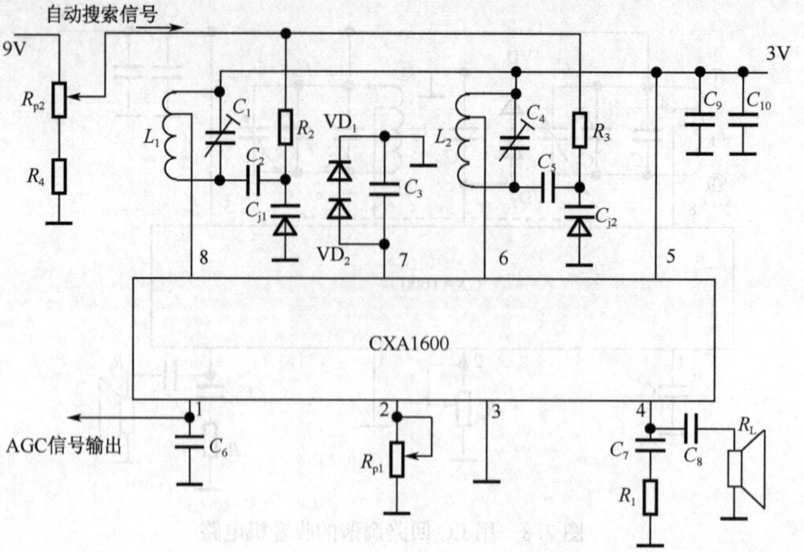

图 7.5　CXA1600 组成电调谐收音机电路

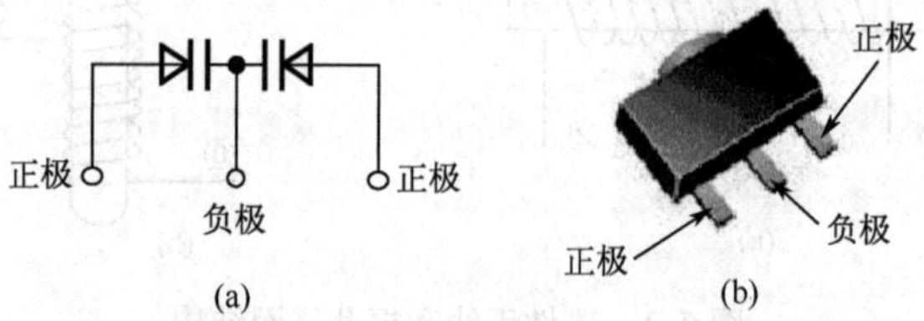

图 7.6　变容二极管结构和封装

极管上的反向电压，纵坐标是电容量。由图 7.7 可知，反向电压从 1V 升高到 9V，变容二极管的电容从 500pF 下降到 20pF。

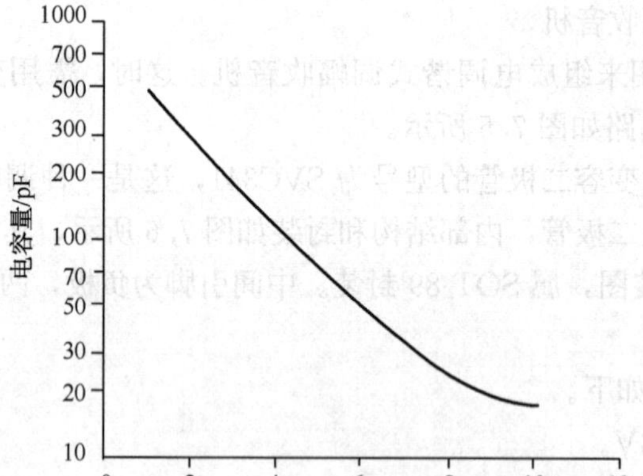

图 7.7　变容二极管电容随反向电压变化曲线

回到图 7.5，图中 C_{j1}、C_{j2} 为变容二极管，型号都是 SVC341，变容二极管正极接地。在交流等效电路中“地”和电源“正极”是同一点，由此可以画出输入及本地振荡电路

LC 回路部分交流等效电路如图 7.8（a）所示，图 7.8 中 C_{j1}、C_{j2} 表示两只变容二极管的电容量。电容 C_2、C_5 的容量为 2000pF，比变容二极管的电容量大得多，因此可以认为变容二极管的电容直接与电感 L_1、L_2 相并联，如图 7.8（b）所示。实际上电容 C_2、C_5 在电路中只起隔直的作用，如果不接入 C_2 和 C_5，来自 R_{p2} 的 9V 电压将经 6、8 脚加入芯片，这是不允许的。

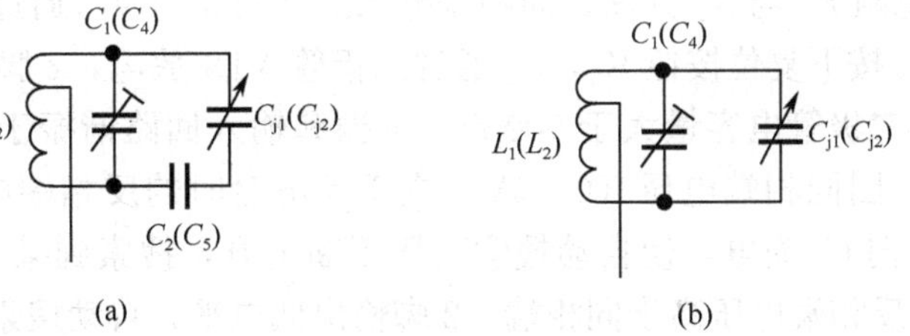

图 7.8　输入及本地振荡电路交流等效电路

变容二极管负极经电阻 R_2、R_3 接正电压，因此两只变容二极管处于反向偏置状态。图 7.5中电位器 $R_{p2}=5\text{k}\Omega$，电阻 $R_4=510\Omega$，电位器接 9V 电源，转动电位器可使二极管的反向电压在 1～9V 变化。这时变容二极管的电容量在 500～20pF 变化，这一变化范围已经超出了双联电容器的 335～18pF，因此能够实现中波段 525～1605kHz 电台的覆盖。

与机械式双联电容器相比，用变容二极管进行电调谐省略了双联电容器，缩小了收音机体积，同时也为实现自动搜索调谐打下了基础。注意在图 7.5 所示的电路中，CXA1600 的电源电压是 3V，而用于电调谐的电源电压是 9V，因此需要两个电源。此外，电台的选择和调节需要通过电位器 R_{p2} 的转动来实现，仍属手动调谐，还不是自动搜索调谐。

（3）自动搜索调幅收音机

为了实现自动搜索调谐，可用图 7.9 所示的电路来取代图 7.5 中的电位器 R_{p2}。图 7.9 中 LM339 是低功耗运算放大器，被接成电压比较器电路。同相端（5 脚）电压高于反相端（4 脚）时 2 脚输出的高电平（接近 9V），同相端（5 脚）电压低于反相端时 2 脚输出的低电平（接近于 0V）。3 脚接 9.5V 电源的正极，12 脚接地。图 7.9 所示的电路和图 7.5所示的电路一起，即可组成自动搜索调幅收音机。

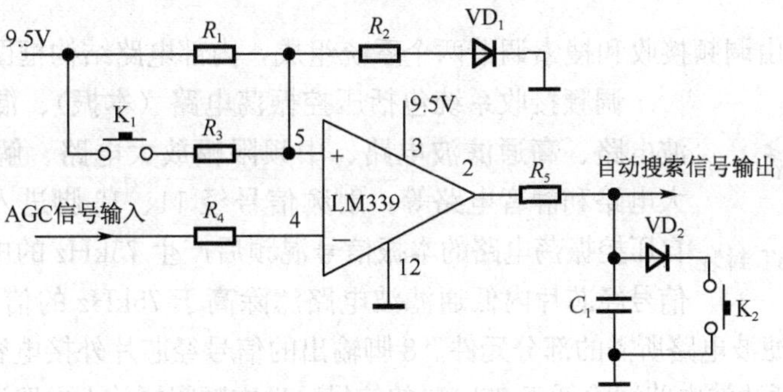

图 7.9　自动搜索电路

图 7.9 中各元件数值如下：R_1 为 $7.5\text{k}\Omega$ 左右，具体数值通过调试确定，$R_2=300\Omega$，$R_3=4.3\text{k}\Omega$，$R_4=100\text{k}\Omega$，$R_5=1\text{M}\Omega$，$C_1=33\mu\text{F}$，二极管 VD_1 选用锗管 2AP9，VD_2 选用

硅管 1N4148。从 CXA1600 的 1 脚输出的 AGC 信号经电阻 R_4 加到电压比较器电路的反相输入端 4 脚，自动搜索信号从运放 2 脚经电阻 R_5 输出，取代图 7.5 电路中的电位器，经电阻 R_2、R_3 直接加到两只变容二极管上。

收音机没有接收到电台时，AGC 电压约 0.4V，接收到电台时，该电压将上升到 0.6V。按钮 K_1 没有按下时，LM339 同相端电压约 0.55V（可通过电阻 R_1 的调节来达到），K_1 按下后电阻 R_3 与 R_1 并联，同相端电压上升至 0.75V（通过 R_3 的调节实现）。自动搜索过程如下：按下复位按钮 K_2，C_1 通过二极管 VD_2 放电，2 脚输出的自动搜索电压降至 0.7V，变容二极管电容量大于 500pF，本振和输入回路谐振于最低频端，没有接收到电台。释放后，因同相端电压（0.55V）高于无电台时的反相端电压（0.4V），2 脚输出高电平，经 R_5 向 C_1 充电，使自动搜索电压不断上升，搜索到某一个电台后，AGC 电压上升至 0.6V，反相端电压高于同相端，2 脚输出低电平，自动搜索电压停止升高，进入锁定状态。锁定时，因 C_1 漏电等原因，自动搜索电压下降，输入回路谐振频率偏离锁定的电台，这时 AGC 电压下降，降至 0.55V 以下时，运放 2 脚又输出高电平，对 C_1 充电的结果会使自动搜索电压上升而恢复到原来的数值。这一反馈过程保证了搜索到的电台处于锁定状态。

要使收音机脱离锁定状态继续往高端搜索，应按一下 K_1 按钮（称为搜索键或选台键）后即释放。K_1 按下时同相端电压升高至 0.75V，高于反相端电压（锁定时反相端电压 0.6V），因此 2 脚输出高电平，对 C_1 充电，自动搜索电压升高，收音机脱离原接收到的电台。K_1 释放后，同相端电压恢复到 0.55V 但仍高于无电台时的反相端电压（0.4V），自动搜索电压继续升高，直至接收到新的电台后反相端电压升至 0.6V，高于同相端电压（0.55V），进入锁定状态。再按一次 K_1，继续向高端搜索，搜索到最高端的电台后，按复位键 K_2，又重新从低端开始搜索。

7.1.3 TDA7088T 组成的单声道调频收音机

1. 电路 TDA7088T 简介

TDA7088T 是单片调频收音机集成电路，16 脚小尺寸贴片封装（SO16），外形如图 7.10 所示。

TDA7088T 由调频接收和搜索调谐两个系统组成，内部电路结构框图如图 7.11 所示。

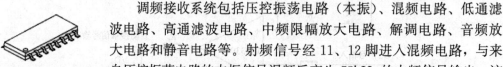

图 7.10 TDA7088T 封装

调频接收系统包括压控振荡电路（本振）、混频电路、低通滤波电路、高通滤波电路、中频限幅放大电路、解调电路、音频放大电路和静音电路等。射频信号经 11、12 脚进入混频电路，与来自压控振荡电路的本振信号混频后产生 75kHz 的中频信号输出，该信号经芯片内低通滤波电路滤除高于 75kHz 的信号后从 8 脚输出，6、7 脚用来外接滤波电路所需的部分元件。8 脚输出的信号经芯片外接电容耦合从 9 脚重新进入芯片，经高通滤波电路滤除低于 75kHz 的信号，送中频限幅放大电路进行中频放大。由于采用了 75kHz 的极低中频和 RC 滤波电路，省去了体积很大的中频变压器。10、13 脚用来外接放大电路所需的元件。中频放大后的信号经解调电路解出音频信号送音频放大电路进行放大。放大后的音频信号并不直接输出，而经静音电路处理后再输出。静音电路受中频限幅

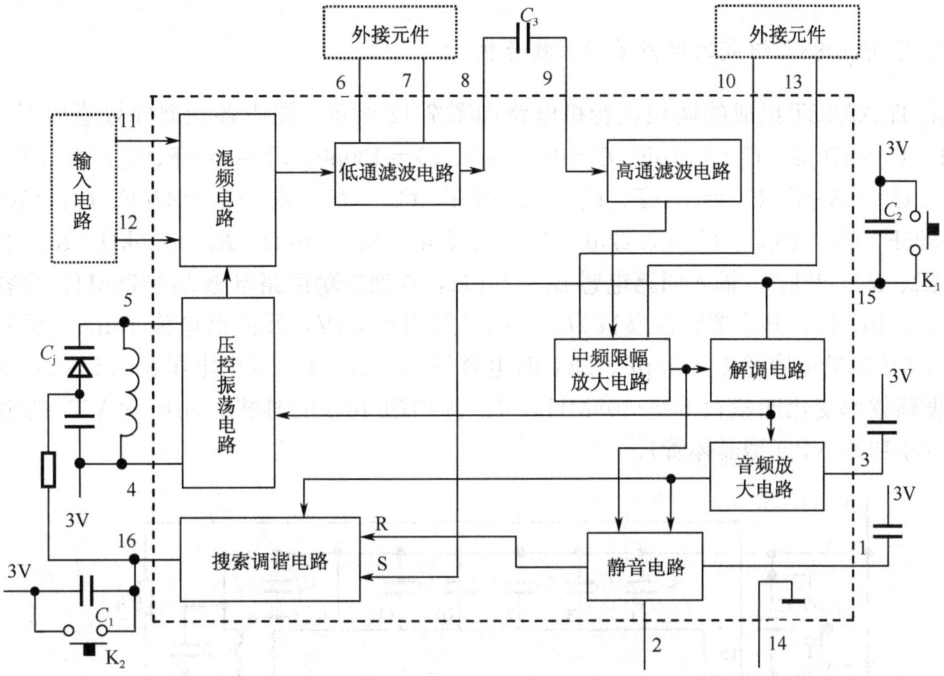

图 7.11　TDA7088T 内部电路框图

放大电路输出控制，没有接收到电台或电台很弱时，噪声很大，静音电路会自动切断音频信号输出。

搜索调谐系统由外接的选台键、复位键和内部的搜索调谐电路等组成。按下选台键 K_1，搜索调谐电路 S 端输入正脉冲，16 脚输出低电平，电容 C_1 缓慢充电，变容二极管 C_j 两端电压加大，电容变小，本地振荡频率升高，接收机进入搜索电台的状态。接收到电台信号后，中频限幅放大电路输出增大，经静音电路输出 R 信号使搜索调谐电路复位，电容 C_1 停止充电。搜索过程结束后，在 AFC 电路作用下变容二极管调谐电压值保持不变，接收机维持电台锁定状态。再次按选台键，即脱离原锁定状态继续向高端搜索。如按下复位键 K_2，电容 C_1 放电，变容二极管两端电压最低，电容量最高，频率最低，电路重新从低端开始搜索。

TDA7088T 各引脚功能如表 7.3 所示，主要特性参数如表 7.1 所示。

表 7.3　TDA7088T 引脚功能

引脚	功能	引脚	功能
1	静音电路外接元件端	9	中频信号输入端
2	音频信号输出端	10	中频限幅放大电路外接元件端
3	外接音频滤波电容端	11	射频信号输入端
4	正电源	12	射频信号输入端
5	压控振荡电路外接元件端	13	中频限幅放大电路外接元件端
6	低通滤波电路外接元件端	14	地
7	低通滤波电路外接元件端	15	外接选台按键/解调器外接电容端
8	中频信号输出端	16	搜索调谐电路输出端/外接复位键

2. TDA7088T组成的单声道调频收音机

由 TDA7088T 组成的调频收音机电路如图 7.12 所示，图中各元器件数值如下：$C_1=0.1\mu F$、$C_2=470pF$、$C_3=0.1\mu F$、$C_4=0.022\mu F$、$C_5=180pF$、$C_6=330pF$、$C_7=0.1\mu F$、$C_8=22\mu F$、$C_9=680pF$、$C_{10}=0.1\mu F$、$C_{11}=0.033\mu F$、$C_{12}=4700pF$、$C_{13}=47\mu F$、$C_{14}=1000pF$、$C_{15}=82pF$、$C_{16}=68pF$、$C_{17}=0.22\mu F$、$C_{18}=182pF$、$R_1=10k\Omega$、$R_2=5.6k\Omega$、$R_3=27k\Omega$、$R_4=2\Omega$、$R_5=22k\Omega$。输入回路电感 $L_1\approx70nH$，本地振荡回路电感 $L_2\approx78nH$。变容二极管型号为 BB910，其主要特性参数为：反向击穿电压 30V，反向漏电流 10nA，反向电压等于 0.5V 时的电容量 $C_j=38pF$，28V 时电容量 $C_j=2.3pF$，反向电压在 0.5～2V 变化时本地振荡频率变化能覆盖 88～108MHz。R_L 为内阻 16Ω 的耳机，晶体管 VT_1 的型号为 9013（小功率 NPN 型晶体管）。

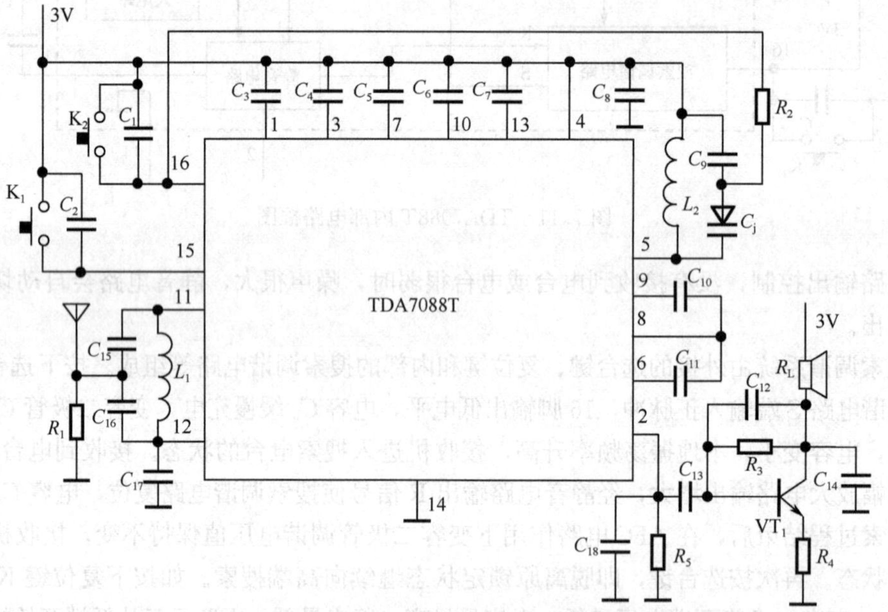

图 7.12　TDA7088T 组成的调频收音机

和一般超外差接收电路不同，TDA7088T 采用单可变电容调谐的方式，输入回路不调谐，电台的选择仅决定本地振荡频率。要接收某一频率的电台时，只要将本地振荡频率调至与该频率相差 75kHz 的频率即可。输入回路 C_{15}、C_{16}、C_{17}、L_1 的通带很宽，只要适当选择 L_1 及 C_{15}、C_{16} 的数值，可允许 88～108MHz 范围内的信号通过。回路中 R_1 用来将天线的静电释放到地，天线从 C_{15}、C_{16} 抽头输入是为了减小天线分布参数对输入回路的影响。

来自天线的射频信号从 11、12 脚输入后与本地振荡信号混频，经低通滤波后从 8 脚输出，通过电容 C_{10} 耦合进入芯片内，最后从 2 脚输出。晶体管 VT_1 被接成电压并联负反馈的共射极放大电路，用来驱动耳机发声。按键 K_1 为选台键，K_2 为复位键。

由于省去了双联电容和中频变压器，电感 L_1 可制作在印制电路板上。由图 7.12 可知，TDA7088T 其他外接元件的体积也都不大，因此用这种集成电路可制成火柴盒大小的调频收音机。

7.1.4　TDA7088T组成的立体声调频收音机

1. 导频制立体声广播

现行的立体声有两个声道：左声道L和右声道R。立体声广播的任务是通过一个无线电信道传输这两个信号，然后在接收端分别在两个扬声器上将各自的声音还原出来。为了接收立体声广播，需要另行设计专用的立体声收音机，于是就有了两大类收音机：单声道收音机和立体声收音机。为使更多的听众能收听立体声广播，希望单声道收音机也能接收立体声广播，只不过它所播放的是单声道声音，无立体声效果。为了实现与单声道收音机的兼容，已形成多种立体声广播制式，我国采用的制式是导频制。下面通过对立体声信号发送、接收过程的分析来说明导频制的工作原理。

导频制通过以下步骤将立体声信号调制到高频载波上去。

第一步：左右声道信号的和差变换。

通过以下关系，将左右声道信号转换为主信号M和副信号S

$$\begin{cases} M = L + R \\ S = L - R \end{cases} \tag{7.1}$$

实现这一变换的主要目的是为了兼容。主信号M等于左右声道信号之和，代表原发声音的总强度，即相当于普通的单声道信号。副信号S是左右声道信号之差。立体声广播时，同时将M和S信号发送出去，立体声接收机接收到M和S信号后，通过专用的立体声解码电路进行以下和差计算，能重新分离出左右声道信号。

$$\begin{cases} L = \dfrac{1}{2}(M + S) \\ R = \dfrac{1}{2}(M - S) \end{cases} \tag{7.2}$$

这两个信号分别驱动左右扬声器，使其还原出立体声。单声道收音机没有立体声解码电路，接收立体声广播信号后所解调出的是主信号M，这一信号是左右声道信号之和，用它驱动扬声器就能起到单声道广播的效果，于是就实现了单声道收音机的兼容。

第二步：副载波调制。

不能直接用M和S信号的叠加来对高频载波进行调制，因为这样一来，实际发射的只是一个声道的信号，接收机也就无法恢复出左右两个声道。为此，首先将S信号调制到38kHz的超音频信号上，这一被S信号调制的载波称为副载波，这种调制称为副载波调制。副载波调制的频谱示意图如图7.13所示。图7.13中左边是副信号S的频谱，它在音频范围，右边是该信号对38kHz副载波进行频率调制后在副载波两边形成的上下边带。第3章讨论调制时已经说过，载波成分（图中用虚线表示）不包含任何基带信号的信息，为降低发射功率，调频广播时也抑制副载波而只保留上下边带。由S信号对副载波调制形成的上下边带信号用符号S_t表示。主信号M不进行副载波调制，这样一来，原来的M、S信号经副载波调制后成为M和S_t两个信号。

第三步：形成立体声复合信号。

38kHz的超音频信号二分频所得19kHz的信号称为导频信号，用符号D表示，由M、

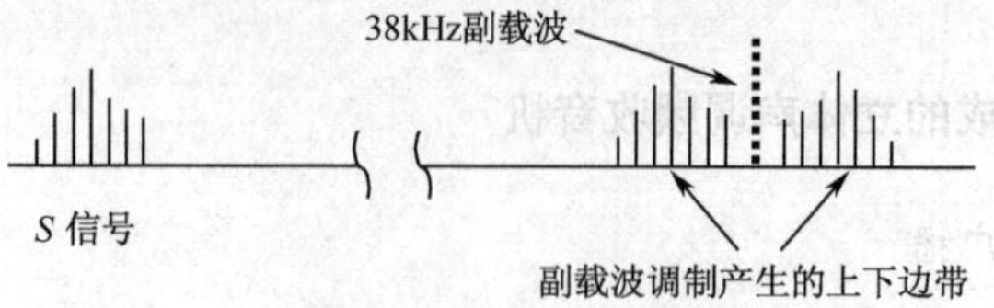

图 7.13　副信号 S 对副载波调制形成上下边带

S_t 和 D 组成的信号称为立体声复合信号。立体声复合信号频谱图如图 7.14 所示，左边是主信号 M，其频谱在音频范围内，右边是副载波调制形成的 S_t 信号，中间是 19kHz 的导频信号 D。加上导频信号的原因是接收机从复合信号还原出 M 和 S 信号时需要这样一个导频信号。

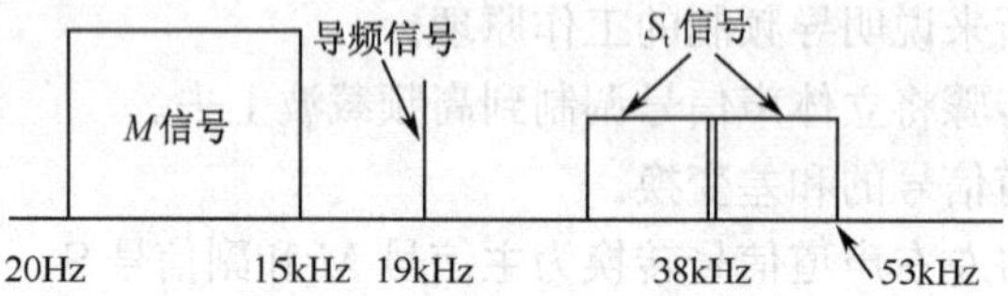

图 7.14　立体声复合信号的组成

原始的 R、L 信号的频谱在音频范围内，变换为 M、S 信号后频率特性并没有发生变化，其频谱仍在音频范围，而且在频谱图上是彼此重叠的。形成立体声复合信号后，M 信号仍处于音频范围不变，S 信号被搬移到超音频 38kHz 附近，成为 S_t 信号，因此包括导频信号在内组成立体声复合信号的三部分在频谱图上被彼此拉开了，同时，整个复合信号的频谱宽度也从原来的音频（20kHz 以内）被扩大到 53kHz（音频信号以 20Hz～15kHz 计算）。

第四步：用立体声复合信号对高频载波进行调制。

为了将立体声复合信号发送出去，还需要用它对高频载波进行频率调制。调频广播载波的频率范围规定为 88～108MHz，与高频载波信号频率相比，宽度 53kHz 的立体声复合信号仍然只占很窄的范围。实现立体声复合波对高频载波的调制后，立体声调制发射才告完成，可以用图 7.15 所示的框图来表示采用导频制时的整个调制过程。

左右声道信号 L、R 经和差电路转换为主信号 M 和副信号 S，副信号对 38kHz 的副载波信号进行副载波调制，生成信号 S_t，38kHz 信号 1/2 分频后生成 19kHz 的导频信号 D。然后，主信号 M、副载波调制生成的 S_t 及导频信号 D 合成为立体声复合信号（$M+S_t+D$），再用这一复合信号对高频载波进行调制，生成立体声调频波，最后经功率放大后向外发射。

接收机接收到已调信号以后，首先完成高频已调波的解调，复原出立体声复合信号。接下来，对于单声道接收机，只要从中取出音频范围内的信号 M，放大后驱动耳机或扬声器发声即可。对于立体声接收机，还需要利用导频信号 D 从 S_t 和 M 中求出 L 和 R 信号，这一过程称为解码。因此，立体声接收电路还需要加上能分离出左右声道信号的解码电路。解码后，分别用 R 和 L 信号驱动两只耳机或扬声器，立体声就被还原出来了。

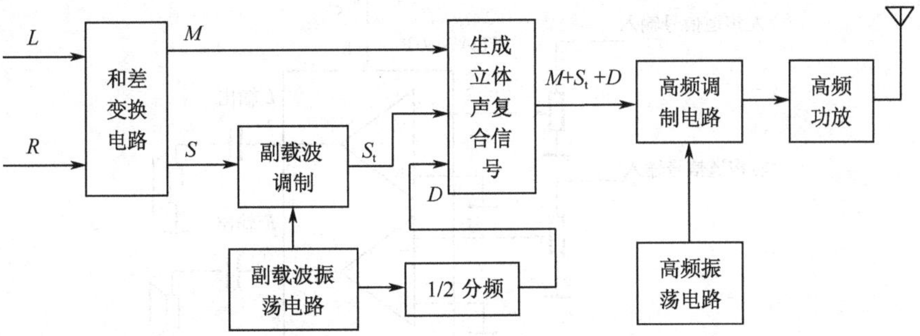

图 7.15　立体声复合信号调制

2. TDA7088T 组成的立体声调频收音机

调频广播所发送的是立体声复合信号，而图 7.12 所输出的却不是双声道信号。原因很简单，TDA7088T 内部不包含解码电路，因而也就无法将立体声复合信号还原为左右声道信号。调频波信号经解调后所得到的是图 7.14 所示的立体声复合信号，它由 M、S_t 和 D 组成。如果用解码电路和立体声功放电路取代图 7.12 中由 VT_1 组成的功放电路，即可组成立体声调频收音机，如图 7.16 所示。

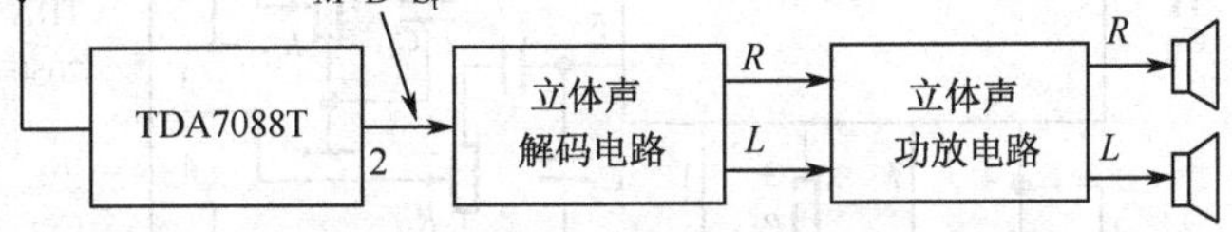

图 7.16　立体声调频收音机组成

首先简介立体声解码集成电路 TDA7040T 和立体声功放电路 TDA7050T。

解码电路 TDA7040T 为 8 脚小尺寸贴片（SO8）封装，各引脚功能如表 7.4 所示。

表 7.4　解码电路 TDA7040T 引脚功能

引脚	功能	引脚	功能
1	地	5	右声道信号输出
2	外接滤波元件	6	左声道信号输出
3	导频信号同步调节	7	外接电容
4	正电源	8	立体声复合信号输入

立体声功放电路 TDA7050T 也是 8 脚小尺寸贴片（SO8）封装，电路内部结构和各引脚功能如图 7.17 所示。可见 TDA7050T 由两个独立的功放电路组成，2、3 脚为左右声道信号输入引脚，7、6 为放大后左右声道信号输出引脚。电路的主要特性指标如下。

电源电压：1.6～6V。

静态电流：3.2mA。

输出功率（R_L＝32Ω）：140mW。

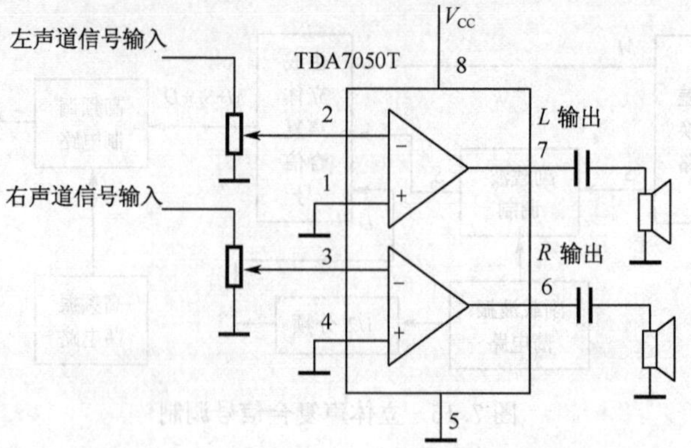

图 7.17　立体声功放 TDA7050T 内部电路

由调频收音机集成电路 TDA7088T、立体声解码集成电路 TDA7040 和立体声功放集成电路 TDA7050 组成的调频立体声收音机电路如图 7.18 所示，图 7.18 中仅画出 TDA7088T 的输出信号，其余部分与图 7.12 相同。

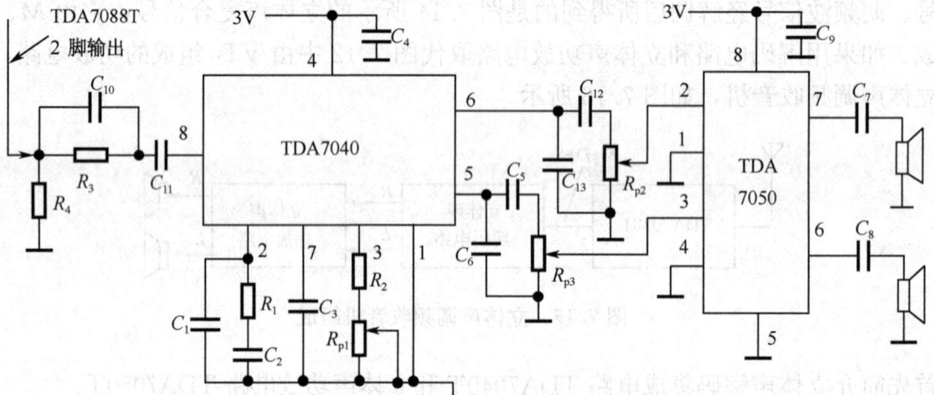

图 7.18　TDA7088T、TDA7040 和 TDA7050 组成的调频立体声收音机电路

图 7.18 中各元件数值如下：$C_1=0.022\mu F$、$C_2=0.047\mu F$、$C_3=0.1\mu F$、$C_4=0.01\mu F$、$C_5=0.22\mu F$、$C_6=0.01\mu F$、$C_7=50\mu F$、$C_8=50\mu F$、$C_9=0.01\mu F$、$C_{10}=150pF$、$C_{11}=0.1\mu F$、$C_{12}=0.22\mu F$、$C_{13}=0.01\mu F$、$R_1=4.7k\Omega$、$R_2=120k\Omega$、$R_3=120k\Omega$、$R_4=18k\Omega$、$R_{p1}=100k\Omega$、$R_{p2}=22k\Omega$、$R_{p3}=22k\Omega$。来自 TDA7088T 第 2 脚输出的立体声复合信号经 C_{11} 耦合进入解码电路 TDA7040，解码后从 5、6 脚输出左右声道信号，这两个信号经电容 C_{12}、C_5 耦合送入功放电路 TDA7050 进行功率放大，放大后的左右声道信号分别从 7、6 脚输出，驱动左右声道扬声器形成立体声。电位器 R_{p2}、R_{p3} 用于两个声道音量的调节。

7.2　无线话筒系统概述

7.2.1　无线话筒系统的组成和分类

1. 无线话筒系统的组成

无线话筒系统由送话器、发射机、接收机和受话器等 4 部分组成，其中，受话器包括耳机和扬声器，如图 7.19所示。送话器将声波信号转换为音频信号，发射机将输入的音频信号用载波进行调制后发射出去，接收机接收到已调信号后，经放大并解调出音频信号，最后通过耳机或扬声器还原出声音。可见，无线话筒系统的基本功能是实现声音（或音频信号）的远距离无线传输。如果将送话器看作数据源，将受话器看作数据接收装置，从信号传输的角度看，无线话筒系统也是一种音频数据的无线数据传输系统。

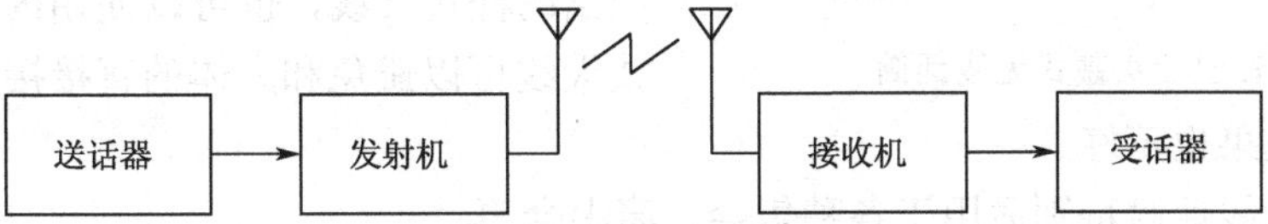

图 7.19　无线话筒系统的组成

根据应用需要，无线话筒的送话器和发射机常常被制作成便携式，且由电池供电，而接收机和受话器则为座机式，且由交流供电。送话器和发射机可以单独购买，习惯上将送话器和发射机合称为无线话筒。为了区别起见，将包括送话器、发射机、接收机和受话器在内的装置称为无线话筒系统。无线话筒接收机与收音机等接收装置类似，因此下面着重讨论送话器和发射机组成的无线话筒。

2. 无线话筒分类

根据结构的不同，无线话筒分为以下几种类型。

(1) 送话器和发射机分离式无线话筒

这种类型的特点是送话器和发射机相分离，彼此通过电缆线相连接。送话器别在衣领（或衣襟）处，或使用头戴式，发射机夹在腰间隐秘处，发射机天线也和电缆线安装在一起。由于发射机常夹在腰间，也被称为腰包式无线话筒。典型的腰包式无线话筒如图 7.20和图 7.21 所示。图 7.20 所示的是领夹式无线话筒，图 7.20（a）是发射机，图 7.20（b)为发射机所使用的 9V 碱性（或锂）电池，图 7.20（c）为送话器。图 7.21所示的是头戴式无线话筒。

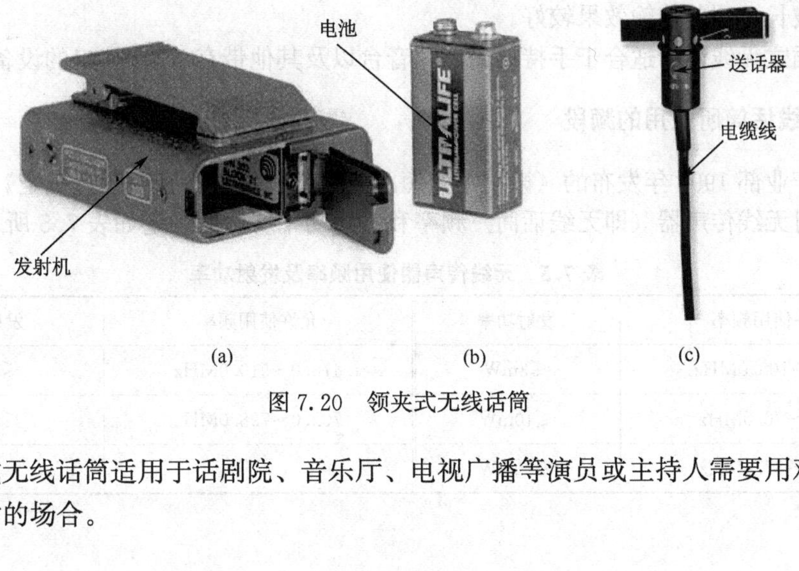

图 7.20　领夹式无线话筒

腰包式无线话筒适用于话剧院、音乐厅、电视广播等演员或主持人需要用双手表演或操作乐器时的场合。

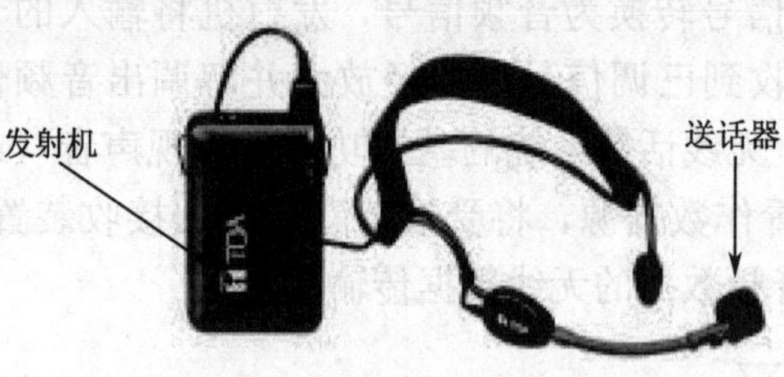

图 7.21　头戴式无线话筒

（2）手持式无线话筒

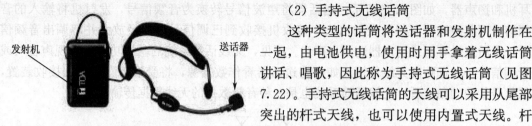

这种类型的话筒将送话器和发射机制作在一起，由电池供电，使用时用手拿着无线话筒讲话、唱歌，因此称为手持式无线话筒（见图 7.22）。手持式无线话筒的天线可以采用从尾部突出的杆式天线，也可以使用内置式天线。杆式天线可以避免和人体的直接接触，但容易被损坏，视觉效果也不好。

手持式无线话筒特别适用于各种集会、演唱会等。

（3）外接插式无线话筒

外接插式无线话筒的发射机如图 7.23 所示，送话器通过被称为 XLR 的接口与其相连接。XLR 插口通过三条线与送话器相连接，一条是地线，另外两条线分别用来传输同一音频信号的同相和反相信号，这两条线所传输的信号进入接收端以后相减，有用信号得到加强，而传输过程中的干扰信号相互抵消，从而可以获得高质量的模拟信号。具有这种性能的 XLR 接口称为平衡模拟音频接口。

图 7.22　手持式无线话筒

图 7.23　外接插式无线话筒的发射机

外接插式无线话筒直接用发射机的金属外壳作为天线，外接的话筒和使用者的手组成了理想的偶极子天线的另一部分。当话筒使用 UHF 段频率时，外壳的长度非常接近于理想的 1/4 波长，因此传输效果较好。

外接插式无线话筒适合于手持话筒、调音台以及其他带有 XLR 接口的设备。

7.2.2　无线话筒所使用的频段

信息产业部 1998 年发布的《微功率（短距离）无线电设备管理暂行规定》（以下简称《规定》）对无线传声器（即无线话筒）频率和发射功率所做的规定如表 7.5 所示。

表 7.5　无线传声器使用频率及发射功率

允许使用频率	发射功率	允许使用频率	发射功率
88.0～108.0MHz	≤3mW	470.0～510.0MHz	≤50mW
75.4～76.0MHz	≤10mW	702.0～798.0MHz	≤50mW
84.0～87.0MHz	≤10mW		

由表 7.5 可知，无线话筒所使用的频率分属两个频段，88.0～108.0MHz、75.4～76.0MHz、84.0～87.0MHz 等属 VHF 频段（30～300MHz），470.0～510.0MHz、702.0～798.0MHz 属 UHF 频段（300～3000MHz）。从表 7.5 还可以看出，《规定》对各频段无线话筒的发射功率规定了上限，即发射功率必须小于或等于表中规定的功率。原因是这些频段与调频广播及电视所使用的频段相重叠，如果发射功率过大，就会对调频广播和电视的接收造成干扰。例如，88.0～108.0MHz 正好是调频广播所使用的频段，其余各频段则为电视所使用的频率（见第 1 章表 1.4）。

根据所使用频段的不同，无线话筒可分为使用 VHF 频段的 V 段话筒和使用 UHF 频段的 U 段话筒。由于所使用的频率的不同，V 段无线话筒和 U 段无线话筒在特性上有以下一些差异。

1. 天线长度

VHF 频段无线电波的波长较长，因此发射所需要的天线（约为 1/4 波长）也较长，一般为 1.5～2m。UHF 频段波长较短，所使用的天线可缩短至 30～60cm。从方便使用的角度来看，天线的长度越短越好。因此，从天线长度来看，U 段无线话筒将优于 V 段无线话筒。

2. 防干扰能力

许多干扰源，例如汽车点火装置、日光灯、吸尘器、电机等工业干扰，其频率在 VHF 频段，调频台、电视台所产生的干扰对 V 段的影响也大于对 U 段的影响，因此 U 段无线话筒可能受到的干扰将小于 V 段无线话筒。

3. 传播特性

V 段无线电波的波长较长，遇到障碍物小于波长时，除了反射和折射，一部分无线电波会绕过障碍物传播（绕射），非金属物体对于 V 段无线电波的吸收也比 U 段的少，因此，相对而言，V 段波传播的距离将更远。U 段的无线电波，金属物体对其反射更多、更强，非金属物的吸收也较强，传播损耗大，因此传播距离也就较近。

4. 可设置频道数

频率越高，通信时能容纳的频道数就较多，U 段所能容纳的频道数高达几百个，因此优于 V 段。

综合上述各项性能的差异，在同时使用多只无线话筒（例如大型会议、话剧院、文艺晚会等）、音质要求较高的场合，一般都倾向于选择 U 段无线话筒。

由于使用较高频率的优势，除了表 7.5 所规定的频段以外，近年来还发展了工作于 2.4GHz 的无线话筒。

7.2.3　改善无线话筒性能的几项关键技术

工作稳定性和抗干扰能力是无线话筒的主要性能指标之一，为了改善上述性能，已采取以下一些技术措施，这些措施可使无线话筒质量得到明显提高。

1. 载波频率自动切换技术

无线话筒稳定工作的一个重要条件是载波的振荡频率必须稳定，如果发生漂移，接收机接收到的信号就变得很差，严重时可能接收不到，为此，需要采用石英晶体振荡电路。使用石英晶体振荡电路再加上锁相环倍频技术以后，高频振荡的频率稳定性问题得到了解决，但使用一个固定的频率不利于提高抗干扰的能力。例如，无线话筒正在工作的频率出现很强的干扰，假如能及时地切换到另一个干扰很小的频率上，就可以避开干扰的影响。简单的石英晶体振荡电路不可能实现这种切换。

为了实现这种自动切换，需要解决两个问题：一是如何实现振荡频率的改变；二是如何根据各频道当时的干扰情况自动选择振荡频率。

解决第一个问题，需要在石英晶体振荡电路的基础上采用锁相环频率合成技术。假设所使用的晶体的谐振频率是 16MHz，利用 PLL 倍频技术可形成 96MHz 的载波振荡，利用 PLL 频率合成技术则可形成 96MHz 附近彼此有一定频率间隔的多个频率的载波，并预存起来。例如，可预存彼此相差 40kHz 的 5 个频道，于是话筒可在 95.92MHz、95.96MHz、96MHz、96.04MHz 和 96.08MHz 共 5 个频道上工作，只要通过单片机控制相关的参数，话筒和接收机的工作频率就可以在上述 5 个频道之间自动切换。

解决第二个问题，需要依靠单片机（或 DSP）技术，单片机可以对 5 个频道的干扰信号进行检测，随时选择干扰最小的频道进行音频信号传输。

无线话筒在不同的工作场合会遇到不同的干扰，同一场合、不同时刻也会遇到不同的干扰，采用上述载波频率自动切换技术可以有效地避开各种干扰。

2. 自动选讯接收技术

由于周围物体的反射和吸收、无线电波的多途径传播等原因，空间电磁波场强分布非常复杂。无线话筒正常工作时频繁移动，随时变换位置，因此，接收天线所接收到的信号强度起伏很大。接收机天线所接收到的信号都是发射机直射波和经反射传输的多径传输波叠加的结果，如图 7.24 所示。如果发射机处于某个位置时，上述两种波传输到接收天线时的相位正好（或接近于）相反，两种波相互抵消（或接近于零），这时天线 A 所接收到的信号就低于静音动作点，接收机音频输出电路关闭，出现短暂的断音。这种情况被称为接收机出现“接收死角”。

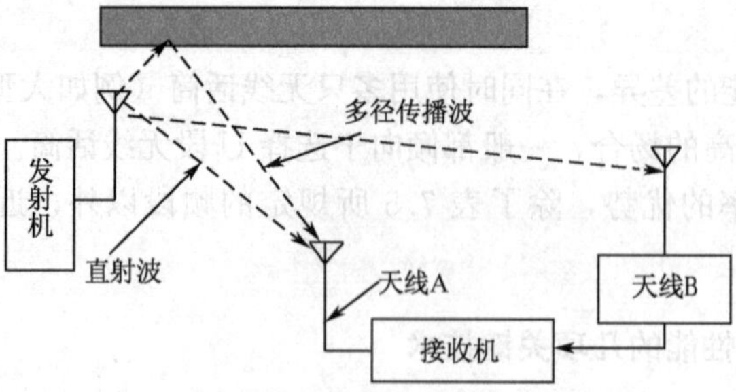

图 7.24　自动选讯接收示意

为了避免“接收死角”的出现，可采用自动选讯接收技术，即再增加一个接收天线 B，当天线 A 所接收到的信号过弱时，只要 A、B 两个天线保持一定的距离，B 天线所接收到的信号可能会强得多。有了两个天线之后，在接收机中嵌入单片机，就可以实现射频信号的自动选讯。两个天线所接收到的信号，一个较强，一个较弱，单片机自动选择较强的信号；两个天线所接收到的信号都较弱，且彼此间相位相同，可将两者叠加起来；两个天线所接收到的信号都较弱，且彼此间相位相反，可将其中一个信号倒相后与另一个相加。由此，即可通过自动选讯消除“接收死角”。

实现自动选讯接收的电路框图如图 7.25 所示。接收机由两套天线、调谐器、高放、中放和解调电路组成，两个天线 A、B 被安装在不同的位置，接收来自同一只无线话筒发射机的信号。利用内嵌的单片机比较所接收到的信号大小，通过电子开关从中选择较强的一组信号输出，或进行必要的运算后再输出。采用这种方案，在较远距离接收时能明显改善“断音”的情况，与单天线接收机相比，“断音(接收死角)”出现概率可下降至 20%以下。

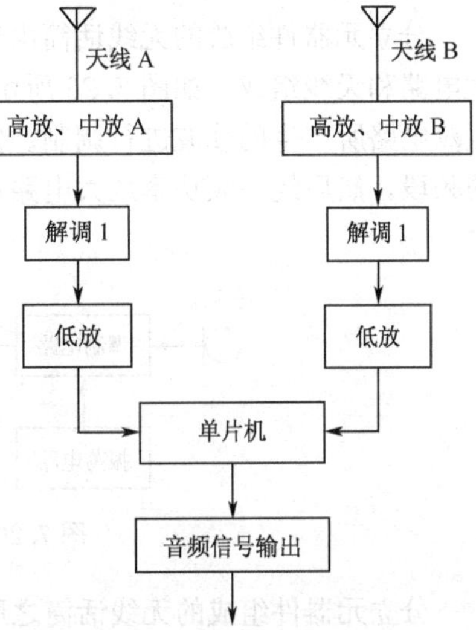

图 7.25　自动选讯接收机框图

自动选讯接收技术也称为分集接收技术。

3. 噪声抑制技术

各种干扰信号的存在增加了话筒噪声输出，质量不佳的无线话筒会在音频信号间隙时发出刺耳的噪声，为了抑制噪声常采用以下技术。

(1) 加入静噪电路

该电路的作用是在音频信号的间隙期自动截止噪声输出。所依据的原理是电磁杂波含有较多的高频成分，接收到信号后接收机分析信号中高频成分的含量，与设定值进行比较，高于设定值时即判为噪声，关闭音频信号输出电路。高频成分较低时，判为有用的音频信号，打开音频电路输出。

(2) 超声导频

无线话筒中加入超声波导频信号和音频信号一起发送，有音频信号输出时即有超声信号输出，无音频信号输出时也没有超声信号输出。超声信号频率选为 32kHz，这一频率不在人耳的听域之内，超声信号的加入并不影响话筒的音响效果。在没有收到载波信号时，接收机的输出电路处于关闭状态，接收到载波信号后如果没有检测到超声信号，表明这不是有用信号，音频输出仍处于关闭状态，只有检测到超声信号时，表明有音频信号输入，这时才将音频输出打开。这种静音技术可以有效地抑制各种杂音。

4. 数字化

模拟话筒的缺点是音质差、功耗大、射频频点需要固定且要错开其他频点和干扰源，模拟话筒无法消除使用者的呼吸音和外界的干扰音。解决的办法是实现无线话筒的数字化。

数字化是各种声音信号传输系统的一个共性问题，我们将在第 7.5.4 节中详细讨论这一问题。

7.3 分立元器件组成的无线话筒

7.3.1 无线话筒组成和分类

1. 组成

分立元器件组成的无线话筒由送话器、振荡电器、调制电路、倍频电路、高频功率放大电路和天线组成，如图 7.26 所示。送话器将声波转化为音频电信号，通过调制电路对振荡电路所产生的载波进行调制。倍频电路将已调信号的频率倍升到无线话筒所允许使用的频段，然后经高频功率放大电路进行功率放大，最后通过天线发射出去。

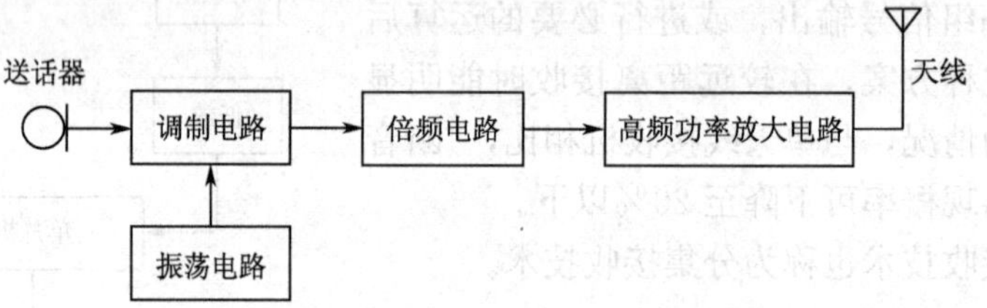

图 7.26 分立元器件组成的无线话筒

分立元器件组成的无线话筒之所以要有倍频电路，是因为振荡电路所产生的频率一般都在 80MHz 以下，而无线话筒使用的频段一般都在 75MHz 以上（参见表 7.5），为了获得符合要求的振荡频率，采用倍频电路是一个简单而有效的方法。例如，振荡电路产生 45MHz 的正弦振荡，音频信号对其进行调制后形成中心频率 45MHz 的已调信号，然后经过二倍频电路将已调波的中心频率提高到 90MHz。

2. 分类

常用的分立元器件无线话筒按照所使用的振荡电路的不同可分为两类：一类用 LC 电路产生高频振荡；另一类由石英晶体或声表面波谐振器产生振荡。由石英晶体或声表面波谐振器产生高频振荡的话筒，频率稳定性较好，但成本稍高些。

7.3.2 LC 振荡电路组成的无线话筒

典型的 LC 振荡电路组成的无线话筒电路如图 7.27 所示，是一种调频式无线话筒，工作频率为 88MHz，发射距离可以达到 50m。

我们将电路分解为送话器电路、振荡与频率调制电路、倍频电路、高频功率放大电路和天线 5 个部分，如图 7.27 中虚线框所示。送话器电路将声波转换为音频信号，振荡与频率调制电路产生高频振荡，同时由送话器电路输出的音频信号对这一高频振荡信号进行频率调制，输出调频信号。这一调频信号的频率只有 46MHz 左右，不在工业和信息化部规定的频段范围内，为此通过倍频电路将其频率提高为 92MHz。调频信号经高频功率放大电路进行功率放大，然后经电感耦合，从天线发射出去。

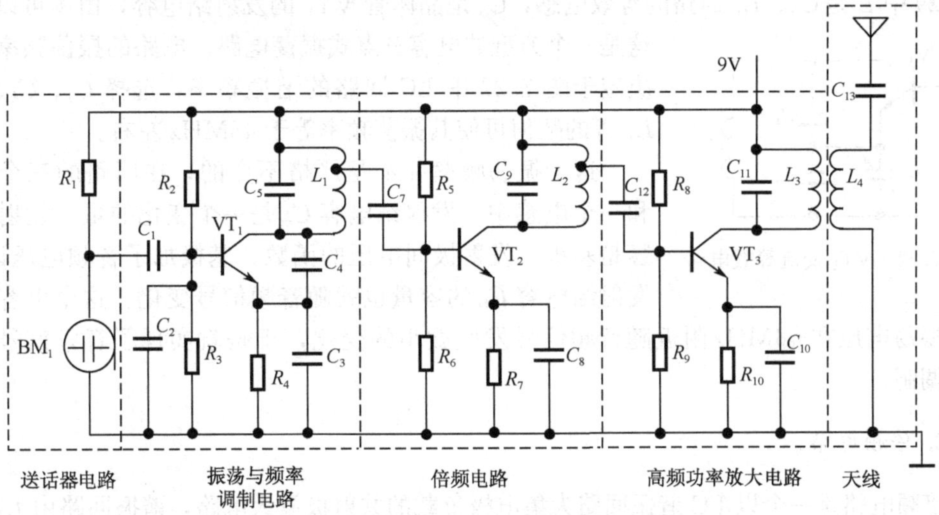

图 7.27　分立元器件组成的无线话筒

1. *送话器电路*

BM_1 为驻极体送话器，其内部结构如图 7.28 所示，它由驻极体振动膜和场效应管 VG_1 组成。场效应管与外接电阻 R_1 组成共源极放大电路。

驻极体振动膜是极薄的塑料片，其中一面蒸发一层纯金薄膜，经过高压电场极化处理后，薄膜两表面即驻有异性电荷。膜片的蒸金面向外，与金属外壳相连通。膜片的另一面与金属极板之间用薄的绝缘衬圈隔离开，这样，蒸金膜与金属极板之间就形成一个电容。当驻极体膜片遇到声波振动时，电容极板之间的距离发生变化，该电容的容量也随之变化。电容器两极的电荷量是固定的，电容量的变化就引起极板间电压变化，从而产生随声波变化的交变音频电压。这一电压加到场效应管的栅极，经共源极放大电路放大后，即可从漏极得到放大了的音频信号。图 7.28 中电阻 $R_1=4\text{k}\Omega$，用于将音频信号耦合到频率调制电路的电容 $C_1=0.1\mu\text{F}$。

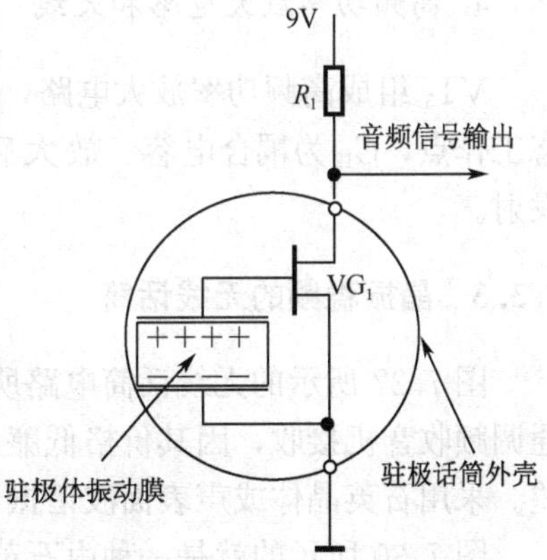

图 7.28　驻极体送话器

2. *振荡与频率调制电路*

图 7.27 中振荡与频率调制电路是一个将振荡电路和频率调制电路结合在一起的电路，由晶体管 VT_1 及外围元件组成，其中电阻 $R_2=16\text{k}\Omega$、$R_3=4\text{k}\Omega$、$R_4=650\Omega$、$C_2=1000\text{pF}$、$C_3=56\text{pF}$、$C_4=10\text{pF}$，VT_1 选用高频小功率晶体管 9018。电阻 R_2、R_3 和 R_4 决定晶体管 VT_1 的静态偏置，可以求得静态集电极电流为 1.7mA。电容 C_2 对高频信号可视为短路，因此对高频信号来说基极接地，由此可画出 VT_1 交流等效电路如图 7.29所示。

图 7.29 中 L 是 C_5、L_1 回路的等效电感，C_{be}是晶体管 VT_1 的发射结电容，由图可以看出这是一个典型的电容三点式振荡电路。电路的振荡频率主要决定于图 7.27 中 LC 回路的谐振频率，选择 C_3、C_4、C_5、L_1 等的数值可使其振荡频率等于 46MHz 左右。

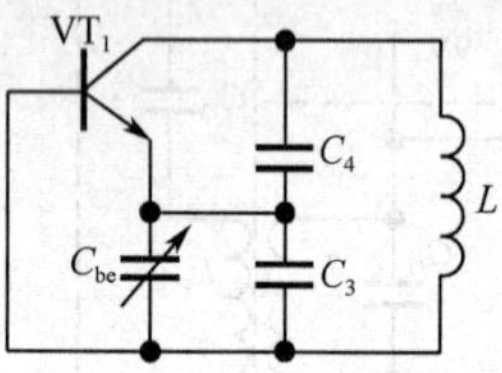

图 7.29　VT_1 交流等效电路

这个振荡频率并不是严格不变的，在回路的三个电容和一个电感中，发射结电容 C_{be}是一个变化的量。发射结电容是基极—发射极间电压的函数，基极加了音频电压以后，发射结电容 C_{be}的容量也就随音频信号变化。这个电容的变化使振荡电压在 46MHz 附近随音频信号发生微小的变化，于是就实现了音频信号对载波的调制。

3. 倍频电路

倍频电路是一个以 LC 谐振回路为集电极负载的共射极放大电路，谐振回路由 L_2、C_9 组成。电阻 R_5、R_6 和 R_7 决定 VT_2 的静态工作点，$R_5=65\text{k}\Omega$、$R_6=6.4\text{k}\Omega$ 和 $R_7=20\Omega$。选择 L_2、C_9 的数值，使其谐振频率等于 92MHz，由基极输入的 46MHz 的已调信号包含二倍频信号，其频率等于 92MHz，由于 L_2、C_9 的选频作用，92MHz 的信号得到了充分的放大，46MHz 的信号被抑制，因此从 L_2、C_9 输出的即为载波频率等于 92MHz 的已调信号，于是就实现了已调信号的倍频。

4. 高频功率放大电路和天线

VT_3 组成高频功率放大电路，$R_8=15\text{k}\Omega$、$R_9=10\text{k}\Omega$ 和 $R_{10}=90\Omega$ 用来决定电路的静态工作点，C_{12}为耦合电容。放大后的已调信号经电感实现阻抗匹配并耦合到天线向外发射。

7.3.3　晶振稳频的无线话筒

图 7.27 所示的无线话筒电路所发射的频率调制波在调频广播范围内，因此可以用普通调频收音机接收，因其价格低廉，在一些要求不高的场合仍可使用，缺点是频率稳定性差。采用石英晶体或声表面波谐振器组成振荡电路可以克服这一缺点。

图 7.30 所示的就是一种由石英晶体振荡电路组成的无线话筒电路。和图 7.27 所示的无线话筒电路一样由 5 部分组成：送话器电路、振荡与频率调制电路、倍频电路、高频功率放大电路和天线。

1. 送话器电路

工作原理和图 7.27 所示的相同，电阻 $R_1=4\text{k}\Omega$，用于将音频信号耦合到频率调制电路的电容 $C_1=0.1\mu\text{F}$。

2. 振荡与频率调制电路

图 7.30 中电阻 $R_2=22\text{k}\Omega$、$R_3=47\text{k}\Omega$、$R_4=25\text{k}\Omega$，这些电阻用来为变容二极管 C_j 提供偏置电压，电容 $C_2=0.001\mu\text{F}$，用来消除高频干扰。电阻 $R_5=30\text{k}\Omega$、$R_6=510\Omega$ 用来确

定 VT_1 的静态工作点，电容 C_3=47pF、C_4=47pF。VT_1 选用高频管 9018。

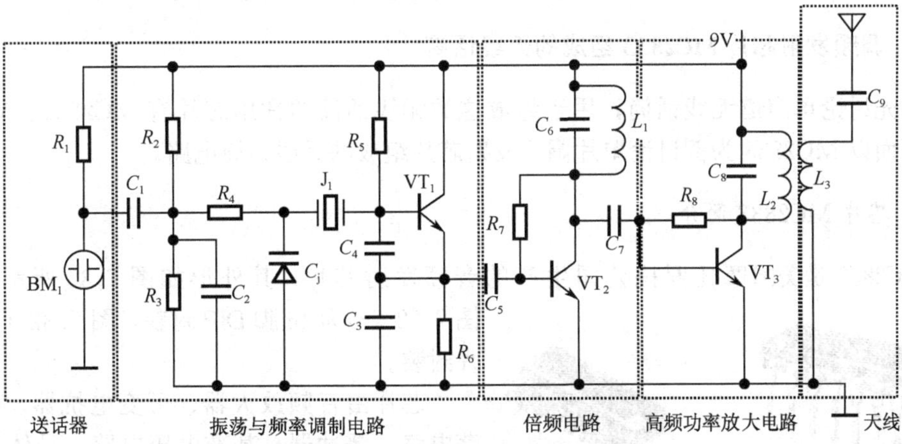

图 7.30　石英晶体稳频的无线话筒电路

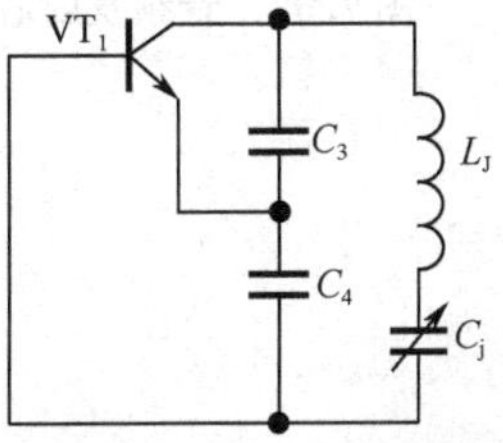

图 7.31　VT_1 交流等效电路

用 L_J 表示石英晶体的等效电感，C_j 是变容二极管，由图 7.30 可知，两者串联后接在 VT_1 的集电极和基极之间。电容 C_4 接在基极和发射极之间，C_3 接在发射极和集电极之间，由此即可画出 VT_1 的交流等效电路如图 7.31 所示。与图 7.29 比较，电感回路串入电容 C_j，这是一种改进型的电容三点式振荡电路。由于 C_j 的容量比 C_3、C_4 小得多，因此振荡频率决定于 L_J 和 C_j。将驻极体话筒输出的音频信号加到变容二极管后，变容二极管的电容量随音频信号而变化，这一变化导致振荡频率的变化，于是就实现了音频信号对载波频率的调制，调制后的信号从发射极输出，经电容 C_5 耦合至倍频电路。

石英晶体的谐振频率选 32MHz，因此所产生的频率调制波的中心频率为 32MHz。

3. 倍频电路

图 7.30 中各元件参数如下，C_5=47pF、C_6=20pF，电感 L_1 和 C_6 所形成的谐振频率为 96MHz，由此确定 L_1 在 13.5μH 左右，确切数值由调试确定。电阻 R_7 是晶体管 VT_2 的偏置电阻，选用 45kΩ 左右，具体数值调试时确定，VT_2 选用高频小功率管 9018。VT_2 组成的是谐振频率为 96MHz 的单调谐选频放大电路，选择输入频率调制信号的三倍频信号放大，因此起到三倍频的作用。倍频后的已调信号从集电极输出，经电容 C_7 耦合至高频功率放大电路。

4. 高频功率放大电路和天线

与图 7.27 比较，图 7.30 所示的高频功放电路通过电阻 R_8 确定电路静态工作点，同时引入电压并联负反馈。电阻 R_8 的阻值在 15kΩ 左右，具体数值由调试确定。

图 7.30 天线电路和图 7.27 所示相同。

7.4 调频发射芯片组成的无线话筒

7.4.1 调频发射芯片 MC2833 组成的无线话筒

首先讨论单声道无线话筒，用于组成这类无线话筒的常用芯片有 MC2831、MC2833 等。下面以 MC2833 为例讨论单片调频发射芯片组成的无线话筒电路。

1. 芯片 MC2833 简介

MC2833 是美国摩托罗拉公司生产的音频发射芯片，其外形如图 7.32 所示，其中图 7.32 (a)为 16 脚 DIP 封装，图 7.32 (b)为贴片封装。

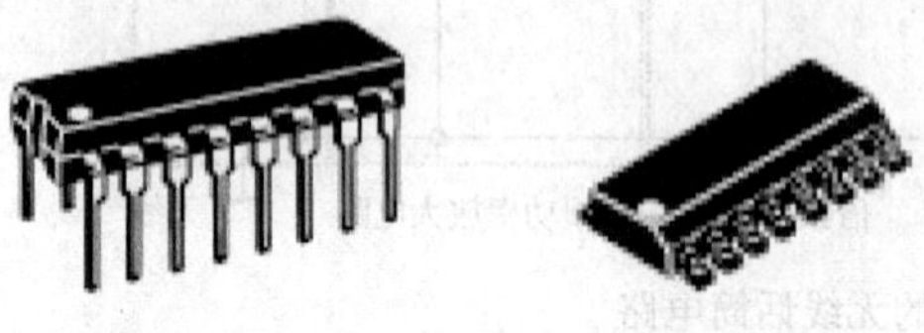

(a) (b)

图 7.32 音频发射芯片 MC2833

芯片由音频放大器、可变电抗器、射频振荡电路、缓冲器、基准电压电路、晶体管 VT_1 和 VT_2 等组成，内部结构如图 7.33 所示，各引脚功能如表 7.6 所示。

MC2833 主要性能指标如下。

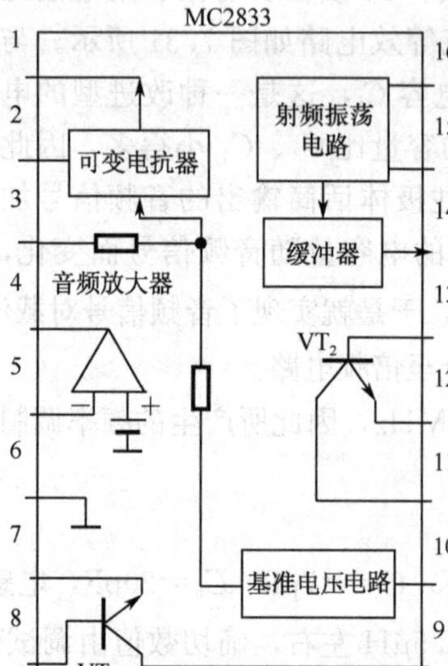

图 7.33 芯片 MC2833 内部电路组成

工作电压：2.8～9V。

静态电流：2.9mA。

工作频率：决定于外接晶振、电感及有关电阻的阻值，经内部倍频后工作频率为 49.7～144.6MHz。

发射功率：−10dBm。

音频放大器电压增益：30dBm。

晶体管 VT_1、VT_2 频率特性：增益带宽积等于 500MHz。

调制方式：频率调制。

表 7.6　芯片 MC2833 引脚功能

引脚号	功能	引脚号	功能
1	芯片内可变电抗器输出端	9	芯片内晶体管 VT_2 发射极
2	外接滤波电容端	10	电源正极
3	调制信号输入端	11	芯片内晶体管 VT_1 集电极
4	芯片内话筒放大器输出端	12	芯片内晶体管 VT_1 发射极
5	芯片内话筒放大器输入端	13	芯片内晶体管 VT_1 基极
6	地	14	射频信号输出端
7	芯片内晶体管 VT_2 集电极	15	芯片内振荡电路外接元件端
8	芯片内晶体管 VT_2 基极	16	芯片内振荡电路外接元件端

2. MC2833 组成的无线话筒

芯片 MC2833 及需要外接的元件再加上驻极体受话器即可组成无线话筒，由 MC2833 组成的无线话筒电路板的外形如图 7.34 所示，其大小约为 6×3.5cm。电路图如图 7.35 所示，图 7.35 中各元件数值如下：$R_1=100\text{k}\Omega$，$R_2=100\text{k}\Omega$，$R_3=4.7\text{k}\Omega$，$R_4=150\Omega$，$R_5=220\text{k}\Omega$，$R_6=1\text{k}\Omega$，$C_1=4700\text{pF}$，$C_2=4700\text{pF}$，$C_3=1\mu\text{F}$，$C_4=470\text{pF}$，$C_5=56\text{pF}$，$C_6=10\text{pF}$，$C_7=20\text{pF}$，$C_8=120\text{pF}$，$C_9=12\text{pF}$，$C_{10}=100\text{pF}$，$C_{11}=68\text{pF}$，$C_{12}=47\text{pF}$，$C_{13}=47\text{pF}$，$C_{14}=51\text{pF}$，$L_1=5.1\mu\text{H}$，$L_2=0.22\mu\text{H}$，$L_3=0.22\mu\text{H}$，$L_4=0.22\mu\text{H}$。

图 7.34　芯片 MC2833 组成无线话筒的线路板外形

为了说明电路的工作原理，按照信号的流向将图 7.35 所示的电路图改画成图 7.36 所示的工作原理图。驻极体话筒输出的音频信号经 5 脚输入芯片（R_3 为话筒的漏极电阻），经芯片内音频放大电路放大后从 4 脚输出，电阻 R_2、电位器 R_{p1} 用来调节放大电路增益。放大后的音频信号经 C_2 耦合重新经 3 脚输入芯片，对载波进行频率调制和倍频，调制后形成的已调信号从 14 脚输出，图 7.35 中可变电抗器即用于对载波进行频率调制。1 脚和 16 脚之间所外接的电感 L_1、晶体、15 脚所外接的 C_5、C_{14} 等用来确定载波频率。

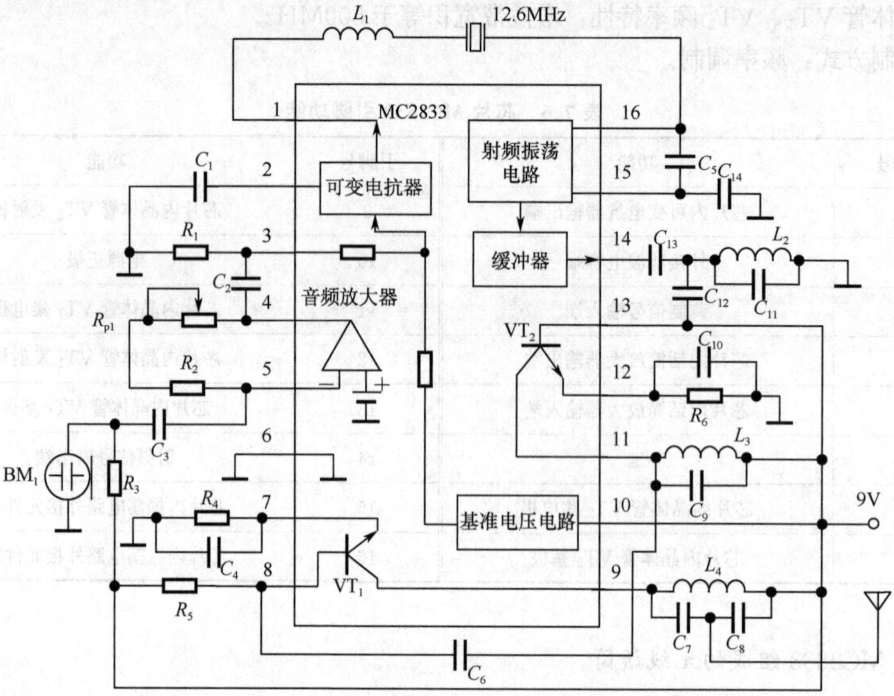

图 7.35　芯片 MC2833 组成的无线话筒电路

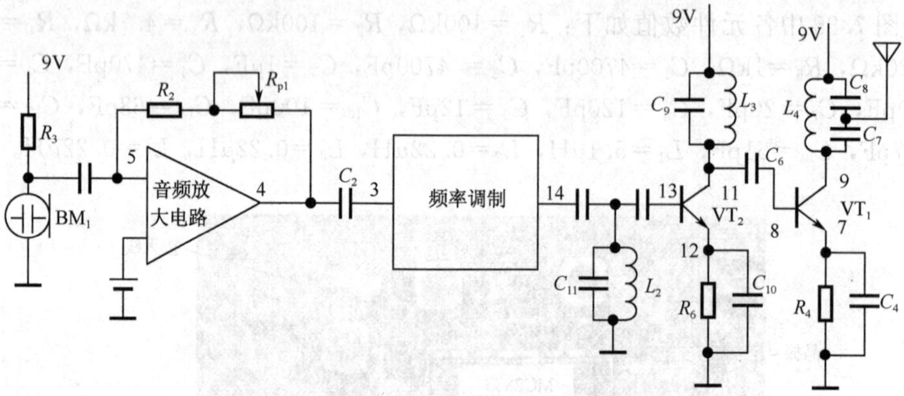

图 7.36　MC2833 组成的无线话筒的工作原理

14 脚输出的已调信号功率较低，为此该芯片通过内置的晶体管 VT_1、VT_1 组成的高频功率放大电路进行功率放大，最后经天线向外发射。功率放大电路的静态偏置由芯片内部提供，图中没有画出。

石英晶体谐振频率选 12.6MHz，频率调制后的信号经缓冲器从 14 脚输出，L_2、C_{11} 组成的谐振回路为其负载，选择其数值，使其谐振于 12.6MHz 的三倍频，这样一来，输入 VT_2 基极的调频波频率已增至 37.8MHz。VT_2 组成的放大电路的集电极负载是 L_3、C_9 组成的谐振回路，选择其参数可实现二倍频，调频波频率就增为 75.6MHz，因此无线话筒发射频率为 75.6MHz。

需要的话，通过放大电路 VT_1 集电极 L_4、C_7、C_8 回路参数的选择，还可以再次二倍频。如果选择石英晶体的谐振频率等于 12.05MHz，经缓冲器三倍频、VT_2 电路二倍频、VT_1 电路二倍频，MC2833 可以工作于 144.6MHz 的频率（12.05×12=144.6MHz）。

7.4.2　调频发射芯片 BA1404 组成的无线话筒

MC2833 只能用来发射单声道信号，为了发射立体声信号，需要使用立体声调频发射芯片。常用立体声调频发射芯片有 BH1417、BH1415、BH1418、HY1417LP 和 BA1404 等，其中 BA1404 是性能价格比最高的一种。

1. 芯片 BA1404 简介

（1）封装和引脚功能

立体声调频发射芯片 BA1404 共 18 只引脚，有 DIP 和小尺寸贴片两种封装，小尺寸贴片封装的大小只有 5.4mm×11.5mm，便于形成便携式产品。

芯片内部电路框图如图 7.37 所示。左右声道信号分别从 18 脚和 1 脚输入，经左右声道音频放大电路放大后送入立体声调制电路，同时 38kHz 副载波振荡电路产生的副载波信号也输入该电路。输入的左右声道信号 L、R 生成信号 M、S，同时完成信号 S 对副载波的调制，最后输出信号 M 和 S_t，经缓冲电路后从 14 脚输出。另一方面，38kHz 的副载波经缓冲器后被二分频为 19kHz 的导频信号从 13 脚输出。14 脚和 13 脚输出的信号合起来即为立体声复合信号。这一信号从 12 脚输入芯片内的高频振荡及调制电路对高频信号进行调制，调制后的信号经功率放大后从 7 脚输出至发射天线，立体声无线发射即告完成。

图 7.37 中其他一些引脚用于外接各种元件、正电源和地。11 脚输入的电压用于调节

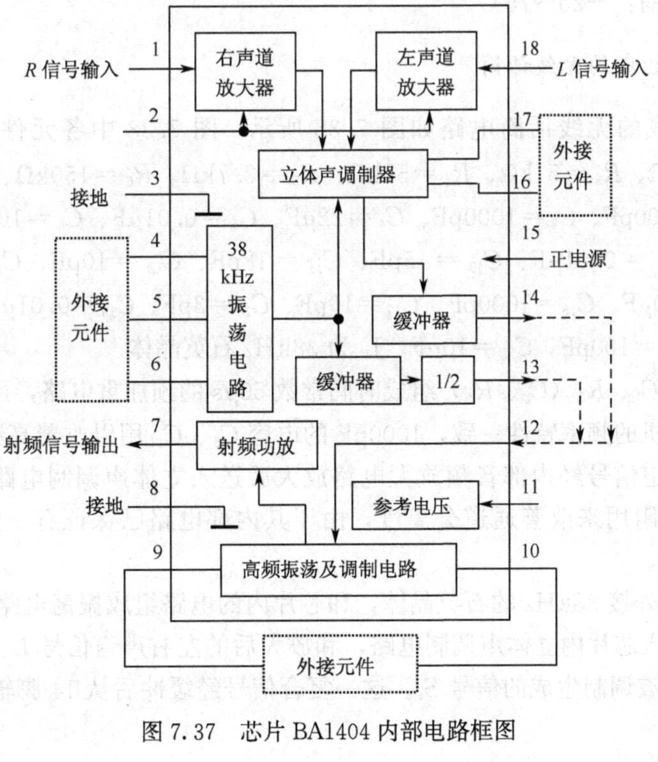

图 7.37　芯片 BA1404 内部电路框图

高频振荡的频率，改变该脚电压，可使高频振荡的频率在 90MHz 附近进行微调。

各引脚的具体功能如表 7.7 所示。

表 7.7　调频发射芯片 BA1404 引脚功能

引脚	功能	引脚	功能
1	右声道信号输入端	10	外接射频振荡网络端 2
2	音频放大电路偏置	11	基准参考电压
3	音频放大电路接地端	12	调制信号输入端
4	38kHz 晶振偏置端	13	导频信号输出端
5	38kHz 晶振引脚 1	14	双声道复合信号输出
6	38kHz 晶振引脚 2	15	电源正极
7	射频信号输出端	16	声道平衡电位器接入端 1
8	射频地	17	声道平衡电位器接入端 2
9	外接射频振荡网络端 1	18	左声道信号输入端

(2) 芯片主要特性指标

电源电压：1～2.5V。

静态电流：3mA。

音频放大电路增益：37dB。

静态电流：3mA。

射频输出信号典型值：600mV。

高频载波频率范围：75～108MHz。

工作温度范围：－25～75℃。

2. BA1404 组成的无线话筒

BA1404 组成的无线话筒电路如图 7.38 所示。图 7.38 中各元件参数如下：$R_1=30\text{k}\Omega$、$R_2=30\text{k}\Omega$、$R_3=51\text{k}\Omega$、$R_4=51\text{k}\Omega$、$R_5=2.7\text{k}\Omega$、$R_6=150\text{k}\Omega$、$R_7=10\Omega$、$C_1=1000\text{pF}$、$C_2=1000\text{pF}$、$C_3=1000\text{pF}$、$C_4=22\mu\text{F}$、$C_5=0.01\mu\text{F}$、$C_6=10\mu\text{F}$、$C_7=220\text{pF}$、$C_8=1000\text{pF}$、$C_9=0.01\mu\text{F}$、$C_{10}=15\text{pF}$、$C_{11}=18\text{pF}$、$C_{12}=10\text{pF}$、$C_{13}=10\mu\text{F}$、$C_{14}=1000\text{pF}$、$C_{15}=10\mu\text{F}$、$C_{16}=1000\text{pF}$、$C_{17}=10\text{pF}$、$C_{18}=3\text{pF}$、$C_{19}=0.01\mu\text{F}$、$C_{20}=0.01\mu\text{F}$、$C_{21}=100\text{pF}$、$C_{22}=100\text{pF}$，$C_{23}=10\mu\text{F}$，J_1 为 38kHz 石英晶体。

输入电路中 C_1、R_3（C_2、R_4）组成时间常数 50μs 的预加重电路，可以使发射的信号特性与调频接收机的频率特性一致，1000pF 的电容 C_3、C_{14} 用以改善高频特性。从 1、18 脚输入的左右声道信号经内部音频放大电路放大后送入立体声调制电路，调制电路通过 16、17 脚外接电阻用来改善通道分离度，由于其内部电路已保证有一定的分离度，16、17 脚也可以悬空。

5、6 脚之间外接 38kHz 的石英晶体，和芯片内的电路组成振荡电路，产生 38kHz 的副载波信号，输入芯片内立体声调制电路，和放大后的左右声道信号 L、R 一起，形成主信号 M、对副载波调制生成的信号 S_t。这一复合信号经缓冲后从 14 脚输出。副载波振荡

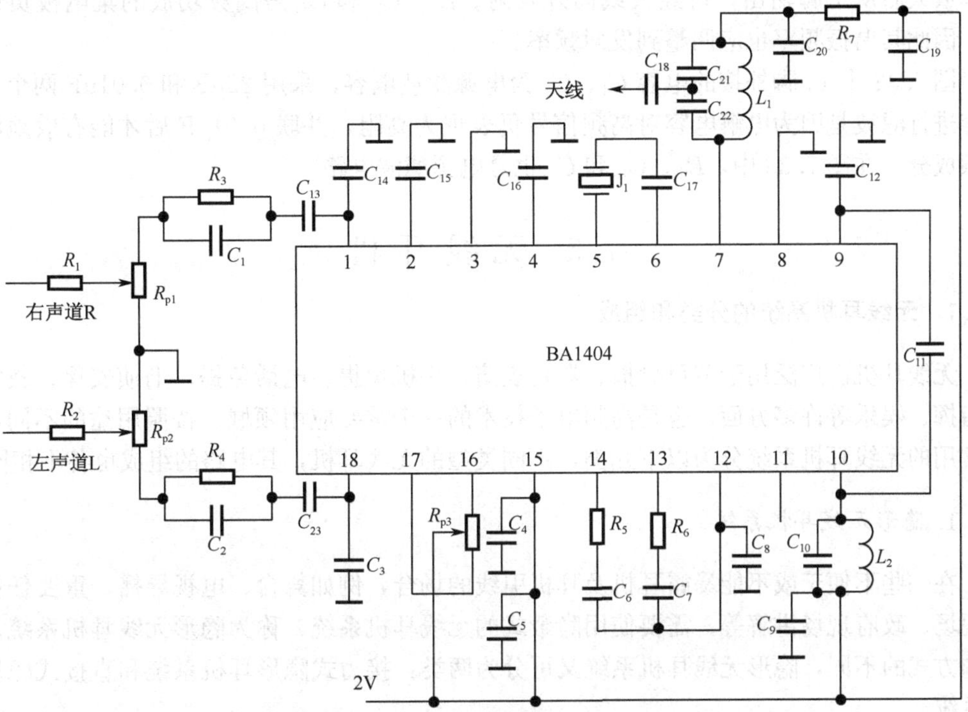

图 7.38　芯片 BA1404 组成的立体声无线话筒

1/2 分频形成的 19kHz 导频信号从 13 脚输出。14、13 脚输出的信号经 R_5、C_6、R_6、C_7 耦合并合成为立体声复合信号从 12 脚重新输入芯片，用来对高频载波进行调制。图 7.38 中 R_5、C_6、R_6、C_7 数值与立体声信号的分离度有关，前面给出的是芯片生产厂给出的参考数据，在实际使用时可自行调整。

图 7.39 画出了芯片内部高频振荡电路、高频功率放大电路和外接元件的连接关系，这一电路图有助于了解 L_1、C_{21}、C_{22} 回路，L_2、C_{10} 回路在电路中的作用。图 7.39 中虚线框内的是芯片内电路，虚线框四周的数字所表示的是芯片的引脚。BA1404 高频振荡电路由芯片内的三极管 VT_1 和外接的 C_{10}、C_{11}、C_{12}、L_2 等元件组成，振荡频率决定于 C_{10}、L_2，在 C_{10} 取 20pF 的情况下，L_2 的容量约为 15μH 左右。由于高频振荡由 LC 电路产生，频率稳定性不及晶体振荡电路，但 BA1404 的主振电路与输出电路隔离得很好，输出电路对主振频率几乎没有影响，不像普通 LC 振荡电路组成的发射电路那样，任何电路参数的变化都会导致主振频率的变化。

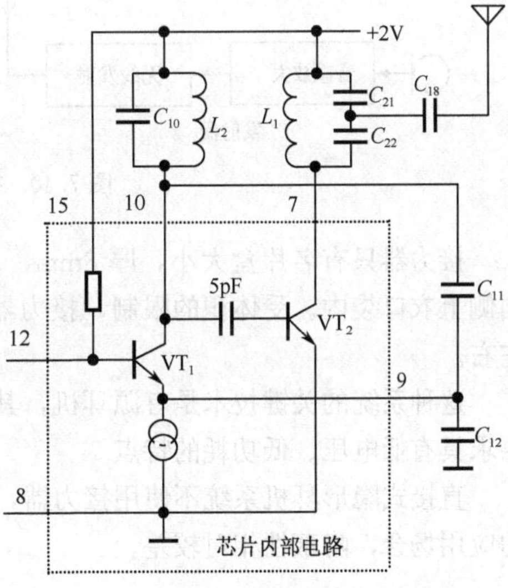

图 7.39　高频振荡电路、高频功率放大电路和外接元件的连接关系

经 12 脚输入芯片的立体声复合信号对高频振荡进行频率调制后形成调频波，输入 VT_2 经

功率放大后从 7 脚输出，再经天线向外发射。L_1、C_{21} 和 C_{22} 是高频功放的集电极负载阻抗，因此其谐振频率也应调整到发射频率。

图 7.38 中 15 脚外接的电容 C_4、C_5 为电源滤波电容，采用 22μF 和 0.01μF 两个并联电容进行滤波是因为电解电容对高频信号仍表现为高阻，并联 0.01μF 后才能有效地滤除高频成分。在图 7.38 中，R_7、C_{19} 和 C_{20} 也是电源滤波电路。

7.5 无线耳机

7.5.1 无线耳机系统的分类和组成

无线耳机已广泛用于节目导播、舞台表演、手机免提、电话免提、刑侦安保、救灾现场指挥、娱乐等许多方面，也是高频电子技术的一个重要应用领域。按照用途的不同，可将常用的无线耳机系统分为以下几类，不同类型的无线耳机，其电路的组成也各不相同。

1. 隐形无线耳机系统

在一些不便于或不能暴露耳机及耳机引线的场合，例如舞台、电视导播、重要任务保护现场、政府现场讲解等，需要使用隐蔽式的无线耳机系统，称为隐形无线耳机系统。按传输方式的不同，隐形无线耳机系统又可分为两类：接力式隐形耳机系统和直接式隐形耳机系统。

接力式隐形耳机系统组成框图如图 7.40 所示，由发射器、接力器和有源耳机组成。发射器用放大后的语音信号对高频信号进行调制并向外发射，接力器接收已调高频信号后对其进行放大，并向外转发，有源耳机接收接力器所发射的无线电波后再用于驱动耳机发声。采用这种方案，有源耳机部分的体积可以做得很小，包括微型扬声器、微型纽扣电池、专用微型处理电路等诸多元器件等，其长度为 6～8mm，可将其塞入耳道内。

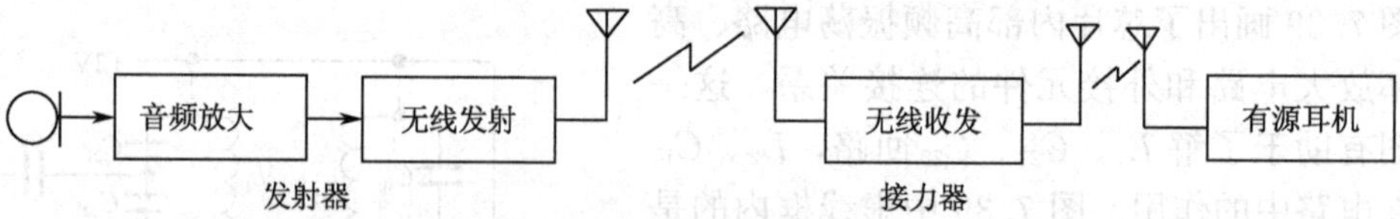

图 7.40 接力式隐形耳机系统

接力器只有名片盒大小，厚 8mm，可隐藏于身上或置于手提袋中，一般可置于耳机同侧上衣口袋内。受体积的限制，接力器的发射功率很小，其有效发射范围一般只有 1m 左右。

这种系统的关键技术是有源耳机，其所包含的集成电路需采用高集成度裸封技术，且要求具有低电压、低功耗的特点。

直接式隐形耳机系统不使用接力器，有源耳机的体积做得较大，一般仅限于外耳道式的应用场合，隐蔽性相对较差。

2. 感应式无线耳机系统

感应式无线耳机系统由话筒、录音机、CD 机等音源设备及扩音机、发射线圈、接收线圈、音频放大电路和耳机组成，如图 7.41 所示。在发射端，来自话筒等音源设备的信号经扩音机放大，在发射线圈中形成音频电流，这一交变电流在空间形成交变的电磁场并向外传播。在接收端，装在无线耳机内的接收线圈在发射方所形成的交变电磁场中感应出音频电流，经音频放大电路放大后驱动耳机发声，即可完成语音信号的无线传输。这一系统直接以音频无线电波的形式传播语音信号，传播距离不远，但设备简单，使用方便，因而仍被用于家庭和普及型的语音室。这种系统使用时需在语音室天花板安装发射线圈，并将线圈接到扩音机的输出端，这样整个语音室都可以接收到语音信号。如果沿大楼周围安装发射线圈，例如沿 3 楼外周安装，则整座大楼的 2～4 楼都可以接收到发射线圈所发射的信号。

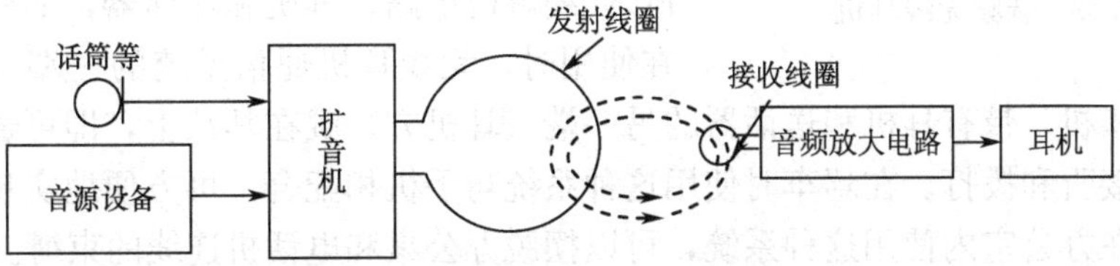

图 7.41　感应式无线耳机系统

感应式无线耳机系统在家用时用于电视伴音等其他音频信号的无线传输。

感应式无线耳机的特点是音频信号直接以无线电波的形式发射，接收方利用接收线圈感应出音频电流来实现语音信号的无线传输。和隐形无线耳机系统一样，系统中音频信号的传输也是单向的，在语音室中，音频信号从教师耳机传向学生耳机；用于电视伴音传输时，伴音信号从发射器传向耳机。

3. 调频式无线耳机系统

第三类用来单向传输语音信号的无线耳机系统是调频式无线耳机系统，由音源、调频发射电路、发射天线、接收天线、接收解调电路、音频放大电路和耳机组成，如图 7.42 所示。

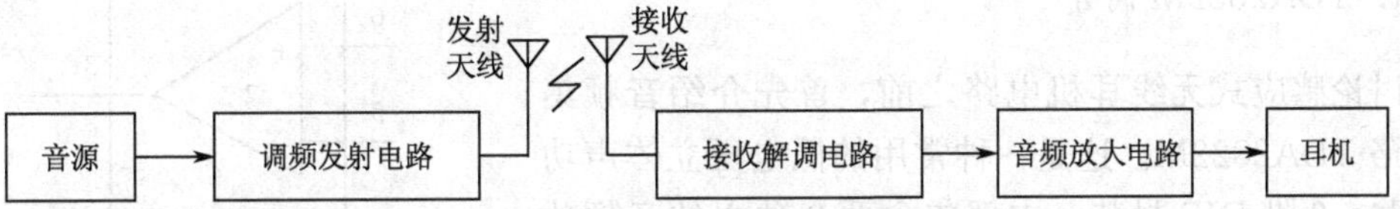

图 7.42　调频式无线耳机系统

这类无线耳机系统的特点是通过对高频载波进行调制（一般为调频）的方式传输语音信号，发射装置与电视机等音源设备相连接，对于功耗、体积等要求较低。接收方则需要实现微型化、低电压、低功耗，以便随身携带使用。这类无线耳机系统主要应用于电视机伴音无线收听、MP3 的无线收听（无线随身听）、PC 机音乐无线收听等。在使用时，将发射装置插入电视机伴音输出插口（或其他音源），即可戴着耳机收听电视伴音（或其他音源设备发出的声音），收听时可以随意走动，不妨碍他人的学习和休息。

图 7.43 所示的是工作频率为 2.4GHz 的高品质音频无线耳机，由带 USB 接口的发射器和耳机（含接收电路）组成，只要将发射器插入 PC 的 USB 接口，即可收听到 PC 所播

放的音乐，PC 与耳机之间的距离可达 10m。

图 7.43 音频无线耳机

4. 无线耳机通信系统

第四类无线耳机系统是无线耳机通信系统，这是一种以话筒和耳机为终端的无线语音通信系统，由主机方装置和耳机方装置两部分组成。主机方包括主机（手机、电话座机等）、PCM（pulse code modulation，脉冲编码调制）编解码电路、无线收发电路和天线；耳机方包括天线、无线收发电路、PCM 编解码电路、耳机和送话器，如图 7.44 所示。在使用时，无线耳机通信系统的一端（主机方）接手机或电话座机，带有耳机和送话器的另一端（耳机方）戴在耳朵上，即可通过这一系统实现电话的接听和拨打。在驾车时使用这种系统与手机相配合，可方便地实现通信而又不影响安全。在办公室内使用这种系统，可以摆脱办公桌和电话机连线的束缚。

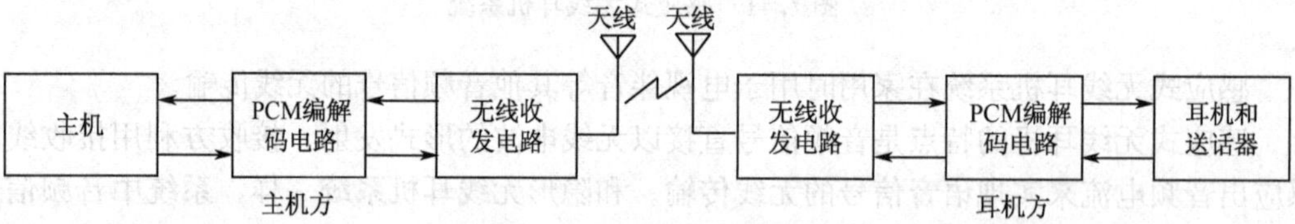

图 7.44 无线耳机通信系统

PCM 编解码又称脉冲编码调制和解调，PCM 编解码电路所起的作用是将模拟的语音信号转换为数字信号，将数字信号还原为模拟信号。

7.5.2 感应式无线耳机系统识读

1. TDA2822M 简介

讨论感应式无线耳机电路之前，首先介绍音频集成电路 TDA2822M。这是一种常用的低电压立体声功放电路，8 脚 DIP 封装，内部包含两个独立的音频功率放大电路，内部电路框图如图 7.45 所示，各引脚功能如表 7.8 所示。

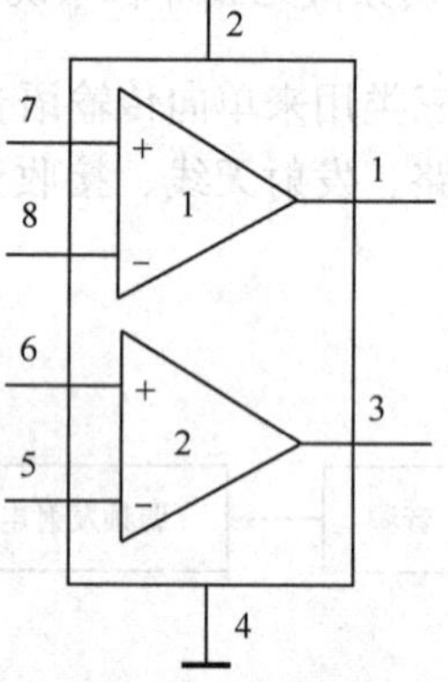

图 7.45 TDA2822M 内部电路框图

表 7.8 TDA2822M 引脚功能

引脚	功能	引脚	功能
1	放大器 1 输出端	5	放大器 2 反相输入端
2	正电源端	6	放大器 2 同相输入端
3	放大器 2 输出端	7	放大器 1 同相输入端
4	地	8	放大器 1 反相输入端

电路的主要特性指标如下。

电源电压：1.8～15V。

静态电流：6mA

输入偏置电流：100nA

输入电阻（1kHz 时）：100kΩ

闭环增益：39dB

输出功率（电源电压 3V）：立体声接法时（即两个放大器独立使用，各放大一个声道的信号），负载 R_L＝32Ω 时的输出功率为 20mW，R_L＝4Ω 时的输出功率为 110mW；桥式接法时（两个放大器用于放大一个声道的音频信号），负载 R_L＝32Ω 时的输出功率为 65mW，R_L＝4Ω 时的输出功率为 350mW。

2. 发射电路

用于语音室的感应式无线耳机系统，其发射电路由扩音机和发射线圈组成，如图 7.46所示。发射线圈沿语音室墙壁走线（或围绕大楼布线），直接连接到扩音机的输出端。扩音机输出的音频电流通过发射线圈时在语音室空间（或整个楼层）产生变化的磁场，接收线圈处于该磁场范围时，这一变化的磁场就在接收线圈中产生感生电动势，通过放大电路对这一电动势进行放大，即可用来驱动耳机发声，于是就实现了语音信号的无线传输。

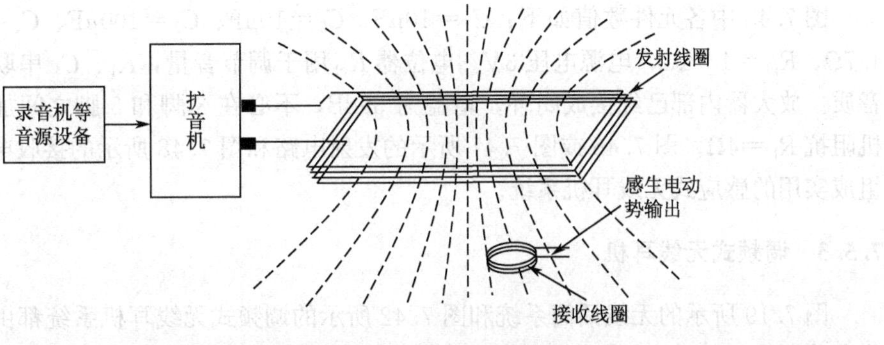

图 7.46　感应式无线耳机系统发射电路

用于电视伴音等小范围音频信号传输时，也可以用变压器来组成发射电路，如图 7.47 所示。变压器初次级匝数比选 1∶30，初级为 50 匝，次级为 1500 匝，变压器铁心截面积为12mm×21mm。变压器的初级接音源，例如电视机伴音输出插口、MP3 输出插口和录音机输出插口等。来自音源的音频信号在初级线圈中形成音频电流，通过变压器在几米的小范围内形成交变磁场，从而在接收线圈中感应出音频电流。这种装置的有效覆盖范围很小，但对于一个家庭来说已经够用了。

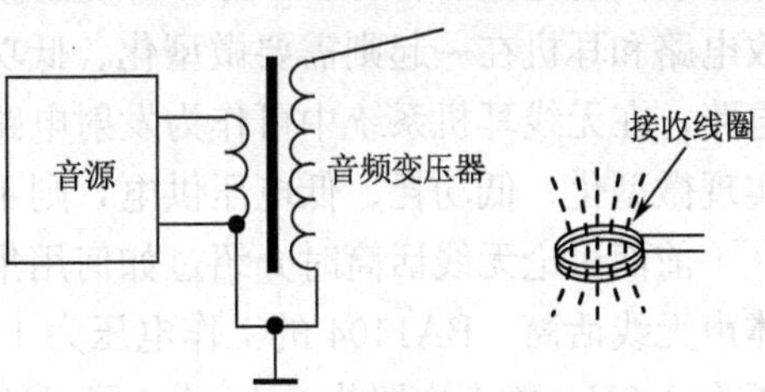

图 7.47　音频变压器组成的发射电路

3. 接收电路

接收线圈中感生电动势的频率在音频范围，因此可以使用音频功率放大电路进行放大。图 7.48 所示的是由常用音频放大电路 TDA2822M 组成的耳机接收电路，TDA2822M 是立体声音频放大电路，两个放大器各用于一个声道信号的放大，图中接收线圈输出的是单声道信号，因此只用了一个放大器。

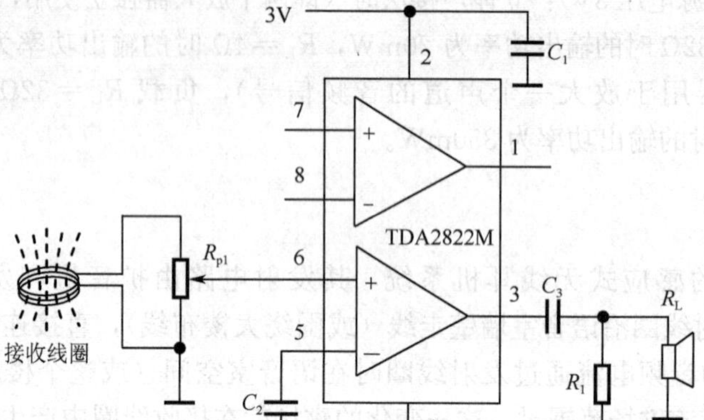

图 7.48　TDA2822M 组成的无线耳机接收电路

图 7.48 中各元件数值如下：$C_1=10\mu F$、$C_2=10\mu F$、$C_3=100\mu F$、$C_4=0.1\mu F$、$R_1=4.7\Omega$、$R_{p1}=4.7k\Omega$，电源电压 3V。电位器 R_{p1} 用于调节音量，R_1、C_4 串联电路用来改善音质。放大器内部已经接成闭环，增益为 39dB，不必在 3 脚和 5 脚之间加反馈电阻，耳机阻抗 $R_L=4\Omega$。图 7.46 或图 7.47 所示的发射电路和图 7.48 所示的接收电路相配合即可组成实用的感应式无线耳机系统。

7.5.3　调频式无线耳机

图 7.19 所示的无线话筒系统和图 7.42 所示的调频式无线耳机系统都由发射电路和接收电路组成，都采用频率调制方式传输信号，粗看起来两者并没有差异。其实不然，无线话筒的接收电路是“座机”，对功耗、体积、电源电压的要求较低；而发射电路则需要微型化，低电压供电，需要实现低功耗以便延长电池的使用时间。无线耳机系统的情况正好相反，发射电路和音源（“座机”）连接在一起，对体积、功耗、电源电压的要求较低，接收电路和耳机在一起则需要微型化、低功耗、低电压供电。可见，无线话筒中使用的发射电路，在无线耳机系统中可作为发射电路使用，但无线话筒中使用的接收电路，如果没有实现微型化、低功耗、低电压供电，则不适用于无线耳机系统。

前面讨论无线话筒时介绍过如何用集成电路 MC2833 和 BA1404 分别组成单声道和立体声无线话筒，BA1404 的工作电压为 1～2.5V，静态电流为 3mA，MC2833 最低工作电压为 2.8V，静态电路为 2.9mA，可见这两个电路都符合低电压、低功耗的要求。这两个电路用于组成无线耳机系统的发射电路显然没有问题，只要将送话器改为插头，直接与音源输出端相连接即可。

讨论无线话筒系统时没有专门介绍接收电路，这是因为无线话筒接收电路对微型化、低功耗等无特殊要求，调频广播频段（88～108MHz）的无线话筒所发送的信号可以用现成的调频收音机来接收。后来介绍了由 CXA1600 组成的调幅收音机，由 TDA7088T 组成的电调谐调频收音机，前者因调制方式不同，不能用于无线耳机系统。后者也属低电源电压、低功耗电路，但它所具有的搜索调谐系统则不是无线耳机系统所必须的，因此用得不多。除了 TDA7088T 以外，常用于无线耳机系统的集成电路有 TDA7010T、TDA7021T 和 MC3363 等，下面介绍由 TDA7021T 组成的无线耳机系统的接收电路。

1. TDA7021T 简介

TDA7021T 是低电压调频收音机集成电路，16 脚小尺寸贴片封装。内部电路框图如图 7.49 所示，引脚功能如表 7.9 所示。

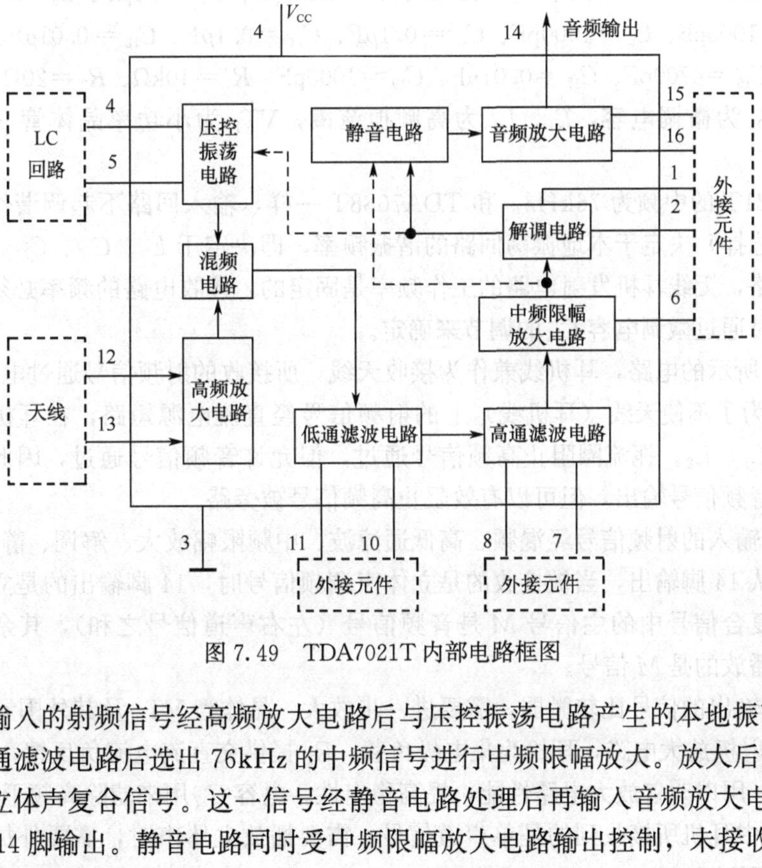

图 7.49　TDA7021T 内部电路框图

由天线输入的射频信号经高频放大电路后与压控振荡电路产生的本地振荡信号混频，经低通、高通滤波电路后选出 76kHz 的中频信号进行中频限幅放大。放大后送解调电路，解调后输出立体声复合信号。这一信号经静音电路处理后再输入音频放大电路做音频放大，最后从 14 脚输出。静音电路同时受中频限幅放大电路输出控制，未接收到电台信号时，静音电路切断音频信号输出，以免无电台时的噪声被放大；接收到电台后，解调输出的立体声复合信号被送至音频放大电路，经放大后输出。解调后的输出信号还用于控制压控振荡电路，保持振荡频率稳定。

TDA7021T 的主要特性指标如表 7.1 所示。

表 7.9 TDA7021T 引脚功能

引脚	功能	引脚	功能
1	外接元件端	9	检波输出
2	外接元件端	10	低通滤波外接元件
3	地	11	低通滤波外接元件
4	正电源	12	射频信号输入
5	压控振荡电路外接 LC 回路	13	射频信号输入
6	外接元件端	14	音频信号输出
7	高通滤波外接元件	15	外接元件端
8	高通滤波外接元件	16	外接元件端

2. TDA7021T 组成的无线耳机系统接收电路

由 TDA7021T 所组成的调频式无线耳机系统接收电路如图 7.50 所示，图中各元件数值如下：$C_1=18\text{pF}$、$C_2=4700\text{pF}$、$C_3=220\text{pF}$、$C_4=2400\text{pF}$、$C_5=0.1\mu\text{F}$、$C_6=0.022\mu\text{F}$、$C_7=100\mu\text{F}$、$C_8=1000\text{pF}$、$C_9=1000\text{pF}$、$C_{10}=0.1\mu\text{F}$、$C_{11}=0.1\mu\text{F}$、$C_{12}=0.01\mu\text{F}$、$C_{13}=47\text{pF}$、$C_{15}=1\mu\text{F}$ 、$C_{16}=4700\text{pF}$、$C_{17}=0.01\mu\text{F}$、$C_{19}=1000\text{pF}$、$R_1=10\text{k}\Omega$、$R_2=20\Omega$、$R_3=51\text{k}\Omega$。图 7.50 中 C_{14} 为微调电容，L_1、L_2 为高频扼流圈，VT_1 为小功率晶体管 9014，电源电压 3V。

TDA7021T 的中频为 76kHz，和 TDA7088T 一样，输入回路不起调谐作用，接收频率（电台的选择）决定于本地振荡回路的谐振频率，即决定于 L_3、C_{13}、C_{14}。无线耳机是点频接收电路，无线耳机发射电路的工作频率是固定的，接收电路的频率必须等于发射频率，在调试时通过微调电容 C_{14}的调节来确定。

图 7.50 所示的电路，耳机线兼作为接收天线，所接收的射频信号通过电容 C_1 耦合从 12 脚输入。为了不使天线（耳机线）上的射频信号经直流电源短路，在耳机线两端接入高频扼流圈 L_1、L_2。扼流圈阻止高频信号通过，但允许音频信号通过，因此，扼流圈的接入不影响音频信号输出，但可以有效阻止高频信号被旁路。

从 12 脚输入的射频信号经混频、高低通滤波、中频限幅放大、解调、静音电路处理、音频放大后从 14 脚输出，当被接收的是立体声调频信号时，14 脚输出的是立体声复合信号，立体声复合信号中的主信号 M 是音频信号（左右声道信号之和），其余为超音频信号，耳机所播放的是 M 信号。

从 14 脚输出的信号比较微弱，需要进一步放大。晶体管 VT_1 及其外围元件 C_{16}、R_3、R_2 等组成共射极放大电路，耳机为集电极负载，R_2 提供交直流电流负反馈，C_{16}提供电压并联负反馈，用以改善放大电路性能，提高稳定性。电容 C_{17}用来滤除高频干扰。

图 7.50 中耳机所接收到的是单声道信号，需要播放立体声时，需要外加立体声解码电路，例如 TDA7040。

7.5.4 手机无线耳机系统

1. 通信数字化

手机无线耳机系统中的无线收/发芯片，无论接收还是发射，使用的都是数字信号，

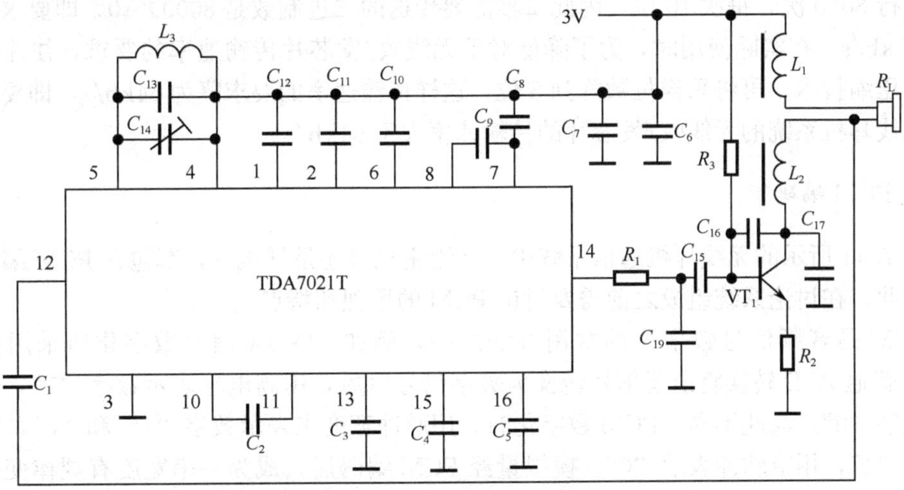

图 7.50　TDA7021T 组成的无线耳机系统接收电路

而送话器输出的语音信号、受话器耳机输入的语音信号都是模拟量，因此，由无线收/发芯片、送话器及受话器耳机组成系统的时候就需要解决音频信号 A/D、D/A 转换的问题。

首先，需要确定的是进行 A/D 转换时的采样频率。语音信号的频率范围如图 7.51 所示，CD-DA（精密光盘数字音频）的频率范围最大，为 10Hz～22kHz；FM（调频）及 AM（调幅）广播次之，为 20Hz～15kHz 和 50Hz～7kHz；电话语音信号的频率范围最窄，为 200Hz～3.4kHz，其最高频率为 3.4kHz。根据采样定理，采样频率应高于信号最高频率的两倍才能从采样信号重构原始信号，由此确定语音信号数字化时的采样频率至少为 6.8kHz，一般取 8kHz。

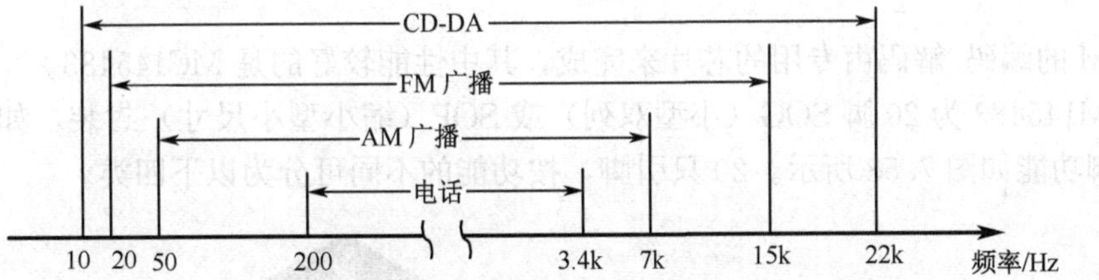

图 7.51　电话语音信号频率范围

其次，要确定 A/D 转换的精度，即需要将模拟量转换为几位的数字量，这决定于语音信号的动态范围。语音信号的动态范围定义为最大信号强度与最小信号强度（人耳能觉察的信号）比值对数的 20 倍，即

$$\text{动态范围}=20\lg\frac{\text{最大信号强度}}{\text{最小信号强度}}$$

音响设备的动态范围越大，音响效果越好，CD-DA 的动态范围是 100dB，FM 广播为 60dB，AM 广播为 40dB，电话的动态范围介于 AM 和 FM 广播之间，为 50dB。选用 10 位 A/D 转换，其最大值为 $2^{10}=1024$，最小值为 2，代入动态范围定义式，求得此时的动态范围为 54dB，符合要求，由此确定语音信号 A/D 转换应采用 10 位二进制数。

根据采样频率和转换精度，即可确定无线收/发芯片应该具有的传输速率。语音采样每秒进行 8000 次，每次 10 位，因此每秒需要传送的二进制数是 8000×10，即要求传输速率为 80kb/s。在实际使用时，为了降低对于无线收/发芯片传输速率的要求，往往采用数字信号压缩技术，可将采样位数降到 8 位，这样传输速率的要求降为 64kb/s，即要求组成手机无线耳机系统的无线收/发芯片的传输速率大于 64kb/s。

2. PCM 编码

图 7.44 所示的无线耳机通信系统中，无论主机方还是耳机方，都包含 PCM 编解码电路。为此，在讨论系统组成之前需要讨论 PCM 的原理和特点。

PCM 是音频信号数字化的常用方法之一，例如 CD-DA 信号数字化所采用的就是 PCM。普通 A/D 转换将语音信号转换为数字信号以后，用高电平表示数字“1”，低电平表示数字“0”。与此不同，PCM 数字化时，用脉冲宽度来表示数字“1”和“0”，用宽脉冲表示“1”，用窄脉冲表示“0”。模拟量经 PCM 编码后，成为一串宽度有规律变化的脉冲，这一过程称为编码；反之，已经编码的 PCM 脉冲还原为模拟量的过程称为解码。图 7.44 所示的 PCM 编解码电路具有双重功能，既能编码又能解码。

经 PCM 电路编码后的数字量，要以无线的方式发射出去，还需要用它对高频信号进行调制（例如频率调制）。注意这一调制过程由无线收/发芯片完成，而不是由 PCM 编解码电路来实现。与普通数字化方法相比，PCM 编码的主要优点是抗干扰能力强。假如在传输过程中产生了干扰脉冲，干扰脉冲的宽度一般不会和“0”或“1”脉冲的宽度相等，据此，宽度不同的干扰脉冲很容易在解码电路中被删除。如果干扰脉冲的宽度与“0”或“1”脉冲的宽度正好相等（或相似），或者干脆将“0”脉冲干扰加宽成“1”脉冲，在这种情况下，由于 PCM 每组脉冲的个数是固定的，解码电路可以通过计数功能或检验校验码的方式，将其滤除或不予输出。

3. MC145483 简介

PCM 的编码/解码由专用的芯片来完成，其中性能较好的是 MC145483。

PCM145483 为 20 脚 SOG（小型双列）或 SOP（缩小型小尺寸）封装，如图 7.52 所示。引脚功能如图 7.53 所示。20 只引脚，按功能的不同可分为以下四类。

(a) SOG封装　(b) SOP封装

图 7.52　集成电路 MC145483 封装

第一类是电源类引脚。

1）6 脚（V_{CC}）：电源正端。

2）15 脚（V_{SS}）：电源负端。

3）20 脚（V_{AG}）：模拟地输出端，该引脚提供一个电源电压的中值，芯片内模拟信号的处理以此脚电平为零点。

4）1 脚（V_{Agref}）：用来外接旁路电容，以便在 20 脚产生等于电源一半的电平。

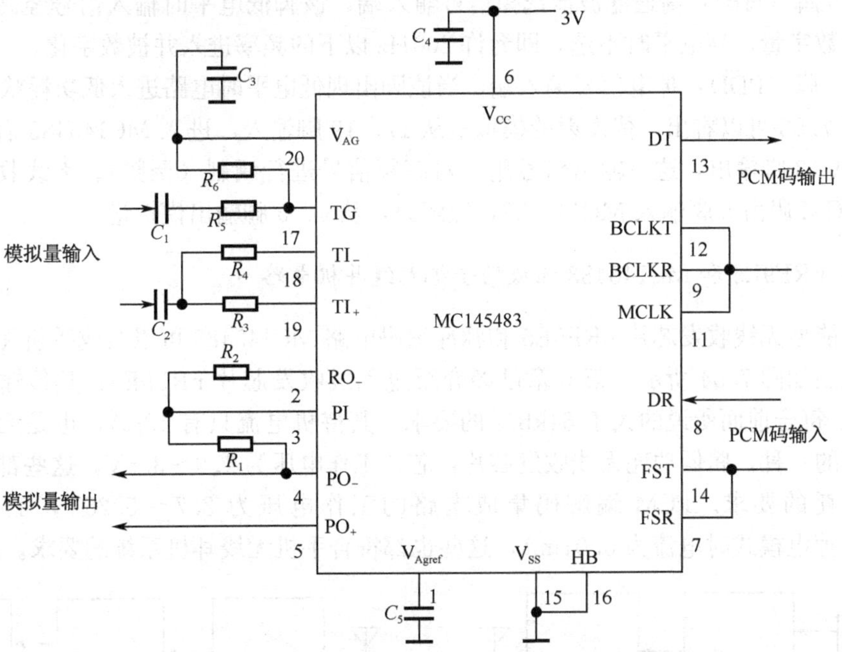

图 7.53　电路 MC145483 引脚功能

第二类是模拟接口引脚。

1）19 脚（TI_+）：待发射模拟量的同相输入端。

2）18 脚（TI_-）：待发射模拟量的反相输入端。

3）17 脚（TG）：用于外接电阻设定内部运放增益。

4）2 脚（R_O）：接收到的模拟量输出端。

5）3 脚（PI）：功放输入端。

6）4 脚（PO_-）：功放反相输出端。

7）5 脚（PO_+）：功放同相输出端。

第三类是数字接口引脚。

1）11 脚（MCLK）：主脉冲输入端。

2）14 脚（FST）：发送数据时的时钟信号输入端，输入 8kHz 的脉冲，用来实现与 13 脚输出的 PCM 码同步。

3）12 脚（BCLKT）：位时钟输入端，用来控制转换速率，输入时钟频率在 256～4096kHz 范围内设定。

4）13 脚（DT）：发射数据输出端，输入模拟量经编码形成 PCM 码后从此输出。

5）7 脚（FSR）：接收数据时的时钟信号输入端，输入 8kHz 的脉冲，用来与 8 脚接收到的 PCM 码同步。

6）9 脚（BCLKR）：位时钟输入端，用来作为接收 PCM 码时的同步时钟，时钟频率可在 256～4096kHz 范围内设定。

7）8 脚（DR）：接收数据输入端，无线收/发芯片接收到的 PCM 码由此输入。

第四类是控制信号引脚。

1）16 脚（HB）：高通滤波器选择信号输入端，该脚低电平时输入信号经高通滤波后再转换为数字量，高电平时不选，即允许 200Hz 以下的频率进入并被数字化。

2）10 脚（$\overline{PDI}$）：掉电信号输入端，当该脚出现低电平时电路进入低功耗状态。

由图 7.53 可以看出，待发射的模拟量从 17、19 脚输入，进入 MC145483 后被转换为 PCM 码从 13 脚输出，这一输出信号用于对高频信号进行调制（调频）。无线收发芯片接收到的 PCM 码由 8 脚输入 MC145483，经解码，从 4、5 脚输出模拟量。

4. 由 nRF9E5 和 MC145483 组成的手机无线耳机电路

用智能型无线收发芯片 nRF9E5 和脉冲编码电路 MC145483 可以组成手机无线耳机电路，其框图如图 7.54 所示。第 6 章已经介绍过无线收发芯片 nRF9E5，其传输速率可达 100kb/s，符合前面所说的大于 64kb/s 的要求，其待机电流只有 12μA，也是无线收发芯片中较小的一种，属低功耗无线收发芯片，芯片工作电压为 1.9～3.6V，这些都符合低电压、低功耗的要求。PCM 编解码集成电路的工作电压为 2.7～5.25V，工作电流为 2.3mA，掉电模式时电流为 0.01mA，这些也都符合手机无线耳机系统的要求。

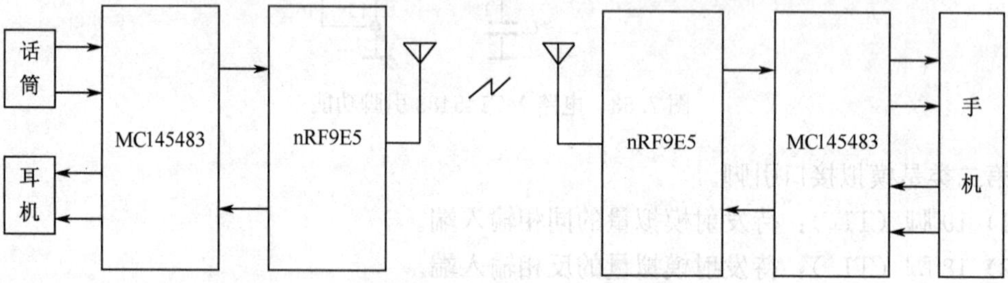

图 7.54　nRF9E5 和 MC145483 组成的手机无线耳机

◆ 实训

感应式无线耳机

1. 实训目的

学会用集成音频放大电路 TDA2822M 制作感应式无线耳机，了解感应式无线耳机系统的组成和工作原理。

2. 实训内容

1）用集成音频放大电路 TDA2822M 组装感应式无线耳机。

2）观察感应式无线耳机系统的组成，记录音频发射装置各组成部件的型号规格，绘制系统组成框图。

3）用组装的感应式无线耳机收听发射装置所发射的音乐信号，测量静态及收听时的功耗，检查收听效果。

3. 仪器设备

1）集成音频放大电路 TDA2822M 一片；0.125W，10kΩ 金属膜电阻一只，4.7Ω 两只；4.7kΩ电位器一只；10μF电解电容两只，4.7μF电解电容一只，0.1μF电容三只；直径8mm、长40mm的磁棒一根，外绕0.07mm漆包线1500圈左右。

2）数字万用表一只，3V电池一只。

3）通用印制电路板一块，电烙铁、剪刀、镊子等安装焊接工具一套。

4）实验室配备公用5W扩音机一台，收音机或其他音源一台。

4. 实训电路

（1）集成电路TDA2822M

该电路引脚功能和主要性能指标见第7.5.2节所述。

（2）实训电路

由TDA2822M组成的感应式无线耳机电路如图7.55所示，与图7.48不同，这一电路采用了差动输出方式，输入信号从两个音频放大电路的输入端（7和6脚）输入，放大后的音频信号从两个音频放大电路的输出端（1和3脚）输出，这种接法可以获得较高的输出功率。图中各元件数值如下：C_1=4.7μF、C_2=10μF、C_3=0.1μF、C_4=0.1μF、C_5=0.1μF、C_6=10μF、R_1=10kΩ、R_2=4.7Ω、R_3=4.7Ω、R_{p1}=4.7kΩ、R_L为内阻8Ω的耳机。L_1为绕在磁芯上的线圈。

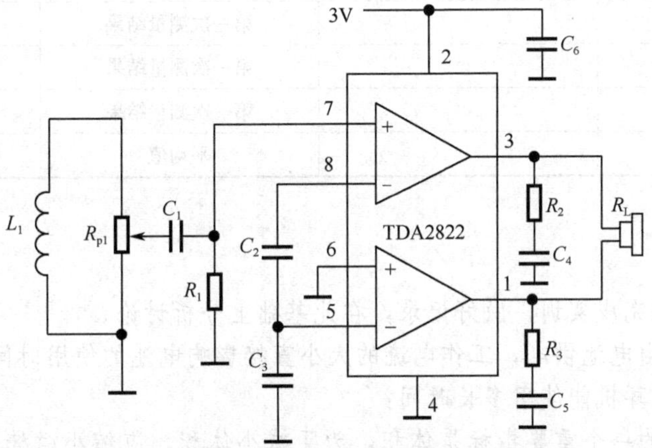

图7.55　TDA2822M组成的感应式无线耳机

5. 实训步骤

（1）音频发射电路安装

实训室公用音频信号发射装置由线圈、扩音机和收音机（或录音机等其他音源）组成。

用直径1mm的铜线沿实训室墙壁绕5圈，形成发射线圈。发射线圈两端接扩音机8Ω输出口，线圈两端直流电阻6～8Ω，以便实现阻抗匹配。将收音机或录音机的音频信号接扩音机的线路信号输入口。连接完毕后打开收音机（或录音机），接收到电台后打开扩音机，音频电流流入发射线圈，发射装置即开始向外发射音频信号。

（2）安装无线耳机

按照以下步骤安装无线耳机。

第一步：对照电路图7.56，检查元件是否齐备，其型号规格是否正确。

第二步：在通用印制电路板上安装焊接集成电路TDA2822M和图中所列各元件，安装时，元器件的布置尽量和信号的走向相符合。

第三步：按照电路图，逐一对照检查元器件的安装焊接是否正确，发现错误时需及时更正。

第四步：接上电源，观察是否出现冒烟、发出焦味等情况，如出现这类情况，应立即关闭电源，检查安装焊接，查找错误并予以纠正。接上电源后未出现冒烟、发焦味等情况，安装焊接即告完成。

（3）接收效果检查与测量

1）确定发射装置已经正常工作后，接上无线耳机电源，用耳机收听，将电位器 R_{p1} 的活动端从最低位开始逐渐向上调节，检查能否听到声音，音量调节是否灵敏。确定无误后即可进行测量。

2）用数字万用表测量耳机静态电流、耳机音量开至最大时的工作电流，将测量结果登入表7.10中。静态电流为断开电容 C_1 时流过无线耳机的电流。

表7.10　无线耳机静态和输出最大音量时的工作电流

无线耳机静态电流		无线耳机输出最大音量时工作电流	
第一次测量结果		第一次测量结果	
第一次测量结果		第一次测量结果	
第一次测量结果		第一次测量结果	
平均值		平均值	

6. 实训报告

按照上述步骤完成实训，做好记录，在此基础上分析讨论。

1）无线耳机由电池供电，工作电流的大小直接影响电池的使用时间。如果使用两节5号电池供电，无线耳机能使用多长时间？

2）无线耳机的一个重要指标是体积，为了减小体积，应缩小磁棒体积，这时用增加线圈的圈数来补偿行吗？

思考与练习

7.1　无线话筒系统由哪几部分组成，各组成部分的功能是什么？

7.2　无线话筒系统和无线话筒有何区别？无线话筒由哪几部分组成？

7.3　根据结构上的不同，无线话筒分为哪几类？

7.4　工业和信息化部对无线话筒（传声器）允许使用的频率做规定的同时，为什么要规定其发射功率的上限，即不允许生产的无线话筒发射功率超过该规定？

7.5　何谓V波段话筒，何谓U波段话筒，两类话筒各有什么优缺点？

7.6　图7.27中倍频电路起什么作用？为什么要加入这一电路？

7.7　立体声复合信号由哪几部分组成？单声道调频收音机接收调频立体声广播时，

所接收到的是立体声复合信号还是单声道（左声道或右声道）信号？

7.8　高频电路中经常用到倍频技术，常用的倍频技术有哪些？芯片 MC2833 使用的是哪一种倍频技术？

7.9　收音机的机械调谐、电调谐、自动搜索调谐有什么区别？

7.10　无线耳机系统分为哪几类？

7.11　感应式无线耳机系统由哪几部分组成？简述其工作原理。

7.12　调频式无线耳机系统由哪几部分组成？简述其工作原理。

7.13　感应式无线耳机发射方是否需要调制，接收方是否需要解调？为什么？

7.14　与普通 A/D 转换相比，用 PCM 编码对模拟量进行数字化转换有什么好处？

7.15　无线话筒和无线耳机系统都用来实现语音信号的无线传输，两者有何区别？

第 8 章

锁相环技术及其在高频电路中的应用

学习要求

掌握锁相环电路的组成和工作原理；掌握锁相环电路的三个基本性质，了解这些基本性质在调频信号解调、倍频和频率合成电路中的应用；读懂锁相环电路 CD4046 组成的解调电路和高精度频率源电路。

8.1 锁相环路的组成与原理

8.1.1 锁相环路的基本组成

第 2 章已经简单地介绍过如何通过锁相倍频电路来获得稳定的高频振荡，这是锁相环技术的一个重要应用。除此之外，锁相环技术还可以用在高频电子技术的许多其他方面，为此，需要比较详细地讨论锁相环技术。

锁相环简称 PLL，是英语 phase lock loop 的缩写。所谓锁相，就是实现相位同步的自动控制。用来实现两个信号相位同步自动控制的环路称为锁相环，其框图如图 8.1 所示。锁相环由鉴相器、环路滤波器和压控振荡器组成，环路滤波器是低通滤波器。图 8.1 中 $u_{\mathrm{i}}(t)$是角频率为 ω_{i} 的锁相环路输入电压，一般由石英晶体振荡电路产生，具有较高的频率稳定性。$u_{\mathrm{o}}(t)$ 是锁相环路（即压控振荡电路）的输出电压，角频率为 ω_{o}，$u_{\mathrm{D}}(t)$ 是鉴相器的输出电压，$u_{\mathrm{C}}(t)$ 是环路滤波器的输出电压。

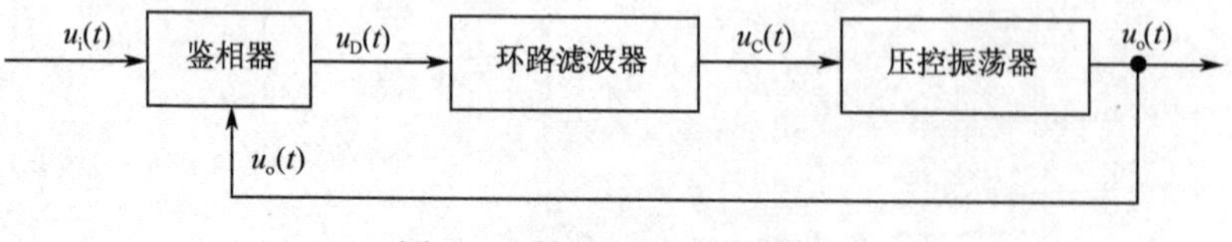

图 8.1 锁相环路组成框图

在讨论锁相环工作原理之前，首先分析各单元电路的功能。

1. 鉴相器功能

鉴相器有两个输入信号，一个是锁相环的输入信号 $u_{\mathrm{i}}(t)$，一般由晶体振荡器产生，具有较高的稳定性，但频率只能达到十几兆左右。可将输入信号表示为

$$u_{\mathrm{i}}(t) = U_{\mathrm{i}}\sin(\omega_{\mathrm{i}}t + \varphi_1) \tag{8.1}$$

式中，U_i 为输入信号的振幅；ω_i 为角频率；φ_1 为初始相位。

鉴相器的另一个输入信号即为锁相环路，或压控振荡器的输出电压。用余弦波来表示输出信号 $u_o(t)$：

$$u_o(t) = U_o\cos(\omega_o t + \varphi_2) \tag{8.2}$$

式中，U_o 为输出电压振幅；ω_o 为角频率；φ_2 为初始相位。为讨论方便起见，设两个输入信号的初始位相 $\varphi_1 = \varphi_2 = 0$，两个输入电压简化为 $u_i(t) = U_i\sin\omega_i t$，$u_o(t) = U_o\cos\omega_o t$。

鉴相器可由乘法器组成，因此，鉴相器的输出信号 $u_D(t)$ 正比于这两个输入信号的乘积，即

$$u_D(t) = K_d U_i U_o \sin\omega_i t\cos\omega_o t \tag{8.3}$$

式中，K_d 是乘法器电路引入的比例系数。

利用三角函数公式可将式（8.3）化为

$$u_D(t) = \frac{1}{2}K_d U_i U_o[\cos(\omega_i + \omega_o)t + \sin(\omega_i - \omega_o)t] \tag{8.4}$$

上式右边方括号内第一项属高频成分，经过低通环路滤波器后被滤去，因此滤波器输出信号 $u_C(t)$ 应与式（8.4）右边方括号内第二项成正比，即

$$u_C(t) = \frac{1}{2}K_c K_d U_i U_o \sin(\omega_i - \omega_o)t \tag{8.5}$$

式中，K_c 是低通滤波器引入的比例系数。假设输入与输出信号角频率之差很小，上式进一步简化为

$$u_C(t) = \frac{1}{2}K_c K_d U_i U_o(\omega_i - \omega_o)t = \frac{1}{2}K_c K_d U_i U_d \varphi_e(t) \tag{8.6}$$

推导上式时利用了正弦函数的以下性质，

$$\sin\alpha \approx \alpha\ (\alpha \ll 1)$$

式（8.6）中，$\varphi_e(t)$是两个输入电压 t 时刻的瞬时位相差。式（8.6）表明，鉴相器的基本功能是：经低通滤波器滤波后的输出电压 $u_C(t)$正比于两个输入信号（即锁相环输入输出信号）之间的相位差。对于乘法器组成的鉴相器，这一比例关系是近似的，而且已经考虑了低通滤波器的作用。对于理想的鉴相器，上述近似关系将成为精确的正比关系。

此外，按定义，位相的导数等于角频率，因此两个输入电压 $u_i(t)$和 $u_o(t)$在 t 时刻的位相差 $\varphi_e(t)$ 对时间 t 的导数等于两输入电压角频率之差，即

$$\frac{d\varphi_e(t)}{dt} = \omega_i - \omega_o \tag{8.7}$$

2. 环路滤波器的作用

从前面的分析已经指出，环路滤波器是低通滤波器，它在锁相环路中的作用是滤除鉴相器输出电压 $u_D(t)$中的高频成分［即式（8.4）左边第一项］形成与两个输入电压位相差成正比的电压 $u_C(t)$［见式（8.6）］。

3. 压控振荡器功能

压控振荡器的输入信号是 $u_C(t)$，输出信号是 $u_o(t)$，如图 8.1 所示。压控振荡器的特

性是其输出信号的频率受输入电压控制，理想压控振荡器输出信号频率与输入电压有线性关系

$$\omega_o(t)=\omega_r+A_0u_C(t) \tag{8.8}$$

式中，ω_r 是压控振荡器的自由振荡频率；A_0 称为压控灵敏度，等于单位控制电压引起的输出频率变化量。由上式可以看出，$u_C(t)=0$ 时压控振荡器的输出频率 $\omega_o=\omega_r$，此即表明控制电压为零（开环）时的输出频率即为自由振荡频率。

8.1.2 锁相环路的工作原理

根据式（8.6）～式（8.8），可以说明锁相环的工作原理，分为以下三种情况。

1. $\omega_i=\omega_o$

如果输入信号的频率 ω_i 等于压控振荡器输出电压的频率 ω_o（即 $\omega_i=\omega_o$），这时，根据式（8.7），$\frac{d\varphi(t)}{dt}=\omega_i-\omega_o=0$，表明输入信号 $u_i(t)$与输出信号 $u_o(t)$之间的位相差 $\varphi_e(t)$是常数。根据式（8.6），环路滤波器的输出电压 $u_C(t)$ 也是常数。由于压控振荡器的自由振荡频率 ω_r 是常数，根据式（8.8），压控振荡电路的输出电压 $u_o(t)$的频率 ω_o 也等于常数。可见，如果输入信号频率 ω_i 等于压控振荡器输出信号的频率 ω_o，输出信号与输入信号之间的位相差保持为常数，因此压控振荡器的输入控制电压保持不变，振荡器输出信号频率也不变，锁相环路的作用是维持 $\omega_i=\omega_o$ 的状态不变，这时，就说锁相环路进入锁定状态。

2. $\omega_i\neq\omega_o$ 但两者偏离不大

由于输入信号频率 ω_i 不等于 ω_o，根据式（8.7），输入输出信号之间的位相差 $\varphi_e(t)$将随时间变化，根据式（8.6），这一变化的位相差 $\varphi_e(t)$导致电压 $u_C(t)$变化，在这个电压的作用下，压控振荡电路的输出频率 $\omega_o(t)$ 也随时间变化。变化的 $\omega_o(t)$产生变化的输出相位差 $\varphi_e(t)$，变化的 $\varphi_e(t)$又引起鉴相器输出频率 $\omega_o(t)$变化，环路输出频率及相位就处于不断的变化中。如果输入信号频率与压控振荡器的自由振荡频率相差不大，会出现这样的情况：变化的输出信号频率一旦等于输入信号频率（$\omega_o=\omega_i$），$\varphi_e(t)$ 不再随时间变化，$u_C(t)$因此也等于恒定值，在这一恒定值作用下压控振荡电路输出频率等于 ω_i，从而维持 $\omega_o=\omega_i$的状态不变，环路进入了锁定状态。环路从不断变化的状态进入锁定状态的过程称为捕捉过程。

可见，在 ω_i与 ω_o偏离不大的情况下，通过捕捉过程，锁相环路将进入锁定状态。这也是锁相环的重要性质之一，即当输出信号频率 ω_o偏离输入信号 ω_i时，如果偏离不大，锁相环能通过捕捉过程使环路进入锁定状态，维持 $\omega_i=\omega_o$。

3. $\omega_i\neq\omega_o$ 但两者偏离较大

当 ω_i与 ω_o偏离较大时，电压 u_D（t）的低频成分

$$u_C(t)=\frac{1}{2}K_cK_dU_iU_o\sin(\omega_i-\omega_o)t$$

的频率过高，不能通过低通滤波器，压控振荡器就没有控制电压，其振荡频率维持在自由

振荡频率 ω_r，锁相环无法维持输出信号的频率等于 ω_i，就说锁相环路处于失锁状态。

可见，任何锁相环路都存在一个最大的频率控制范围，超出这一范围，锁相环就无法通过捕捉过程进入锁定状态，因而也就失去跟踪位相、控制频率的功能。

8.2　锁相环典型应用简介

锁相环电路有着广泛的应用，本节限于介绍常见的三方面应用。

8.2.1　频率调制与解调

1. 调频波的解调

锁相环用于调频信号解调的电路框图如图 8.2 所示。

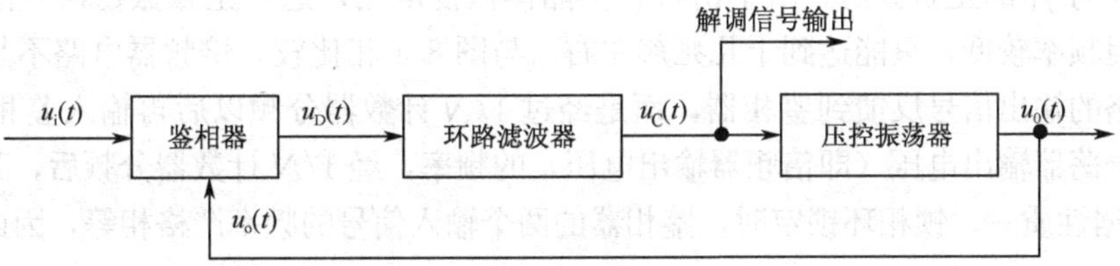

图 8.2　锁相环用于调频信号解调

前面的讨论都假定锁相环的输入信号是正弦波，如果输入信号换作调频波，这就意味着输入信号频率将不断变化。一般情况下，调频波的基带频率远小于载波频率，因此可以认为输入信号频率变化范围不大。根据前面的讨论，这种情况下输出信号始终跟随输入信号变化，因此，锁相环输出信号 $u_o(t)$ 随时间变化的规律与输入信号 $u_i(t)$ 相同。由式（8.8）可知，输出信号的频率 ω_o 与压控振荡器输入信号 $u_C(t)$ 之间的关系是

$$\omega_o(t)=\omega_r+A_0u_C(t)$$

另一方面，按照调频的定义，调频波频率 $\omega(t)$ 与基带信号 $u_\Omega(t)$ 之间的关系是

$$\omega(t)=\omega_c+k_fu_\Omega(t)$$

上述两式相互对照可见，$u_C(t)$ 即为解调后的基带信号，也就是说，将调频信号作为锁相环的输入信号，环路滤波器的输出信号（即压控振荡器输入信号）即为解调后的基带信号。

2. 频率调制

锁相环组成的频率调制电路如图 8.3 所示，由晶体振荡电路产生的是频率为 ω_i 的载波信号，这一载波信号接鉴相器输入端。调制信号（设其为 $u_\Omega=U_{\Omega C}\cos\omega_\Omega t$）加在压控振荡器的另一个输入端。锁相环处于锁定状态时，环路输出信号的频率即为调制信号频率 ω_i，压控振荡器输入调制信号后，输出信号频率受调制信号控制，输出的是中心频率被调制信号调制的调频波，因而就实现了频率调制。留下的一个疑问是，增加的调制信号是否会影响锁相环路的锁定作用。要注意，调制信号频率 ω_Ω 远小于载波信号频率 ω_i，经鉴相器相乘后形成的差频信号接近于 ω_i，这一信号的频率过高无法通过低通滤波器，因此，遥控振

荡器所加的调制信号不会影响环路的锁定，它只对输出信号频率起微调作用。

利用锁相环实现频率调制的好处是频率稳定度可以做得高。

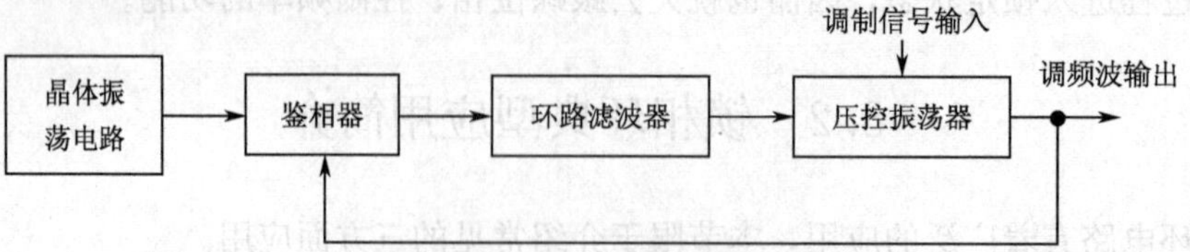

图 8.3　锁相环组成的频率调制电路

8.2.2　倍频器

用锁相环产生 N 倍频的电路框图如图 8.4 所示。图 8.4 中输入信号是石英晶体振荡电路产生的频率为 f_r 的正弦振荡。由于出自石英晶体振荡电路，这一正弦振荡信号的频率稳定性很高，但频率较低，只能达到十几兆赫左右。与图 8.1 相比较，倍频器电路不是直接将压控振荡电路的输出信号反馈到鉴相器，而是经过 $1/N$ 计数器分频以后再输入鉴相器。用 f_0 表示压控振荡器输出电压（即倍频器输出电压）的频率，经 $1/N$ 计数器分频后，其频率等于 f_0/N。根据性质一，锁相环锁定时，鉴相器的两个输入信号的频率严格相等，因此

$$f_r = f_0/N \tag{8.9}$$

由此求得

$$f_0 = Nf_r \tag{8.10}$$

上式表明，图 8.4 所示倍频器输出信号的频率是输入信号的 N 倍。也就是说，在锁相环路中加入 $1/N$ 计数器分频，就可以得到 N 倍频的输出信号。输入信号的频率有很高的稳定性，锁相环的输入/输出信号频率关系式（8.9）和式（8.10）是严格成立的，因此输出信号也同样具有很高的频率稳定性。另一方面，N 比 1 大很多时，输出信号的频率被提高了许多倍，于是通过锁相环组成的倍频电路能得到频率很高、稳定性很好的高频振荡。在许多无线收/发芯片中，为了得到高频、高稳定的正弦振荡，采用的就是这种方案。

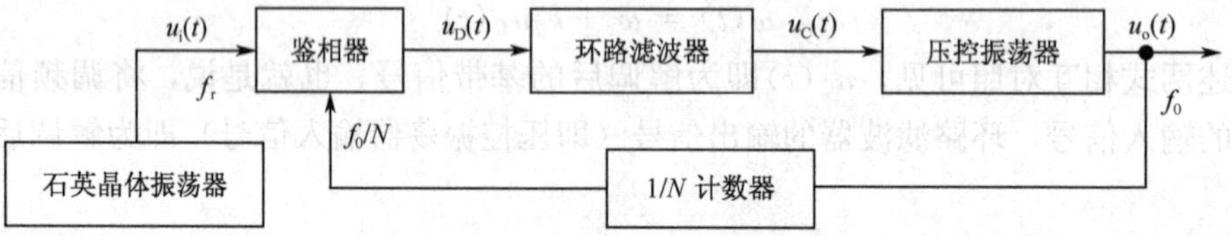

图 8.4　锁相环组成的倍频器

8.2.3　频率合成器

高频电子技术应用时，常需要一种可编程的高精度频率源。通过单片机控制，这种电路能在一定范围内输出稳定的、步进间隔几百赫兹甚至几赫兹的多种频率的信号。例如，能在 100～101MHz 范围内输出供选择的 1000 个彼此间隔 1kHz 的稳定的频率信号。具有这种功能的电路称为频率合成器。倍频器能实现频率的任意倍乘，但输出信号频率不能随意调节，除非更换 $1/N$ 计数器。频率合成器则可以通过软件（可编程）方便地从众多频

率中选择一个频率，例如从1000个彼此间隔1kHz的不同频率中选出一个频率。

典型的频率合成器如图8.5所示，这是一个步进间隔1kHz的频率合成器电路。石英晶体振荡电路产生1MHz高稳定度的振荡，经1/1000计数器分频，形成1kHz的稳定振荡输入锁相环路。压控振荡器的输出经可编程计数器分频，形成频率为f_0/N的信号送入鉴相器，与输入信号进行相位比较后用来控制压控振荡器的输出。可编程计数器一般由单片机控制，能通过软件控制N在一定范围内变化。根据锁相环的基本性质一，应有

$$f_r = 1\text{kHz} = f_0/N$$

由此得出压控振荡器即频率合成器输出信号的频率为

$$f_0 = Nf_r$$

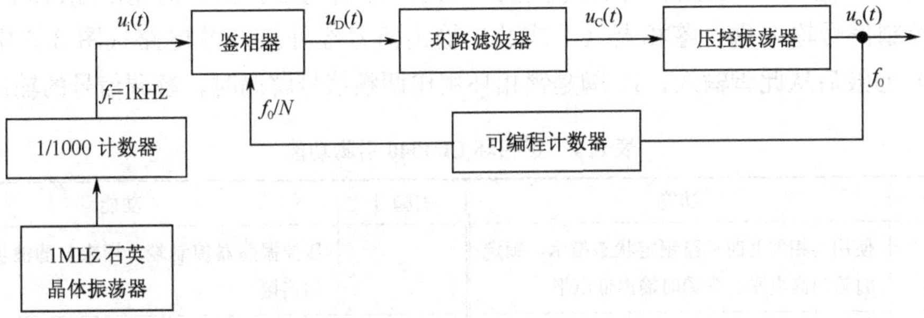

图8.5　锁相环路组成的频率合成器

如果可编程计数器的分频数N在1～1000范围内变化，从频率合成器输出的信号频率就可以在1～1000kHz范围内选择，相邻频率之间的间隔是1kHz。

8.3　锁相环应用电路识读

8.3.1　锁相环芯片CD4046简介

1. 内部电路框图

CD4046是一种低频低功耗的通用锁相环芯片，16脚DIP封装，其内部电原理框图如图8.6所示。一般的锁相环都由鉴相器、低通滤波器和压控振荡电路三大部分组成。CD4046内部只集成了鉴相器和压控振荡器两大部分，而且两部分之间在内部没有连接。因此，CD4046使用时滤波电路需要外接，鉴相器和压控振荡电路之间的连接也需要通过芯片外的连接线来实现。这样做的好处是可以在外部插入其他电路，从而能使CD4046具有多种功能。

此外，CD4046电路结构还有以下特点：内部有两个并联的鉴相器，其中鉴相器Ⅰ采用异或门结构，要求输入信号为方波，当两个输入端信号的电平状态相异时（即一个为高电平，一个为低电平），其输出端信号为高电平，否则为低电平，鉴相器Ⅱ则无此要求。滤波电路与3脚相连接时使用鉴相器Ⅰ，与13脚连接时使用鉴相器Ⅱ。增加了放大、整形电路，输入信号经放大整形后输入鉴相器。安排5V左右的稳压管，用以提供5V的稳定电压。

2. 引脚功能

芯片各引脚功能如表 8.1 所示。16、8 脚为电源引脚；1 脚在使用鉴相器Ⅱ组成环路时用来指示锁相环工作状态，环路锁定时输出高电平，环路失锁时输出低电平；2 脚为鉴相器Ⅰ的输出端；3 脚为两个鉴相器比较信号的输入端；4 脚为压控振荡器输出端，即为环路输出信号端；5 脚是压控振荡器控制信号输入端，输入高电平时禁止压控振荡器工作，低电平时允许压控振荡器工作；6、7 用来外接振荡器电容 C_1；11 脚外接电阻 R_1，电阻 R_1 和电容 C_1 一起决定压控振荡器的中心频率；12 脚外接电阻 R_2，这一电阻的大小决定压控振荡电路的最低振荡频率，R_2 减小，最低振荡频率提高，频率范围收缩，将 R_2 开路（即 12 脚空置），压控振荡器的频率范围最大；13 脚为鉴相器Ⅱ的输出端；9 脚为压控振荡器控制信号输入端，鉴相器（Ⅰ或Ⅱ）输出信号经外接滤波电路（图 8.6 中的 R_4、R_3、C_2）滤波后从此脚输入；10 脚是锁相环用作调频信号解调时，解调信号的输出端。

表 8.1　锁相环 CD4046 引脚功能

引脚号	功能	引脚号	功能
1	使用鉴相器Ⅱ时环路锁定状态指示，锁定时输出高电平，失锁时输出低电平	9	压控振荡器控制端，用来与滤波器输出端相连接
2	鉴相器Ⅰ的输出端	10	锁相环用于频率调制信号解调时输出解调结果
3	鉴相器比较信号输入端	11	外接振荡电阻 R_1
4	压控振荡器信号输出端	12	外接振荡电阻 R_2
5	禁止信号输入端，高电平时禁止压控振荡器工作，低电平时允许。	13	鉴相器Ⅱ的输出端
6	外接振荡器电容 C_1	14	锁相环输入信号端
7	外接振荡器电容 C_1	15	芯片内稳压管负极引出端，使用时需外接限流电阻
8	地	16	电源正极

为了更清楚地说明各引脚的功能，按照信号流程画出 CD4046 的结构如图 8.7 所示。锁相环的输入信号（例如来自石英振荡电路的正弦波电压）从 14 脚输入，经内部电路放大、整形后加到两个鉴相器的信号输入端。鉴相器的比较信号来自压控振荡电路的输出端 4 脚，从 3 脚输入，如将锁相环用于倍频器或频率合成器时，$1/N$ 计数器外接在 4 脚和 3 脚之间。输入信号经鉴相器与 3 脚引入的比较信号进行相位比较后从 2 脚和 13 脚输出。外接低通滤波器由 R_4、R_3、C_2 组成，使用鉴相器Ⅰ时滤波器接 2 脚，使用鉴相器Ⅱ时接 13 脚，一般情况下使用鉴相器Ⅰ。滤波器输出信号经 9 脚输入芯片内压控振荡器，用以对芯片内压控振荡电路进行控制，形成锁相环输出信号后从 4 脚输出。CD4046 用作解调时，滤波器输出信号即为解调信号，为了提高该信号的负载能力，应使其从 9 脚输入，经内部源极输出器功率放大后从 10 脚输出。

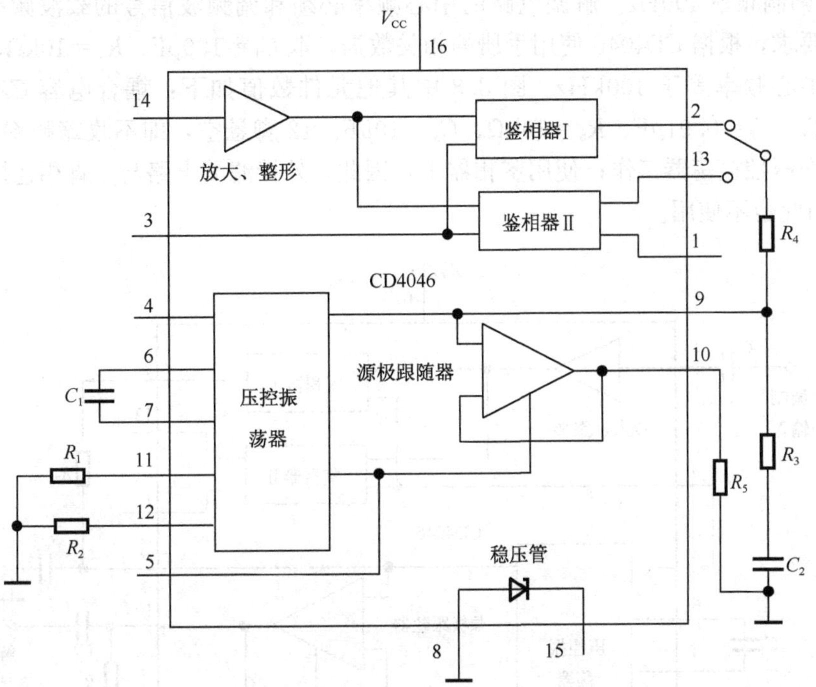

图 8.6　锁相环 CD4046 电路框图

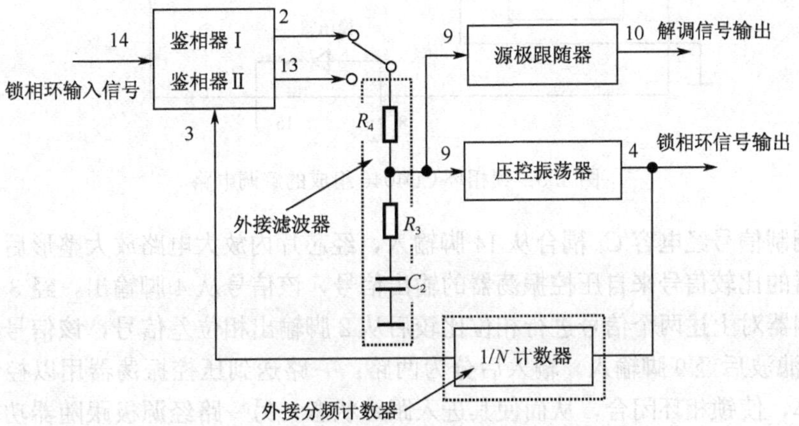

图 8.7 锁相环 CD4046 信号流程图

3. 主要性能

工作电压：3～18V。

最高工作频率：1.4MHz。

芯片功耗（工作电压 5V、压控振荡频率 10kHz 时）：70μW。

8.3.2　CD4046 组成的解调电路

由 CD4046 组成的调频波解调电路如图 8.8 所示。已知调频信号的载波频率为

100kHz，调制频率400Hz。解调电路的中心频率必须和调频波信号的载波频率相同，为满足这一要求，根据CD4046使用手册的相关数据，取C_1=100pF、R_1=10kΩ，这时压控振荡器的中心频率等于100kHz。图8.8中其他元件数值如下：耦合电容C_4=4700pF、R_2=100kΩ、C_2=0.01μF、R_5=10kΩ、C_3=10μF。12脚悬空，即不收缩频率范围；5脚接地，允许压控振荡器工作；使用鉴相器Ⅰ，因此，外接滤波电路与2脚相连接，13脚悬空，1脚因此也不使用。

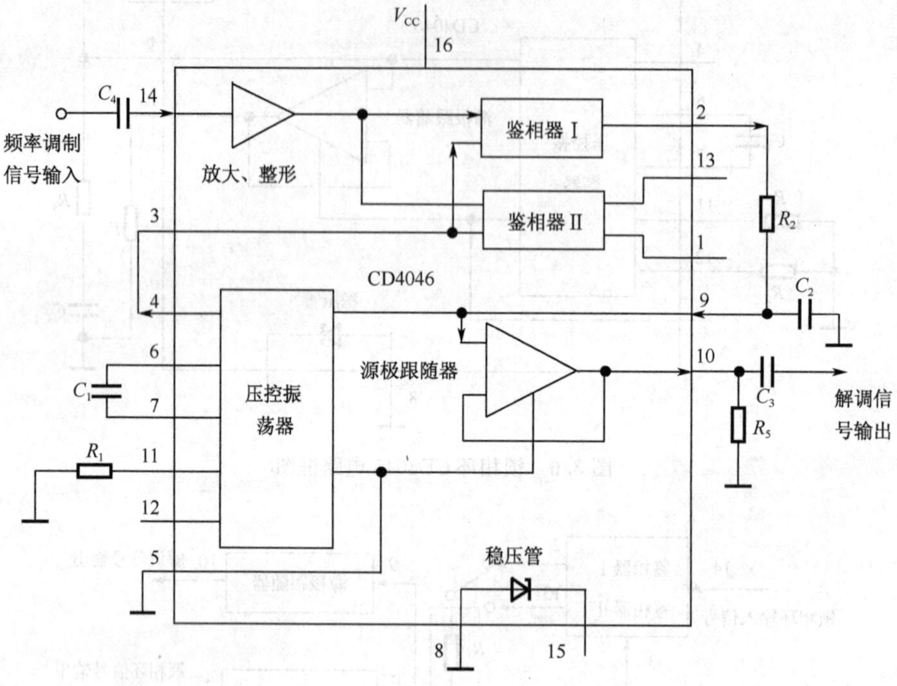

图8.8 锁相环CD4046组成的解调电路

频率调制信号经电容C_4耦合从14脚输入，经芯片内放大电路放大整形后输入鉴相器Ⅰ。鉴相器的比较信号来自压控振荡器的输出信号，该信号从4脚输出，经3脚输入鉴相器Ⅰ。鉴相器对上述两个信号进行相位比较后从2脚输出相位差信号，该信号经低通滤波器R_2、C_2滤波后经9脚输入。输入后分为两路：一路送到压控振荡器用以控制振荡器输出信号频率，使锁相环闭合，从而使其进入跟踪状态；另一路经源极跟随器功率放大后从10脚输出。由于锁相环处于跟踪状态，按照锁相环路性质，滤波器输出电压变化规律与锁相环输入信号（即待解调的信号）频率变化规律相同，因此，该信号即为解调结果。

8.3.3 CD4046组成的高精度频率源

CD4046组成的频率合成器电路如图8.9所示。该频率合成器能输出频率100Hz～10kHz，步进间隔100Hz的高精度的频率信号。

1. 电路元件参数选择

CD4046最高工作频率决定C_1和R_1，为保证获得0.4MHz的输出频率，取C_1=50pF、

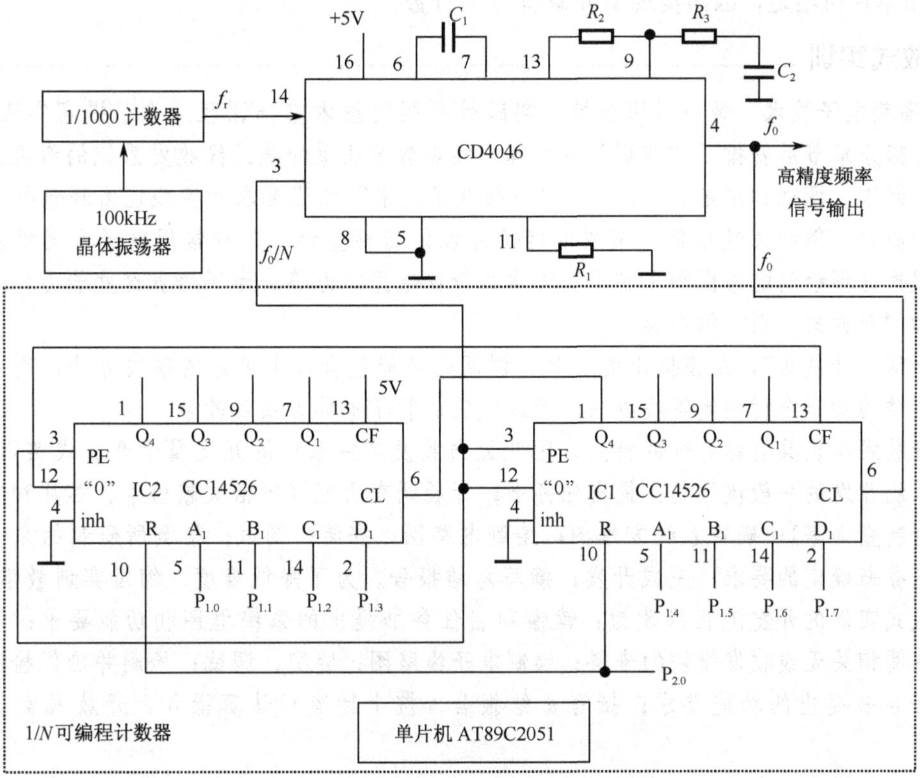

图 8.9　步进间隔 100Hz 的高精度频率源

R_1=10kΩ，这时，电源电压取 5V，压控振荡器最高工作频率 0.4MHz，电源电压取 10V 时，最高工作频率可达 1.2MHz，确定选用 5V 电源已符合要求。滤波电路参数 R_2=33.2kΩ、R_3=3.3kΩ、C_2=1μF。

2. 工作原理

石英晶体振荡电路产生稳定的 100kHz 振荡，经 1/1000 分频后形成 100Hz 的振荡。由于来自石英晶体产生的振荡，因此具有很高的稳定度。图 8.9 所示的频率合成器电路中，虚线框内的是 1/N 可编程计数器，N 的数值由单片机控制。根据锁相环的基本性质，锁定后，从可编程计数器输出进入鉴相器比较信号输入端（3 脚）的信号频率等于 f_0/N，f_0 为锁相环输出信号频率。N 在 1～99 范围内变化时，输出频率在 100Hz～10kHz 范围内变化，步进间距为 100Hz，于是就得到了高精度的稳定频率输出。

3. 可编程计数器

可编程 1/N 计数器由单片机和两片可预置数十进制减法计数器 CC14526 组成，两片 CC14526 接成二级可预置分频器。来自锁相环输出端的频率为 f_0 的信号从 IC_1 的计数信号输入端 CL 输入进行减法计数。A_1、A_2、A_3、A_4 为预置数输入端，图中将其接单片机的 P1 口，由单片机软件确定预置数值。CL 端每输入一个脉冲，被预置的数值减 1，当两个计数器芯片都减至 0 时，IC1 的"0"端输出正脉冲，于是就实现了 1/N 计数。预置数

值 N 由单片机给定，因而实现了可编程 $1/N$ 计数。

♦ 开放式实训

“高频电子技术”是一门综合性、实践性很强的技术基础课程。为了提高实践能力，本书在部分章节后安排了“实训”的内容。实训教学注重的是无线收发系统的组成、原理识读、制作、调试和测量。实际上，“高频电子技术”课程要求的实践能力还包括最基本的设计能力，例如文献检索、集成电路芯片性能指标查询、各种常用电子元器件规格查询、根据框图绘制电路图和多种解决方案的最佳选择能力等。为了培养这些能力，本书特别增加“开放式实训”的内容。

所谓“开放式”，是指提出的一些实训问题可能包含多个可能的解决办法，需要学生运用所学的知识自行确定解决办法。开放式实训教学也称为项目教学。

开放式实训具有综合性的特点，因此无线收发应用系统的开发属于开放式实训内容。应用系统开发的一般流程是：提出任务书；开展调查研究（包括文献检索、芯片和其他元器件资料查询等）；确定系统方框图；绘制电路图；安装；调试；检测所研制的系统是否符合任务书确定的要求；完成开发；撰写总结报告。为了降低难度，缩短实训教学时间，将开放式实训的开发流程修改为：读懂项目任务书提出的系统框图和功能要求；检索文献，查阅相关无线收发模块的资料；绘制电子线路图；装配；调试；检测并确保检测结果符合任务书提出的功能要求；撰写总结报告。按上述流程认真操作，开放式实训即可完成。

下面共提供 3 个开放式实训。

开放式实训一

1. 项目名称

无线门铃系统开发。

2. 项目来源

城市住宅小区一般都分若干个单元，每个单元有一扇常闭的门。一个单元包含多个住户，客人来访时，要将这一信息及时传递给特定的住户，无线门铃是最好的选择。在单元门上安装按钮，访客只要按一下单元门上相应的按钮，相关的住户即可获悉有客来访的信息。

注意，无线门铃系统只能解决来访信息的传递，为方便及时开门，还需要增加无线开门系统。使用无线门铃系统时，获悉有客来访后，住户需要自行开门。本实训仅限于客人来访信息的无线传播，不包含无线开门系统。

3. 项目任务书

无线门铃系统框图如图 8.10 所示，系统功能及元器件选择的要求如下：

1）发射单元安装在小区单元门上，一个住户一个发射单元，接收单元安装在住户房内，一个住户一个接收单元。

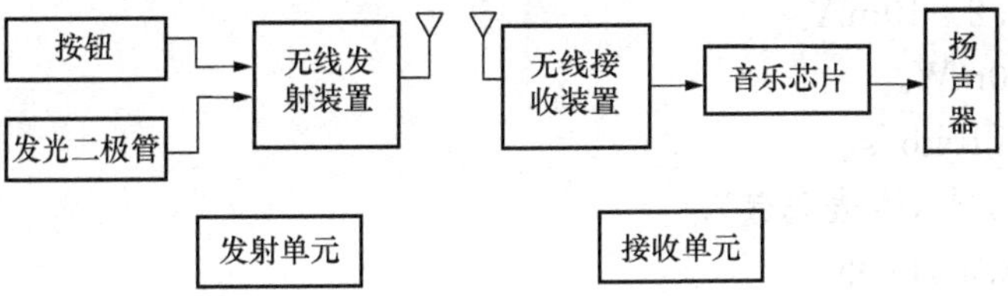

图 8.10 系统框图

2）单元门上安装各个住户对应的按钮和无线发射装置，按一下某个住户的按钮，即可启动无线发射装置发送无线信号，与之对应的住户接收单元接收到信号后，触发音乐芯片动作，扬声器发出“叮咚”声或播放 10s 以上的音乐，告知住户有客人来访。

3）按下门铃按钮时，输入单元有一发光二极管发光指示按钮操作成功。

4）发射单元与接收单元之间的距离 40m 时，系统尚能正常工作。

5）系统使用的主要元器件如下。

无线发射和接收装置：为方便调试，应选用无线发射和接收模块。

音乐芯片：自选，要与无线接收模块的输出电平（功率）相匹配。

扬声器：功率应与音乐芯片的输出功率匹配，其他规格不限。

按钮：型号与规格自定，用发光二极管指示按钮操作是否成功。

天线：根据选定的模块来确定。

在上述功能得到保证的前提下，鼓励修改系统框图（实施方案）。

4. 项目实施

第一步：了解无线门铃研发的现状并读懂项目任务书提供的系统框图（见图 8.10）。

在学校图书馆提供的数据库中，选择“万方”或“中国知网”等期刊资料库，输入“无线门铃”“无线发射模块”“无线接收模块”等关键词，从检索到的文献中选择与本实训密切相关的若干篇仔细阅读。通过检索和阅读达到两个目的：了解无线门铃系统的开发现状，加深对于本实训开发目标和实施方案的认识；参照文献所提供的无线门铃原理图，读懂本实训的系统框图。

第二步：检索获取与本实训相关的芯片、模块及其他元器件的参数，从而确定图 8.10 中的所有元器件的型号。

可从多个网站获取电路、芯片、模块、电阻、电容等相关资料。常用的网站如下：

“http://www. alldatasheet. com”

“http://datasheet. eepw. com. cn”

“http://www. ic37. com”

例如，为了检索无线发射模块 F05A 的资料，可打开 http://www. ic37. com（即中国 IC 网），键入“F05A”，可检索到该模块的主要参数如下，外形如图 8.11 所示。

图 8.11 发射模块 F05A 外形

性能参数：

工作频率：315MHz。

工作电压：+3～12V。

发射电流：0.2～10mA。

发射功率：10mW。

传输速率：≤10kb/s。

频率稳定：10^{-5}（声表稳频）。

调制方式：ASK/OOK。

尺寸：8×32×6 mm。

引脚。

1—正电源。

2—地。

3—数据信号入口。

4—外接天线。

第三步：绘制电路图。

选定图 8.10 所包含的全部元器件之后，即可绘制电路图。注意，系统的电路图用于系统的组装，因此，不同于原理图，电路图中所有的芯片、模块及各种元器件都必须标明型号和规格；系统所需要的电源也需要表明规格；各元器件之间的连接线必须准确无误。

第四步：焊接组装。

无线收发系统涉及频率较高，焊接组装时应注意以下问题：

1）各元器件位置安排应顺着信号的走向，例如按钮应安装在无线发射模块的左边，天线应安装在无线发射模块的右边等。

2）由于系统的焊接安装一般都在实验线路板上完成，因此免不了要用导线连接各相关焊点。这时，导线应尽可能短。

3）注意各元器件之间的位置，系统中收发模块安装时，注意周围元器件应离开模块 5mm 以上。

4）使用外形如图 8.11 所示的无线模块时，应垂直于电路板安装，并置于线路板边缘，以免分布电容造成模块振荡器停振。

5）无线收发模块是否需要和如何外接天线，应按照模块资料要求操作。但在实验室调试系统时，由于收发模块之间的距离较近，可以尝试不接天线。

6）由按钮和无线发射装置组成的门铃输入单元以及由无线接收装置、音乐芯片和扬声器组成的门铃接收单元应分别安装在两块独立的电路板上。

第五步：系统调试。

系统组装焊接完成后，如果包含有需要调节的元器件，则需要细心调试。例如，包含无线发射和接收装置的系统，要能正常工作，接收频率必须等于发射频率，有些芯片或模块含有可调的电感或电阻，是否需要调试，如何调试，应仔细阅读芯片或模块的技术资料。

一般先进行部件调试，然后进行系统总体调试。例如，在本实训中，应先调试音乐芯片和扬声器是否正常。

第六步：检测、验证。

系统安装调试完成后，需要通过各项检测，测试各项功能指标是否已经实现。如能实现，则说明系统开发成功；否则，应找出问题，修改后再检测直至成功。

5. 撰写总结报告

项目完成后撰写总结报告。总结报告主要内容是：项目名称；项目来源；项目研制目标（系统应具备的功能）；项目研发现状；系统研发结果（包含电路图）。报告最后，需就本项目如何扩展至一个单元多个住户（例如 8 个住户）提出解决方案。

开放式实训二

1. 项目名称

病房床头无线呼叫系统。

2. 项目来源

住院病人经常需要获得护士的帮助。为了及时将这一求助信息传递到护士站，就需要有一个床头呼叫系统，病人只要按一下床头的按钮，护士站就会立即获知有病人呼叫，并知道是哪一位病人呼叫。是否配有这类病人呼叫系统，是衡量医院信息化水平高低的标志之一。

传统的呼叫系统以有线为主，这类系统的缺点是布线复杂，故障率高，特别是原来没有呼叫系统的医院，想要增加这一系统就需要大量的明线安装，很不雅观，不仅费钱且不便维修。如果一个护士站管理 40 位病人，就至少要有 40 条电线从墙洞穿出来连接到护士站的接收电路和显示屏上。为解决这一问题，病房床头无线呼叫系统就是一个很好的选择。此系统可以免去病床至护士站的 40 余条电线，且使用方便、可靠性高，因此受到各个医院的欢迎。

本实训开发两张病床与护士站之间的病房床头无线呼叫系统，这样的设计方案容易推广到 40 张或更多张病床。

3. 项目任务

病房床头无线呼叫系统框图如图 8.12 所示，该无线呼叫系统由发射单元和接收单元组成。系统功能及使用元器件的要求如下。

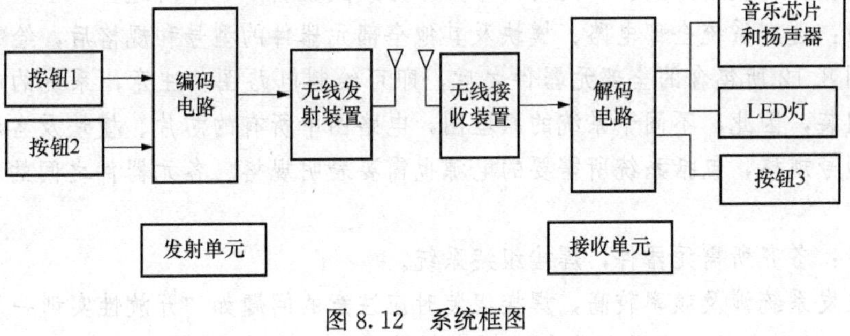

图 8.12　系统框图

1）发射单元安装于病房，与病房内两张病床床头的两个按钮相连；接收单元安装于护士站。发射单元和接收单元通过高频无线信号相联系。

2）病房内任何一位病人按下床头按钮，与之相连的发射电路即向外发射信号，护士站接收单元接收到信号后通过声光提示护士，并显示是哪一位病人呼叫。

3）发射单元通过编码电路对病房内的两位病人编码（每位病人对应一个编码），该信号发射给接收方（护士站）后经解码电路解码后点亮相应的指示灯，同时发告警声提醒护士。用 LED 作为指示灯；采用音乐芯片发声。

4）护士站收到病人呼叫后，护士通过一个按钮使解码电路复位，指示灯熄灭，以备下次呼叫使用。

5）病房床头按钮按下时，相应的发光二极管发光，提示按钮操作成功。

6）接收电路与发射电路相距 300m 时，系统仍能正常工作。

7）系统使用的主要元器件如下。

无线发射和接收装置：为方便调试，应选用发射和接收模块。

音乐芯片：自选，要与无线接收模块的输出电平（功率）相匹配。

编码和解码电路：建议选择 SC2262 和 SC2272-L。

扬声器：功率应与音乐芯片的输出功率匹配，其他规格不限。

按钮：按钮 1 和按钮 2 的型号与规格自定，用发光二极管指示按钮操作是否成功；按钮 3 可采用不同于按钮 1 和按钮 2 的型号，可以使用常闭按钮。

天线：根据选定的模块来确定。

在上述功能得到保证的前提下，鼓励修改系统框图（实施方案）。

4. 项目实施

第一步：了解病房床头无线呼叫系统研发的现状并读懂项目任务书提供的框图（见图 8.12）。

在学校图书馆提供的数据库中，选择“万方”或“中国知网”等期刊资料库，输入“病房呼叫系统”“无线发射模块”“无线接收模块”等关键词，从检索到的文献中选择与本实训密切相关的若干篇仔细阅读。通过检索和阅读，了解病房呼叫系统的开发现状，参照文献所提供的病房呼叫系统原理图，读懂本实训的系统框图。特别要搞清楚，为什么要采用存储型（L 型）的解码器；为什么护士看到病人呼叫的指示灯后要关闭它。

第二步：检索获取与本实训相关的芯片、模块及其他元器件的参数，从而确定图 8.12 中的所有元器件的使用方法。相关的网站如“开放式实训一”中所述。

第三步：选定系统全部电路、模块及其他全部元器件的型号和规格后，绘制电路图。

选定图 8.12 所包含的全部元器件之后，即可绘制电路图。注意，系统的电路图要用于系统的组装，因此，不同于系统的原理图，电路图中所有的芯片、模块及各种元器件都必须标明型号规格，包括系统所需要的电源也需要表明规格。各元器件之间的连接线必须准确无误。

第四步：备齐所需元器件，焊接组装系统。

无线收发系统涉及频率较高，焊接组装时应注意的问题如“开放性实训一”中所述。

由按钮 1、按钮 2、编码电路和无线发射装置组成的发射单元以及由无线接收装置、解码电路、LED 灯、按钮 3、音乐芯片和扬声器组成的接收单元应分别安装在两块独立的电路板上。

第五步：系统调试。

系统组装焊接完成后，如果包含有需要调节的元器件，则需要细心调试。例如，包含无线发射和接收装置的系统，要能正常工作，接收频率必须等于发射频率，有些芯片或模块含有可调的电感或电阻，是否需要调试，如何调试，应仔细阅读芯片或模块的技术资料。编码和解码电路 SC2262 和 SC2272-L 的调试可参照第 2 章的实训“无线通信中的编码和解码”。

一般先进行部件调试，然后进行系统总体调试。例如，在本实训中，应先调试音乐芯片和扬声器是否正常。

第六步：检测、验证。

系统安装调试完成后，需要通过各项检测，测试各项功能指标是否已经实现。如能实现，则说明系统开发成功；否则，应找出问题，修改后再检测直至成功。

5. **撰写总结报告**

项目完成后撰写总结报告。总结报告主要内容：项目名称；项目来源；项目研制目标（系统应具备的功能）；项目研发现状；系统研发结果（包含电路图）。报告最后，需就本项目如何扩展至一个病房多个病人（例如 4 个病人）提出解决方案。

开放式实训三

1. **项目名称**

家庭照明无线遥控系统

2. **项目来源**

家庭照明灯的“开”或“关”一般都通过安装在墙壁上的有线开关控制，缺点是任何一只灯“开”与“关”的控制都必须走到墙壁开关处，无法随地控制。随着生活水平的提高，家庭住宅面积不断增大，传统的有线开关的缺点就显得特别明显。尤其是在需要增加一盏灯时，就要进行新的开关布线，而这时只能布置明线而不能将其隐藏在墙壁内。因此，无线家庭照明控制系统的开发就显得十分必要。有了这种系统，就可以在房间内任何一个位置对家庭所有电灯的“开”与“关”进行控制，增加新的照明灯时，也无须增加墙壁开关和布线。在此基础上，还可以遥控电风扇等家用电器。

本实训是开发一个无线遥控系统，一个遥控器可以控制两盏照明灯。为便于实验室研制，用发光二级管代替实际的照明灯。这样的系统容易推广到一个遥控器控制多盏照明灯的情况。

3. **项目任务**

家庭照明无线遥控系统框图如图 8.13 所示，该系统由一个发射单元和两个接收单元组成，发射单元即为遥控器；两个接收单元分别连接两盏电灯 VD_1 和 VD_2（为便于制作，两盏灯由两个发光二极管 VD_1 和 VD_2 代替）。

本系统的功能及使用元器件的要求如下：

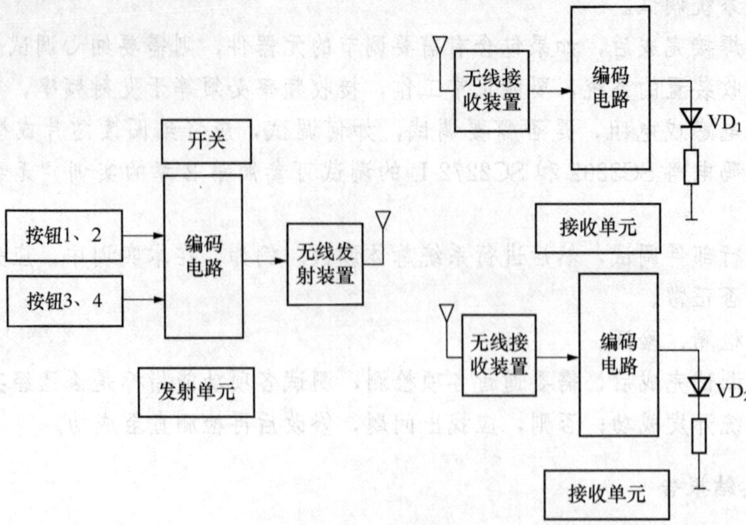

图 8.13　系统框图

1）遥控器按钮 1 和按钮 2 用来控制接收单元 1 的电灯（VD_1），按钮 1 按一次开灯，VD_1 发光；按钮 2 按一次关灯，VD_1 熄灭；遥控器的按钮 3 和按钮 4 用来控制接收单元 2 的电灯（VD_2），按钮 3 按一次开灯，VD_2 发光；按钮 4 按一次关灯，VD_2 熄灭。

2）遥控器由电池供电，要求不使用时不耗电。

3）实际情况下，接收单元由 220V 交流电降压整流滤波后供电，实训时用直流供电代替，接收单元待机时仅提供电路和接收系统的静态电流，不设电源开关。

4）按钮 1 和按钮 2 的操作不影响 VD_2 的点亮和熄灭；按钮 3 和按钮 4 的操作不影响 VD_1 的点亮和熄灭。

5）遥控器（发射单元）与接收单元之间的距离为 20m 时，系统能正常工作。

6）本系统使用元器件的要求如下。

无线发射和接收装置：为方便调试，应选用发射和接收模块；两个接收单元使用相同型号的接收模块。

按钮和开关：型号与规格自定。

编码和解码电路：编码电路建议选用 SC2262，解码电路应选用 SC2272-L，即具有锁存功能的解码电路。

发光二极管：自行选择型号与规格。

天线：根据选定的模块来确定。

在上述功能得到保证的前提下，鼓励修改系统框图（实施方案）。

4. 项目实施

第一步：了解家庭照明无线遥控系统研制的现状，读懂项目任务书提供的框图（见图 8.13）。

在学校图书馆提供的数据库中，选择“万方”或“中国知网”等期刊资料库，输入“无线遥控开关”“无线发射模块”“无线接收模块”等关键词，从检索到的文献中选择与本实训密切相关的若干篇仔细阅读。通过检索和阅读，了解无线遥控开关研发现状，加深对于本实训开发目标和实施方案的认识，参照文献所提供的遥控开关原理图，读懂本实训的系统框图。特别要搞清楚，为什么要采用存储型（L 型）的解码器；如何实现灯的开与关。

第二步：检索获取与本实训相关的芯片、模块及其他元器件的参数，从而确定图 8.13 中的所有元器件的使用方法。相关的网站如“开放性实训一”中所述。

第三步：选定系统全部电路、模块及其他全部元器件的型号和规格后，绘制电路图。

选定图 8.13 所包含的全部元器件之后，即可绘制电路图。注意，系统的电路图要用于系统的组装，因此，不同于系统的原理图，电路图中所有的芯片、模块及各种元器件都必须标明型号规格，包括系统所需要的电源也需要表明规格。各元器件之间的连接线必须准确无误。

第四步：备齐所需元器件，焊接组装系统。

无线收发系统涉及频率较高，焊接组装时应注意的问题如“开放性实训一”中所述。

由按钮、开关、编码电路和无线发射装置组成的发射单元以及由无线接收装置、解码电路和发光二极管组成的两个接收单元应分别安装在独立的电路板上。

第五步：系统调试。

系统组装焊接完成后，进行调试。注意有些无线发射和接收模块是免调试的，有些则需要调试。SC2262 和 SC2272-L 的调试可参照第 2 章的实训“无线通信中的编码和解码”。

第六步：检测、验证。

系统安装调试完成后，需要通过各项检测，测试各项功能指标是否已经实现。如能实现，则说明系统开发成功；否则，应找出问题，修改后再检测直至成功。

5. 撰写总结报告

项目完成后撰写总结报告。总结报告主要内容：项目名称；项目来源；项目研制目标（系统应具备的功能）；项目研发现状；系统研发结果（包含电路图）。报告最后，需就本项目如何扩展至控制 220V 供电的照明灯（而不是发光二极管）提出解决方案。

提示：为便于无线收发模块的选择，特选择常用的无线收发模块型号如下，各个型号模块的参数可通过“http://www.ic37.com”或“百度”“搜狗”查询。

发射模块：F05A，F05B，F05C，F04E，F04B，F04C。

接收模块：J05B，J05C，3310A，3400，J04E，J04C。

思考与练习

8.1　画出锁相环路的组成框图，简要说明各单元电路的作用。

8.2　何谓输入相位、输出相位和误差相位，写出其定义式。

8.3　何谓输入固有频差、控制频差和瞬时频差，上述三个量与输入相位、输出相位和误差相位有什么关系？

8.4　什么是锁相环的自由振荡频率，在什么情况下锁相环输出信号的频率等于自由振荡频率？

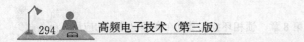

8.5　何谓锁相环的锁定状态？锁定时，锁相环有什么性质？

8.6　何谓锁相环的跟踪状态？处于跟踪状态时，输入信号频率与输出信号频率有什么关系？

8.7　何谓锁相环路的捕捉，锁相环通过捕捉的过程一定能进入锁定状态吗？

8.8　画出由锁相环路组成的调频波解调电路框图，说明其工作原理。

8.9　画出锁相环组成的二倍频电路，说明其工作原理。